Hartmann Römer

Quanten, Komplementarität und Verschränkung in der Lebenswelt

Perspektiven der Anomalistik

herausgegeben von

Gerd H. Hövelmann (†), Gerhard Mayer,
Michael Schetsche und Stefan Schmidt

im Auftrag der
Gesellschaft für Anomalistik

Band 7

LIT

Hartmann Römer

Quanten, Komplementarität und Verschränkung in der Lebenswelt

Verallgemeinerte Quantentheorie

LIT

Umschlagbilder:
Vorderseite: „Karikatur Hartmann Römer“ von B. Mohr (2020)
Rückseite: Selbstauslöserfoto von Hartmann Römer

Gedruckt mit Unterstützung durch das Institut für Grenzgebiete der Psychologie und Psychohygiene (IGPP) in Freiburg i. Br.

Gedruckt auf alterungsbeständigem Werkdruckpapier entsprechend
ANSI Z3948 DIN ISO 9706

Bibliografische Information der Deutschen Nationalbibliothek
Die Deutsche Nationalbibliothek verzeichnet diese Publikation in der Deutschen Nationalbibliografie; detaillierte bibliografische Daten sind im Internet über http://dnb.dnb.de abrufbar.

ISBN 978-3-643-15378-4 (br.)
ISBN 978-3-643-35378-8 (PDF)

Verlagskontakt:
Fresnostr. 2 D-48159 Münster
Tel. +49 (0) 2 51-62 03 20
E-Mail: lit@lit-verlag.de https://www.lit-verlag.de

Auslieferung:
Deutschland: LIT Verlag, Fresnostr. 2, D-48159 Münster
Tel. +49 (0) 2 51-620 32 22, E-Mail: vertrieb@lit-verlag.de

Inhaltsverzeichnis

Für meine Familie

1 Zwanzig Jahre Verallgemeinerte Quantentheorie

Seit dem Erscheinen der ersten Arbeit zu einer „Verallgemeinerten Quantentheorie" (VQT) vor nunmehr zwanzig Jahren hat mich dieses Thema fortwährend beschäftigt.

Die Vorgeschichte der VQT ist die folgende. Am Anfang stand eine gemeinsame Arbeit mit Harald Walach (Walach& Römer, 2000), in der auf die Bedeutung der quantentheoretischen Figur der Komplementarität für die Bewusstseinsforschung hingewiesen wurde. Ich hatte nach dieser Arbeit das Gefühl, dass man zur Anwendung quantentheoretischer Begrifflichkeit jenseits der Physik viel mehr sagen könnte und sollte. Das führte mich zum Entwurf des axiomatischen Rahmens einer „Schwachen Quantentheorie" („Weak Quantum Theory"), der zur Grundlage der ersten Publikation (Atmanspacher et al., 2002) wurde, in der die Axiomatik der VQT beschrieben und motiviert wurde und verschiedene Anwendungen vorgeschlagen wurden. An der Ausarbeitung war auch Harald Atmanspacher aktiv beteiligt, den Harald Walach und ich zur Mitarbeit eingeladen und gebeten hatten. Wegen möglicher Missverständlichkeit des Namens „Schwache Quantentheorie" ziehen wir nun die Bezeichnung „Verallgemeinerte Quantentheorie" („Generalised Quantum Theory") vor: Die VQT ist schwächer als die physikalische Quantentheorie, insofern ihre Axiome weniger Voraussetzungen enthalten, aber stärker, insofern ihr Anwendungsbereich dadurch stark erweitert wird.

Zwei Gründe haben mich hauptsächlich zur Aufstellung der VQT motiviert:

Erstens die schon von Niels Bohr vertretene Überzeugung, dass der quantentheoretischen Figur der Komplementarität weit über den Bereich der Physik hinaus grundsätzliche Bedeutung zukomme. Dieser Gedanke ist in der Folge von vielen Autoren weiterverfolgt worden, aber mir fiel auf, dass solche Versuche entweder im Verbal-Gleichnishaften gefangen blieben oder aber sogleich eine erweiterte Anwendbarkeit des vollen Hilbertraum-Formalismus der Quantenphysik untersuchten. Dies schien mir angesichts der von mir ins Auge gefassten Anwendungen übertrieben und unangemessen, insbesondere in Bezug auf die zweite Motivation zur Formulierung der VQT:

Den Gedanken C.G. Jungs und Wolfgang Paulis zur „Synchronizität" und Paulis Vision einer „neuen Physik", die inneres Erleben, Nicht-Reproduzierbares und Gestalthaftes zu ihrem Recht kommen ließe, sollte ein angemessener formaler Rahmen gegeben werden. Die VQT ist ein begrifflicher Kern der physikalischen Quantentheorie, in dem unter Verzicht auf spezifisch physikalische Teile des quantenphysikalischen Formalismus dennoch quantentheoretische Begriffe wie „Zustand", „Observable", „Komplementarität" und „Verschränkung" formal wohldefiniert und weit über den Bereich der Physik hinaus anwendbar sind.

Seit seiner ersten Formulierung hat der axiomatische Rahmen der VQT nur noch sehr geringe Änderungen erfahren. Erstens wurde in der Arbeit (Lucadou et al., 2007) zur synchronistischen Theorie so genannter paranormaler Phänomene die eigentlich schon implizit gegebene und in der physikalischen Quantentheorie beweisbare Annahme, dass Verschränkungskorrelationen nicht zur Übertragung von Information oder zur kontrollierten kausalen Einwirkung verwendet werden können, zu einem expliziten Axiom NT („Non-Transmission") erhoben. Zweitens wurde die eher technische Annahme, dass „Observable auf Zuständen operieren", die in älteren Publikationen zur VQT auftauchte, aber nirgendwo gebraucht wurde, dahingehend abgeschwächt, dass dies nur noch für Propositionsobservable angenommen wurde. Was dies bedeutet, wird in Filk und Römer (2011), in verschiedenen Kapiteln dieses Buches und besonders im formaleren Abschlusskapitel 14 erklärt.

In vielen Vorträgen und Aufsätzen hat sich im Laufe der Jahre ein recht umfangreiches Gedankengebäude entwickelt, in dem einerseits die verschiedensten Anwendungen der VQT, auch zur Theorie „Paranormaler Phänomene", untersucht werden und anderseits ausgelotet wird, welche Konsequenzen die quantentheoretische Sicht der VQT für Weltbild, Naturphilosophie und Erkenntnistheorie hat. Dies ist insbesondere deshalb ein dringendes Anliegen, weil das vorherrschende physikalisch-reduktionistische Weltbild trotz all seiner Erfolge in wachsendem Maße als unvollständig, ungenügend und in seiner Einseitigkeit sogar gefährlich empfunden wird.

Für dieses Buch habe ich zwölf deutschsprachige Aufsätze aus dem Umkreis der VQT ausgewählt und in einigen Fällen verdeutlichend und aktualisierend ein wenig überarbeitet. Auch wurden die Literaturangaben auf den neuesten Stand gebracht, zusammengeführt und ans Ende gestellt. Es ist wahr, dass die englischen Veröffentlichungen zu diesen Themen größere Verbreitung und Resonanz gefunden haben, aber ich habe mir in höherem Alter doch gern die Freiheit genommen, in meiner Muttersprache zu schreiben. An positiver Resonanz auf die VQT hat es neben Ablehnung und Verständnislosigkeit von naturalistisch-reduktionistischer Seite nicht gefehlt. Zum Beispiel ist die synchronistische Deutung „paranormaler" Phänomene vielfach aufgegriffen worden. Es ist hier nicht möglich, näher auf die Reaktionen auf die VQT in der Fachliteratur einzugehen. Wer sich informieren möchte, wird durch Recherche u.a. unter den Namen D.J. Bierman, J.R. Busemeyer, Markus Maier, E. Pothos, D.I. Radin und P. Uzan fündig. In Deutschland hat außer meinen „Mitkämpfern" besonders die Münchener Gruppe um Markus Maier Überlegungen der VQT aufgegriffen, und zwar nicht nur zur Synchronizität, sondern auch zur Rolle der Zeit als eines menschlichen Existenzials, wie sie besonders in den Kapiteln 8, 9 und 10 zur Darstellung kommt (Maier et al., 2016). Der Bonner Philosoph Markus Gabriel ist mit mir in einen intensiven Dialog über die

VQT eingetreten und erwähnt sie positiv in seinen naturphilosophischen Publikationen (Gabriel, 2020; Gabriel & Eckold, 2019).

Mit etwas schwerem Herzen blieben recht oft zitierte englische Aufsätze zu Anwendungen der VQT auf Kippbilder und Fragebögen unberücksichtigt, in denen ein erweiterter, quantitative Aussagen erlaubender Formalismus der VQT herangezogen wird. Kippbilder sind graphische Darstellungen, die auf zwei verschiedene Weisen gesehen und gedeutet werden können, so dass die Wahrnehmung zwischen beiden Möglichkeiten hin- und herspringt. Bekannt sind vielleicht die Bilder von der alten und der jungen Frau, der Ente und dem Kaninchen oder der Necker-Würfel, der von schräg oben oder schräg unten gesehen werden kann. In den Arbeiten wurde dieses Verhalten modelliert und mit dem so genannten „Quanten-Zeno-Effekt" in Verbindung gebracht. Es konnte eine gut bestätigte Relation zwischen den dabei beteiligten physiologischen Zeitkonstanten hergeleitet werden (Atmanspacher et al., 2004, 2008). Kippfiguren waren Niels Bohr übrigens über den befreundeten Wahrnehmungspsychologen Edgar Rubin bestens bekannt, und es ist sehr wahrscheinlich, dass sie bei der Aufstellung des Konzeptes der Komplementarität mitgewirkt haben. In der Arbeit zu den Fragebögen konnte die Abhängigkeit der Wahrscheinlichkeit von Antworten von der Reihenfolge, in der die Fragen gestellt werden, erfolgreich modelliert werden (Atmanspacher & Römer, 2012 und Literaturangaben darin).

Bei der gewählten Konzeption dieses Buches ist es unvermeidlich, dass bei der Besprechung der VQT in den verschiedenen Kapiteln viele Wiederholungen auftreten. Das ist eher ein Vorteil als ein Nachteil. Erstens macht es die Kapitel voneinander unabhängiger und in beliebiger Reihenfolge lesbar. Zweitens hat die Erfahrung gezeigt, wie schwierig für den an der Klassischen Physik geschulten Leser das Verständnis der im Grunde einfachen Begrifflichkeit und Denkweise der Quantentheorie ist. Man kann hoffen, dass hier durch ständige Wiederholung allmählich Befremdung in Vertrautheit übergeht.

Der Beschreibung der VQT im Einzelnen soll in diesem einführenden Kapitel nicht vorgegriffen werden. Wir wollen hier nur einige entscheidende Grundzüge jeder quantenartigen Theorie zu Sprache bringen, die uns im Folgenden immer wieder begegnen werden.

Von überragender Bedeutung sind die Begriffe „Messung" und „Beobachtung". Damit ist, auch in Übereinstimmung mit der zeitgenössischen Erkenntnistheorie, etwas gemeint, was ich gern als den *phänomenalen Charakter der Welt* bezeichne: Welt ist uns nur als beobachtete und insofern gegeben, als und wie sie uns auf unserer inneren Bühne erscheint. Anderseits sind wir natürlich Teil der Welt und können sie nicht einfach von außen betrachten. Beobachter und Beobachtetes sind durch den *epistemischen Schnitt* voneinander getrennt, der in der Quantenphysik unter dem Namen *Heisenberg-Schnitt* bekannt ist. Die Lage des epistemischen Schnittes ist jeweils verschieden, wenn sich die Beobachtung auf den Mond, die eigene Hand oder die eigene seelische Befindlichkeit richtet, aber niemals kann er ganz zum Verschwinden gebracht werden.

Ebenso wichtig ist die Figur der *Faktizität*: Das Ergebnis einer Beobachtung / Messung ist faktisch, was sich auch darin zeigt, dass eine unmittelbare Wiederholung derselben Messung mit Sicherheit wieder dasselbe Ergebnis liefert. Die Wahl der Beobachtung liegt im Ermessen des Beobachters, über ihr Ergebnis hat er keine Verfügungsgewalt. Die Fragen an die Welt sind vorgebbar, aber nicht ihre Antworten. Diese von einer konstruktivistischen Position aus gar zu leicht unterschätzte Tatsache könnte man treffend als die *Widerständigkeit der Welt* bezeichnen.

Die dritte und für Quantentheorien besonders charakteristische Eigenschaft ist die *Unbestimmtheit*: Auch bei völliger Kenntnis des Zustandes eines beobachteten Systems ist das Ergebnis einer Beobachtung im Allgemeinen nicht vorbestimmt, sondern unbestimmt. Gewiss ist zunächst das Ergebnis der letzten Messung. Wird aber danach eine andere Beobachtung angestellt, so ist deren Ergebnis unbestimmt, und wiederholt man anschließend die erste Beobachtung, so ist ihr Ergebnis im Allgemeinen wieder unbestimmt. Die Faktizität des ersten Beobachtungsergebnisses ist also durch die andere Beobachtung zerstört worden. In diesem Sinne besteht eine Unverträglichkeit verschiedener Beobachtungsgrößen („*Observablen*"), die man als *Komplementarität* bezeichnet, Das Standardbeispiel aus der Quantenphysik ist die Komplementarität von Orts- und Impulsvariabler. Je genauer der Ort eines bewegten Körpers bekannt ist, desto ungewisser ist sein Impuls (Das ist Produkt von Masse und Geschwindigkeit.) und umgekehrt. (Für makroskopische Körper ist allerdings auch bei sehr genauer Orts- und Impulsbestimmung die Unbestimmtheit zahlenmäßig so klein, dass sie nicht wahrgenommen wird.)

Komplementarität bedeutet, wie wir sehen, also nicht weniger als eine erkenntnistheoretisch höchst bedeutsame *Einschränkung der simultanen Prädizierbarkeit*. Es ist nicht möglich, einer Substanz jede ihrer möglichen Eigenschaften (Akzidentien) ohne gegenseitige Einschränkungen mit Gewissheit zu- oder abzusprechen.

Da wegen der quantentheoretischen Unbestimmtheit eine Messung den Systemzustand im Allgemeinen verändert, kommt der Messung in der Quantentheorie, im Gegensatz zur Klassischen Theorie, eine Faktitizät nicht nur registrierende, sondern auch erzeugende Rolle zu. Eine Messung ist eine „Zumessung", eine „Feststellung" im doppelten Sinne, ein „Festzurren" und „Festklopfen". Mit dem Abschluss einer Messung ist im Allgemeinen Potentialität in Faktizität übergegangen.

Ein schöpferischer Akt als kreative Lösung eines schöpferischen Problems weist mit einem quantentheoretischen Messprozess mehr als nur eine äußerliche Ähnlichkeit auf.

Auch hier gilt: Freiheit in der Wahl des Problems, Widerständigkeit im Mangel an Kontrolle über das Resultat und Übergang von Potentialität in Faktizität. Auch hängt das Ergebnis schöpferischer Akte von ihrer Reihenfolge ab.

Betont sei schließlich noch, dass Komplementarität eine experimentell gut nachweisbare Eigenschaft ist.

Die Komplementarität in quantenartigen Theorien zieht weitere wichtige Folgerungen nach sich, von denen wir zwei besonders hervorheben wollen:

Die erste ist die *Nicht-Existenz der Bahn.* Um die Bahn eines mikroskopischen bewegten Körpers genau zu verfolgen, müsste man seinen Ort zu jeder Zeit kennen. Damit wäre aber auch die Geschwindigkeit als die Veränderung des Ortes zu jeder Zeit bestimmt, was wegen der Komplementarität von Ort und Impuls unmöglich ist. Allgemein ist es nicht möglich, die Veränderung eines Quantenzustandes messend zu verfolgen. Im Gegenteil kann man wegen der Faktizität des Messergebnisses durch rasch wiederholte Messung immer derselben Größe den Zustand des Systems „festnageln". Diese Tatsache ist unter dem Namen *Quanten-Zeno-Effekt* bekannt. Der Nicht-Existenz der Bahn entspricht die Unmöglichkeit, einem schöpferischen Vorgang über alle seine Zwischenstationen genau zu folgen.

Noch wichtiger ist das Auftreten von *Verschränkung.* Dieses Phänomen ist für das an der Klassischen Physik geschulte Verständnis so bizarr, dass Einstein es in seiner bekannten Arbeit mit Rosen und Podolski benutzen wollte, um die Quantenmechanik ad absurdum zu führen (Einstein et al., 1935). Die sehr treffende Bezeichnung „Verschränkung" (englisch „entanglement") stammt übrigens von Erwin Schrödinger. Inzwischen ist Verschränkung über jeden Zweifel hinaus tausendfach experimentell nachgewiesen, und es gibt bereits technische Anwendungen. Der Physik-Nobelpreis des Jahres 2022 wurde für Erfolge der Verschränkungsforschung verliehen. In der Quantenmechanik erklärt man Verschränkung im Allgemeinen mit Hilfe von Hilbertraum-Tensorprodukten. Eine genaue Analyse im Rahmen der VQT zeigt aber, dass der Grund für Verschränkung tiefer liegt, nämlich in der möglichen Komplementarität von globalen Beobachtungsgrößen, die sich auf ein System als Ganzes beziehen, und lokalen Beobachtungsgrößen, die zu Teilsystemen gehören. Wenn der Wert einer globalen Observablen bekannt und faktisch ist, dann sind die Messwerte lokaler Observablen im Allgemeinen unbestimmt. Es treten aber charakteristische *Verschränkungskorrelationen* auf, die von den Messwerten an einem Teilsystem Rückschlüsse auf Messwerte lokaler Beobachtungsgrößen an den anderen Teilsystemen erlauben. Verschränkungskorrelationen können nachweislich ohne zeitliche Verzögerung über sehr große Entfernungen bestehen. Ebenso wie Komplementarität ist Verschränkung experimentell gut zugänglich. Wichtig ist, dass Verschränkungskorrelationen nicht als Folge kausaler Auswirkungen der Messungen an einem Teilsystem auf die anderen Teilsysteme zustande kommen und sich auch nicht zum Austausch von Informationen zwischen den Teilsystemen verwenden lassen. Dies lässt sich für die Quantenmechanik explizit beweisen (Kap. 3) und wird, wie erwähnt, zur Vermeidung schwerer Paradoxa auch für die VQT als „Axiom NT“ gefordert.

Es ist eine wichtige und beherzigenswerte Botschaft der Quantentheorie, daran zu erinnern, dass Verständnis nicht nur durch den Aufweis von kausalen Wirkungsmechanismen gewonnen werden kann, wie unter dem Eindruck der Erfolge der Klassischen Physik oft stillschweigend angenommen wird. Verschränkung ist kein kausaler Mechanismus, sondern eine ganzheitliche „holistische“ Ordnungserscheinung. Die verschiedenen Teile eines Systems treten gemeinsam in den nicht-kausalen Zusammenhang eines gestalthaften Verschränkungsmusters.

Die ersten vier der zwölf in diesem Buch präsentierten Aufsätze behandeln Anwendungen der VQT.

Kapitel 2 enthält zunächst eine genaue Erklärung des Verschränkungsphänomens in Quantenmechanik und VQT und anschließend eine ganze Anzahl von Beispielen für Verschränkung in nicht-physikalischen Zusammenhängen, wo man sie nicht erwartet hätte.

Kapitel 3 ist der synchronistischen Theorie sog. paranormaler Phänomene gewidmet. Die parapsychologische Forschung geht oft die seltsamsten Wege bei der immer wieder frustrierenden Suche nach teils obskuren kausalen Einwirkungsmechanismen zur Erklärung paranormaler Erscheinungen. Hier ist die synchronistische Botschaft befreiend, dass solche Mechanismen gar nicht benötigt werden, wenn man diese Phänomene als „sinnvolle Zufälle“ deutet. Zufällig, weil nicht kausal bedingt, sinnvoll, weil sie einen sinnstiftenden bedeutungsvollen Zusammenhang, in dem sie eingebettet sind, spürbar machen. Nach dem soeben Gesagten ist es vom Standpunkt der VQT aus naheliegend, sie als Verschränkungserscheinungen zu deuten. Das Axiom NT gewinnt dabei entscheidende Bedeutung. Es scheint zunächst nur die Behauptung einer Unmöglichkeit zu enthalten, führt aber bei näherer Untersuchung zu positiven Konsequenzen, die sehr gut mit den gewonnenen Erfahrungen zu paranormalen Erscheinungen übereinstimmen. Überdies ergeben sich Hinweise zur Planung erfolgreicher parapsychologischer Experimente.

Im Psychosomatik-Kapitel 4 schlagen wir nach einer Übersicht über verschiedene Konzepte von „Seele“ in der philosophischen Tradition vor, Psychisches und Somatisches nicht zu scharf voneinander zu trennen, sondern als verschiedene, teilweise zueinander komplementäre Beobachtungsgrößen an einem einheitlichen System „Mensch“ im Sinne der VQT anzusehen. Diagnosen wie „psychisch“ oder „somatisch“ haben als „Messungen“ faktenerzeugenden Fest-Stellungscharakter, was auf eine besondere Verantwortung des Diagnosestellers hinweist.

Im Mittelpunkt von Kapitel 5 „Konsistente und inkonsistente Geschichten" steht das erwähnte Phänomen der „Nicht-Existenz der Bahn" in Quantentheorien. Es wird zunächst die „consistent histories"-Formulierung der Quantenphysik dargestellt und dann gezeigt, wie sich diese fast mühelos auf die VQT übertragen lässt. Danach ist der Weg frei, um die prinzipiellen Schwierigkeiten zu diskutieren, die sich ergeben, wenn dokumentierte, zeitlich markierte Fakten zu zusammenhängenden Geschichten gereiht, gewissermaßen „aufgefädelt" werden sollen. Wir illustrieren unsere Befunde durch Beispiele aus verschiedenen Bereichen.

In einer zweiten Gruppe von fünf Arbeiten geht es um philosophische und erkenntnistheoretische Konsequenzen der VQT, eine Frage, die mir sehr am Herzen liegt.

Kapitel 6 „Innen und Außen" kreist um den epistemischen Schnitt. Im Anschluss an Betrachtungen zu Leib und Haut als Grenze des Leibes zeigen wir, dass die Grenze zwischen Innen und Außen ebenso verschieblich ist wie der epistemische Schnitt und dass in manchen Fällen Innen und Außen geradezu miteinander vertauscht sind. Am Schluss steht eine Deutung des schwierigen Spätgedichtes „Gong" von Rainer Maria Rilke, in dem die „Umkehr der Räume" beschworen wird.

Im Kapitel 7 geht es um Schöpfertum und die Dialektik von „Finden" und „Erfinden". Die klassische Inspirationstheorie sieht die Quelle von schöpferischen Leistungen außerhalb und den Schaffenden als Sprachrohr und Vermittler. Im Gegensatz dazu verlegt die Vorstellung der freien Kreativität die Quelle ganz ins Innere des schöpferischen Individuums. Nach einer Betrachtung von göttlichem und menschlichem Schöpfertum begründen wir eine an der VQT orientierte vermittelnde Position. Entscheidend sind hierbei die oben erwähnte innere Verwandtschaft von Messprozess und schöpferischem Akt und Überlegungen zum epistemischen Schnitt, in dessen Nähe der Ursprung von Schöpfertum verortet wird.

Kapitel 8 enthält Reflexionen zur physikalischen und zur inneren Zeit. Die Prozessontologie (Whitehead, 1919, 1920; Rescher, 1996, 2000) betrachtet sich als Alternative zur klassischen Ontologie beharrender Substanzen, indem sie zeitliche Prozesse, Übergänge und Veränderung in den Mittelpunkt stellt. Zunächst wird die Problemstellung ausführlich beschrieben und das Zenonsche Paradoxon vorgestellt, dem zufolge man sich einen fliegenden Pfeil nicht zugleich in Bewegung und jederzeit an einem Ort befindlich denken kann. Die VQT erlaubt eine vermittelnde Position zwischen beiden Ontologien und eine Auflösung des Zenonschen Paradoxons. Zwar taucht Zeit in der VQT primär nur als die innere Zeit des Beobachters auf. Es ist aber möglich, eine Zeitobservable T zu definieren und zwischen zeitkompatiblen Observablen (Beobachtungsgrößen), die mit der Observablen T vertauschen, und *Prozessobservablen*, die zu T komplementär sind, zu unterscheiden. Diese Komplementarität ergibt die Lösung des Zenonschen Paradoxons und führt auf eine die Substanz- und Prozessontologie umgreifende neutrale Ontologie hin. Anhand der Erzählung „Tlön, Uqbal und Orbis Tertius" von J. L. Borges zeigen wir auf, wohin eine einseitige Prozessontologie führen kann. Schließlich wird über energieartige Prozessobservable und „akategoriale, meditative Zustände" als „Eigenzustände" von Prozessobservablen spekuliert.

Kapitel 9: Das Konzept der Emergenz wird gern im Namen eines abgemilderten physikalischen Reduktionismus herangezogen. Jenseits einer gewissen Komplexitätsschwelle sollen in physikalischen Systemen, eventuell in mehreren Stufen, von selbst überraschende neue Eigenschaften emergieren, d.h. auftauchen. Der ontologische Status der emergenten Ebene bleibt dabei im Vergleich zur Basisebene mehr oder weniger zweitrangig und untergeordnet. Zunächst ist viel Begriffsklärungs- und Definitionsarbeit im Zusammenhang mit verschiedenen Versionen der Konzepte „Emergenz" und „Supervenienz" zu leisten.

Drei Fragen drängen sich in diesem Zusammenhang auf:

Erstens: Was ist der genauere ontologische Status der emergenten Ebene im Vergleich zu ihrer Basis?

Zweitens: Wie steht es um den Neuigkeitswert des Emergenten?

Drittens: Wie sind kausale Rückwirkungen der sekundären, emergenten Ebene auf die primäre möglich? Dieses Problem wird manchmal als das Kimsche Dilemma (Kim, 2003) bezeichnet. Wir orientieren uns an der Beschreibung einer Reihe von Beispielen mehr oder weniger erfolgreicher Anwendungen des Emergenzprinzips.

Im Geiste der VQT erweist sich Folgendes als naheliegend: Die zusätzlichen Eigenschaften bei zunehmender Komplexität sind nicht wirklich neu, sondern kontextuell: Bereits vorher vorhandene Konzepte werden anwendbar und bedeutsam. In der Sprache der VQT bedeutet dies, dass zusätzliche Observable an Relevanz gewinnen, die mit den alten kompatibel oder auch zu ihnen komplementär sein können. Das Kimsche Dilemma löst sich aus dieser Sicht auf. Die neuen Observablen bringen nur andere Aspekte ins Spiel, unter denen ein System betrachtet werden kann. Ein untergeordneter ontologischer Status der neuen Observablen liegt nicht vor, und eine hierarchische Ordnung nach dem Muster „Physik, Chemie, Leben, Bewusstsein" braucht nicht in allen Fällen gegeben zu sein. Am Schluss von Kapitel 9 geht es um die Darwinsche Evolutionslehre, in der Emergenz als Prozess in der Zeit erscheint. Aus unserer Sicht ist der Zufall bei der Darwinschen Evolution nicht unbedingt blind, sondern vielleicht auch sinnvoll. Zurückgewiesen wird der Anspruch der *„evolutionären Erkenntnistheorie"* einer Überlegenheit des naturalistisch-reduktionistischen Weltbildes, da dieses das siegreiche Ergebnis erfolgreicher Evolution des menschlichen Erkenntnisapparates sei.

Kapitel 10 „Mythos und Symbol" hat eine erkenntnistheoretische und ontologische Zielsetzung. Es gibt eine unübersehbare Vielfalt praktischer und philosophischer Versuche des Menschen, in seiner Welt erzählend und symbolisierend Orientierung und ein Mindestmaß von Kontrolle zu gewinnen. Einige davon werden zur Vorbereitung auf das Folgende zunächst vorgestellt. Die VQT macht vollen Ernst mit der bereits erwähnten „Phänomenalität der Welt" als einer in Beobachtungen erscheinenden. Wie uns die Welt erscheint, ist ganz wesentlich durch eine Reihe von *Existenzialen* zu beschreiben, durch welche die Art und Weise unserer Existenz als bewusste und erkennende Wesen bestimmt ist. Wir behandeln einige davon im Einzelnen. Zwei davon stehen darauf besonders im Mittelpunkt der Betrachtung: Erstens *Zeitlichkeit*: Welt erscheint uns nicht als Panoramagemälde, sondern eher in der Art eines Films, in dem sich ein Fenster des *„Jetzt"* in die Zukunft bewegt und Vergangenheit hinterlässt. Zweitens *„Faktizität"*. Wir leben nicht nur in einer Welt von Möglichkeiten, sondern mehr noch in einer Welt von teilweise sehr harten Fakten. In der VQT tauchen Zeit und Faktizität erst wirklich im Zusammenhang mit einem menschlichen Beobachter auf. In diesem Kapitel wage ich mich in der ontologischen Spekulation weiter als sonst hervor, indem ich ein ontologisches Szenario einer zeitlosen Quantenwelt der Möglichkeiten entwerfe. Die Konsequenzen sind dramatisch.

Symbole und Mythen unterscheiden sich in ihrem Zeitbezug: Symbole sind weitgehend unzeitlich, während Mythen die Form von Erzählungen haben. Im abschließenden letzten Abschnitt schließlich versuchen wir zu zeigen, wie Symbolbeziehungen, Mythen und Rituale als Versuche der Weltorientierung im Rahmen unseres entworfenen ontologischen Szenariums einzuordnen sind.

Die letzten drei Kapitel sind Ausdruck einer Auseinandersetzung mit der gegenwärtig sehr verbreiteten Position des „Naturalismus", die man auch als physikalistischen Reduktionismus bezeichnen könnte. Der Naturalismus vertritt die Ansicht, dass die Welt im Wesentlichen als großes physikalisches System verstanden und auch beherrscht werden kann und sollte. Auch und gerade aus der Perspektive der VQT wird auf Schwächen und Widersprüchlichkeiten einer solchen Weltsicht hingewiesen.

Kapitel 11 befasst sich mit einem viel beachteten Buch von S. Hossenfelder, in dem die These vertreten wird, dass in der physikalischen Forschung das Streben nach Schönheit in die Irre führe und Mut zur Hässlichkeit gefordert wird. Nach einigen Erörterungen zur Ästhetik, die sich besonders auf Friedrich Schillers Definition von Schönheit als „Freiheit in der Erscheinung" stützen, wird an Beispielen die Schönheit physikalischer Theorien beobachtet und untersucht, worauf sie beruht. Es zeigt sich, dass die Schönheit einer physikalischen Theorie von ihrer Wahrheit nicht zu trennen ist und nur am Ende physikalischer Forschung als Belohnung steht, die freilich zuvor als Ansporn wirken kann.

Kapitel 12 ist eine Auseinandersetzung mit dem viel gepriesenen Bestseller *Homo Deus* von Y.N. Harari, der dem Umfeld des Kalifornischen Transhumanismus zuzurechnen ist. Diese von großen Konzernen wie Google unterstützte Bewegung arbeitet im Geiste eines physikalistischen Naturalismus mit Tatkraft, Zuversicht, Visionsfreudigkeit und einigem Idealismus am Unternehmen der Verbesserung des Menschen. Mit den gewaltigen Mitteln der Zukunftstechnologien, besonders unter Einsatz von künstlicher Intelligenz, soll der Mensch intelligenter, glücklicher, stärker, gesünder, ja unsterblich werden.

Zunächst werden mit ausführlichen Zitaten die Thesen Hararis referiert und anschließend, auch im Geiste der VQT, einer philosophischen und erkenntnistheoretischen Kritik unterzogen. Sie stehen nicht auf der Höhe zeitgenössischer philosophischer Reflexion, ignorieren, sehr zu ihrem Nachteil, die reiche philosophische Tradition, identifizieren in unzulässiger Weise eine Modellierung gewisser Züge der Welt mit dem Ganzen des Modellierten und weisen innere Widersprüche auf.

Kapitel 13 schließlich ist ganz einer kritischen Untersuchung des physikalistischen Naturalismus gewidmet. Es beginnt mit einer möglichst genauen Definition dessen, was unter „Physikalismus“ verstanden werden soll. Es folgen sechs Beispiele von physikalistischen Weltentwürfen physikalisch kompetenter Autoren. Anschließend weisen wir auf fragwürdige Voraussetzungen, erkenntnistheoretische Fehler und innere Widersprüchlichkeiten jedes physikalistischen Weltentwurfes hin. Die Leugnung jeder Willensfreiheit zerstört nach unserer Auffassung sogar die Bedingungen für die Möglichkeit wahrheitsfähiger Theoriebildungen. Wir schließen mit dem Hinweis auf mögliche nicht-physikalistische Weltmodelle, die den formulierten Ansprüchen genügen.

Im letzten Kapitel 14, das neu für dieses Buch geschrieben wurde, gebe ich zunächst eine vollständigere Darstellung des axiomatischen Formalismus der VQT. Ich erfülle mir damit einen Wunsch, den ich mir sonst in meinen nicht unmittelbar fachlichen Arbeiten versagen musste. In einem zweiten Teil, der auch neues Material enthält, untersuche ich durch einen strukturellen Vergleich von Klassischer Mechanik, Quantenmechanik und VQT die Möglichkeiten, den Formalismus der VQT schrittweise bis zum vollen Hilbertraum-Formalismus der Quantenmechanik zu erweitern. Für diesen Abschnitt wird, wenn schon nicht mathematische Kenntnis, so doch zumindest eine erhöhte Bereitschaft, sich auf mathematische Denkweisen und Begriffsbildungen einzulassen, vorausgesetzt.

Bevor wir in den folgenden Kapiteln zur Sache kommen, schließe ich dieses einleitende Kapitel mit dem Ausdruck der Hoffnung, dass sich etwas von der Freude, die ich bei meiner Arbeit an der VQT empfunden habe, auf den Leser übertrage.

Verallgemeinerte Quantentheorie in der Lebenswelt

2 Verschränkung

1. Einführung

Verschränkung ist eine unausweichliche Konsequenz der Quantenmechanik und tief in ihren Grundlagen verankert. Wenn man an einem Teil eines zusammengesetzten quantenmechanischen Systems eine Messung vornimmt, so kann es geschehen, dass einerseits das Ergebnis der Messung wesentlich unbestimmt, also auch bei maximaler Kenntnis des Systemzustandes nicht durch diesen festgelegt ist, und dass anderseits mit diesem Ergebnis sofort und ohne jede Verzögerung auch die Resultate anderer Messungen an unter Umständen weit entfernten anderen Teilen des Systems mit Sicherheit feststehen.

Bekanntlich hat Albert Einstein versucht (Einstein et al., 1935), dieses eigenartige Verhalten als Argument gegen die Quantenmechanik zu richten, die, wie er meinte, unvollständig und durch eine lokale, realistische Theorie ohne „spukhafte Fernwirkungen" zu ersetzen sei. Hierbei bedeutet „realistisch" die für Einstein selbstverständliche Forderung, dass der Ausgang jeder Messung an einem System durch eine Eigenschaft des Systems vorbestimmt sein muss.

Durch den experimentellen Befund einer Verletzung der Bellschen Ungleichungen muss es heute als entschieden gelten, dass eine lokale, realistische Theorie im Sinne Einsteins nicht an die Stelle der Quantentheorie treten kann. Verschränkungseffekte finden bereits technische Anwendungen und sind das wesentliche Funktionsprinzip, auf dem die Überlegenheit zukünftiger Quantencomputer im Vergleich zu klassischen Computern beruhen würde.

Viel von ihrem spukhaften Charakter verlieren die von Verschränkungseffekten herrührenden Korrelationen dadurch, dass sie nicht zur Übermittlung von Einwirkungen oder Signalen verwendbar sind (Eberhard, 1978; Lucadou et al., 2007; Kap. 3). Was aber bleibt, ist der „holistische Charakter" der Quantentheorie: Das Ganze eines zusammengesetzten Quantensystems ist nicht einfach die Summe seiner Teile. Vielmehr ordnen sich die Teile einem Ganzen so unter, dass ihr gegenseitiges Verhältnis nicht nur durch kausale Einwirkungen aufeinander, sondern ganz wesentlich auch durch ihren Platz in einer Einheit stiftenden Gesamtgestalt geregelt ist. Hierbei verlieren die Teile viel von ihrer Selbstständigkeit und werden in Quantensystemen gewissermaßen erst durch ihre Identifikation konstituiert.

Der treffende Ausdruck „Verschränkung" für dieses eigentümlich enge Wechselverhältnis der Teilsysteme wurde übrigens von Erwin Schrödinger geprägt.

Die Existenz „ursachenloser", nicht kausal vermittelter Korrelationen in der Quantentheorie wird weithin als verstörend empfunden. Der Grund hierfür liegt auf der Hand:

Die verinnerlichte Weltsicht der großen Mehrheit in der westlichen Welt ist noch immer vom mechanistischen Weltbild geprägt, und dies gilt für die praktizierte Wissenschaft sogar noch mehr als für den gelebten Alltag.

Von den vier Ursachen der klassischen Philosophie ist nur die „causa efficiens", die Wirkursache geblieben, nur sie ist noch gemeint, wenn von Kausalität die Rede ist – ein Sprachgebrauch, dem auch wir uns in dieser Arbeit anschließen. Wissenschaftliches Verständnis wird ganz selbstverständlich und geradezu zwanghaft mit Auffindung und Klärung kausaler Beziehungen im Sinne der „causa efficiens" gleichgesetzt. Das Weltganze wird als durchgängig kausal strukturiert angesehen, und hinzu kommt die intuitive Vorstellung eines starken Determinismus. Wenn aus praktischen Gründen bei (noch) nicht aufklärbaren Ursachen dem Zufall widerwillig ein Gastrecht eingeräumt wird, dann nur unter der strikten Bedingung, dass er auf jeden Fall als blind anzusehen sei.

Verdrängt wird meist die offensichtliche Tatsache, dass es sehr wohl viele legitime Gegenstände des Denkens, auch des wissenschaftlichen Denkens gibt, in denen Wirkursachen für das Verständnis keine Rolle spielen. Beispielsweise sind die Wechselbeziehungen der Seiten und Winkel eines Dreiecks sicher nicht durch Wirkursachen bestimmt. Dasselbe gilt, wann immer Strukturen, Formen und Muster ins Blickfeld rücken. Hierbei glaubt man allerdings, alles für das Verständnis Nötige geleistet zu haben, wenn man einen kausalen Mechanismus gefunden hat, durch den sie entstanden sein können.

Mit Sicherheit verliert der Satz vom zureichenden Grunde seine Gültigkeit, wenn nur Wirkursachen zugelassen werden.

Außerhalb der Hauptströmung hat es indessen immer wieder Angriffe auf das Erklärungsmonopol kausaler Beziehungen gegeben, und die Forderung, das Augenmerk auf Muster und Formen als vollberechtigte Gegenstände des Nachdenkens zu richten, ist nie verstummt. Gerade die nicht-kausalen Verschränkungskorrelationen in Quantensystemen haben in diesem Zusammenhang nicht selten eine paradigmatische Rolle gespielt.

Ein besonders klares Beispiel hierfür ist die *Synchronizitätstheorie* von C. G. Jung und Wolfgang Pauli (Atmanspacher et al., 1995; Atmanspacher & Primas, 2008). Sie wurde zunächst im Hinblick auf so genannte paranormale Phänomene formuliert, ist aber keineswegs auf diese beschränkt. Zentral ist hierbei die Vorstellung „sinnvoller Zufälle", bei denen die Beziehung zwischen Ereignissen nicht durch Wirkursachen, sondern durch ihren Platz in einem ganzheitlichen Sinnzusammenhang gegeben ist. Die Bezeichnung „Synchronizität" ist, wie schon von Pauli erkannt, nicht ganz glücklich, da die in ihr zentralen, nicht kausalen Korrelationen in ihrem Wesen keinerlei Bezug zur Zeit haben. Durch Gleichzeitigkeit über große Entfernungen tritt lediglich ihr nicht kausaler Charakter besonders klar hervor. Der Physiknobelpreisträger Wolfgang Pauli hat ausdrücklich auf die Ähnlichkeit derartiger synchronistischer Beziehungen mit quantenphysikalischen Verschränkungskorrelationen hingewiesen und ihre Untersuchung im Rahmen einer noch zu schaffenden „neuen Wissenschaft“ gefordert.

In dem Bestreben, Paulis Synchronizitätsvorstellung formal genauer auszuarbeiten, ist oft vermutet worden, synchronistische Korrelationen seien tatsächlich quantenphysikalische Verschränkungskorrelationen. Eine solche Ansicht erscheint uns aus mehreren Gründen als unhaltbar: Erstens zeugt eine solche Zurückführung auf einen rein quantenphysikalischen Effekt von einem stark physikalisch-reduktionistischen Weltverständnis, dem wir uns nicht anschließen können. Zweitens sind Effekte der Quantenphysik fast ausschließlich auf die mikroskopische physikalische Welt beschränkt, und die notwendigen Verstärkungsmechanismen, die für das Auftreten massiver quantenphysikalischer Effekte in unserer makroskopischen Lebenswelt vorgeschlagen werden, sind alles andere als überzeugend. Drittens ist die Verschränktheit eines quantenphysikalischen Zustandes eine äußerst labile und störbare Eigenschaft, die nur durch ausgeklügelte Mechanismen stabilisiert werden kann und umso schneller zum Verfall durch „Dekohärenz“ neigt, je größer und komplexer ein physikalisches System ist (Giulini et al., 1996). Was wirklich gebraucht wird, ist ein Formalismus, der die physikalische Quantentheorie so verallgemeinert, dass quantenartige Effekte wie Komplementarität und Verschränkung über den engeren Bereich der Physik hinaus formal definierbar und anwendbar bleiben. Synchronistische Erscheinungen beruhen in einem solchen Rahmen nicht auf Quantenphysik, sondern auf strukturellen Gemeinsamkeiten mit der physikalischen Quantentheorie.

Ein solcher Formalismus ist unter dem Namen „Schwache Quantentheorie“ oder auch „Verallgemeinerte Quantentheorie“ vom Autor dieser Studie zusammen mit H. Atmanspacher und H. Walach aufgestellt worden (Atmanspacher et al., 2002).

Die Verallgemeinerte Quantentheorie ist eine Theorie allgemeiner Systeme, die klassische Mechanik und Quantenmechanik als Spezialfälle einschließt, aber weit über beide hinausgeht. Grundbegriffe, die sie mit der klassischen und Quantenmechanik gemeinsam hat, sind

System: Ein *System* ist alles, was, wenigstens in Gedanken, vom Rest der Welt abgetrennt und zum Gegenstand einer Untersuchung gemacht werden kann. In einem System können unter Umständen *Teilsysteme* identifizierbar sein.

Zustand: Ein System kann in verschiedenen *Zuständen* existieren oder gedacht werden, ohne dabei seine Identität als System zu verlieren. Der Begriff des Zustandes enthält ein epistemisches Element, indem er auch Ausdruck des Wissens über ein System ist. Man kann ferner unterscheiden zwischen *reinen Zuständen*, die maximalem möglichem Wissen über ein System entsprechen, und *gemischten Zuständen*, in denen maximales Wissen nicht erreicht wird.

Observable: *Observable* entsprechen Zügen des Systems, die in (mehr oder weniger) sinnvoller Weise untersucht werden können. Wenn ein System Teilsysteme besitzt, kann man unterscheiden zwischen *globalen Observablen*, die sich auf das System als Ganzes beziehen, und *lokalen Observablen*, die zu Teilsystemen gehören.

Messung: Eine *Messung* einer Observablen A wird vorgenommen, indem man die Untersuchung, die zur Observablen A gehört, wirklich durchführt und zu einem Ergebnis kommt, das faktischen Charakter beansprucht. Wie dies im Einzelnen geschieht, muss zusammen mit der Definition des Systems festgelegt sein. Das Ergebnis einer Messung wird vom Zustand z des Systems abhängen, aber im Allgemeinen durch z nicht vollständig determiniert sein.

Die Verallgemeinerte Quantentheorie wird durch eine Reihe von Axiomen beschrieben, für die wir auf die oben zitierten Originalveröffentlichungen verweisen. Wir weisen hier nur auf einen wesentlichen Zug hin: Observable A können mit Funktionen identifiziert werden, die Zuständen z andere Zustände A(z) zuordnen. Im Allgemeinen ist $z \neq A(z)$. Das gilt sogar in klassischen Systemen für gemischte Zustände, da sich die Kenntnis eines Systems durch eine Messung im Allgemeinen ändert. In Quantensystemen ist generisch $z \neq A(z)$ auch für reine Zustände. Observable A und B können durch Hintereinanderschalten der ihnen entsprechenden Abbildungen verknüpft werden: $AB(z) = A(B(z))$.

Observable A und B heißen *kompatibel*, wenn $AB = BA$ und *inkompatibel*, oder *komplementär*, wenn $AB \neq BA$. Zwei Observable sind genau dann kompatibel, wenn die Reihenfolge der zugehörigen Messungen unerheblich ist. Komplementarität von Observablen tritt in der klassischen Mechanik nicht auf, sie ist ein wesentlicher Zug der Quantentheorie. Für die Quantenmechanik ebenso wie für die Verallgemeinerte Quantentheorie ist entscheidend, dass Messungen im Allgemeinen Zustände verändern: Wenn die Messung einer Observablen A zu dem Messergebnis α geführt hat, dann ist das System nach der Messung in einem so genannten *Eigenzustand* von A zum *Eigenwert* α, der dadurch gekennzeichnet ist, dass eine erneute Messung von A mit Sicherheit immer wieder dasselbe Ergebnis α liefert. Man kann zeigen, dass es für inkompatible Observablen A und B Messergebnisse α von A gibt, zu denen kein gemeinsamer Eigenzustand von A und B existiert. In diesem Fall ist es nicht möglich, dem betrachteten System zusätzlich zur Eigenschaft α zugleich einen scharfen Messwert β von B zuzuschreiben. Es ist dies die Grundstruktur der quantentheoretischen Komplementarität.

In einem allgemeineren, über den Bereich der Physik im engeren Sinne hinausgehenden Rahmen ist mit der Möglichkeit von Komplementarität immer dann zu rechnen, wenn die Veränderung von Zuständen durch Beobachtungen unvermeidlich ist. Das ist in exemplarischer Weise für Systeme der Fall, die bewusste, zur Selbstbeobachtung befähigte Individuen enthalten.

Verschränkung wird, wie sich zeigen wird, in Systemen der Verallgemeinerten Quantentheorie dann zu erwarten sein, wenn Komplementarität zwischen globalen und lokalen Observablen besteht.

Wir wollen uns in dieser Arbeit mit Erscheinungen beschäftigen, die sich als Verschränkungsphänomene in einer Verallgemeinerten Quantentheorie deuten lassen. Hierbei wird nicht der Anspruch erhoben, dass jede andere Deutung unmöglich oder weniger sinnvoll wäre. Wir hoffen aber zu zeigen, wie sich durch Anwendung eines verallgemeinerten Verschränkungsbegriffes viele verschiedene Phänomene in einem gemeinsamen, andersartigen und erhellenden Licht darstellen.

Hierzu werden wir wie folgt vorgehen:

Im folgenden Abschnitt 2 werden wir das Phänomen der quantenphysikalischen Verschränkung an dem einfachsten Beispiel eines Systems von zwei Teilchen mit Spin ½ erläutern. In Abschnitt 3 folgt eine allgemeine Betrachtung zu kausalen und nicht kausalen Korrelationen. Besonders werden wir uns mit Verschränkungskorrelationen in der Verallgemeinerten Quantentheorie und ihrer Unterscheidung von andersartigen Korrelationen befassen. Eine wesentliche Forderung wird das NT-Axiom sein, welches besagt, dass Verschränkungskorrelationen nicht zur Übermittlung von Signalen und Einwirkungen verwendbar sind (Lucadou et al., 2007). Im zentralen Abschnitt 4 werden wir an zehn verschiedenen Beispielen aufzeigen, wie sich in sehr unterschiedlichen Zusammenhängen die Begrifflichkeit von Verschränkungskorrelationen der Verallgemeinerten Quantentheorie anwenden lässt. Abschnitt 5 ist zusammenfassenden Schlussbemerkungen vorbehalten.

2. Verschränkung in der Quantenmechanik

Um eine möglichst klare Vorstellung von der Natur quantenpysikalischer Verschränkungskorrelationen zu vermitteln, wollen wir in diesem Abschnitt ein einfaches Beispiel näher beschreiben, bei dem die wesentlichen Züge besonders deutlich hervortreten. Wir werden ein System von zwei Teilchen mit Spin ½ betrachten. Das hat den Vorteil, dass es für die dabei auftretenden (lokalen) Observablen nur jeweils zwei mögliche Messwerte +1 und −1 geben kann. Auf eine vollständige Behandlung im quantenmechanischen Formalismus müssen wir hier allerdings verzichten. Eine allgemein verständliche und sehr lesenswerte Darstellung findet man bei Audretsch (2002). Spin ist ein innerer Drehimpuls, der Teilchen wie dem Elektron oder dem Proton zukommt. Die Komponenten des Spins längs einer beliebigen Geradenrichtung R sind die Spinobservablen des Teilchens, die wir mit σ_R bezeichnen wollen. Elektronen und Protonen sind besonders einfache Teilchen, so genannte Spin ½-Teilchen. Für sie haben die Spinobservablen σ_R nur zwei mögliche Messwerte, nämlich +1: Spin in Richtung von R und –1: Spin in Gegenrichtung von R. Für die folgenden Diskussionen verwenden wir für jedes Teilchen nur drei Spinobservable σ_1, σ_2, und σ_3, die zu drei zueinander senkrechten Geradenrichtungen gehören. Je zwei der Observablen σ_1, σ_2, und σ_3 sind zueinander komplementär. In unserem Falle liegt sogar maximale Komplementarität vor (vergleiche Abbildung 1):

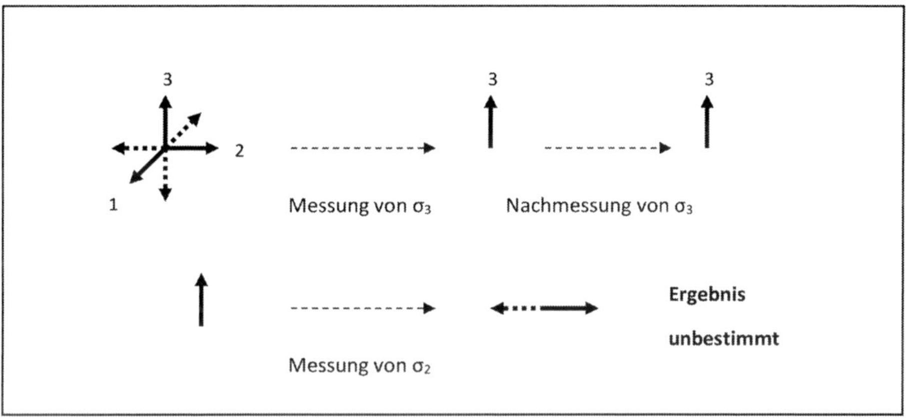

Abbildung 1: Messung von Spinobservablen

Die Messung einer Observablen, etwa von σ_3, habe einen Messwert, etwa +1 ergeben. Dann liegt nach der Messung ein Eigenzustand, nämlich ein solcher Zustand vor, dass jede erneute Messung von σ_3 mit Sicherheit immer wieder denselben Messwert +1 ergibt. Misst man dann aber anschließend eine andere Spinobservable, etwa σ_2 , so ist das Messergebnis gänzlich unbestimmt, und man wird für σ_2 die Messwerte +1 oder –1 mit jeweils 50 % Wahrscheinlichkeit erhalten.

Zur Diskussion von Verschränkungseffekten betrachten wir nun ein System aus zwei derartigen Teilchen mit Spin ½ und den sechs lokalen Spinobservablen $\sigma_1^{(1)}$, $\sigma_2^{(1)}$, $\sigma_3^{(1)}$ sowie $\sigma_1^{(2)}$, $\sigma_2^{(2)}$, $\sigma_3^{(2)}$, von denen sich die ersten drei auf das erste und die letzten drei auf das zweite Teilchen beziehen.

Die beiden Teilchen dürfen räumlich sehr weit voneinander getrennt sein, und je zwei auf verschiedene Teilchen bezogene Observable sind miteinander kompatibel, also $\sigma_i^{(1)}\,\sigma_j^{(2)} = \sigma_j^{(2)}\,\sigma_i^{(1)}$ für i, j =1, 2, 3. Hingegen sind je zwei auf dasselbe Teilchen bezogene Observable zueinander komplementär. Das System aus zwei Teilchen befinde sich, bevor an ihm weitere Messungen vorgenommen werden, nun im so genannten *Singulettzustand.* Das ist ein verschränkter Zustand, der im quantenmechanischen Formalismus, den wir, wie gesagt, hier nicht entwickeln können, durch

$$\Psi = \frac{1}{\sqrt{2}}(\psi^{(1)}_{3,+1}\psi^{(2)}_{3,-1} - \psi^{(1)}_{3,-1}\psi^{(2)}_{3,+1})$$

beschrieben wird. Nachfolgende Messungen an dem zunächst im Singulettzustand befindlichen System ergeben Folgendes (Vergleiche Abbildung 2):

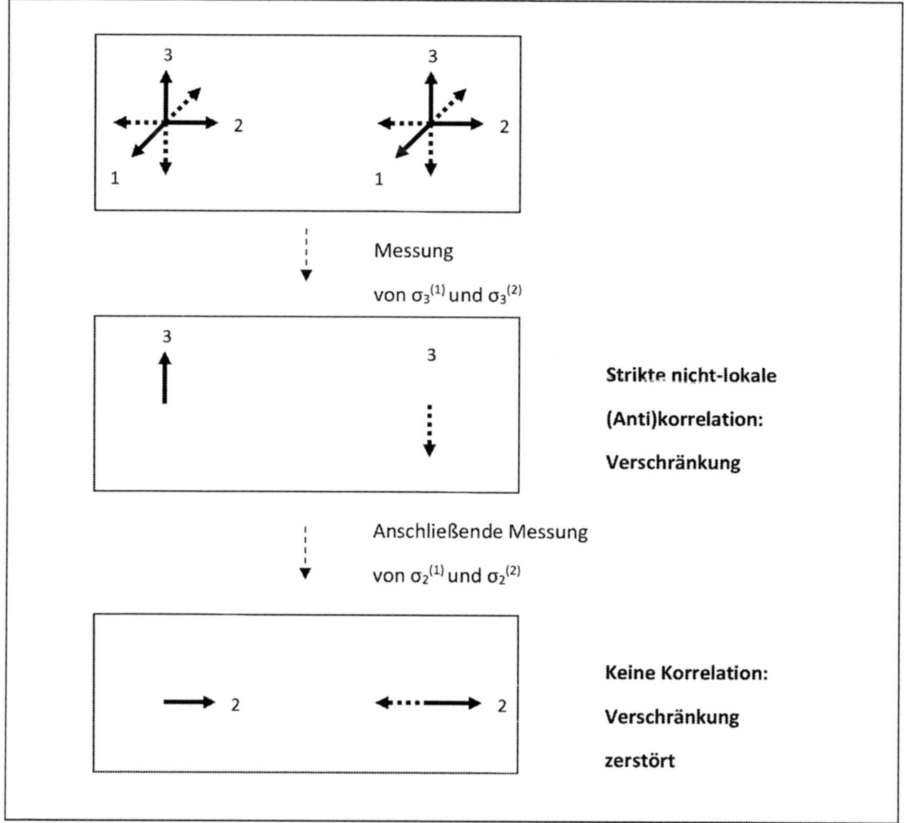

Abbildung 2: Verschränkung für zwei Spins

Eine Messung einer Spinobservablen, etwa $\sigma_3^{(1)}$, am ersten Teilchen ergibt mit jeweils 50% Wahrscheinlichkeit die Messwerte +1 oder −1. Dieses Resultat war zu erwarten. Überraschend sind die Ergebnisse einer anschließenden Messung der entsprechenden

Spinobservable $\sigma_3^{(2)}$ an dem zweiten Teilchen. Es ergibt sich immer das entgegengesetzte Resultat der Messung am ersten Teilchen, also –1, wenn +1 am ersten Teilchen gemessen wurde, und +1, wenn –1 das Ergebnis der Messung am ersten Teilchen war.

Dies ist ein erstes drastisches Beispiel für eine *Verschränkungskorrelation* (die sich in diesem konkreten Fall als Antikorrelation erweist). Obwohl das Messergebnis am ersten Teilchen unvorhersehbar war, bestimmte es anschließend sofort das Messergebnis einer Observablen am zweiten Teilchen. Da die beiden Teilchen beliebig weit voneinander entfernt sein dürfen, darf man nicht annehmen, dass das Messergebnis am ersten Teilchen in irgendeiner Weise als Nachricht an das zweite Teilchen übermittelt worden wäre. Vielmehr müssen die Verschränkungskorrelationen im Singulettzustand des Zweiteilchensystems ihren Ursprung haben. Denkbar wäre nun, dass die Messwerte von $\sigma_3^{(1)}$ und $\sigma_3^{(2)}$ bereits vor den Messungen durch irgendeine unbeobachtete oder gar unbeobachtbare zusätzliche Eigenschaft des Singulettzustandes bestimmt gewesen wären. Das würde gerade der in der Einleitung erwähnten Realismusforderung Albert Einsteins entsprechen. Eine genauere Analyse zeigt aber, dass wegen der Verletzung der Bellschen Ungleichungen, die ebenfalls an demselben Zweispinsystem festgestellt werden kann, auch diese Möglichkeit auszuschließen ist.[1]

Wegen der Kompatibilität von $\sigma_3^{(1)}$ und $\sigma_3^{(2)}$ hätte man dieselben drastischen Verschränkungskorrelationen auch gefunden, wenn man zuerst am zweiten und dann am ersten Teilchen gemessen hätte. Auch ergeben sich für Messungen mit anderen Paaren einander entsprechender Observablen, etwa mit $\sigma_2^{(1)}$ und $\sigma_2^{(2)}$, dieselben Verschränkungskorrelationen.

Dass die Verschränkungskorrelationen eine Eigenschaft des Singulettzustandes sind, sieht man auch daran, dass sie nach der Messung von $\sigma_3^{(1)}$ und $\sigma_3^{(2)}$, durch die der Zustand verändert worden ist, nicht mehr auftreten. Wenn man nämlich nach diesen Messungen die Observablen $\sigma_2^{(1)}$ und $\sigma_2^{(2)}$ misst, so findet man unkorrelierte Ergebnisse: Zunächst liefert eine Messung von $\sigma_2^{(1)}$ wieder die Werte +1 oder –1 mit jeweils 50% Wahrscheinlichkeit. Dasselbe gilt nun aber auch für die Messung von $\sigma_2^{(2)}$, und zwar unabhängig vom Messergebnis von $\sigma_2^{(1)}$. Die Verschränkungseigenschaft des Singulettzustandes ist also verloren gegangen und liegt in dem neuen Zustand nach den ersten Messungen nicht mehr vor.

---

1 Genaueres zu den Bellschen Ungleichungen und zur Verschränkung findet man in allgemein verständlicher Form beispielsweise in Audretsch (2002). Eine vollständige Behandlung im quantenphysikalischen Formalismus ist enthalten in Nielsen & Chuang (2000), *Quantum Computation and Quantum Information.* Für den aktuellen Forschungsstand zu Verschränkungen sei verwiesen auf die Übersichtsartikel: Plenio & Virmani (2007) und Horodecki et al. (2007).

Wir sehen in Abbildung 2 auch, dass die Verschränkungseigenschaft des Singulettzustandes nicht zur Signalübermittlung verwendet werden kann. Wenn man die Observable $\sigma_3^{(2)}$ misst, ohne das Ergebnis einer vorangegangenen Messung von $\sigma_3^{(1)}$ im Singulettzustand zu kennen, dann erhält man wieder die Werte +1 oder −1 mit je 50% Wahrscheinlichkeit, da ja die Messung von $\sigma_3^{(1)}$ je 50% für +1 und −1 ergeben hat und die nachfolgende Messung von $\sigma_3^{(2)}$ immer das umgekehrte Resultat liefern muss. Dieselbe Gleichverteilung der Messwerte von $\sigma_3^{(2)}$ findet man aber auch, wenn am ersten Teilchen eine andere Observable oder auch überhaupt nicht gemessen worden ist. Es ist also nicht möglich, durch Messung am ersten Teilchen die Wahrscheinlichkeitsverteilung von Messwerten am zweiten Teilchen zu verändern, ohne Informationen über Art und Ergebnis der ersten Messung bekannt zu geben.

Wir erwähnten schon, dass ganz allgemein Verschränkungskorrelationen nicht zur Übermittlung von Nachrichten oder Einwirkungen verwendbar sind.

Eine genauere quantentheoretische Analyse zeigt, dass der Ursprung der Verschränkung in dem Zweispinsystem in der Existenz einer globalen Observablen Σ^2 liegt, die komplementär zu den lokalen Observablen $\sigma_1^{(1)}$, $\sigma_2^{(1)}$, $\sigma_3^{(1)}$, $\sigma_1^{(2)}$, $\sigma_2^{(2)}$, $\sigma_3^{(2)}$ ist. Der Singulettzustand Ψ ist ein Eigenzustand von Σ^2, d.h. jede Messung von Σ^2 im Zustand Ψ liefert mit Sicherheit immer denselben Messwert. (In diesem Fall den Messwert Null.) (Im quantenmechanischen Formalismus ist

$$\Sigma^2 = \sum_{i=1}^{3} (\sigma_i^{(1)} + \sigma_i^{(2)})^2 \quad \text{und} \quad \Sigma^2\, \Psi = 0.)$$

Das Zweispinsystem ist repräsentativ für Systeme mit Verschränkung, die natürlich auch mehr als nur zwei Teilsysteme enthalten können.

Als Ergebnis der etwas mühsamen und umständlichen Überlegungen dieses Abschnitts halten wir für Verschränkungskorrelationen in der physikalischen Quantentheorie als charakteristische Eigenschaften fest:

A) Verschränkungskorrelationen zwischen den Messwerten lokaler Observablen sind nicht kausalen Ursprungs, bestehen also nicht in Wechselwirkungen zwischen den Teilen eines zusammengesetzten Systems, sondern sind eine Eigenschaft der Zustände.

B) Verschränkungskorrelationen können nicht zur Übermittlung von Nachrichten oder Einwirkungen Verwendung finden.

C) Die Möglichkeit von Verschränkungskorrelationen beruht auf der Komplementarität von globalen und lokalen Observablen. Unverschränkte reine Zustände sind Eigenzustände lokaler Observablen, verschränkte reine Zustände sind Eigenzustände globaler Observablen. Betont sei, dass diese Komplementarität experimentell überprüfbar ist.

D) Die Messwerte lokaler Observablen an einem System in einem verschränkten Zustand sind vor der Messung unbestimmt im Sinne der Quantentheorie und nicht nur unbekannt wegen unvollständiger Kenntnis des Zustandes.

3. Kausale und nicht kausale Korrelationen

In diesem Abschnitt wollen wir Verschränkungskorrelationen in dem wesentlich weiteren Rahmen der Verallgemeinerten Quantentheorie betrachten und von andersartigen Korrelationen abgrenzen. Gute Dienste werden uns hierbei die vier Kriterien vom Ende des letzten Abschnitts leisten, von denen übrigens auffallenderweise drei negative Bestimmungen sind.

Von Korrelationen zwischen zwei Teilsystemen S_1 und S_2 spricht man immer dann, wenn die Ergebnisse von Messungen an einem der Teilsysteme Rückschlüsse auf Messergebnisse an dem anderen Teilsystem erlauben. Art und Stärke der Korrelationen hängen dabei von den betrachteten lokalen Observablen und vom Zustand des Gesamtsystems ab. Eine Korrelation zwischen S_1 und S_2 kann zur Übermittlung von Nachrichten von S_1 nach S_2 verwendet werden, wenn es möglich ist, S_1 gezielt so zu manipulieren, dass durch Messungen an S_2 nur auf Grund der Korrelation und ohne weiteren Informationsaustausch Rückschlüsse auf die Tatsache und die Art der Manipulation an S_1 möglich sind. Wir wollen nun unterscheiden:

1) *Kausale Korrelationen* zwischen S_1 und S_2 kommen durch kausale Einwirkungen zustande. Man kann weiter trennen zwischen

1a) *Einwirkungen* von S_1 auf S_2, symbolisch angedeutet durch

$$S_1 \longrightarrow S_2$$

1b) *Wechselwirkungen* zwischen S_1 und S_2, symbolisiert durch

$$S_1 \rightleftarrows S_2$$

Beispiele wären etwa eine Grimasse von S_1 und die beleidigte Reaktion von S_2 beziehungsweise ein erregter Disput zwischen S_1 und S_2. Es bedarf wohl keiner weiteren Erklärung, dass bei geeigneten Manipulationsmöglichkeiten kausale Korrelationen zum Signalaustausch brauchbar sind.

Die oben genannten Kriterien A, B und C sind für kausale Korrelationen nicht erfüllt. Ob D erfüllt ist, hängt davon ab, ob die Systeme S_1 und S_2 klassisch oder quantenartig sind.

2) *Korrelation durch gemeinsame Ursache.* Solche Korrelationen zwischen zwei Systemen S_1 und S_2 kommen dadurch zustande, dass beide Systeme kausal von einem dritten System S_3 beeinflusst wurden. Eine solche Situation ließe sich durch ein Diagramm

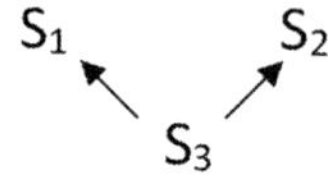

symbolisieren. Ein Beispiel für eine derartige Korrelation ist die Tatsache, dass Menschen und Krokodile von gemeinsamen Vorfahren jeweils vier mehrstrahlige Gliedmaßen geerbt haben. Ein anderes Beispiel ist der gleichzeitige Anstieg des Wasserverbrauches in vielen Haushalten bei Beginn oder Ende mancher Fernsehsendungen.

Kriterium A ist erfüllt, da es sich nicht um eine Einwirkung von S_1 auf S_2 handelt, Kriterium B gilt ebenfalls, da es an der freien Manipulierbarkeit von S_1 fehlt, auf Kriterium C werden wir später eingehen, und mit Kriterium D verhält es sich so wie im Falle 1).

Die Korrelationen vom Typ 1) und 2) haben gemeinsam, dass bei ihrem Zustandekommen Kausalität beteiligt ist. Man kann diese Gemeinsamkeit durch die Bezeichnungen *„horizontale Kausalbeziehung“* und *„vertikale Kausalbeziehung“* berücksichtigen. Nur eine horizontale Kausalbeziehung taugt zum Signalaustausch.

3) Einen dritten Typ von Korrelationen wollen wir in Ermangelung eines eingebürgerten Namens mit der Bezeichnung *„schwarze und weiße Kugel“* belegen.

Wir stellen uns vor, eine schwarze und eine weiße Kugel von gleicher Größe und gleichem Gewicht würden in zwei gleich aussehende Pakete verpackt. Die Pakete würden so lange vertauscht, bis niemand mehr wüsste, in welchem sich die schwarze und die weiße Kugel befände. Anschließend wird das eine Paket nach Berlin und das andere nach Hongkong versandt. Wenn sichergestellt ist, dass beide Pakete angekommen sind, wird das Berliner Paket geöffnet. Wenn es etwa die weiße Kugel enthält, ist augenblicklich und ohne jede kausale Einwirkung sicher, dass das Paket in Hongkong eine schwarze Kugel enthält. Wir haben hier also wieder ein markantes Beispiel für eine nicht kausale Korrelation. Sicher handelt es sich hier nicht um Komplementarität oder eine Unbestimmtheit vom quantentheoretischen Typ, sondern um ein rein klassisches Phänomen. Die Kriterien C und D sind also sicher nicht erfüllt, wohl aber A und auch B, denn eine planmäßige Manipulation ist nicht möglich, da vor dem Öffnen eines Paketes niemand wissen kann, welche Kugel sich in welchem Paket befindet.

Einsteins Annahme des lokalen Realismus läuft darauf hinaus, dass die quantentheoretischen Verschränkungskorrelationen in Wirklichkeit nur von der Art der Korrelation der schwarzen und weißen Kugel seien. Wie gesagt, kann diese Annahme für die physikalische Quantentheorie mit Hilfe der Bellschen Ungleichungen experimentell widerlegt werden. Im Formalismus der Quantenphysik gesprochen, befinden sich die beiden Kugeln vor dem Öffnen der Pakete in einem nicht verschränkten gemischten Zustand. Ob die für Verschränkung entscheidende Komplementarität von globalen und lokalen Observablen vorliegt, ist experimentell nachprüfbar.

4) Verschränkungskorrelationen in der Quantenphysik sind durch die Kriterien A–D gekennzeichnet, keine der drei bisher genannten Typen von Korrelationen erfüllt für klassische Systeme alle von ihnen. Wir wollen uns nun der Frage zuwenden, was wir für Verschränkungskorrelationen in der Verallgemeinerten Quantentheorie verlangen sollten. Die Frage nach der Gültigkeit von D in der Verallgemeinerten Quantentheorie führt auf die Frage, wie die Unbestimmtheiten von Messergebnissen in der Verallgemeinerten Quantentheorie zu verstehen sind. Sind sie epistemischer Art, also nur durch unvollständige Kenntnis des Zustandes bedingt, oder ontischer Natur, also auch bei vollständiger Kenntnis des Zustandes noch vorhanden? In der Quantenphysik kann diese Frage durch die Bellschen Ungleichungen zugunsten des ontischen Charakters entschieden werden, die Axiome der Verallgemeinerten Quantentheorie liefern keine Grundlage für die Ableitung Bellscher Ungleichungen (Atmanspacher et al., 2002). Für sie hängt die Antwort von dem jeweils betrachteten System ab. Die Quantenmechanik ist ein Spezialfall der Verallgemeinerten Quantentheorie, und für sie sind die Unbestimmtheiten bestimmt ontischer Natur. Die entscheidende strukturelle Gemeinsamkeit zwischen Quantenmechanik und Verallgemeinerter Quantentheorie besteht darin, dass im Allgemeinen Messungen in unvermeidbarer Weise den Zustand ändern. Diese Änderung könnte, wie in der Quantenmechanik, eine wesentliche Reduktion des Zustandes durch Messung sein, sie könnte aber auch, zumal bei komplexen, nicht vollständig kontrollierbaren Systemen, ihren Ursprung in einer unvermeidlichen und unkontrollierbaren Störung des Zustandes durch die Messung haben. Ebenso könnte der Grund für Unbestimmtheiten und Komplementaritäten in der Verallgemeinerten Quantentheorie in manchen Fällen ontischer Natur sein, in anderen auf unvollständiger Kenntnis des Zustandes oder Störungen durch die Umwelt des Systems einschließlich des „Messgerätes" beruhen.

Die Verallgemeinerte Quantentheorie ist eine Rahmentheorie für Systeme allgemeinster Art. Beispielsweise können sich komplexe klassisch-physikalische Systeme bei unvollständiger Kontrolle und Beschränkung auf einen begrenzten Satz von Observablen phänomenologisch wie Quantensysteme im Sinne der Verallgemeinerten Quantentheorie mit komplementären Observablen verhalten. Wenn man die Verallgemeinerte Quantentheorie als eine phänomenologische allgemeine Systemtheorie versteht, dann kann und muss die Frage nach dem ontischen oder epistemischen Charakter der auftretenden Unbestimmtheiten also offen bleiben.

Da sich bei einem solchen phänomenologischen Verständnis der Verallgemeinerten Quantentheorie unkontrollierbare kausale Wechselwirkungen nicht ausschließen lassen, sind die Kriterien A und B durch etwas vorsichtigere Formulierungen zu ersetzen:

A') Verschränkungskorrelationen zwischen den Messwerten lokaler Observablen sind nicht *kontrollierbar* kausalen Ursprungs, bestehen also nicht in kontrollierbaren Wechselwirkungen zwischen den Teilen eines zusammengesetzten Systems, sondern sind eine Eigenschaft der Zustände.

B') Verschränkungskorrelationen können nicht zur Übermittlung von Nachrichten oder *kontrollierbaren* Einwirkungen Verwendung finden.

Offenbar folgt A' aus A und B' aus B.

An anderer Stelle (Lucadou et al., 2007) wurde B' als Axiom NT formuliert und als grundlegend für Anwendungen der Verallgemeinerten Quantentheorie erkannt.

Kriterium D ist im Vergleich zu seiner Verneinung die schwächere Annahme. Die Behauptung, Unbestimmtheiten von Messwerten seien lediglich epistemischen Ursprunges, unterstellt nämlich die Existenz zusätzlicher unbeobachteter oder unbeobachtbarer Eigenschaften von Systemzuständen. In der Tat haben Systeme vom klassischen Typ im Rahmen der Verallgemeinerten Quantentheorie die zusätzliche Eigenschaft, dass für sie je zwei Observable miteinander vertauschbar sind.

Ebenso ist das Kriterium C schwächer als seine Verneinung. C ist nämlich eine Explikation von A', wenn nicht unterstellt wird, dass Korrelationen ohne kontrollierbaren kausalen Hintergrund dennoch eine klassisch kausale Erklärung haben.

Wir sollten also die eingangs gestellte Frage, was für Verschränkungskorrelationen in der Verallgemeinerten Quantentheorie zu fordern sei, wie folgt beantworten:

Verallgemeinerte Verschränkungskorrelationen erfüllen die Kriterien A', B', und, richtig interpretiert, C und D.

In einigen besonders günstigen Fällen lässt sich ausnahmsweise die Möglichkeit kausaler Einwirkungen ausschließen, zum Beispiel bei weiter räumlicher Trennung der Teilsysteme oder dann, wenn die Wirkung der Ursache vorausgehen müsste. Wenn für die Erklärung von Korrelationen keine klar identifizierbaren kausalen Mechanismen zu erkennen sind, besteht die vorsichtigste Annahme darin, sie, wenigstens bis auf weiteres, als verallgemeinerte Verschränkungskorrelationen aufzufassen, statt sie voreilig einem der Typen 1) bis 3) zuzuordnen.

Eine solche vorschnelle Zuordnung nicht (erkennbar) kausaler Konstellationen geschieht allzu leicht unter dem mächtigen Druck des Vorurteils, jede wirklich befriedigende

Erklärung eines Sachverhaltes oder Zusammenhanges müsse eine Kausalerklärung sein.

Wie schon in der Einleitung erwähnt, ist es das Hauptanliegen dieser Studie, auf die Bedeutung nicht kausaler Korrelationen und Erklärungen hinzuweisen.

Zu ihrer einheitlichen Beschreibung stellt die Verallgemeinerte Quantentheorie ein geeignetes begriffliches Bezugssystem bereit, in dem sie als (verallgemeinerte) Verschränkungskorrelationen ihren wohl bestimmten Platz finden. Durch ihre Behandlung als Verschränkungskorrelationen treten besonders folgende Züge nicht kausaler Korrelationen klar hervor:

- Die Korrelationen haben ihren Ursprung im Zustand einer integrierenden Ganzheit, die weit mehr als die bloße Summe ihrer Teile ist.
- Auch bei einer Konzentration des Augenmerks auf die Teile bleibt das Ganze in Form von Verschränkungskorrelationen zwischen den Teilen anwesend.
- Wichtig ist das komplementäre Verhältnis von globalen und lokalen Observablen. Hierbei beziehen sich typischer Weise globale Observable auf Muster, Konstellationen und Sinnzusammenhänge des Ganzen.
- Die Teilsysteme verlieren im Ganzen viel von ihrer Selbstständigkeit. Ihre Konstituierung ist keineswegs eine unproblematische Operation, sondern ein entscheidender, geradezu schöpferischer Akt. Auf diesen Umstand hat für die Quantentheorie G. Mahler wiederholt mit Nachdruck hingewiesen (Mahler, 2004; Gemmer & Mahler, 2001). Auch wird in vielen Schöpfungsmythen die Teilung einer ursprünglichen Einheit als entscheidender kosmogonischer Vorgang dargestellt.

Es soll hier keineswegs im Sinne eines „alles oder nichts" die Bedeutung kausaler Einwirkungen heruntergespielt oder gar bestritten werden. Es werden sogar verschränkte Zustände oft, wenn nicht meistens durch Kausaleinwirkungen präpariert. Es geht lediglich darum, der von vornherein verfehlten Vorstellung eines Erklärungsmonopols kausaler Zusammenhänge entgegenzutreten.

Die Grundthese dieser Arbeit, dass Kausalbeziehungen nicht der einzige legitime „Anordner" für das Weltverständnis sind, scheint gegenwärtig in den Hintergrund getreten zu sein.

In der philosophischen Tradition findet sie in den verschiedensten Formen Ausdruck. Einige Beispiele seien hier genannt:

- Das Tao der chinesischen Philosophie ist eine Weltharmonie, die allen Einzelerscheinungen ihren Platz und Sinn zuweist.
- Eine ähnliche Bedeutung hat die Vorstellung einer prästabilierten Harmonie bei Leibniz (Walach et al., 2006).

- Die teleologische Betrachtungsweise hat nicht kausale Sinnbeziehungen zum Gegenstand.
- Kant unterscheidet ein Reich der Notwendigkeit von einem nicht kausal strukturierten Reich der Freiheit.
- In dieselbe Richtung weist Pascals Unterscheidung zwischen „ordre de la géométrie“ und „ordre du cœur“.
- In seinem Aufsatz „Transcendente Spekulation über die scheinbare Absichtlichkeit im Schicksale des Einzelnen“ (Schopenhauer, 1851) vergleicht Schopenhauer sehr einprägsam und anschaulich Ereignisse mit Punkten auf einer Kugeloberfläche, wobei kausal zusammenhängende Ereignisse auf einem gemeinsamen Längenkreis liegen, während in einem Sinnzusammenhang stehende Ereignisse auf einem und demselben Breitenkreis ihren Ort haben.
- C.G. Jung und W. Pauli haben diesen Aufsatz Schopenhauers bei der Formulierung ihrer Synchronizitätstheorie gekannt.
- Eine ähnliche Vorstellung liegt auch W. Paulis Forderung nach „neuen Naturgesetzen“ zugrunde.
- Verwandt damit ist auch das „Sanfte Gesetz“ der deutschen Romantik.

4. Mögliche Beispiele für Verschränkung

Verschränkungskorrelationen zeigen sich an den verschiedensten Stellen, wenn sich erst einmal die Sicht auf nicht kausale Beziehungen unter diesem Blickwinkel aufgetan hat. Wir wollen dies in gedrängter Form an zehn sehr unterschiedlichen Beispielen aufzeigen.

a) Gegenübertragung

Dieses Beispiel wurde schon in der ersten Veröffentlichung zur Verallgemeinerten Quantentheorie in größerer Ausführlichkeit vorgestellt (Atmanspacher et al., 2002).

In psychisch eng gebundenen Gruppen von Menschen geschieht es nicht selten, dass bei einzelnen Gruppenmitgliedern psychische Inhalte auftreten, die eher anderen Gruppenmitgliedern zuzuschreiben wären. Für die Zweierbeziehung von Patient und Psychotherapeut ist diese Erscheinung schon von Siegmund Freud unter der Bezeichnung *„Gegenübertragung“* beschrieben worden (Freud, 1992). In gewissen Situationen kann der Therapeut Schübe von Emotionen und aufdringlichen Vorstellungen empfinden, die sich durch ihre Unangemessenheit und Fremdheit als nicht ihm selbst, sondern dem Patienten zugehörig ausweisen. In der therapeutischen Praxis wird dieses wohlbekannte Phänomen sowohl zur Diagnose als auch zur Intervention verwendet.

Eine ähnliche Erscheinung ist auch in der Gruppen- und Familientherapie bekannt (Varga von Kibéd, 1998). Insbesondere wird in Familiengruppen oft ein fremdes Mitglied, der so genannte Protagonist, eingefügt, und es kann geschehen, dass der Protagonist für sich selbst nicht zu integrierende Empfindungen hat, die einem anderen Gruppenmitglied oder sogar einem abwesenden oder verstorbenen Familienmitglied zukommen. Der zu Grunde liegende Sachverhalt braucht dabei keinem der Beteiligten bewusst zu sein. So kann der Protagonist beispielsweise eine Kriegsverletzung eines anderen an der entsprechenden Körperstelle spüren oder aber, wenn ein abwesendes Mitglied freiwillig in den Tod gegangen ist, den starken Drang spüren, den Raum zu verlassen.

So häufig derartige Phänomene auftreten, so unklar ist ihre Deutung. Nach dem bisher Gesagten erscheint es angezeigt, sie phänomenologisch als Verschränkungskorrelationen in einem Mehrpersonensystem zu beschreiben. Das Gesamtsystem ist dabei die Personengruppe, die Teilsysteme sind die Gruppenmitglieder. Die wesentliche globale Observable misst den Grad der Einstimmung und der wechselseitigen Offenheit füreinander. Die lokalen Observablen entsprechen psychischen Inhalten der Gruppenmitglieder und werden durch „Bewusstmachung" gemessen. Da bei hoher wechselseitiger Offenheit die psychischen Inhalte der einzelnen Mitglieder in den Hintergrund treten, ist ein komplementäres Verhältnis zwischen globalen und lokalen Observablen sehr plausibel, und man darf erwarten, dass der Zustand wechselseitiger Offenheit ein verschränkter Zustand ist, in dem Verschränkungskorrelationen der soeben beschriebenen Art auftreten.

In dem physikalischen Beispiel eines simplen Zweispinsystems wurde die Verschränktheit des Gesamtzustandes bereits durch eine einzige Messung einer lokalen Observablen zerstört. Das ist für komplexere physikalische Systeme und erst recht für hoch komplexe Mehrpersonensysteme nicht der Fall. Beobachtungen an Teilsystemen werden allenfalls den Grad der Verschränkung ein wenig vermindern, und die Verschränkung kann durch die Dynamik des Systems sogar restauriert oder erhöht werden. Eine wirkliche Zerstörung der Verschränkung droht eher durch desintegrierende Interventionen.

b) Synchronistische Erscheinungen

Wie in der Einleitung erwähnt, hat bereits Wolfgang Pauli die Ähnlichkeit von quantenmechanischen Verschränkungskorrelationen mit den akausalen „sinnvollen Zufällen" in der Theorie der Synchronizität gesehen, die insbesondere zum Verständnis so genannter paranormaler Erscheinungen wie Telepathie, Präkognition oder Telekinese beitragen sollte. Obwohl paranormale Erlebnisse keineswegs selten sind, sondern oft berichtet werden (Bauer & Schetsche, 2003), entziehen sie sich hartnäckig allen Versuchen, sie in wiederholbarer Weise dingfest, geschweige denn anwendbar zu machen. Die Vorherrschaft kausaler Erklärungsmuster macht es verständlich, dass trotz aller Frustration mit derartigen Ansätzen eine synchronistische Auffassung paranormaler Phänomene, die auf die Annahme eines Austauschs von Signalen und Einwirkungen verzichtet, nur zögerlich an Boden gewinnt. Die Verallgemeinerte Quantentheorie erlaubt eine genauere, formal wohl definierte Fassung dieses Ansatzes, indem sie nahe legt, paranormale Phänomene als verallgemeinerte Verschränkungskorrelationen zu deuten (Lucadou et al., 2007; Lucadou, 2010). Die hierbei in Betracht kommenden Systeme werden von Varela (1981) als *„organisatorisch geschlossen"* bezeichnet. Sie enthalten in hoch komplexer Weise Personen und oft auch Teile der physikalischen Welt, die durch so zahlreiche emotionale und physikalische Bindungen aufeinander bezogen sind, dass sie ein hohes Maß von autonomem Verhalten zeigen und dass jede Beobachtung an ihnen unkontrollierbare Rückwirkungen hat.

Die relevanten globalen Observablen beziehen sich auf Grad und Art der Verbundenheit und enthalten im Allgemeinen einen wesentlichen stark emotionalen Anteil. Komplementarität zu lokalen Observablen ist zu erwarten, da die Konzentration auf Teilsysteme den Grad der Integration des Gesamtsystems schwächt oder gefährdet.

Eine Schlüsselrolle spielt bei dieser Anwendung der Verallgemeinerten Quantentheorie das im vorigen Abschnitt beschriebene Axiom NT, durch welches die Möglichkeit von Signalübertragung oder kontrollierter Einwirkung durch Verschränkungskorrelationen ausgeschlossen wird. Aus dieser auf den ersten Blick rein negativen Unmöglichkeitsaussage können positive Voraussagen gewonnen werden,[2] die vielfach durch Erfahrungen mit paranormalen Phänomenen bestätigt sind:

- Der so genannte *„decline-Effekt"*: Wenn versucht wird, durch Experiment und Wiederholung paranormale Effekte mit dem Ziel des Nachweises einer Einwirkung oder Signalübertragung statistisch signifikant zu machen, verschwinden anfängliche Hinweise bis zur Insignifikanz.
- Es gibt eine Reziprozität zwischen Effektstärke und Reproduzierbarkeit, es sind also gerade die drastischsten Effekte am wenigsten wiederholbar.
- „Ausweichverhalten": Paranormale Effekte verschwinden, wo man nach ihnen sucht, und tauchen dafür an unerwarteter Stelle wieder auf.

Gerade das Ausweichverhalten gewährt Möglichkeiten, die Sichtbarkeit paranormaler Effekte in experimentellen Studien zu verbessern. Es ergibt sich ein „springendes Muster" von Korrelationen, deren Stärke und Anzahl signifikant erhöht sind, die aber nicht stabil sind, sondern zu immer anderen Messwerten überwechseln. Durch dieses Verhalten unterscheiden sich diese Korrelationen sowohl vom Nulleffekt als auch von kausalen Korrelationen. Bei der Anwendung des NT-Axioms kann es zur Verwirrung führen,

2 In ähnlicher Weise folgt aus der Aussage von der Unmöglichkeit eines perpetuum mobile zweiter Art die Grundstruktur der Thermodynamik.

dass synchronistische Korrelationen oft als erfolgreiche Einwirkungen oder Signalübertragung erlebt werden, nämlich dann, wenn auf der einen Seite einer Korrelation der Wunsch nach Kontakt oder Einflussnahme steht, was gerade in emotional gespannten Situationen oft der Fall ist.

c) *Homöopathie*

Homöopathie ist wegen ihrer praktischen und wirtschaftlichen Bedeutung ein viel untersuchter, aber auch sehr umstrittener Gegenstand. Eine gute Übersicht findet man in Walach und Schmidt (2005). In ihrem theoretischen Hintergrund und in den Ergebnissen experimenteller Befunde weist sie Ähnlichkeit mit paranormalen Phänomenen auf. Trotz unzähliger Zeugnisse über ihre teils drastische Wirksamkeit zeigen valide Studien unter Doppelblindbedingungen im Allgemeinen keinen Unterschied zum Placeboeffekt, weisen allerdings Anomalien in Schwankungen und Korrelationen auf. Viel Arbeit ist auf eine von der Sache her naheliegende Behandlung im Rahmen der Verallgemeinerten Quantentheorie geleistet worden (Lucadou, 2019; Walach, 2003).

Hierzu ist ein kompliziertes und nicht voll kontrollierbares System zu betrachten. Wenn man mit aller gebotenen Vorsicht eine Beschreibung im Sinne der Verallgemeinerten Quantentheorie versucht, dann hat man ein System vor sich, in dem homöopathisches Agens, Wasser, Patient, Symptom und wohl auch Therapeut in mannigfacher Weise miteinander verschränkt sein können. Bei der weiteren theoretischen Erforschung in diesem Rahmen sollte man einen Mechanismus in Erwägung ziehen, der in der Quantenphysik unter dem Namen „*Quantenteleportation*" (Horodecki et al., 2007; Nielsen & Chunag, 2000; Plenio & Virmani, 2007; Römer, 2009) bekannt und experimentell realisiert worden ist. Dabei handelt es sich um einen Mechanismus, mit dessen Hilfe durch wechselnde Verschränkung ein Zustand von einem System auf ein anderes übertragen werden kann.

Das Prinzip der Quantenteleportation ist das folgende (vergl. Abbildung 3). Ein System S enthalte Untersysteme S_1, S_2 und S_3. Es befinde sich anfangs S_1 im Zustand z_1 und das aus S_2 und S_3 zusammengesetzte Teilsystem S_{23} in einem verschränkten Zustand z_{23}. Nun wird durch eine Messung das aus S_1 und S_2 zusammengesetzte Teilsystem S_{12} in einen verschränkten Zustand z_{12} versetzt. Schließlich wird am System S_3 eine gewisse vom Ergebnis dieser letzten Messung abhängige Manipulation vorgenommen. Hierdurch kann erreicht werden, dass sich dann das System S_3 in demselben Zustand z_1 befindet, in dem sich zu Beginn das System S_1 befunden hat.

Ähnlich kann man sich vielleicht in der Homöopathie die Austreibung eines Krankheitssymptoms mit Hilfe mehrfacher Verschränkung vorstellen.

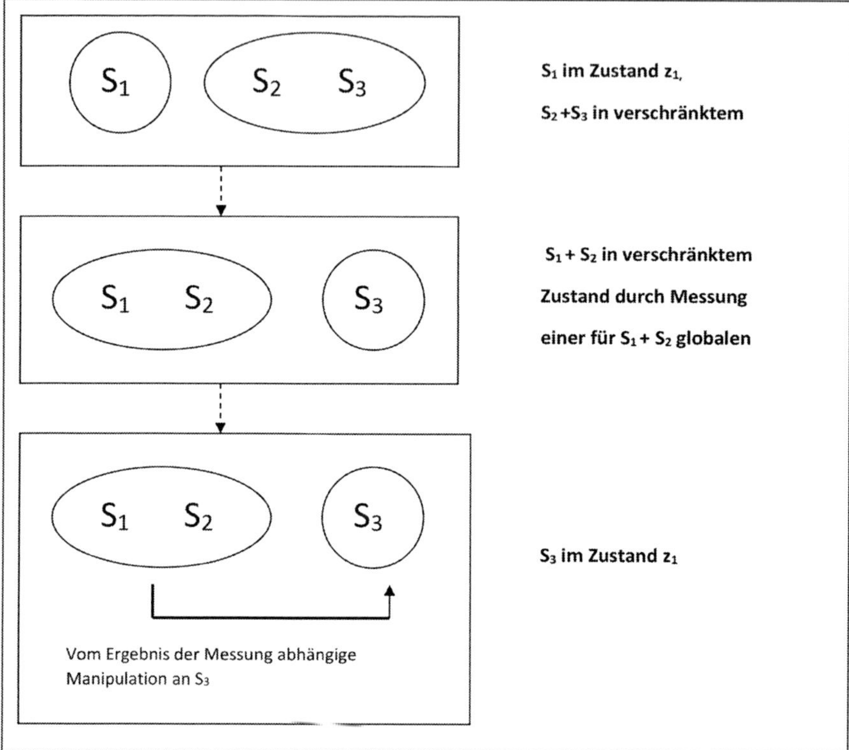

Abbildung 3

d) Soziologie

Die Auffassung, dass Völker oder andere große Menschengemeinschaften eine organische Einheit bilden, war immer weit verbreitet und ist nach dem vielfachen Zeugnis von Ethnologen bei Naturvölkern eine Selbstverständlichkeit (Müller, 2004). Heute ist die Vorstellung einer „Volksseele" wegen Missbrauchs in der jüngeren Geschichte und wegen der Furcht vor möglichen totalitären Konsequenzen eher verpönt. Sie passt auch wenig ins Weltbild von Vertretern einer Multikulturalität. Anderseits wird in Betrieben und nach deren Vorbild neuerdings auch in Universitäten eine „corporate identity" wegen ihrer effizienzsteigernden Bedeutung eingefordert.

Es scheint mir kaum bestreitbar, dass es in Völkern und großen Gemeinschaften kollektive Erscheinungen gibt, die sich durch Verschränkungskorrelationen beschreiben lassen.[3]

3 Ich danke A. Wendt, Universität Chicago, für einen Gedankenaustausch zu diesen Fragen.

C. G. Jungs Theorie des kollektiven Unbewussten sei in diesem Zusammenhang nur eben erwähnt. Eine Leugnung kollektiver Zustände ist schon wegen der Möglichkeit ihres bösartigen manipulatorischen Missbrauchs gefährlich. Es sei daran erinnert, dass verschränkte Zustände durchaus planmäßig-kausal erzeugt werden können.

Als Verschränkungskorrelationen beschreiben und verstehen ließen sich viele Erscheinungen wie

- Trends und Moden
- Massenhysterien
- Gesellschaftliche Polarisierungen
- Konjunkturschwankungen

Eine organismische Auffassung von großen Gemeinschaften lässt auch die Existenz eines „gesellschaftlichen Libetphänomens“ vermuten. So wie durch die Untersuchungen von Libet gesichert ist, dass sich beim Menschen Handlungsimpulse schon vor ihrem Bewusstwerden im EEG nachweisen lassen (Libet, 1978, 1985), so kündigen sich gesellschaftliche Veränderungen schon an, bevor sie ins allgemeine Bewusstsein treten.

Die Furcht vor angeblich unausweichlichen totalitären Konsequenzen der Vorstellung kollektiver Gesellschaftszustände wird sicher gemildert, wenn man sich auf die Natur von Verschränkungskorrelationen besinnt. Verschränkte Zustände bedeuten keinesfalls notwendig eine determinierte Gleichrichtung der Untersysteme. Dies zeigt schon das physikalische Beispiel aus Abschnitt 2. Die Verschränkung determiniert gerade nicht die Messwerte an Einzelsystemen, sondern äußert sich nur in (positiven oder negativen) Korrelationen zwischen den Teilsystemen. Hier deutet sich eine sehr befriedigende Auflösung des Dilemmas zwischen persönlicher Freiheit und gesellschaftlicher Determination an.

e) Geistesgeschichte

Ähnliche Überlegungen wie im vorigen Abschnitt lassen sich auch zur Geistesgeschichte der Menschheit anstellen. Hier sind immer wieder fast gleichzeitig und ohne erkennbaren Zusammenhang an verschiedenen Stellen der Erde Neuerungen aufgetreten. Die von Diffusionisten behaupteten, von einem Ursprungszentrum ausgehenden Signale sind nicht allseits überzeugend nachgewiesen. Auch hier sollte die Möglichkeit von Verschränkungskorrelationen in Betracht gezogen werde. Dies würde etwa für folgende Erscheinungen eine alternative Erklärung bereitstellen:

- Die so genannte neolithische Revolution, also der Übergang zum Feld- und Ackerbau etwa ab 10.000 v. Chr.
- Die Entstehung von Hochkulturen auf dem Balkan, in Mesopotamien, Ägypten, dem Industal, China, Mittel- und Südamerika.

- Der oft als Achsenzeit (z.B., durchaus kritisch: Assmann, 2018) bezeichnete Durchbruch philosophischen Denkens in Griechenland, Indien und China.
- Vielleicht sollte man auch die seit dem Ende des 19. Jahrhunderts eingetretene Wende zu einer alles Bisherige übersteigenden Abstraktion in Kunst, Mathematik und Naturwissenschaften in diesem Lichte sehen.

f) Evolution und Phylogenese

Entstehung und Entwicklung des Lebens auf der Erde werden der neodarwinistischen Theorie zufolge ausschließlich durch den Mechanismus von zufälliger Mutation und daran angreifender Selektion bestimmt. Die überlegene Dominanz dieser Anschauung erklärt sich auch daraus, dass sie weithin als einzige Alternative zu intellektuell undiskutablen fundamentalistischen Positionen von Kreationisten und Vertretern des „intelligent design" angesehen wird.

In Wirklichkeit schließen sich ein Mechanismus von Mutation und Selektion und die Vorstellung einer irgendwie gearteten Zielbestimmung in der Verwirklichung einer Gesamtgestalt logisch keineswegs aus, und es ist durchaus eine integrierende Sicht denkbar, von der aus sowohl strikter Neodarwinismus als auch naiver „intelligent design" als Einseitigkeiten erscheinen (vergl. auch Kap. 9). In der Tat beruht der Erfolg des Darwinismus wohl nicht zuletzt darauf, dass er ein gewisses teleologisches Element in der neueren Naturwissenschaft in einer Weise hoffähig macht, die auch für Mechanisten noch akzeptabel ist:

Der Zufall ist zwar blind, aber es ist wenigstens von großem heuristischem Wert, bei jeder Einzelerscheinung des Lebens auf der Erde nach ihrem Selektionsvorteil zu fragen.

Gerade was die Entstehung des Lebens, die Konstituierung des genetischen Mechanismus, das Auftreten der ersten Zellen, der Grundbaupläne oder der mehrfach parallel erfolgten Ausbildung komplizierter Organe wie etwa der Augen angeht, weist die darwinistische Theorie noch riesige Erklärungslücken auf.[4] In einer integrierenden Sicht würden Mutation und Selektion wesentliche Mechanismen sein, mit deren Hilfe sich ein gestaltgebendes Prinzip realisiert. Eine solche Auffassung klingt schon bei W. Pauli in Briefen an Max Delbrück an (Pauli, in Meyenn, 1979–2005, Bd. I–IV, passim).

In unserer Beschreibung durch Verschränkungskorrelationen wäre diese Gestalt als wesentlich zeitlos zu denken. Sie wäre aber wegen der Zeitgebundenheit unserer Exis-

4 Der Biologe M. Nahm (2007) stellt in seinem Buch mit dem (vielleicht unnötig) provozierenden Titel *Evolution und Parapsychologie* hierfür viele überzeugende Belege zusammen. Auch argumentiert er für eine überindividuelle Ganzheit als gestaltgebendes Prinzip.

tenz nicht ohne weiteres als Ganzes zu überblicken, sondern würde sich als Entwicklung offenbaren, indem sich das Fenster der jeweiligen Gegenwart über sie hinwegschöbe. Die Beziehung zwischen den Erscheinungsbildern zu verschiedenen Zeiten wäre nicht gänzlich deterministisch geregelt, sondern hätte auch den Charakter von Verschränkungskorrelationen zwischen verschiedenen Teilen der im Weltzustand liegenden ganzheitlichen Gestalt.

Wir haben bereits in der Einleitung erwähnt, dass ein Zeitbezug kein Wesensmerkmal von Verschränkung ist, und hier hätten wir ein Beispiel für Zeitunterschiede überspringende Verschränkungskorrelationen.

Die nachfolgenden Beispiele belegen die fundamentale und konstitutive Bedeutung der Partition eines Gesamtsystems in Teilsysteme. Die erste, allen anderen vorausgehende Partition ist der „epistemische Schnitt" (Römer, 2006a und Kap. 8), die Teilung einer Ganzheit in Beobachter und Beobachtetes, Erkennenden und Erkanntes. Der epistemische Schnitt ist für uns als menschliche Individuen Grundlage und Voraussetzung jeder Art von Erkenntnis.

g) Erkenntnis und Messprozess

Jede physikalische Messung geschieht mit Hilfe von Verschränkungskorrelationen (Horodecki et al., 2007; Nielsen & Chuang, 2000; Plenio & Virmani, 2007). Hierzu hat man ein System $S = S_1 + M$ zu betrachten, das aus dem zu messenden System S_1 und der Messapparatur M zusammengesetzt ist. Vor Beginn der Messung einer Observablen A von S_1 befindet sich das zusammengesetzte System in einem unverschränkten Zustand

$$\Psi_a = \sum_i c_i \varphi_i \otimes \Phi ,$$

wobei φ_i die Eigenzustände von A sind und Φ den Ruhezustand des Messinstrumentes bezeichnet. Durch die Wechselwirkung von gemessenem Objekt und Messapparatur geht das zusammengesetzte System in zunächst völlig deterministischer Weise in einen verschränkten Zustand

$$\Psi_e = \sum_i c_i \varphi_i \otimes \Phi_i$$

über. Hierbei ist Φ_i der Zustand des Messinstrumentes, der dem i-ten möglichen Messwert von A entspricht. Ein stochastisches Element kommt nun erst herein, indem man den Zustand Φ_i des Messinstrumentes registriert und diesen als Aussage über den Messwert von A interpretiert.

Es besteht eine eigenartige Symmetrie zwischen dem gemessenen System S_1 und dem Messgerät M, die sich in der Form des verschränkten Zustandes Ψ_e äußert: Wenn man den Zustand φ_i von S_1 registriert und als Aussage über den Zustand des Messinstrumentes deutet, erhält man dieselbe Wahrscheinlichkeitsverteilung der Messwerte.

In dem erweiterten Rahmen der Verallgemeinerten Quantentheorie entspricht der Partition in gemessenes System und Messgerät der epistemische Schnitt zwischen Erkennendem und Erkanntem. Die Möglichkeit von Erkenntnis beruht auch hier auf Verschränkungskorrelationen. Zwar wird ein verschränkter Zustand von Erkennendem und Erkanntem durchaus durch Wechselwirkungen erzeugt, aber die Passung zwischen beiden, die Verweisungsbeziehung zwischen Zeichen und Bezeichneten und die Möglichkeit, Werte von Observablen als Aussagen über Objekte zu deuten, sind nicht kausaler Natur, sondern haben den Charakter von Verschränkungskorrelationen.

Auch die weitreichende Symmetrie zwischen gemessenem System und Messapparatur hat ihr Gegenstück in einer Symmetrie zwischen Erkennendem und Erkanntem, innen und außen, die von O. Rössler (1992) als *Boscovich-Kovarianz* bezeichnet wird. Rössler beruft sich dabei auf die Abhandlung „De spatio et tempore ut a nobis cognoscuntur" des Kroatischen Philosophen Rugjer Josip Bošković (1711–1787), in der die Bedeutung der Grenze zwischen Innen und Außen betont und argumentiert wird, dass eine Bewegung innen nicht von einer Gegenbewegung außen unterscheidbar ist.

h) Emergenz der Zeit

Die Verallgemeinerte Quantentheorie enthält zunächst keinen Bezug auf irgendeine Zeit.

An anderer Stelle (Römer, 2004; vergl. auch Kap. 8 und 10) ist ein Szenarium beschrieben, wie Zeit in die Welt kommen könnte.

Ausgangspunkt ist die subjektive Zeitlichkeit, der wir durch die Weise unserer Existenz als bewusste Individuen unentrinnbar unterworfen sind. Diese subjektive Zeit ist, um eine Unterscheidung von McTaggart (1908) aufzugreifen, eine A-Zeit, in der es eine ausgezeichnete erlebte Zeitqualität des „Jetzt" gibt, das sich für uns über die Welt schiebt und Zukunft in Vergangenheit hinübergleiten lässt, so dass uns die Welt in der Art eines Films und nicht wie ein Panoramagemälde erscheint. Der Gegensatz zur A-Zeit ist die Skalenzeit der Physik, eine B-Zeit, die kein ausgezeichnetes Jetzt kennt und in der alle Zeitpunkte gleichwertig sind. Die einzelnen Stationen des Szenarios lassen sich in aller Kürze wie folgt beschreiben:

Erster Schritt: Nach einer epistemischen Spaltung lassen sich im *unus mundus* Teilsysteme S_i identifizieren, die bewussten Individuen zuzuordnen sind.

Zweiter Schritt: In diesen Teilsystemen S_i lassen sich Zeitobservable T_i aufweisen, deren Werte durch starke Verschränkungskorrelationen mit Observablen anderer Systeme korreliert sind. Der Mechanismus, nach dem gewisse Observable sich als Zeitobservable qualifizieren, ist der Quantenkosmologie in der Formulierung der Wheeler-de-Witt-Gleichung nachempfunden. Eine gute Darstellung zu dieser Gleichung findet sich bei (Kiefer, 2000). Die subjektiven Zeiten T_i sind vom Typ der A-Zeit. Der Ursprung der Zeit wird also in diesem Szenarium in der A-Zeit bewusster Individuen gesehen.

Dritter Schritt: Die subjektiven A-Zeiten T_i sind nicht nur untereinander, sondern auch mit Observablen T_I uhrenartiger physikalischer Teilsysteme S_I durch Verschränkungskorrelationen verbunden.

Vierter Schritt: Durch einen mehrstufigen und langwierigen Prozess wird die Zeit immer mehr nach außen verlegt und mit Observablen physikalischer Systeme in Verbindung gebracht, die so gewählt sind, dass die Verschränkungskorrelationen möglichst strikt werden. Die schließlich auf diese Weise konstruierte physikalische Zeit hat ihren Charakter als A-Zeit eingebüßt und ist nur noch eine strukturarme B-Zeit.

Wir sehen, dass die Möglichkeit zeitlichen Vergleichens und Synchronisierens auf Verschränkungskorrelationen beruht.

i) Ästhetik

Die Schönheit eines Kunstwerkes besteht nicht in erster Linie in der Perfektion seiner Einzelteile, sondern vielmehr in deren sicherlich nicht kausalem Zusammenspiel und in der Wirkung auf den Betrachter. Schon diese einfache Beobachtung weist darauf hin, dass Verschränkungskorrelationen auch in der Ästhetik von Bedeutung sein können. Wir wollen hierzu einige Gedanken anklingen lassen, die in Kap. 11 weiter ausgeführt werden.

Bei der Diskussion ästhetischer Verhältnisse ist es sinnvoll, zwischen *Objektästhetik* und *Wirkungsästhetik* zu unterscheiden. Die Objektästhetik beschäftigt sich mit den inneren Beziehungen in einem ästhetischen Gebilde, und die Wirkungsästhetik untersucht die Beziehung zwischen einem ästhetischen Objekt und dem Betrachter oder den Betrachtern.

α) Objektästhetik

Schönheit zeigt sich im Verhältnis der Teile zueinander. Lokale Observable beziehen sich auf die Teile eines ästhetischen Objektes, während globale Observable zu Fragen nach Gesamtgestalt, Darstellungs- und Wirkungsanliegen gehören. Die Frage, wie das

Verhältnis der Teile bei einem schönen Gegenstand beschaffen sein sollte, beantwortet Kant in der *Kritik der Urteilskraft* dahingehend, dass Zweckmäßigkeit in einem sehr allgemeinen Sinne sichtbar und fühlbar herrschen sollte. Die Einzelheiten sollen sich dem Ganzen so unterordnen, dass offenbar wird, wie sie dem Gesamtanliegen in möglichst vollkommener Weise dienlich sind. Schiller, der Kants Kritik der Urteilskraft bald nach ihrem Erscheinen durchgearbeitet hat, geht noch einen wichtigen Schritt weiter (Schiller, 1793): Entscheidend für die Schönheit eines Kunstwerkes ist sein freiheitsanaloger Charakter, von Schiller *„Freiheit in der Erscheinung"* genannt. Das Kunstwerk muss den Eindruck erwecken, dass sich seine Einzelheiten in freier Weise in das Gesamtanliegen einordnen, so dass es schließlich „schlank und leicht, wie aus dem Nichts entsprungen" dasteht. Das vollendete Kunstwerk erweckt den Eindruck, dass es ganz anders sein könnte, aber so, wie es ist, vollkommen ist.

Kants und Schillers ästhetische Forderungen enthalten, was wir als wesentliche Eigenschaften von Verschränkungskorrelationen erkannt haben: keine strikte Determiniertheit durch den Zustand des Ganzen, aber ein Zusammenspiel, so dass das Ganze sich in den Verschränkungskorrelationen der Teile ausdrücken kann. Als hässlich wird in unserer Terminologie das Fehlen von Verschränkungskorrelationen empfunden: Zerfall in zusammenhangslose Teile oder starre Determination der Einzelheiten durch das Ganze im Sinne eines vordergründigen Zweckes. Es stehen also einander gegenüber: Determination, Starrheit, Hässlichkeit einerseits und Spielraum, Freiheit und Schönheit anderseits. Das freie Spiel der Verschänkungskorrelationen kann offenbar erst beginnen, wenn ein Mindestmaß an Komplexität des Ganzen vorliegt.

Anzumerken ist noch, dass auch hier die Partitionierung ein wesentlich schöpferischer Akt ist. Die Teile und Bezüge eines Kunstwerkes liegen nicht einfach „platterdings" vor, sondern werden zum großen Teil erst vom Betrachter entdeckt und konstituiert. Diese Bemerkung leitet über zur Wirkungsästhetik.

β) Wirkungsästhetik

Dabei wird nun auch der Betrachter oder die ein Kunstwerk betrachtende und diskutierende Gemeinschaft zusammen mit dem ästhetischen Objekt in ein umfassenderes System einbezogen. Wieder sind Verschränkungskorrelationen bedeutsam, diesmal auch zwischen ästhetischem Objekt und Betrachter(n). Auch hier ist der ästhetische Eindruck umso stärker, je deutlicher der nicht deterministische Charakter der Verschränkungskorrelationen zum Ausdruck kommt. Die Reaktion eines Betrachters auf ein Kunstwerk sollte durch dieses nicht vollständig determiniert sein. Ein großes Kunstwerk sollte seinem Betrachter Freiheit einräumen. Hieraus folgt dann auch, dass dann der Betrachter sein Urteil anderen nicht zwingend beweisen, sondern nur aufweisen und vorschlagen kann. Auch behält ein Kunstwerk für den Betrachter immer etwas Änigmatisches. Dies gilt in besonderem Maße für große Kunstwerke, da sie zu faszinieren vermögen und einen besonderen Reichtum an inneren Beziehungen und Weltbezügen aufweisen.

j) Ethik

In unserer Sichtweise sind die Verhältnisse in ethischen Fragen denen der Ästhetik sehr ähnlich. Das Gute und Schöne rücken auch hier eng zusammen. Ethik mit ihrer Unterscheidung von Gut und Böse setzt eine epistemische Teilung des Weltganzen und die Konstituierung bewusster Individuen voraus. Wieder ist das Ganze in Verschränkungskorrelationen zwischen verschiedenen Personen und Sachen (!) anwesend. Es erscheint hier wichtig, zu betonen, dass Ethik nicht nur im Verhalten zu anderen Personen, sondern auch im Verhältnis zu Sachen ihre Bedeutung hat.

Über die Verschränkungskorrelationen determiniert das Ganze nicht das Verhalten einzelner Personen, es bleibt ihnen ein Freiheitsspielraum. Ethisches Verhalten erfordert Einfügung in den Bezug des Weltganzen, unethisches Verhalten läuft auf Missachtung, Leugnung oder Verweigerung von Verschränkungskorrelationen hinaus. Der unethisch eingestellte Mensch ist „mit sich und der Welt zerfallen".

In diesem Licht lässt sich auch der problematische Charakter der Individuation sehen, die einerseits die Voraussetzung unserer Existenz ist, anderseits bereits in einer gängigen Deutung des Paradiesmythos als die Ursünde erscheint. Jedenfalls liegen Egoismus und Egozentrismus nahe der Wurzel jedes unethischen Verhaltens.

Die Ähnlichkeiten zwischen Ethik und Ästhetik sind augenfällig. Man kann die im vorangegangenen Abschnitt genannte Gegenüberstellung so erweitern: Determiniert, starr, hässlich, böse einerseits und frei, Spielraum habend und lassend, beweglich, schön und gut anderseits.

Auch das Änigmatische großer Kunstwerke findet sein Gegenstück in der Konflikthaftigkeit bedeutender ethischer Entscheidungen.

Die ethisch gute Haltung der Einordnung ins Ganze und der Anerkennung von Verschränkung lässt sich am treffendsten mit dem Wort „Liebe" bezeichnen. Zur Liebe gehören:

Ernstnehmen des Anderen als je Einzelnes, Geltenlassen, Anerkennung der Freiheit und Erweiterung des Freiraumes des Anderen, Verzicht auf Instrumentalisierung, Empathie und universelles Wohlwollen, Verzicht auf kurzschlüssige Subsumierung und Abstempelung. In der Liebe, die den Zusammenhang nicht leugnet und Anderes in Sympathie gelten lässt, erscheint der Unterschied von Innen und Außen eingeebnet. Universelle Sympathie erweckt das Gefühl, vom Weltganzen wiedergeliebt zu werden und in ihm geborgen zu sein. Sie ist in allgemeinster Weise Sinn für Einheit.

5. Nachwort

„Du siehst mit diesem Trank im Leibe bald Helenen in jedem Weibe."[5] So wird man mir vielleicht mit Goethe entgegenhalten, wenn ich Verschränkungskorrelationen an allen Ecken und Enden entdecke. Aber erstens steckt wohl wirklich in allen Frauen ein Stück Helena, und zweitens wird ja nie behauptet, dass man in ihnen nur Helena und nichts Anderes sehen könnte. Gerade als Physiker bin ich weit davon entfernt, die überragende Bedeutung von kausalen Beziehungen zu verkennen. Diese beherrschen das gesamte Gebäude der Physik, auf ihnen beruht das unverzichtbare und allgegenwärtige Gespinst der Technik, das unsere Lebenswelt durchdringt. Sie sind das alleinige Mittel, wenn wir irgendetwas bewirken wollen. Sie sind aber nicht das einzige, wenn es uns ums Verstehen und nicht ums Bewirken geht.

Hierbei spielen nichtkausale Relationen eine mindestens gleichberechtigte Rolle, und die Welt ist auch von einem Geflecht nichtkausaler Beziehungen durchwirkt, die in ihrem Bestehen ebenso ernst genommen werden müssen wie Kausalbeziehungen. Dies zu betonen, war das Anliegen dieser Studie. Als Physiker erfüllt es mich mit Befriedigung, dass gerade im Bereich der Physik die Existenz nichtkausaler Verschränkungsrelationen unabweisbar geworden ist. Sie geben das Vorbild, um, angemessen verallgemeinert, nichtkausale Gestalten und Muster auch weit über den Bereich der Physik in einer formal exakten und vereinheitlichenden Weise zu beschreiben.

Ihr eigentliches Reich ist nicht die physikalisch beschriebene Welt; sie sind von jeher bei Künstlern und Denkern zu Hause. Rilke hielt sich zeitlebens in diesem Reich auf. Eines seiner Sonette an Orpheus kann direkt als Lobpreis nichtkausaler Korrelationen gelesen werden:

Heil dem Geist, der uns verbinden mag;
denn wir leben wahrhaft in Figuren.
Und mit kleinen Schritten gehn die Uhren
neben unserm eigentlichen Tag.
Ohne unsern wahren Platz zu kennen,

5 Goethe (1808). *Faust I*, V. 2603/4.

handeln wir aus wirklichem Bezug.
Die Antennen fühlen die Antennen,
und die leere Ferne trug ...
Reine Spannung. O Musik der Kräfte!
Ist nicht durch die läßlichen Geschäfte
jede Störung von dir abgelenkt?
Selbst wenn sich der Bauer sorgt und handelt,
wo die Saat in Sommer sich verwandelt,
reicht er niemals hin. Die Erde schenkt.

R. M. Rilke, *Sonette an Orpheus 1*, XII

3 Synchronistische Phänomene als Verschränkungskorrelationen

1. Einführung

Die so genannten paranormalen Phänomene wie Telepathie, Psychokinese oder Präkognition sind notorisch irritierender und elusiver Natur. Obwohl sie keineswegs selten berichtet werden (Bauer & Schetsche, 2003; Greeley, 1987, 1991; Moore, 2005), gehen alle Versuche, sie in den Griff zu bekommen und sie auf zuverlässige Weise zu produzieren, unverändert frustrierend aus. Für Skeptiker ist das ein ausreichender Grund, an ihrer Existenz überhaupt zu zweifeln (Alcock, 2003).

Die Synchronizitätstheorie, die von C.G. Jung und W. Pauli (Atmanspacher et al., 1995) vorgeschlagen wurde, interpretiert paranormale Phänomene nicht als das Resultat kausaler Einflüsse der Psyche auf die Materie oder andere Psychen, sondern als „bedeutungsvolle Zufälle", d.h. als Korrelationen, die nicht durch kausale Interaktion – wie sie in der Physik bekannt sind und erfolgreich angewendet werden – erzeugt, sondern die durch die Übereinstimmung von Sinn und Bedeutung hervorgerufen werden. Es ist in der Tat eine allgemeine Eigenschaft paranormaler Phänomene, dass sie auf den ersten Blick verwirrende, unpassende und unwahrscheinliche Ereignisse sind und häufig angenommen wird, dass sie eine Botschaft von vitaler Bedeutung für die betroffenen Personen transportieren und dass sie üblicherweise in Situationen mit hochemotionalen Spannungen und einer Empfänglichkeit für die Bedeutung solcher Botschaften auftreten.

Unter dem Aspekt der oben erwähnten Unmöglichkeit einer zuverlässigen Produktion und Reproduktion paranormaler Phänomene erscheint es uns vernünftiger, das synchronistische Modell zu untersuchen, als starrsinnig darauf zu insistieren, einen kausalen Mechanismus zu finden, um sie zu verstehen und zu produzieren. Dafür muss der synchronistische Ansatz in einen passenden formalen Rahmen gegossen werden, um zu erproben, welche Art von Einsichten er liefern wird und zu welchen Schlüssen und Voraussagen er uns führen kann. Das wollen wir in der vorliegenden Arbeit durchführen.

Nichtkausale und nichtlokale Korrelationen, wie sie in der Synchronizitätstheorie postuliert werden, sind in der Quantentheorie unter dem Namen „Verschränkungskorrelationen" bekannt. Ein zusammengesetztes Quantensystem, das sich in einem so genannten verschränkten Zustand befindet, zeigt Korrelationen zwischen Observablen, die zu verschiedenen Komponenten des Systems gehören. Ein einfaches Standardbeispiel ist ein System von zwei Spin ½-Teilchen in einem Singulett-Zustand, das eine vollständige Verschränkungskorrelation zwischen den gemessenen Werten der gleichen Spin-Komponenten für jedes der beiden Partikel aufweist. Es ist eine elementare Konsequenz der Quantentheorie, dass Verschränkungskorrelationen nicht benutzt werden können, um Informationen zu übertragen oder kontrollierbare Einflüsse zu erlauben. (Diese Konsequenz gilt selbst dann, wenn Verschränkungskorrelationen durch irgendwelche physikalischen Ursachen die Einsteinsche Lokalität verletzen. Für eine detaillierte Diskussion verweisen wir auf den Anhang dieser Arbeit.)

Wenn man von der Ähnlichkeit zwischen synchronistischer Korrelation und Verschränkungskorrelationen im Quantensystem ausgeht, gibt es Spekulationen, dass synchronistische Korrelationen tatsächlich ein Effekt der Quantenmechanik seien. Wir sind hier lieber zurückhaltend und vermeiden solche starken Annahmen, zumindest aus den folgenden beiden Gründen: Erstens müsste man einen strengen physikalischen Reduktionismus voraussetzen, wobei angenommen wird, dass mentale Objekte, die bei synchronistischen Phänomenen eine Rolle spielen, vollkommen mit physikalischen Begriffen beschrieben werden können. Zweitens zeigen sich physikalische Quantenphänomene hauptsächlich im mikroskopischen System, und die vorgeschlagenen Verstärkungsmechanismen, die sie in mikroskopische und psychische Systeme erweitern, erscheinen sehr künstlich.

Was wirklich notwendig wäre, ist ein Formalismus, der die physikalische Quantentheorie über den Rahmen der normalen Physik hinaus derart erweitert, dass die quantentheoretischen Begriffe wie Komplementarität und Verschränkung eine wohldefinierte formale Bedeutung beibehalten. Ein solcher Formalismus liegt in der Tat unter dem Namen „Schwache oder Verallgemeinerte Quantentheorie" (Atmanspacher et al., 2002, 2006; Filk et al., 2011 sowie Kap. 14) vor. Die Verallgemeinerte Quantentheorie übernimmt die Begriffe „Systemzustand" und „Observable" von der üblichen Quantentheorie, aber die Systeme können von viel allgemeinerer Art sein, z. B. Gruppen bewusster Individuen. Die Menge der Zustände ist – anders als in der üblichen Quantentheorie – im Allgemeinen nicht durch einen linearen Hilbertraum bestimmt, und Observable werden mit Prozessen identifiziert, die Zustände in andere Zustände überführen. Außerdem können sie auf Eigenschaften eines Systems bezogen werden, die in einer sinnvollen Weise untersucht werden können. Ähnlich wie bei der normalen Quantentheorie kann Komplementarität auf die Tatsache bezogen werden, dass Observablen als Funktionen von Zuständen nicht notwendigerweise miteinander kommutieren müssen und Verschränkungen in Situationen auftreten können, in denen globale Observablen, die sich auf ein System als Ganzes beziehen, nicht mit bestimmten lokalen Observablen, die sich auf Teile des Systems beziehen, kommutieren.

Der Unmöglichkeit, Information oder einen kontrollierbaren kausalen Einfluss mittels Verschränkungskorrelationen zu übertragen, die in der normalen Quantenphysik einfach bewiesen werden kann, wird in der Verallgemeinerten Quantentheorie der Status eines „Axioms NT“ zugewiesen. Dies führt zu einer wohl definierten formalen Implementation der wesentlichen Ideen der Synchronizitätstheorie und erlaubt es, sie in einen erweiterten Kontext zu bringen.

Wir wollen zeigen, wie die scheinbar negative Aussage über eine Unmöglichkeit in eine positive Voraussage über die Natur der Psi-Phänomene verwandelt werden kann, die bei den Versuchen einer systematischen Untersuchung des Paranormalen bestätigt werden kann. (Dies ist vergleichbar mit der Situation in der Physik, wo der zweite Hauptsatz der Thermodynamik mit seinen unzähligen Konsequenzen von der negativen Aussage der Unmöglichkeit eines Perpetuum Mobiles zweiter Art abgeleitet werden kann.) Einige der Konsequenzen, die abgeleitet werden können, sind die folgenden:

a) Der bekannte Decline-Effekt: Wann immer ein Psi-Experiment zum ersten Mal positive Resultate zeigt, verwischen spätere Daten oder Replikationen die ursprünglich beobachteten Effekte und werden schließlich auf die Ebene der Nullhypothese gelangen, auch wenn möglicherweise Aufsehen erregende Zwischenergebnisse möglich sind (vgl. Fußnote 8).

b) Die Reziprozität zwischen Effektstärke und Reliabilität der Psi-Phänomene: Je drastischer ein Effekt ist, umso weniger wird er reproduzierbar sein und umgekehrt.

c) Elusivität: Wenn man versucht, Psi-Phänomene festzulegen, zeigen sie umso mehr die Tendenz, da zu verschwinden, wo sie erwartet werden, um an einer anderen unerwarteten Stelle wieder aufzutauchen. Dies ist der sog. Displacement-Effekt.

Auf der Basis unseres Verschränkungsmodells werden wir Strategien vorschlagen, wie die Sichtbarkeit von Psi-Effekten erhöht werden kann, indem der verderbliche Einfluss des Decline-Effekts reduziert und die Elusivität ausgenutzt wird.

Das Material dieses Artikels ist auf die folgende Art und Weise organisiert: In Abschnitt 2 skizzieren wir die Verallgemeinerte Quantentheorie, um unsere Darstellung genügend selbsttragend zu machen und eine Basis zu liefern, um die folgende Argumentation zu verstehen. In Abschnitt 3 zeigen wir, wie die Verallgemeinerte Quantentheorie auf synchronistische Phänomene angewendet werden kann. In Abschnitt 4 beschreiben wir Strategien, wie Psi-Experimente geplant werden können, und in Abschnitt 5 liefern wir einige illustrative Beispiele. Abschnitt 6 fasst unsere Schlussfolgerungen zusammen. Zum Nutzen unserer Leser fügen wir einen Anhang an, in dem wir zeigen, wie die Unmöglichkeit von Signalübertragung durch Verschränkungskorrelationen aus dem Formalismus der Quantentheorie folgt, und wir diskutieren die Bedeutung dieses Ergebnisses.

2. Eine Skizze der Verallgemeinerten Quantentheorie

Die Verallgemeinerte Quantentheorie ist eine Verallgemeinerung der Quantentheorie, die über den Bereich normaler physikalischer Systeme hinaus konzipiert ist. Sie wurde aus der algebraischen Formulierung der Quantentheorie gewonnen, wobei alle Axiome, die sich speziell auf die physikalische Welt beziehen, fallen gelassen wurden. Die dabei übrigbleibende Struktur ist allgemeiner, jedoch reich genug, um quantenartige Phänomene wie die Komplementarität und Verschränkung in einem allgemeineren Zusammenhang zu beschreiben. Hier geben wir einen kurzen Abriss der Struktur der Verallgemeinerten Quantentheorie. Für weitere Details und für verschiedene Anwendungen der Verallgemeinerten Quantentheorie verweisen wir auf Kapitel 14 und die Originalpublikationen (Atmanspacher et al., 2002, 2006; Filk & Römer, 2011; Römer 2004, 2006a; Walach & Schmidt, 2005).

In der Verallgemeinerten Quantentheorie werden die grundlegenden Begriffe von *System*, *Zustand* und *Observablen* von der normalen Quantentheorie übernommen:

- Ein *System* Σ ist jeder Teil der Realität im allgemeinsten Sinne, der mindestens im Prinzip vom Rest der Welt isoliert werden und Gegenstand einer Untersuchung sein kann.
- Es wird angenommen, dass ein System in verschiedenen *Zuständen* existieren kann. Der Begriff des Zustandes enthält ein epistemisches Element, indem er auch Ausdruck des Wissens über ein System ist. Anders als in der normalen Quantenphysik wird nicht angenommen, dass der Menge $\mathbf{Z}$ der Zustände eine Hilbertraumstruktur zugrunde liegt.
- Eine *Observable* A eines Systems Σ ist eine Eigenschaft von Σ, die auf (mehr oder weniger) sinnvolle Weise untersucht werden kann. $\mathbf{A}$ bezeichne die Menge der Observablen. Wie in der normalen Quantenphysik können Observable A aus $\mathbf{A}$ mit Funktionen über der Menge der Zustände identifiziert werden: Jede Observable $A \in \mathbf{A}$ ordnet jedem Zustand $z \in \mathbf{Z}$ einen anderen Zustand $A(z) \in \mathbf{Z}$ zu. Als Funktionen über der Menge von Zuständen können Observablen A und B zusammengesetzt werden, indem A nach B angewendet wird. Es wird angenommen, dass die zusammengesetzte Abbildung A, definiert als $AB(z) = A(B(z))$, auch eine Observable ist. Observablen A und B werden *kompatibel* oder *kommensurabel* genannt, wenn sie vertauschbar sind, d.h. wenn $AB = BA$. Nicht vertauschbare Observablen mit $AB \neq BA$ werden *komplementär* oder *inkompatibel* genannt. In der normalen Quantentheorie können Observablen auch addiert, mit komplexen Zahlen multipliziert und konjugiert werden, und die Menge der Observablen ist mit einer reichen Struktur, die C^*-Algebra genannt wird, ausgestattet. In der Verallgemeinerten Quantentheorie können Observable nur durch die obige Zusammensetzung multipliziert werden. Dies gibt der Menge der Observablen eine viel

einfachere, so genannte *Halbgruppen-Struktur*. In den Originalveröffentlichungen wird die Verallgemeinerte Quantentheorie durch eine Liste von Axiomen charakterisiert. Hier geben wir nur die wichtigsten Eigenschaften wieder (vergl. auch Kap. 14):

- Für jede Observable $A \in \mathbf{A}$ gibt es eine dazugehörige Menge *specA*, die *spektrum* genannt wird. Die Menge *specA* ist genau die Menge der verschiedenen Ergebnisse oder Resultate der Untersuchung („Messung"), die der Observablen *A* entspricht.
- *Propositionen* sind spezielle Observablen *P* mit *PP=P* und $specP \subset \{ja, nein\}$. Sie entsprechen Ja-nein-Fragen über das System Σ. Für jede Proposition *P* gibt es eine Negation $\bar{P}$, die mit *P* kompatibel ist. Für kompatible Propositionen P_1 und P_2 existieren eine Konjunktion $P_1 \wedge P_2 = P_1 P_2$ und eine Adjunktion $P_1 \vee P_2 = \overline{\overline{P_1} \wedge \overline{P_2}}$.
- Wenn *z* ein Zustand und *P* eine Proposition ist und wenn eine Messung von *P* im Zustand *z* die Antwort „ja" liefert, dann ist *P(z)* ein Zustand, für den *P* mit Sicherheit wahr ist. Dies betont die konstruktive Natur der Messung als Präparation und Verifikation.
- Die folgende Eigenschaft verallgemeinert die spektrale Eigenschaft von Observablen in der normalen Quantentheorie. Zu jeder Observablen *A* und jedem Element $\alpha \in specA$ gehört eine Proposition A_α, die genau die Proposition darstellt, dass α das Ergebnis einer Messung von *A* ist. Dann gilt:
- $$A_\alpha A_\beta = A_\beta A_\alpha = 0 \quad \text{for } \alpha \neq \beta, \ \alpha, \beta \in specA, \tag{1}$$
  $$AA_\alpha = A_\alpha A, \qquad \bigvee_{\alpha \in specA} A_\alpha = \mathbb{1}\,, \tag{2}$$
- wobei 0 und $\mathbb{1}$ gerade die trivialen Propositionen darstellen, die jeweils niemals oder immer wahr sind. Darüber hinaus kommutiert eine Observable *B* mit *A* dann und nur dann, wenn *B* mit allen A_α kommutiert.

Wir haben schon erwähnt, dass die Verallgemeinerte Quantentheorie reich genug ist, die Begriffe von Komplementarität und Verschränkung zu beinhalten. Für komplementäre Observablen *A* und *B*, für die $AB \neq BA$ gilt, spielt die Reihenfolge der Messungen eine Rolle, und wie in der normalen Quantentheorie werden sie im Allgemeinen keine Zustände besitzen, die für beide mit Sicherheit einen wohl definierten Wert besitzen. Komplementarität von Observablen ist eine experimentell gut überprüfbare Eigenschaft.

Verschränkung kann entstehen, wenn globale Observablen, die alle zu einem System Σ gehören, komplementär zu lokalen Observablen sind, die zu Teilen von Σ gehören, was wie gesagt, experimentell überprüfbar ist. Wenn sich das System zusätzlich in einem verschränkten Zustand befindet, z.B. in einem Zustand, in dem eine globale Observable einen wohldefinierten Wert hat, gibt es typische interaktionsfreie

Verschränkungskorrelationen zwischen den Messergebnissen von lokalen Observablen. In der normalen Quantentheorie kann bewiesen werden, dass Verschränkungen nicht für eine Signalübertragung oder kontrollierbare kausale Einwirkung verwendet werden können:[1] Wenn Σ_1 und Σ_2 verschiedene Subsysteme eines zusammengesetzten Systems Σ sind, ist es nicht möglich, vorauszusagen, ob eine Messung auf Σ_1 stattgefunden hat oder nicht, solange die Resultate der Messungen auf Σ_2 nicht für Σ_1 bekannt sind. Der Beweis dieser Tatsache wird im Anhang wiedergegeben. Er ist unabhängig von jeder Annahme über die Separation der Subsysteme in Raum und Zeit. Wenn man jedoch annimmt, dass die spezielle Relativitätstheorie richtig ist, wie es die empirische Erfahrung nahelegt, und wenn die Separation der Subsysteme im Sinne der speziellen Relativitätstheorie raumartig ist, dann kann die Möglichkeit jeder kausalen physikalischen Interaktion als Mechanismus der Verschränkungskorrelationen ausgeschlossen werden. In der Verallgemeinerten Quantentheorie kann die Unmöglichkeit der Signalübertragung durch Verschränkungskorrelationen nicht von anderen Axiomen abgeleitet werden, aber es wird sehr stark angenommen, dass sie richtig ist, und es erscheint sinnvoll, sie als zusätzliches Axiom zu postulieren (Römer, 2004):

- Verschränkungskorrelationen können nicht zur Signalübertragung oder zu kontrollierbaren kausalen Einflüssen verwendet werden.

In der Tat würde die Verletzung dieses Axioms eine ernsthafte Gefahr, die aus dem Interventionsparadox entsteht, heraufbeschwören – von der Art, den eigenen Großvater in der Vergangenheit umzubringen. Dieses Axiom wird im Folgenden häufig verwendet, und seine Konsequenzen werden im Rahmen der Verallgemeinerten Quantentheorie untersucht. Wir wollen es als NT-(non-transmission) Axiom bezeichnen.

Wie in der normalen Quantentheorie ist das Resultat einer Messung im Allgemeinen nicht durch den Zustand bestimmt, aber es muss beachtet werden, dass die Verallgemeinerte Quantentheorie zumindest in ihrer minimalen Version, wie sie hier dargestellt wird, nicht mit quantifizierbaren Wahrscheinlichkeiten des Ergebnisses einer Messung einer Observablen A verbunden ist. Dies hängt mit der Abwesenheit der Hilbertraumstruktur der Menge der $\mathbf{Z}$ der Zustände zusammen. Darüber hinaus ist der Begriff der Zeit in der allgemeinen Formulierung der Verallgemeinerten Quantentheorie nicht vorhanden.

Die Plancksche Konstante h, die den Grad der Nicht-Kommutativität in der normalen Quantentheorie bestimmt, geht nicht in die Verallgemeinerte Quantentheorie ein. Damit können makroskopische Effekte von Komplementarität und Verschränkungen unter passenden Bedingungen erwartet werden.

1 Jean Burns (2003) nennt dies „Eberhard's theorem" (Eberhard, 1978).

In der normalen Quantenmechanik ist es möglich, Bellsche Ungleichungen abzuleiten und daraus zu schließen, dass die Unbestimmtheit der Quantentheorie nicht epistemischer Natur ist, d. h., auf unvollständiger Kenntnis über den wahren Zustand des Systems beruht, sondern ontischer Natur und tief im Begriff des Quantenzustands verankert ist. In der Verallgemeinerten Quantentheorie gibt es keine Basis für eine solche Ableitung. Im Gegenteil, ganz häufig wird die Verallgemeinerte Quantentheorie eine phänomenologische Beschreibung komplizierter Systeme mit starker Kopplung und beschränkter Steuerung sein, und die quantenartigen Züge wie Unbestimmtheit, Komplementarität und Verschränkung entstehen aus ziemlich einfachen epistemischen Gründen wie unvollständigem Wissen, unkontrollierbaren Interaktionen und im Besonderen unvermeidbaren Störungen durch den Messprozess. In dieser Situation kann nicht ausgeschlossen werden, dass Verschränkungskorrelationen durch kausale Interaktionen erzeugt werden, aber auch hierbei können sie nicht benutzt werden, um Informationen oder kausale Einflüsse auf kontrollierbare Weise zu übertragen, womit das NT-Axiom wahr bleibt. Diese Bemerkung wird im nächsten Abschnitt von Bedeutung sein.

3. Synchronizität und Verallgemeinerte Quantentheorie

Paranormale oder synchronistische Phänomene zeigen sich in komplexen Systemen von Personen und Teilen der physikalischen Welt, die stark durch viele physikalische, mentale und besonders emotionale Bindung miteinander gekoppelt sind. Systeme dieser Art haben eine Eigenschaft, die als *organisierte Geschlossenheit* in der Systemtheorie bezeichnet wird. Varela formulierte die Geschlossenheitsthese auf die folgende Art und Weise: Jedes autonome System ist organisatorisch geschlossen. Das Zellsystem oder das Immunsystem mag als Beispiel aus der Biologie dienen und das menschliche Bewusstsein als ein Beispiel aus der Psychologie. Er definiert eine organisatorisch geschlossene Einheit als ein Netzwerk von Interaktionen, die dieses Netzwerk rekursiv als eine Einheit im Raum erzeugen (weitere Details, siehe Varela, 1981). Beobachtungen haben einen unkontrollierbaren Einfluss auf den Zustand solcher Systeme, und das macht sie zu bevorzugten Objekten für die Anwendung der Verallgemeinerten Quantentheorie. Organisatorisch geschlossene Systeme sind zusammengesetzt und besitzen die Fähigkeit, sich in verschränkten Zuständen zu befinden. Wie schon in der Einleitung erwähnt, sollten wir den Verschränkungskorrelationen zwischen Teilen eines so hochkomplexen Systems und den damit verbundenen synchronistischen Phänomenen besondere Aufmerksamkeit schenken. Sehr viel Forschung und Diskussion wird darauf verwendet, jeden „normalen" Mechanismus auszuschließen, der diese Phänomene erzeugen könnte. In unserer Terminologie gipfelt das in der Frage, ob die Quanteneigenschaften des durch die Verallgemeinerte Quantentheorie beschriebenen Systems ontischer oder epistemischer Natur sind. In besonders günstigen Situationen kann die Möglichkeit von kausalen physikalischen Interaktionen zwischen Teilen des Systems ausgeschlossen werden, z. B. wenn die räumliche Trennung und Zeitunterschiede so sind, dass Signale schneller als die Lichtgeschwindigkeit sein müssten.[2] Ein weiterer günstiger Fall sind Phänomene wie Präkognition, wo die zeitliche Reihenfolge von Ursache und Höhepunkt invertiert ist und wo die Existenz solcher invertierter Paare von Ereignissen Interventionsparadoxe erzeugen würden, wie den eigenen Großvater umzubringen. Im Allgemeinen jedoch, und besonders in den interessanteren Fällen, ist es extrem schwierig, wenn nicht unmöglich, diese Frage zu entscheiden, aber es macht für unsere phänomenologische Beschreibung und Analyse ohnehin keinen Unterschied. Die Identifikation von organisatorisch geschlossenen Systemen, für die unser Formalismus angewendet werden soll, ist ein nicht-triviales Problem, insbesondere, weil Verschränkungskorrelationen zwischen offensichtlich unabhängigen Systemen nie mit Sicherheit ausgeschlossen werden können. Eines der einfachsten Systeme, die betrachtet werden können, würde eine einzelne Person darstellen, bei der man psychosomatische Phänomene beobachten kann. Aber solche Phänomene werden normalerweise nicht als paranormal oder synchronistisch betrachtet, und in der Verallgemeinerten Quantentheorie sollten sie eher als ein Effekt betrachtet werden, den die Komplementarität von Psyche und Körper bei Personen erzeugt (vergl. Kap. 4).

Es scheint jedoch einen gleitenden Übergang zu Poltergeist-Phänomenen zu geben, der als eine Erweiterung der Somatisierung in die äußere Welt und als ein Beispiel für Verschränkungskorrelationen interpretiert werden kann. Als weiteren Schritt in der Komplexität solcher Systeme würde man Systeme betrachten, die mehrere Personen und physikalische Objekte beinhalten, die Phänomene wie Telepathie, Psychokinese und Präkognition aufweisen. Das größte vorstellbare „System" würde C. G. Jungs „Unus mundus" – die Gesamtheit der Welt – darstellen, die sich in Bezug auf die Unterscheidung zwischen Psyche und Materie neutral verhält.

Synchronistische Phänomene können erwartet werden, wenn ein solches System in einem verschränkten Zustand präpariert ist. Dies kann im Allgemeinen dadurch erreicht werden, dass das System sich in einem Eigenzustand einer globalen Observablen A befindet, z. B. in einem Zustand, in dem das System sich nach einer Messung von A befindet, die ein bestimmtes Ergebnis $\alpha \in specA$ liefert. Z. B. könnte A für ein operational geschlossenes System von mehreren Personen eine Observable sein, die den Grad ihres emotionalen „Gleichklangs" oder ihrer grundlegenden „Verbundenheit", wie z. B. Familienbindung, misst. In einem verschränkten Zustand kann man Korrelationen zwischen

2 Die sog. „Presentiment-Experimente" mögen als Beispiel dienen (Bierman & Radin, 1997).

gemessenen Werten lokaler Observablen verschiedener Teile des Systems beobachten. Wie schon bemerkt – und als NT-Axiom formuliert –, können, in Übereinstimmung mit vielen Erfahrungen mit Psi-Phänomenen, diese Korrelationen nicht als Resultat von kontrollierbaren kausalen Einflüssen oder Signalen zwischen den Teilen des Systems betrachtet werden. Die präzise Bedeutung des Begriffs „Signal" oder „kontrollierbarer, kausaler Einfluss", wie wir es hier verstehen und in dieser Arbeit benutzen, wird durch das Eintreffen der folgenden Punkte definiert:

- Es gibt ein vorher definiertes Paar von Quantitäten, eines auf der Sender-Seite Σ_2 und eines auf der Empfänger-Seite Σ_1.
- Es gibt eine stabile Korrelation zwischen den registrierten Werten der Quantitäten.
- Kontrollierbare Manipulationen auf der Sender-Seite sind möglich, und ihr Effekt kann auf der Empfänger-Seite registriert werden.
- Rückschlüsse über die Natur der Manipulationen müssen möglich sein.

Die synchronistischen Verschränkungskorrelationen mögen manchmal spektakulär erscheinen, aber wenn sie auch durch gewisse episodische Situationen wie kausale Interaktionen aussehen können, wird dieser auffällige Effekt verschwinden, wenn man versucht, sie – zur Verbesserung der Statistik durch Wiederholungsversuche – zu bestätigen. Dies ist der bekannte und oft erfahrene Decline-Effekt. Der Decline-Effekt wird umso deutlicher, je stärker der ursprüngliche Effekt war: Die Reziprozität von Effektstärke und Reproduzierbarkeit ist eine weitere Voraussage der Verallgemeinerten Quantentheorie. Man kann mit einiger Sicherheit die Logik sogar herumdrehen und schließen, dass ein wiederholt beobachteter Einfluss von Teilen des Systems aufeinander keinen Psi-Effekt darstellt, sondern das Resultat normaler Einwirkung sein muss. Ein anderes Phänomen, das von der Verallgemeinerten Quantentheorie erwartet wird, kann als Elusivität oder Evasivität bezeichnet werden. Wenn man Korrelationen als Signale interpretiert und sie statistisch zu bestätigen versucht, können sie sogar ihr Vorzeichen wechseln, vollkommen verschwinden oder in anderen Observablen zwischen verschiedenen Teilen des Systems wieder auftauchen. Es wird insbesondere erwartet, dass das Evasivitäts-Phänomen besonders gut beobachtet werden kann, wenn die Anzahl der beobachtbaren Korrelationen groß und die Präparation im Verschränkungszustand von begrenzter Stabilität ist.

Synchronistische Ereignisse sind gute Beispiele für Situationen, die in Systemen geschehen, die eine große Anzahl von möglichen, sinnvollen Korrelationen enthalten. C. G. Jungs Initial-Beispiel eines Traumes einer Patientin von einem Skarabäus und dem dazu passenden Rosen-Käfer, der in dem Moment in das Fenster flog, als die Patientin den Traum erzählte, ist eine gute Illustration hierfür. Die synchronistische Korrelation hat nichts mit dem präzisen Objekt und seinem Ort, aber mit der Semantik (Zustand oder „Bedeutung") des relevanten Objekts zu tun. Das „Modell der pragmatischen Information" (MPI) liefert eine phänomenologische Beschreibung des semantischen Prozesses solcher synchronistischen Situationen. Es schlägt eine mögliche Operationalisierung[3] des Begriffs „Bedeutung" (pragmatische Information) durch die Einführung komplementärer Observablen, wie „Erstmaligkeit" und „Bestätigung" (Lucadou, 1998; Weizsäcker, 1974), vor. Es ist offensichtlich, dass das MPI als ein spezieller Fall der Verallgemeinerten Quantentheorie betrachtet werden kann. Pragmatische Information ist nicht in physikalischen Begriffen lokalisierbar und kann nicht „markiert" werden. In Jungs Beispiel könnte die Bedeutung des Skarabäus sich auf jeden ähnlich aussehenden Käfer beziehen oder sogar auf das Wort „Käfer", wenn es auf ein fliegendes Papier, was durch die Tür hereingeflogen wäre, geschrieben worden wäre. Nach Rössler (1992) erzeugen Objekte, die nicht markiert werden können, nichtklassische Eigenschaften. Bei spontanen Psi-Erlebnissen ist die Anzahl der möglichen semantischen Zustände offen, aber bei Experimenten ist sie festgelegt. Wenn in einem experimentellen Setting „der Effekt" auf einen einzelnen lokalisierbaren Zustand festgelegt wird (z. B. ein Rosenkäfer wird erwartet), würde jede andere Realisierung mit der gleichen Bedeutung ausgeschlossen sein. Dies ist der Grund, warum Post-hoc-Auswertungen in parapsychologischen Experimenten sehr häufig hochsignifikante sinnvolle Post-hoc-Korrelationen ergeben, die vorher nicht in Betracht gezogen wurden (siehe Beispiel). Bei Poltergeist-Fällen treten üblicherweise neue Phänomene auf, wenn die vorher beobachteten Phänomene erwartet werden (Lucadou et al., 2004). Solche „Displacement-Effekte" sind typisch für die Parapsychologie.

4. Die Planung von Psi-Experimenten

Bei Psi-Experimenten versucht man, Psi-Effekte unter Bedingungen zu beobachten, die so gut wie möglich kontrolliert werden können, wobei Laborbedingungen den idealen Fall darstellen. Damit kann man vom Ansatz her nur ziemlich kleine Effekte in dieser Situation erwarten. Um die Sichtbarkeit synchronistischer Effekte zu verbessern, sollte man gemäß der Verallgemeinerten Quantentheorie die folgenden Strategien verfolgen:

- Man sollte darauf achten, dass die organisatorische Geschlossenheit des Systems und seine Präparation in einem verschränkten Zustand nicht durch die Beobachtung zerstört werden.

---

3 Es wurde argumentiert, dass Varelas Begriff der organisierten Geschlossenheit oder Weizsäckers Begriff der pragmatischen Information auf genügend rigorose Art und Weise operationalisiert werden kann. Es ist richtig, dass bis jetzt keine Standard-Operationalisierung dieser Konzepte zur Verfügung steht, aber bei Lucadou (1986) wird ein experimenteller Ansatz beschrieben, der in diese Richtung geht, und auch die Verallgemeinerte Quantentheorie kann als ein erster Schritt in diese Richtung betrachtet werden.

- Man sollte seine Suche eher auf auffällige Korrelationen zwischen verschiedenen Teilen des Systems konzentrieren als auf (isolierte) kausale Einflüsse.
- Um den Decline-Effekt zu reduzieren, sollte man das Flüchtigkeits-Phänomen auf positive Art und Weise ausnutzen. Dies kann man dadurch bewerkstelligen, dass man simultan so viele verschiedene Korrelationen wie möglich registriert. Die Psi-Effekte werden dann als transitorische, unerwartet springende und statistisch unwahrscheinliche Muster in der Korrelationsmatrix auftreten.

Es ist klar, dass man bei solchen Messungen niemals den Decline-Effekt vollständig vermeiden könnte, um jeden Skeptiker davon zu überzeugen. Aber mindestens die Sichtbarkeit von synchronistischen Phänomenen würde dadurch beträchtlich erhöht.

In einem konventionellen, monokausalen experimentellen Setting könnte die unabhängige Variable *A* jederzeit bei einer genauen Replikation benutzt werden, um ein Signal zu kodieren, was in der abhängigen Variable *B* auftreten müsste, indem die unabhängige Variable *A* ein- und ausgeschaltet wird. Wenn man fälschlicherweise annimmt, dass eine Korrelation zwischen *A* und *B*, die bei früheren Experimenten gefunden wurde, kausaler Natur ist, müsste die Replikation wegen des NT-Axioms fehlschlagen, wenn das betrachtete System durch nichtlokale Korrelationen bestimmt wird. Dieser Sachverhalt führt vielmehr zu einem Kriterium für die obere Grenze der Effektstärke *E* bei jeder Replikationsstudie: Wenn angenommen wird, dass der übliche statistische *Z*-Wert ein Kriterium dafür darstellt, um alleine durch die unabhängige Variable *B* zu entscheiden, ob *A* an- oder ausgeschaltet ist, wird zumindest ein Bit Information übertragen. Im einfachsten Falle gilt $E < const/\sqrt{n}$, wobei *n* die Anzahl der Replikationen darstellt. *Const* ist nur für exakte Replikationen wirklich eine Konstante, die vom experimentellen Setting abhängt. Da aber viele Details sich selbst bei genauen Replikationen unterscheiden, handelt es sich bei dieser Formel eher um eine Daumenregel. Wie bei Lucadou (2000) gezeigt wird, ist die Größe von *const* nicht notwendigerweise klein, und Erneuerungen sind möglich (siehe Fußnote 8). Da dies auch für jeden Einzelversuch (Trial) in einem einzelnen Experiment gilt, sollte bei jedem Psi-Experiment die Effektstärke mit der Anzahl der Trials abnehmen. In einer vor kurzem veröffentlichten Meta-Analyse von 357 PK-Experimenten (Steinkamp et al., 2002) bestätigt sich diese Voraussage. Der „Funnel-plot“ (Abbildung 1) zeigt auf beeindruckende Weise den Decline-Effekt der Effektstärke mit der Anzahl der Trials. Die Autoren der Meta-Analyse interpretieren das Resultat als einen Hinweis dafür, dass ein PK-Effekt gar nicht existiert und lediglich ein statistisches Artefakt darstellt, welches durch selektive Berichterstattung zustande kommt.[4]

---

4 Es soll hier erwähnt werden, dass die Meta-Analyse von Bösch et al. (2006) ausführlich kritisiert worden ist, wobei andere Meta-Analysen zu einem anderen Ergebnis kommen und auch

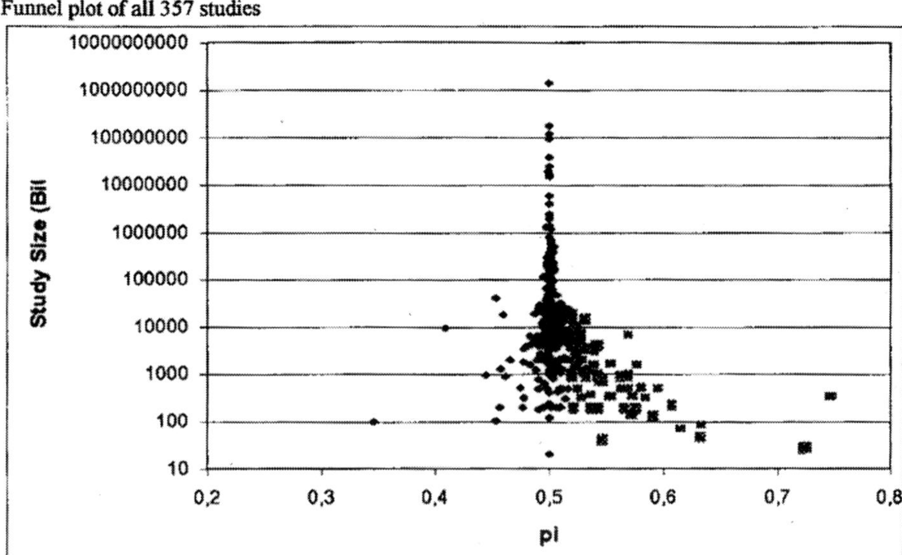

Abbildung 1: Funnel plot von 357 PK Studien (Steinkamp, Boller & Bösch, 2002)

Aufgrund dieses Resultats (siehe nächster Teil) erscheint es nicht sinnvoll, die Forschungsstrategie von „beweisorientierten" Experimenten weiter zu verfolgen, weil eine exakte Replikation das beste Rezept ist, um den Effekt zu zerstören. Weil angenommen wird, dass das NT-Axiom für diese Tatsache verantwortlich ist, könnte man das Problem auf folgende zwei Weisen lösen:

1. Das experimentelle Setting ist so konstruiert, dass nur Korrelationen gemessen werden können, die nicht dazu missbraucht werden können, um Signale zu übertragen wie im EPR-Fall.[5]

eine Entgegnung im gleichen Journal publiziert wurde. Soviel wir wissen, bezieht sich die Kritik jedoch hauptsächlich auf Fragen der Auswahl der Studien für die Meta-Analyse und hat nichts mit dem offensichtlichen Decline-Effekt in Abhängigkeit von *n* zu tun.

5 Dies ist bei Psi-Experimenten, die neurophysiologische Sampling-Methoden verwenden (Bierman & Radin, 1997; Wackermann et al., 2003), natürlicherweise der Fall, weil das Signal nicht vom Datenstrom extrahiert werden kann, da es nur nach der Mittelung vieler EEG-Durchläufe mit der Stimulation verglichen wird, um die Korrelationen sichtbar zu machen (siehe oben). Unabhängig von der Tatsache, dass das System viele Freiheitsgrade erlaubt, was durch die Anwendung vieler Elektroden und die Betrachtung von positiven und negativen Korrelationen zustande kommt (siehe unten).

2. Das experimentelle Setting erlaubt dem Effekt, sich in unvorhersagbarer Weise zu „verschieben".[6]

Die erste Bedingung ist in einem psycho-physikalischen Experiment schwer zu erreichen, weil die psychologischen Variablen vor der psycho-physikalischen Interaktion gemessen werden müssen. Diese Daten könnten immer benutzt werden, um Voraussagen über die physikalischen Variablen zu machen. Dabei spielt es keine Rolle, ob diese Information aktuell verwendet wird oder nicht. Dies ist ein entscheidender Unterscheid zur EPR-Situation. Nur wenn die Interpretation der psychologischen Daten hinterher erzeugt würde (z. B. durch eine neue Faktorenanalyse der Daten), könnte dieses Problem umgangen werden, aber dies entspricht schon ungefähr der folgenden Methode. Die zweite Bedingung kann realisiert werden, indem man große Mengen von psychologischen und physikalischen Variablen verwendet, die vielleicht in dem psycho-physikalischen System miteinander korrelieren oder auch nicht. In diesem Falle sollten die Resultate in einer Korrelationsmatrix, die das psycho-physikalische System beschreibt, zu sehen sein. Die organisatorische Geschlossenheit, die durch die experimentellen Bedingungen erzeugt wird (z. B. durch die Instruktion der Versuchsteilnehmer, die Lebendigkeit des Displays, die Motivation der Versuchspersonen usw.), ermöglicht die psycho-physikalische Interaktion, die sich in der Anzahl und Stärke der Korrelationen in der Matrix zeigt. Die Null-Hypothese wird durch die Anzahl von Zufallskorrelationen definiert. Bei jeder Replikation des Experiments kann sich die Struktur, Richtung und Stärke dieser Korrelationen ändern, aber die Gesamtanzahl und die Gesamtstärke kann gleich hoch bleiben, wenn die experimentellen Bedingungen die gleichen sind. In diesem Falle ist es unmöglich, das NT-Axiom zu verletzen, weil nicht im Voraus bekannt ist, welche Korrelationen auftreten und mit welchem Vorzeichen. Diese Situation ist vergleichbar mit der EPR-Situation.

Die hier angedeutete Strategie ist zu der sog. Matrixmethode konkretisiert und operationalisiert worden (Walach et al., 2019).

Wie oben dargestellt, ist die Erzeugung der organisatorischen Geschlossenheit des psycho-physikalischen Systems von größter Bedeutung. Darüber hinaus hat man dafür

6 Eine dritte Möglichkeit bestünde darin, nichtlokale Variablen mit kausalen auf ununterscheidbare Weise zu vermengen. In diesem Falle würde die organisierte Geschlossenheit des Systems vergrößert werden und dabei die nichtlokalen Korrelationen innerhalb des psychophysikalischen Systems verstärken. Jedoch würde dieses Versuchs-Design niemals einen Skeptiker überzeugen, weil man immer argumentieren könnte, dass alle gemessenen Korrelationen durch die kausalen Interaktionen und nicht durch einen Psi-Effekt entstünden. Es muss zugegeben werden, dass die meisten spontanen paranormalen Erfahrungen an diesem methodischen Mangel kranken.

zu sorgen, dass sie hauptsächlich durch die experimentellen Bedingungen für die Versuchspersonen erzeugt wird und nicht durch den Experimentator. Manchmal sind die Experimentatoren stärker motiviert als die Versuchspersonen, und dann sind die Daten schwer zu interpretieren und führen zu so genannten Experimentator-Effekten (Lucadou, 2000).

5. Beispiele

Das eindrucksvollste Beispiel für den Decline-Effekt nach einer direkten Replikation ist die Replikationsstudie der Princeton (PEAR) PK-Studien (Jahn, 1981; Jahn et al., 2000). Die Autoren schreiben: „Ein Konsortium von Forschungsgruppen aus Freiburg, Giessen und Princeton, das 1996 gebildet wurde, um multidisziplinär Studien zu Anomalien bei der Mensch/Maschine Interaktion durchzuführen" (Jahn et. al., 2000, S. 499). Das erste gemeinsame Projekt, das unternommen wurde, sollte eine Replikation der vorherigen Princeton-Experimente versuchen, die anomale Abweichungen des Outputs von elektronischen Zufallsgeneratoren nachgewiesen hatte und die Korrelationen mit vorgegebenen Intentionen der menschlichen Versuchsperson zeigten. Für diese Replikationen wurden von den drei teilnehmenden Laboratorien Daten von 250 * 3000 Trials * 200 Binärereignisse in experimentellen Situationen gesammelt, die durch 227 menschliche Versuchspersonen erzeugt wurden. In allen Fällen wurden identische Rauschquellen und im Wesentlichen gleiche Versuchsprotokolle und Datenanalyse-Verfahren verwendet. Die Daten wurden zusammengefasst in Bezug auf die Intention des Operators, um den Mittelwert der 200 Binärsample-Verteilung zu erhöhen (HI), abzusenken (LO) oder keinen Einfluss auszuüben (BL). Daneben wurden unbeobachtete Kalibrations-Runs durchgeführt. Das Kriterium für einen anomalen Effekt, das zuvor festgelegt worden war, war die Größe der HI–LO Datendifferenz, aber es wurden auch Daten über einige sekundäre Korrelate erhoben. Das Hauptresultat dieses Replikationsversuchs war bei allen drei Laboratorien, dass der Gesamtunterschied des Mittels von HI–LO in die intendierte Richtung ging. Die Gesamtgröße dieser Abweichungen verfehlte jedoch die Ergebnisse der früheren Experimente um eine Größenordnung, bzw. gelang es nicht, einen überzeugenden statistischen Signifikanzlevel zu erreichen.

Wenn diese Resultate mit der ersten Studie der Princeton-Gruppe, die 1981 publiziert worden war, verglichen wird, kann eine starke Absenkung der Effekt-Stärke beobachtet werden.

In Tabelle 1 wird die Effekt-Stärke auf folgende Weise definiert: $E_{hi-lo}=(T_{hi}-T_{lo})/n$, T = Anzahl der Treffer, n = Anzahl der Trials.

First PEAR (1981) report	$E_{hi-lo} = 6.000/13.050$	= 0.46
All PEAR studies before replication	$E_{hi-lo} = 35.000/834.000$	= 0.042
Replication (2002) study	$E_{hi-lo} = 7.070/750.000$	= 0.0094

Tabelle 1: Effekt-Stärke der PEAR-Experimente und seine Replikationen (die Werte wurden aus den Abbildungen aus den gewonnenen Referenzen entnommen[7])

Es ist evident, dass die Effekt-Stärke bei jeder Replikation kontinuierlich abgenommen hat.[8] Der Psi-Effekt verschwindet jedoch nicht vollständig, er taucht in anderen Variablen bei einer Post-hoc-Analyse auf. Die Autoren halten Folgendes fest:

> Verschiedene Teile der Daten zeigen eine substanzielle Anzahl von internen, strukturellen Anomalien bei manchen Eigenschaften, wie z. B. bei der Reduktion der Standardabweichungen auf der Trial-Ebene, bei irregulären Sequenz-Positions-Mustern und differenziellen Abhängigkeiten verschiedener sekundärer Parameter, wie z. B. der Art des Feedback oder der Run-Länge des Experiments, und zwar in einem Gesamtausmaß, das über die Zufallserwartung hinausgeht (Jahn et al., 2000, S. 499; vgl. auch Atmanspacher et al., 1999; Pallikari, 2001).

---

7 In diesem Falle stimmen die Daten ungefähr mit der oben gegebenen Formel überein, wobei const ≈ 50.

8 Dem wurde entgegengehalten „... dass die Autoren offensichtlich Jahn et. al. (2000) gelesen haben, ohne zu bemerken, dass die Übersicht über die chronologischen Sequenzen der PEAR-REG-Daten (Abb. 12 und die anschließende Diskussion) einen starken Anfangs-Effekt zeigen, eine Absenkung auf Null, dem sich eine starke Zunahme wieder anschließt, welches in starkem Widerspruch zu dem Nichtsignal-Modell der Autoren steht“ (anonyme Gutachter, *Journal of Scientific Exploration*). Im Gegensatz zu dieser Meinung ist es gerade dies, was vom MPI und der Verallgemeinerten Quantentheorie zu erwarten war. „Kein Signal“ heißt nicht, dass der überzufällige Effekt nicht auftreten kann, sondern dass die Daten sich auf solche Art und Weise verhalten, dass sie nicht benutzt werden können, die ursprünglichen Bedingungen (HI, LO, Baseline) auf der Basis der Zufallsdaten alleine zu rekonstruieren. Wenn im zweiten Teil (siehe Abb. 12 von Jahn, 2000) die Daten die gleichen wie im ersten Teil gewesen wären, wäre eine Identifikation der drei Bedingungen möglich gewesen. Aus diesem Grunde musste eine Rückkehr zu einem Null-Effekt aufgrund des NT-Axioms erwartet werden. Daraus ergibt sich, dass im dritten Teil ein solches Kriterium fehlt. Und selbst ein schwächeres Kriterium, was durch Kombination der ersten zwei Teile hätte verwendet werden können, ist tatsächlich ausgeschlossen, weil im dritten Teil die BASELINE-Bedingungen nicht von den HI-Bedingungen unterschieden werden können. Aus dieser Betrachtung wird klar, dass die oben gegebene Formel nur für sehr einfache Situationen richtig ist. In realen Studien kann sie nur als Daumenregel benutzt werden, die jedoch erstaunlich gut passt. Um eine genauere Voraussage zu machen, wäre es notwendig, die Geschichte jedes einzelnen Experiments und die Entwicklung des Signal-Kriteriums zu kennen, die von den Daten abgeleitet werden kann. Dies beinhaltet auch Änderungen im Setting während des Experiments vom Standpunkt der Endergebnisse alleine. Aufgrund dieser Überlegung sind in der Tabelle nur die Endresultate der Studien angegeben.

Es sollte erwähnt werden, dass auf der Grundlage des MPIs klare Aussagen über das Ergebnis dieser Replikationsstudie im Voraus gemacht wurden. Dieses wurde in den Protokollen festgehalten, bevor die endgültige Auswertung begann, aber leider im endgültigen Forschungsbericht nicht erwähnt.

Die gleiche Charakteristik kann aber auch in anderen Gebieten gefunden werden, in denen nichtlokale Korrelationen eine wesentliche Rolle spielen, z. B. in der Homöopathie (Lucadou, 2002). In der Homöopathie gibt es jedoch keine klare Trennung zwischen den unabhängigen Variablen (homöopathische Behandlung) und den abhängigen Variablen (die Genesung des Patienten). Allerdings erscheint ein kausaler Mechanismus unwahrscheinlich, weil bei den hohen Verdünnungen, wie sie in der Homöopathie verwendet werden, fast kein Molekül der Heilsubstanz mehr vorhanden ist (Walach, 2003).

Trotz mehrerer klinischer Studien, die in der Vergangenheit durchgeführt wurden, um die Homöopathie zu überprüfen, sind die Ergebnisse widersprüchlich, obwohl die üblichen Standards, wie Vergleich mit Placebo und Randomisierung, eingehalten wurden. Sehr oft kann ein ähnliches Muster beobachtet werden: Die anfänglichen experimentellen Behauptungen sind vielversprechend und zeigen starke Abweichungen von den Zufallserwartungen, die nicht mit der Hypothese, dass es sich um Zufallssituationen handelt, verträglich sind. Aber wenn auf Wiederholbarkeit getestet wird, verschwindet der Effekt. (Es ist nicht die Aufgabe dieser Arbeit, einen Überblick über die gegenwärtige Diskussion zu liefern. Für weitere Details vergl. Walach, 2003; Walach et al., 2005a.)

Das Hauptproblem bei solchen Studien scheint ihr Mangel an Wiederholbarkeit zu sein. Dafür kann es verschiedene Gründe geben, wie z. B. psychologische Unterschiede oder Unterschiede in den Umgebungsvariablen oder Regression zum Mittelwert und nicht zuletzt wegen des NT-Axioms. Bei den meisten Meta-Analysen ist es schwierig, zwischen diesen verschiedenen Ursachen zu unterscheiden. In der folgenden Meta-Analyse (Taylor et al., 2000) von vier aufeinander folgenden Homöopathiestudien jedoch kann das Resultat als ein Effekt des NT-Axioms interpretiert werden.

In Abbildung 2 werden die Resultate gezeigt. Die erste Spalte liefert den Namen der Studie, die zweite Spalte zeigt den Unterschied, der zwischen der homöopathischen und der Placebo-Gruppe mit der „Visual Analog Scale" gemessen wurde. Die dritte Spalte zeigt den Gesamteffekt und die vierte Spalte den Unterschied zwischen Homöopathie und Placebo-Gruppe, die jedoch mit anderen Methoden gemessen wurden. Die Spalte „Composite" gibt den Gesamteffekt aller Studien wieder.

Man kann die entgegengesetzten Tendenzen in Spalte 2 und in Spalte 4 sehr gut ablesen. Der Decline-Effekt in Spalte 2 wird durch die Zunahme der Differenzen, die bei den neuen Variablen in Spalte vier gemessen wurden, kompensiert. Vermöge der Homogenität

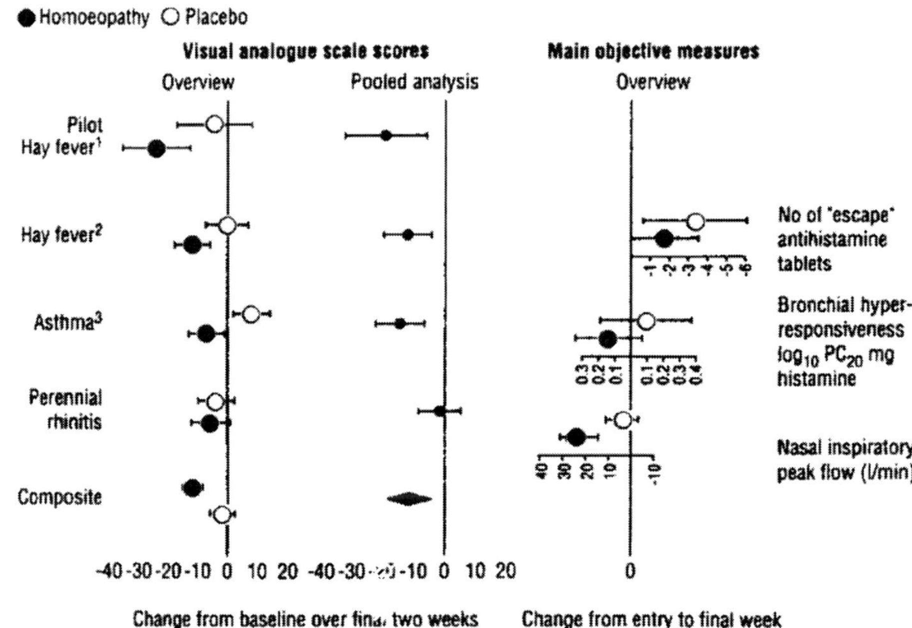

Abbildung 2: Meta-Analyse von vier Homöopathie-Studien (Taylor et al., 2000, S. 474)

der Studie kann angenommen werden, dass die organisatorische Geschlossenheit des ganzen Systems, und damit die nichtlokale Verschränkung während der vier Studien, konstant bleibt. Die Ergebnisse der Meta-Analyse in Abbildung 2 zeigt eine erstaunliche Übereinstimmung mit diesen Voraussagen.

Schließlich kann ein Beispiel gegeben werden, wo der Decline-Effekt zumindest teilweise vermieden wird, indem das NT-Axiom durch die Korrelationsmatrix-Technik (siehe oben) umgangen wird. In diesen Experimenten (Lucadou, 1986, 1991, 2006; Radin, 1993)(Tabelle 2) werden psychologische Variablen mit dem Ergebnis von PK-Experimenten mit und ohne Feedback (Kontrolle) korreliert. Dabei wird nur die Anzahl der signifikanten Korrelationen zwischen psychologischen Variablen und physikalischen Variablen des PK-Experimentes gezählt und mit dem Kontroll-Experiment (Runs ohne Feedback und ohne Versuchsperson) verglichen.

Die psychologischen Variablen wurden vor dem PK-Experiment durch Standard-Persönlichkeitsfragebögen erhoben. Nur in den beiden letzten Studien (Lucadou, 2006 in Tabelle 2) waren die psychologischen Variablen Verhaltensvariablen (das Drücken von Tasten, Details siehe Lucadou, 2006). Die physikalischen Variablen bestanden aus verschiedenen Testgrößen, die die Eigenschaften (wie zum Beispiel den Mittelwert, die

Varianz, die Autokorrelation) der binären Zufallsfolge (Markow) beschreiben, die durch einen physikalischen Zufallsgenerator erzeugt wurden. Der physikalische Zufallsgenerator wurde gegen jeden physikalischen Einfluss der Versuchsperson abgeschirmt.

Es stellte sich heraus, dass in allen Studien die Gesamtverteilung der physikalischen Variablen keine Abweichung vom theoretischen Erwartungswert zeigte, und zwar sowohl für die experimentellen als auch für die Kontroll-Bedingungen. Es wurden verschiedene Techniken angewandt, um ein PK-Signal (Tracer) in den experimentellen Zufallsfolgen zu finden, aber es wurde keines gefunden. Dies ist ein starkes Argument für die Annahme, dass tatsächlich kein Signal von der beobachtenden Versuchsperson auf den Zufallsereignisgenerator übertragen wurde. Trotzdem war die Anzahl der signifikanten Korrelation zwischen den psychologischen und physikalischen Variablen signifikant erhöht, wenn man die experimentellen Runs mit den Kontrollruns vergleicht. Die Abweichungen werden in Tabelle 2 durch die *Z*-Werte angegeben. In diesen Experimenten hängt die Effektstärke ($E = Z/\sqrt{n}$, n = Anzahl der Korrelationen) in erster Linie von der organisierten Geschlossenheit des Systems ab. Dies kann hauptsächlich bei den beiden letzten Experimenten (Lucadou, 2006) in Tabelle 2 gesehen werden. In beiden Studien wurde ein identisches Design verwendet, und sie wurden parallel ausgeführt. Bei der vorletzten Studie in der Tabelle (ebd.), die nicht signifikant ist, wurden unausgewählte Versuchspersonen genommen, die sich durch geringe Motivation auszeichneten (während einer Ausstellung), während alle signifikanten Experimente (1986, 1991, 2006) mit hoch motivierten Versuchspersonen durchgeführt wurden, die in das Labor kamen, weil sie daran interessiert waren, an einem parapsychologischen Experiment teilzunehmen. Eine genaue Analyse zeigt jedoch, dass die unausgewählten Versuchspersonen nicht vollkommen erfolglos waren. Eine Untergruppe, die ein höheres Maß an „innovativem Verhalten“ zeigte, erzielte ebenfalls einen signifikanten Zuwachs an Korrelationen. Schließlich konnte in der Studie gezeigt werden, dass die Struktur der Korrelationsmatrix nicht stabil ist, wenn das Experiment wiederholt wird, trotzdem bleibt die Anzahl der Korrelationen ungefähr gleich groß (für weitere Details vergl. Lucadou, 2006).[9]

---

9 Es ist kritisiert worden, dass „bei der Diskussion verschiedener von Lucadouscher Experimente der Autor ein ungewöhnliches Konzept von ‚Signals‘ verwendet. Obwohl sie kein ‚PK-Signal‘ in den individuellen Zufallsfolgen finden konnten, stellten doch die robusten und wiederholbaren Korrelationen ein Signal dar“ (anonyme Gutachter, *Journal of Scientific Exploration*). Dieses Argument ist jedoch nur dann richtig, wenn – und nur wenn – die individuellen Korrelationen zwischen bestimmten psychologischen und physikalischen Variablen stabil wären, wenn das Experiment wiederholt wird. Dies ist offensichtlich nicht der Fall, weil nur die Anzahl der Korrelation erhalten bleibt, aber nicht die genaue Position der korrelierenden Variablen in der Korrelationstabelle. In Abschnitt 3 wird eine Erklärung des Begriffs ‚Signal‘ gegeben. Diese Tatsache schließt jedoch nicht aus, dass bestimmte Paare von psychologischen und physikalischen Variablen stärkere Korrelationen zeigen, die auch

Die Studie von D. Radin ist das einzige unabhängige Experiment in der Literatur, das diese Korrelationsmatrix-Methode verwendet (Radin, 1993). In diesem Falle gab es jedoch nur eine Versuchsperson, und die „psychologischen Variablen" enthielten auch Umgebungsvariablen, deswegen ist die Studie nicht vollständig vergleichbar.

Den hier wiedergegebenen Beispielen, die Decline- und Displacement-Effekte zeigen, könnten leicht weitere hinzugefügt werden, und es wäre eine interessante Forschungsaufgabe, die hier vorgestellten Ideen bei zukünftigen Meta-Analysen von Experimenten zu implementieren, die nicht lokale Effekte beinhalten.

Study	$N_{sigcorr}$	N_{subj}	*Ps Var*	*Ph Var*	*#corr*	*Z*	*E*
Luc1986	75	299	24	23	552	5.13	0.218
Luc1991	28	307	16	8	128	3.10	0.274
Rad1993	32	1	16	23	368	2.63	0.137
Luc2006	39	386	27	18	216	6.22	0.423
Luc2006	11	386	27	18	216	0.04	0.003
Luc2006	21	220	27	18	216	2.25	0.153

Tabelle 2: Resultat aller Korrelationsstudien ($N_{sigcorr}$ = Anzahl der signifikanten Korrelationen, N_{subj} = Anzahl der Versuchspersonen, *Ps Var* = Anzahl der Psychologischen Variablen, *Ph Var* = Anzahl der physikalischen Variablen, *#corr* = Anzahl der Korrelationen, *Z* = *Z*-Wert, *E* = Effektstärke).

6. Schlussfolgerung

Wir haben dargelegt, dass synchronistische anormale Psi-Effekte höchstwahrscheinlich durch nichtlokale Korrelationen zustande kommen, die aufgrund der Verallgemeinerten Quantentheorie im System erwartet werden, wenn dies eine ausreichende organisatorische Geschlossenheit aufweist und komplementäre lokale und globale Charakteristiken oder Observable enthält. Wir haben außerdem gezeigt, dass eine solche Interpretation es vermeiden kann, alle berichteten mentalen Einflüsse auf physikalische Systeme als Psi-Signal zu betrachten. Eine gegenteilige Annahme würde große theoretische Schwierigkeiten mit sich bringen. Im Gegensatz dazu erlaubt die hier gemachte Annahme eine rationale Interpretation der Psi-Effekte im Sinne von nichtlokalen Korrelationen zwischen

öfter bei Wiederholungen auftreten. Dies bedeutet, dass bestimmte Bereiche in der Korrelationsmatrix eine herausragende Struktur zeigen, die auf bestimmte Charakteristika im betreffenden psycho-physikalischen System hinweist; das heißt aber nicht, dass in der Matrix ein Signal verborgen wäre.

Elementen eines Systems, die nicht kausal sind und damit nicht zur Signalübertragung verwendet werden können. Die Kehrseite dieser Tatsache besteht in der Schwierigkeit, solche Elemente experimentell zu isolieren, weil jeder experimentelle Versuch, einen Effekt zu isolieren, darin besteht, ein kausales Signal vom Hintergrundrauschen herauszulösen. Dieser Zugang erklärt zwei verbreitete Eigenschaften der Psi-Phänomene: Die Elusivität und den experimentellen Decline-Effekt bei Wiederholungen. Wir haben außerdem dargestellt, dass indirekte Strategien möglich sind, um unsere Behauptungen experimentell zu überprüfen. Zusammenfassend kann festgestellt werden, dass das vorgestellte Modell eine natürliche Erklärung darstellt und außerdem in Übereinstimmung mit der Mainstream-Wissenschaft ist, und wir hoffen, dass es einen Weg für weitere kreative Forschung und eine mögliche Integration in einen weiteren wissenschaftlichen Zusammenhang bahnt.

7. Anhang: „Eberhards Theorem“

In diesem Anhang zeigen wir, dass es in der physikalischen Quantentheorie unmöglich ist, durch Verschränkungs-Korrelationen Informationen zu übertragen. Dies wird manchmal als ‚Eberhards Theorem‘ bezeichnet und ist eine direkte Folge des Formalismus der Quantentheorie. Daran anschließend diskutieren wir die Bedeutung dieses Ergebnisses. Wir nehmen an, dass der Hilbertraum $\mathcal{H}$ eines Quantensystems Σ das Tensorprodukt von zwei Hilberträumen $\mathcal{H}_1$ und $\mathcal{H}_2$ darstellt:

$$\mathcal{H} = \mathcal{H}_1 \otimes \mathcal{H}_2 \tag{3}$$

Eine solche Tensorproduktzerlegung ist gegeben, wenn Σ aus zwei Teilsystemen Σ_1 und Σ_2 zusammengesetzt ist, mit den entsprechenden Hilberträumen $\mathcal{H}_1$ und $\mathcal{H}_2$. Man betrachte eine Dichtematrix ρ auf $\mathcal{H} = \mathcal{H}_1 \otimes \mathcal{H}_2$. Die Dichtematrix ρ wird als zerlegbar bezeichnet, wenn sie von der Form $\rho = \rho^{(1)} \otimes \rho^{(2)}$ ist, wobei $\rho^{(1)}$ und $\rho^{(2)}$ die Dichtematrix von $\mathcal{H}_1$ und $\mathcal{H}_2$ ist, und sonst als unzerlegbar. A und B seien zwei Observable auf $\mathcal{H}_1$ und $\mathcal{H}_2$ mit den Projektionsoperatoren P_i und Q_j und der Spektralzerlegung

$$\begin{aligned} A &= \sum_i a_i P_i, \qquad & B &= \sum_j b_j Q_j, \\ P_i P_j &= \delta_{ij} P_i, \qquad & Q_i Q_j &= \delta_{ij} Q_i, \\ \sum_i P_i &= \mathbb{1}_{\mathcal{H}_1}, \qquad & \sum_j Q_j &= \mathbb{1}_{\mathcal{H}_2}. \end{aligned} \tag{4}$$

Die Observablen $A \otimes \mathbb{1}$ und $\mathbb{1} \otimes B$ sind kommensurabel und können gleichzeitig gemessen werden. Die Wahrscheinlichkeit, das Paar (a_i, b_j) mit den Werten A und B zu messen, ist gegeben durch:

$$w_{ij}^{(1,2)} = \mathrm{tr}(P_i \otimes Q_j \rho) \tag{5}$$

Wenn nur $A \otimes \mathbb{1}$ oder $\mathbb{1} \otimes B$ gemessen wird, ist die Wahrscheinlichkeit für das Resultat a_i oder b_i:

$$\begin{aligned} w_i^{(1)} &= \mathrm{tr}(P_i \otimes \mathbb{1}\rho), \\ w_j^{(2)} &= \mathrm{tr}(\mathbb{1} \otimes Q_j \rho) \end{aligned} \tag{6}$$

Wenn die Beobachter die Observablen, die sie messen wollen, gewählt haben, haben sie natürlich keine Kontrolle über das Resultat ihrer Messung. Aus Gleichung 4 sehen wir, dass

$$w_i^{(1)} = \sum_j w_{ij}^{(1,2)}, \qquad w_j^{(2)} = \sum_i w_{ij}^{(1,2)}. \tag{7}$$

Wenn man sich nun vorstellt, dass eine Messung von B das Resultat von b_j erbracht hat, ist die bedingte Wahrscheinlichkeit $w_{i|j}^{(1)}$, dass eine nachfolgende Messung von A a_i ergibt, durch die folgende Gleichung bestimmt:

$$w_{ij}^{(1,2)} = w_{i|j}^{(1)} w_j^{(2)}. \tag{8}$$

Offensichtlich haben wir

$$\sum_i w_{i|j}^{(1)} = 1. \tag{9}$$

Für unzerlegbare Zustände hängen die bedingten Wahrscheinlichkeiten $w_{i|j}^{(1)}$ stark von j ab, und dies ist auch der Ort, an dem die Verschränkungskorrelationen auftreten. Wenn jedoch das Ergebnis der Messungen der Observablen B dem Beobachter unbekannt ist, der A misst, wird letzterer die folgende Verteilung sehen:

$$\overline{w}_i^{(1)} = \sum_j w_{i|j}^{(1)} w_j^{(2)} = \sum_j w_{ij}^{(1,2)} = w_i^{(1)}. \tag{10}$$

Diese Verteilung der gemessenen Werte a_i ist für alle Observablen B die gleiche und stimmt mit der Verteilung $w_i^{(1)}$ überein, die man bekommt, wenn überhaupt keine Messung am zweiten Teil des zusammengesetzten Systems gemacht wird. Also kann der Beobachter, der A misst, nicht aufgrund der Wahrscheinlichkeitsverteilung entscheiden, ob eine Messung auf der anderen Seite gemacht worden ist oder welche Observable gemessen wurde. Daher kann kein Signal übertragen werden, indem man eine Observable B auf der anderen Seite des Systems auswählt und misst. Dies ist die „Eigenschaft 4“ bei Eberhard (1978).

Verschränkungskorrelationen können nur zur Signalübertragung verwendet werden, wenn auf einem anderen Kanal für jeden Messakt der Beobachter am anderen Ende darüber informiert wird, welche Observable gemessen wurde und welche seiner Messwerte er behalten oder fallenlassen will.

Das Ergebnis der Verteilung der gemessenen Werte ist unabhängig von der räumlichen und zeitlichen Trennung der gemessenen Ereignisse. Aber wenn die Trennung jedes Paars von Messungen auf beiden Seiten des verbundenen Systems raumartig ist und wenn Einsteins spezielle Relativitätstheorie als gültig angesehen wird (was man tun sollte), dann kann die Verschränkungskorrelation nicht das Ergebnis irgendeiner physikalischen Wechselwirkung sein.

Ohne die spezielle Relativitätstheorie, d. h. wenn zum Beispiel angenommen wird, dass gleichzeitige Interaktionen auf Distanz möglich sind, kann dieser Schluss natürlich nicht gezogen werden. Eberhardt (1978) schlägt eine Verletzung der speziellen Relativitätstheorie vor, indem er die Existenz eines Inertialsystems annimmt, in dem ein Ereignis E_1 die Ursache eines Ereignisses E_2 ist, solange E_1 vor E_2 eintritt. In einem anderen System, das man durch eine Lorenztransformation erhält, könnten die beiden Ereignisse in umgekehrter Reihenfolge auftreten.

Selbst wenn durch eine Verletzung der speziellen Relativitätstheorie Verschränkungskorrelationen durch physikalische Ursachen entstehen, entwertet dies nicht unser allgemeines Ergebnis, dass – als eine einfache Konsequenz aus dem Formalismus der Quantentheorie – Verschränkungskorrelationen nicht zur Signalübertragung benutzt werden können ohne die Hilfe eines weiteren Informationskanals. Die Unmöglichkeit der Signalübertragung durch Verschränkungskorrelation ist eine direkte Konsequenz der grundlegenden Formulierung der Quantentheorie.

Peacock und Hepburn (1999) geben eine hilfreiche Liste von Referenzen zu dieser Frage an, aber im Lichte der obigen Betrachtungen ist ihre Behauptung, dass die Beweislage der Nichtsignaleigenschaft immer noch offen ist und dass die Übertragung von Informationen und sogar von Energie mittels Verschränkungskorrelation nicht ausgeschlossen werden kann, in der Tat äußert fragwürdig. Die verbleibende Möglichkeit, „kein Signal“ zu zerstören, würde eine Änderung in den Grundlagen der Quantenphysik darstellen. Zum Beispiel dadurch, dass Observablen, die zu einem Subsystem gehören, nicht mehr durch Observablen vom Typ $A \otimes \mathbb{1}$ beschrieben werden können, sondern durch einen anderen Operator. Aber es scheint unmöglich, dies zu tun, ohne unzähligen wohletablierten experimentellen Fakten zu widersprechen, z. B. der Physik von mehreren Atomen. Darüber hinaus würde eine angenommene Verletzung der Einsteinschen Lokalität dazu führen, dass Interventionsparadoxien hinter der nächsten Ecke lauern.

Ganz allgemein führt die quantentheoretische Reduktion von Zuständen nicht zu einer Inkonsistenz zwischen Einsteinscher Lokalität und der Quantenfeldtheorie. Gegenteilige Annahmen durch Hegerfeld wurden in überzeugender und allgemein akzeptierter Weise von Buchholz und Yngvason (1994) widerlegt.

4 Gedanken zur Psychosomatik aus der Sicht der Verallgemeinerten Quantentheorie

1. Einführung

Der Siegeszug der naturwissenschaftlich orientierten Medizin begann ungefähr um die Mitte des neunzehnten Jahrhunderts, und er hält bis heute an. Zellpathologie und die Identifizierung von Krankheitserregern waren erste Erfolge zur systematischen Ermittlung der Ursachen und zur Bekämpfung von Krankheiten. Das Wissen um den menschlichen Körper hat sich in unvorstellbarer Weise erweitert, ebenso wie das Arsenal von Methoden zur Prophylaxe und zur Heilung und Linderung. Früher Unheilbares ist heilbar geworden, der Schmerz ist weitgehend besiegt, und die Lebenserwartung in Mitteleuropa hat sich verdoppelt.

Es hat allerdings nie an Stimmen gefehlt, die der naturwissenschaftlichen Medizin in ihrer Konzentration auf die angeblich maschinenartig aufgefassten Körperfunktionen Einseitigkeit, emotionale Kälte und Vernachlässigung der leib-seelischen Einheit des ganzen Menschen vorwarfen. Gerade in Deutschland ist nicht nur die Erinnerung an die „vorwissenschaftliche" Medizin nie ganz geschwunden, sondern auch die Tradition der ganz andersartigen romantischen Naturphilosophie und des Deutschen Idealismus ist in besonderer Weise lebendig geblieben. Ein schöner Ausdruck dieser Stimmung ist die große Bedeutung des eher ganzheitlich ausgerichteten Kurwesens im deutschsprachigen Bereich. In neuerer Zeit haben sich die „New age"-Bewegungen diese Kritik an der von ihnen als „Schulmedizin" bezeichneten heute vorherrschenden naturwissenschaftlichen Medizin zu eigen gemacht und sich vielfach mit alternativen Therapieansätzen verbündet, die zum Teil, wie etwa die Homöopathie, auf eine lange und keineswegs völlig erfolglose Tradition verweisen können.

Es fehlt allerdings auch von „schulmedizinischer" Seite keinesfalls an der Einsicht in die Einseitigkeit eines rein körperorientierten Ansatzes. Natürlich ist eine Krankheit auch ein seelisches Geschehen, schon deshalb, weil der Betroffene unter den Symptomen leidet. Darüber hinaus gibt es überdeutliche Hinweise, dass seelische Faktoren als Ursachen und für die Dynamik eines weiten Formenkreises von Krankheiten von entscheidender Bedeutung sind. Hierzu zählen etwa Herz- und Kreislauferkrankungen, besonders auch Bluthochdruck, viele Magen-Darmerkrankungen, Schmerzerkrankungen, etwa im Bereich der Wirbelsäule, Allergien und sogar Rheuma und Krebs.

„Psychosomatik" kann man als Antwort der „schulmedizinischen" Hauptströmung auf diese Herausforderung auffassen. Die Literatur zur Psychosomatik insgesamt und zu ihren verschiedenen Therapiemethoden ist uferlos. Einen Überblick gibt Schweickhardt et al. (2005) oder, in kürzerer Form, Wirsching (2003).

Eine schier unendliche Vielfalt von meist nach ihren Autoren benannten Therapieformen setzt sich mit dem leib-seelischen Krankheitsgeschehen auseinander, teils durch Erforschung der Wechselwirkung von Körper und Psyche, teils in einem eher systemischen Ansatz unter Betrachtung eines ganzheitlichen leib-seelischen Gesamtsystems, in das auch das soziale Umfeld des Patienten einbezogen sein kann. Als Beispiel sei genannt: Danzer (2013).

Die Therapie verbindet gewöhnlich standardmedizinische Behandlung mit psychotherapeutischen Interventionen unter Anwendung der Hauptrichtungen Tiefenpsychologie, Verhaltenstherapie und Familientherapie in unterschiedlichen Kombinationen.

Die Psychosomatik ist in Deutschland als Fach institutionell fest verankert durch die Einrichtung zahlreicher Professorenstellen an medizinischen Fakultäten und die Möglichkeit der Spezialisierung als „Facharzt für psychosomatische Medizin und Psychotherapie".

Als etablierte Disziplin der wissenschaftlichen Medizin zeichnet sich die Psychosomatik oft durch eine deutliche Scheu davor aus, die vorherrschende naturwissenschaftliche, nicht selten materialistisch-reduktionistische Basis zu verlassen und in irgendeiner Weise mit unseriösen, esoterischen Bestrebungen in Verbindung gebracht zu werden. Diese Zurückhaltung zeigt sich bereits darin, dass, in Übereinstimmung mit der wissenschaftlichen Psychologie, das Wort „Seele" im Gegensatz zu dem nüchterner klingenden Terminus „Psyche" gewöhnlich vermieden wird. Die reiche philosophische Tradition, die um die verschiedenen Vorstellungen von „Seele" und ihrem Verhältnis zum Leib kreist, tritt meist in den Hintergrund. An die Stelle der traditionellen Trias „Leib-Seele-Geist" tritt eine verkürzte Unterscheidung „somatisch" vs. „psychisch" zusammen mit einer Beschränkung auf die Untersuchung der kausalen Wechselwirkungen zwischen beiden. Es ist zu befürchten, dass sich ein derartiges die Fragestellung verengendes Theoriedefizit als Erkenntnishindernis erweist.

In dem dieser Einleitung folgenden Abschnitt wollen wir deshalb versuchen, wenigstens eine knappe Übersicht über die in der philosophischen Tradition enthaltenen Konzepte von „Seele", ihren Instanzen und ihrem Verhältnis zum Leib zu geben. Eine gewisse Ordnung soll dabei die Unterscheidung zwischen materialistischen und idealistischen einerseits und zwischen monistischen und dualistischen Positionen anderseits stiften.

Im dritten Abschnitt unserer Untersuchung wollen wir dann ein spezielles monistisches Modell zum Leib-Seele-Verhältnis vorstellen. Es ist ein von der Quantenphysik her inspiriertes Modell, das „Psychisches“ und „Somatisches“ als – in einem wohldefinierten quantentheoretischen Sinne – oft komplementäre Aspekte eines umfassenderen Systems betrachtet. Dabei tritt auch die Möglichkeit von quantenartigen Verschränkungserscheinungen ins Blickfeld. Bezüglich der Unterscheidung „materiell-ideell“ ist unser Modell neutral.

Mit der Verwendung einer sonst kaum herangezogenen quantentheoretischen Begrifflichkeit hoffen wir, einen vielleicht fruchtbaren Beitrag zum breiten Strom der Überlegungen zur Psychosomatik geben zu können.

In den letzten beiden Abschnitten wollen wir zunächst Anwendungsbeispiele unseres quantentheoretischen Ansatzes geben, die in vielleicht manchmal überraschender Weise zum Verständnis von Störungen beitragen könnten, und dann als Konsequenz einige Richtlinien für mögliche therapeutische Interventionen begründen.

2. Vorstellungen von der Seele und ihrem Verhältnis zum Leib

Die Vorstellung, dass alles Lebendige beseelt sei, ist in allen menschlichen Kulturen verbreitet (siehe z. B. Hasenfratz, 1986 oder Figl & Klein, 2002). Fast universell ist auch eine gestufte Unterscheidung seelischer Instanzen:

Die *Vitalseele* ist die Lebenskraft des Lebendigen und seine Fähigkeit zur Selbstbewegung. Sie wird oft als warmer Hauch empfunden und ist dem Leib am engsten verhaftet. Die alten Ägypter nannten sie „Ka“ (Brunner, 1983) und versuchten sie durch die Balsamierung des Leichnams über den Tod hinaus zu erhalten. Eine Vitalseele kommt bereits den Pflanzen zu.

Die *Personalseele* ist mit der Fähigkeit zum Wahrnehmen, Fühlen und Wollen verbunden. Was die Psychologen „Psyche“ nennen, ähnelt am meisten der Personalseele. Das ägyptische „Ba“ ist ebenfalls als Personalseele zu verstehen, und auch der griechische „Thymos“ oder was wir mit „Ich“ oder „Herz“ im psychologischen Sinne bezeichnen, gehört in den Umkreis der Personalseele. Vielfach wird die Personalseele als bewegliche „Freiseele“ vorgestellt, die den Körper verlassen kann. Die Seele des Schamanen im Trancezustand begibt sich sogar auf Seelenreise (Müller, 2011). Die Freiseele wird oft bildlich dargestellt als Vogel, Engel, Fledermaus oder – verbreitet auf unseren Friedhöfen – als Schmetterling. Eine Personalseele kommt nicht nur Menschen, sondern auch Tieren zu. Das lateinische „animal“ für Tier bedeutet wörtlich „Beseeltes“.

Eine *Geistseele* wird allgemein nur dem Menschen zugeschrieben, nicht aber den Tieren. Sie bedingt die Vernunftfähigkeit zum rationalen Denken und Sprechen. Sie entspricht in etwa den altägyptischen „Ach“.

Verbreitet ist auch die Vorstellung, dass die Geistseele irgendwie mit einer geistartigen, überpersönlichen *Weltseele* in Beziehung stehe. Was die Griechen als „Logos“ und die alten Inder als „Brahman“ bezeichnen, kommt der Vorstellung einer Weltseele nahe. In dieser Studie wird sie nicht zum Gegenstand der Betrachtung gemacht werden.

Die gerade in der abendländischen philosophischen Tradition verbreitete Trias „Leib-Seele-Geist“, wie sie etwa in der bekannten *arbor porphyriana* aufscheint, ist mit der Dreistufigkeit „Vitalseele-Personalseele-Geistseele“ nahe verwandt. Mannigfaltig sind die Auffassungen über die Sterblichkeit der Seele und ihrer Instanzen oder über ihre Fähigkeit, den Tod zu überdauern.

Die Spekulation über die Natur der Seele und ihr Verhältnis zum Leib zieht sich durch die gesamte abendländisch-christliche Geistesgeschichte, und sie hält unter der Bezeichnung „Materie-Geist-“ oder „matter-mind-“ Problematik bis heute an (eine Übersicht findet man bei Klein, 2005). Um eine gewisse Ordnung in die Vielzahl der dabei vertretenen Positionen zu bringen, wollen wir von einer zweiachsigen Unterscheidung ausgehen:

- *Dualismus vs. Monismus*, je nachdem, ob Leib und Seele als ontologisch verschieden oder als eher gleichartig angesehen werden.
- *Materialismus vs. Idealismus*, je nachdem, ob Seelisches eher als materiell oder geistartig aufgefasst wird.

Wir beginnen mit der Aufzählung einiger dualistischer Positionen. Jeder Leib-Seele-Dualismus ist vor das Problem gestellt, wie Leibliches und Seelisches aufeinander einwirken können.

- Demokrit, die Stoa und besonders auch der Epikuräismus vertraten eine Position, die man als dualistischen Materialismus bezeichnen könnte. Die Seele wurde als materiell, aber als feinstofflich und damit als verschieden von der groben Materie betrachtet. Die Stoiker (z. B. Steinmetz, 1994) brachten sie mit einem feuerartigen Pneuma in Verbindung, während Demokrit und die Epikuräer (Diels & Kranz, 2005; Lukrez, 1973) als Atomisten der Seele eine besondere Art von Seelenatomen zuschrieben. Das Problem der wechselseitigen Einwirkungen von Leib und Seele wird bei dieser Position dadurch gelöst, dass grob- und feinstoffliche Materie miteinander in Wechselwirkung stehen.
- Platon, die Platoniker und die Neuplatoniker vertraten einen idealistischen Dualismus. Geist und Materie waren ontologisch radikal unterschieden, wobei dem Geistigen eindeutig der höhere Wert zugeschrieben wurde. Für Platon ist die Seele des Menschen zu dessen Lebenszeit zwar an den Körper gebunden, erinnert sich aber ihrer Herkunft aus der Geistsphäre der Ideen, wodurch sie zum Denken und Erkennen befähigt ist. Innerhalb der menschlichen Seele unterscheidet Platon die Instanzen des *epithymetikón* (des Triebhaften), des *thymoeidés* (des Muthaften) und des *logistikón* (des Vernunfthaften). Das Vernunfthafte soll dabei

über die beiden anderen Anteile die Oberhand behalten. Platon (Klein, 2005; Platon, 2010; besonders Platons *Staat* und die Dialoge *Phaidon* und *Phaidros*) vergleicht seine Rolle mit der eines Wagenlenkers, der zwei ungebärdige Pferde in der Spur halten soll. In Platons Seeleninstanzen erkennen wir in abgewandelter Form die Dreiheit Körper-Seele-Geist wieder.

- Descartes (1637) und in seiner Nachfolge Malbranche und Leibniz (Breger, 2010) gehen von einer radikalen Ungleichartigkeit von *res extensa* und *res cogitans* aus. Die Seele ist als *res cogitans* geistartig. Das Problem der Wechselwirkung zwischen beiden versucht Descartes in wenig überzeugender Weise dadurch zu lösen, dass er die Zirbeldrüse als Nahtstelle postuliert. Malbranches Occasionalismus und Leibniz' prästabilierte Harmonie ersetzen eine direkte Wechselwirkung durch eine Art wechselwirkungsfreien Parallelismus. Als „psycho-physischer Parallelismus" waren ähnliche Vorstellungen in der Universitätsphilosophie des 19. und frühen 20. Jahrhundert verbreitet. Gerade Leibniz scheint mit seinem Denkansatz in verblüffender Weise vieles von dem modernen quantentheoretisch inspirierten Konzept der wechselwirkungsfreien Verschränkungskorrelationen vorwegzunehmen (Walach et al., 2006).
- Immanuel Kant (Barth, 2004; Kant, 2004) verschiebt die Seele vielleicht am radikalsten in eine Transzendenz, die weder der sinnlichen Erfahrung noch der reinen Vernunft zugänglich ist – eine Position, die man als extremen idealistischen Dualismus bezeichnen sollte. Die Existenz der Seele wird dabei keineswegs bestritten, sondern erhält eher den Status eines notwendigen regulativen Prinzips.

Monistische Positionen zum Leib-Seele-Verhältnis sind in der Gegenwart verbreiteter, schon deshalb, weil das Problem der wechselseitigen Beeinflussung bei ihnen leichter lösbar zu sein scheint.

- Aristoteles[1] vertritt einen eindeutigen idealistischen Monismus, insofern für ihn die Seele die selbst nicht materielle Form des materiellen Leibes ist. Leib und Seele sind als Substanz und Form untrennbar zu einem Ganzen vereinigt (Jacobi, 2003, gibt eine gründliche Erörterung von Inhalt und Methode der Aristotelischen Schrift *De anima*). Thomas von Aquin (Köhler, 2000) hat sich die Aristotelische Auffassung von der Seele zu eigen gemacht und die bereits bei Aristoteles angelegte Dreistufigkeit „vegetative, sensitive, intellektuelle Seele" zugrunde gelegt. Zu lösen waren für ihn bei der Übernahme der Aristotelischen Position die Probleme der Unsterblichkeit der Seele und der Erschaffenheit der Materie.
- Der spiritualistische Monismus George Berkeleys („Esse est percipi", „Sein ist Wahrgenommen-Werden") (Gottfried, 2008) ist ein Beispiel für einen extremen

1 Maßgeblich und für die mittelalterliche Philosophie höchst einflussreich ist die im 12. Jh. unter dem Titel *De anima* in lateinischer Übersetzung zugänglich gewordene Aristotelische Schrift *Perí psychés*.

idealistischen Monismus, für den nicht nur die Seele, sondern auch die Materie geistartig ist. Ähnliches gilt für den Idealismus Georg Wilhelm Friedrich Hegels. Die Seele verwirklicht sich in der dialektischen Selbstbewegung einer Weltvernunft, die über die eher materiellen Stufen einer „natürlichen Seele" und einer „fühlenden Seele" zur „wirklichen Seele" aufsteigt. Wieder wird die traditionelle Seelentrias sichtbar.

- Das Seelenverständnis der Christen trägt deutlich monistische Züge, indem sie von Anfang an ihren Glauben an eine leibliche Auferstehung von den Toten betonten und damit in ihrem hellenistischen Umfeld Befremden hervorriefen. Es beruht auf der altjüdischen Auffassung der Seele als *nefesch*, die mit dem Leib so untrennbar eines ist, dass sie etwa durch eine gute Mahlzeit erquickt werden kann, aber dennoch mehr ist als eine reine Vitalseele. Es ist bezeichnend, dass bei christlichen Völkern Menschen oft einfach als Seelen bezeichnet werden. In Russland sprach man standardmäßig von der Zahl seiner Seelen, wenn die Zahl der Leibeigenen gemeint war. Später geriet die christliche ebenso wie die jüdische Seelenvorstellung auch unter den Einfluss des Neuplatonismus und der Gnosis (Hasenfratz, 1986). Eine starke Neubetonung des Leib-Seele-Monismus stellt die *Ganztodtheorie* (Brandt et al., 1994; Pannenberg, 1993) dar, wie sie etwa von Karl Barth vertreten wurde. Ihr zufolge stirbt mit dem Leib auch die Seele, und beide zusammen werden bei der Auferstehung von den Toten neu geschaffen.
- Die Gegenwart ist durch die Vorherrschaft eines materialistischen Monismus gekennzeichnet, der vielfach unmittelbare Evidenz und das Monopol auf Wissenschaftlichkeit beansprucht. Materie ist das einzige wirklich Existierende, und alles so genannte Geistige ist auf Materielles zurückzuführen und letztlich mit physikalischen Begriffen fassbar. Konkreter ist es die hauptsächlich im Gehirn lokalisierte neuronale Aktivität. Die vielleicht extremste Form dieser Auffassung ist der *eliminative Monismus* von Churchland (1997). Danach ist alles, was in mentalen oder psychologischen Begriffen gesagt wird, nur Ausdruck einer für praktische Zwecke vielleicht nicht ganz unnützen „Populärpsychologie", die allerdings erst durch die konsequente Übersetzung in neurophysiologische Terminologie den Status der Wissenschaftlichkeit erlangt. *Emergentismus* ist eine mildere Form des materialistischen Monismus. Mentalem wird zwar eine gewisse Eigenständigkeit zugestanden, aber die volle ontologische Dignität des Materiellen abgesprochen. Vielmehr sollen durch einen als „Emergenz" bezeichneten Mechanismus in materiellen Systemen von hoher Komplexität mentale Eigenschaften gewissermaßen von selbst hervortreten (zur Kritik von Emergentismus siehe Römer, 2017, und Kap. 9). Der Einfluss von Mentalem auf Materielles wird endokrinologisch erklärt: Die neuronale Aktivität des Gehirns steuert die Ausschüttung von Hormonen, die ihrerseits somatische Effekte auslösen. Als ein besonders markantes Beispiel dafür wird der *Placeboeffekt* angesehen: Ein Teil der Wirkung eines Medi-

kamentes stellt sich auch dann ein, wenn an seiner Stelle ohne Wissen des Patienten ein eigentlich physiologisch unwirksames „Placebo" verabreicht wird. Bereits der Glaube an die Wirksamkeit kann einen Effekt ausüben.

- Der materielle Monismus herrscht nicht ganz unwidersprochen. Eine Alternative ist ein *neutraler Monismus* (umfassend hierzu Atmanspacher & Rickles, 2022). Hierbei werden Materielles und Geistiges als unterschiedliche Erscheinungsformen eines Substrates angesehen, das als solches weder materiell noch geistig ist. Sehr früh und in kristallklarer Form findet sich ein solches Weltmodell in der Philosophie des Baruch de Spinoza (Bartuschat, 2006; Spinoza, 1976). Neutral gegenüber dem Gegensatz Materie-Geist ist auch C.G. Jungs *unus mundus* (Jung, 2015). Das gegenseitige Verhältnis der verschiedenen Erscheinungsweisen des einen neutralen Substrates wird unterschiedlich gesehen, zum Beispiel als aspektueller Unterschied. Wir schlagen eine von der Quantentheorie her angeregte Sichtweise vor, in der Leib und Seele in einem Verhältnis der Komplementarität zueinander stehen können. Ausführliche Argumente hierfür finden sich in Römer und Walach (2011). Der Darstellung dieses Komplementärmodells eines neutralen Monismus sind die folgenden Abschnitte gewidmet.

3. Komplementarität und Verschränkung: Ein Quantenmodell des Leib-Seele-Verhältnisses

Komplementarität und *Verschränkung* sind zwei Grundbegriffe der Quantenphysik. Es zeigt sich aber, dass beiden über den Bereich der Physik hinaus eine präzise definierte Bedeutung gegeben werden kann. Dies geschieht im Rahmen der *Verallgemeinerten Quantentheorie* (VQT) (Atmanspacher et al., 2002, 2006; Filk et al., 2011), eines begrifflichen Kerns der physikalischen Quantentheorie, in dem spezifisch physikalische Annahmen fortgelassen werden, so dass der verbleibende Formalismus nicht auf physikalische Anwendungen beschränkt ist. Wir wollen die Beschreibung der VQT an dieser Stelle so knapp wie irgend möglich halten und uns dabei auf das beschränken, was zum Verständnis der nachfolgenden Überlegungen unerlässlich ist. Eingehende Darstellungen der VQT und ihrer zahlreichen Anwendungen wurden schon zu anderen Gelegenheiten gegeben (Atmanspacher & Römer, 2012; Römer 2015b sowie Kap. 10 und Kap. 14).

Die folgenden vier Grundbegriffe der VQT sind der physikalischen Quantentheorie entnommen:

- *System* ist alles, was aus dem Weltganzen herausgelöst und zum Gegenstand einer Untersuchung gemacht werden kann. Oft lassen sich innerhalb eines Systems *Teilsysteme* identifizieren. In unserem Zusammenhang werden die „Systeme" meist Menschen oder Menschengruppen und die Teilsysteme etwa Organe des Menschen bzw. Gruppenmitglieder sein.

- *Zustand*: Ein System hat die Möglichkeit, seinen Zustand zu ändern, ohne seine Identität als System zu verlieren. So ist etwa ein Haarschnitt eine Zustandsänderung eines Systems „Mensch".
- *Observable* entsprechen Eigenschaften eines Systems, die in sinnvoller Weise untersucht werden können, insbesondere sinnvollen Fragen an das System. Observable des Systems „Mensch" sind etwa Fragen zu seinem körperlichen Zustand oder seiner psychischen Befindlichkeit.
- Eine *Messung* einer Observablen vorzunehmen heißt, die Untersuchung, die zu der Observablen gehört, wirklich durchzuführen und zu einem Ergebnis zu gelangen, das faktische Gültigkeit beanspruchen kann. Das Ergebnis einer Messung ist im Allgemeinen *unbestimmt*, nämlich nicht durch den Zustand des Systems vorherbestimmt. Allerdings ist nach der Messung einer Observablen A mit dem Ergebnis a ein System in einem *Eigenzustand* von A zum Eigenwert a, in dem eine erneute Messung von A mit Sicherheit wieder den Wert a ergibt. Hier zeigt sich der faktische Charakter des Messergebnisses. Durch eine Messung geht im Allgemeinen Unbestimmtheit in faktische Bestimmtheit über. *Eine Messung ändert also gewöhnlich den Zustand eines Systems.* Observable A und B heißen *komplementär*, wenn die Reihenfolge ihrer Messung bedeutsam ist, andernfalls *kommensurabel.* In einem Eigenzustand der Observablen A ist der Messwert einer komplementären Observablen B im Allgemeinen unbestimmt. Somit ist ein Eigenzustand von A gewöhnlich kein Eigenzustand von B, das heißt, *komplementären Observablen können nicht immer zugleich sichere, scharfe Werte zugeschrieben werden.*

In der Quantenphysik ist die *Heisenbergsche Unbestimmtheitsrelation* das bekannteste Beispiel für Komplementarität: Es ist prinzipiell unmöglich, einem bewegten Körper zugleich Ort und Geschwindigkeit mit beliebiger Genauigkeit zuzuschreiben. Allerdings macht sich diese Unbestimmtheit nur im mikroskopischen Bereich bemerkbar, makroskopisch wird sie durch die ohnehin unvermeidlichen Messungenauigkeiten überdeckt. In der VQT sind auch makroskopische Unbestimmtheiten möglich. Ein erstes klares Beispiel dafür ist der menschliche Geist aus der Innenperspektive der Selbstbeobachtung: Durch Selbstbeobachtung des eigenen psychischen Zustandes wird dieser ipso facto verändert. Ähnliche Verhältnisse sind auch in Diskurs- oder Glaubenssystemen zu erwarten.

Eine wichtige Folge der quantentheoretischen Unbestimmtheit ist als *Nicht-Existenz der Bahn* bekannt. Wenn man bei einem bewegten Körper nicht nur seine Anfangs- und Endposition, sondern auch seinen Ort zu jeder Zwischenzeit angeben könnte, dann wäre auch seine Geschwindigkeit zu jeder Zwischenzeit bekannt, was nach der Heisenbergschen Unbestimmtheit unmöglich ist. Die Nicht-Existenz der Bahn ist auch in der VQT von fundamentaler Bedeutung (Römer, 2012a, und Kap. 5). So ist es etwa im psychodynamischen Geschehen eines Entscheidungsprozesses unmöglich, sich alle Zwischenstufen bewusst zu machen.

Die fundamentale Bedeutung der von Erwin Schrödinger so benannten Figur der *Verschränkung* ist für die Quantenphysik in den letzten Jahrzehnten, nicht zuletzt auch in neuen technischen Anwendungen, immer deutlicher geworden. Verschränkung ist tief in den Grundstrukturen der Quantentheorie verankert, die auch über den Bereich der Quantenphysik hinaus bedeutsam sind. Verschränkung ist deshalb auch jenseits der Quantenphysik im engeren Sinne zu erwarten (Römer, 2011 und Kap. 2).

Verschränkung kann und wird unter folgenden Umständen auftreten:

- Es lassen sich in einem komplexen System Teilsysteme identifizieren. Dann ist eine Unterscheidung zwischen *globalen und lokalen Observablen* bedeutsam, also zwischen Beobachtungsgrößen, die sich auf das System als Ganzes, und solchen, die sich auf seine Teile beziehen. Besonders interessant ist der Fall, dass die Teilsysteme genügend unabhängig voneinander sind, so dass die zu verschiedenen Teilsystemen gehörigen lokalen Observablen miteinander kommensurabel sind.
- Es gibt globale Observable, die zu lokalen Observablen der Teilsysteme komplementär sind.
- Das System befindet sich in einem *verschränkten Zustand.* Das ist beispielsweise ein Zustand zu einem faktischen Wert einer globalen Observablen, in dem wegen der vorausgesetzten Komplementarität die Messwerte der lokalen Observablen der Teilsysteme notwendig unbestimmt sind.

Dann wird zwar, wie gesagt, das Ergebnis der Messung einer lokalen Observablen an einem der Teilsysteme im Allgemeinen unbestimmt sein. Es treten aber eigenartige *Verschränkungskorrelationen* zwischen den Teilsystemen auf: Das Messergebnis an einem Teilsystem lässt Rückschlüsse auf die zu erwartenden Messergebnisse an den anderen Teilsystemen zu.

Zwei Eigenschaften verschränkter Systeme, die auch in unserem Zusammenhang von entscheidender Bedeutung sind, sollen mit Nachdruck hervorgehoben werden:

1. Verschränkungskorrelationen sind *nicht-kausaler Natur.* Sie beruhen nicht auf kausalen Einwirkungen der Teilsysteme aufeinander, und sie sind auch *nicht zum Austausch von Einwirkungen oder Signalen zwischen den Teilsystemen verwendbar.* Diese Tatsache ist als „Axiom NT“ formuliert in Lucadou et al. (2007; siehe auch Kap. 3). Die Bedeutsamkeit nicht-kausaler Ordnungsprinzipien für das Verständnis komplexerer Systeme ist eine wichtige Botschaft der Quantentheorie. Gerade unter dem Eindruck der Newtonschen Mechanik und im Geiste eines physikalischen Reduktionismus hat sich eine Haltung herausgebildet, die das

Verständnis einer Erscheinung mit dem Aufweis eines Kausalzusammenhanges gleichsetzt, der diese Erscheinung hervorruft. Aus der Mitte der Physik kommt nun die Botschaft von der gleichberechtigten Erklärungsleistung gestalthafter, nicht-kausaler Ordnungsstrukturen.

2. Der Gesamtzustand eines Quantensystems bestimmt nicht die Zustände seiner Teilsysteme, sondern lässt ihnen Freiheit durch Unbestimmtheit. Das Ganze residiert in den Verschränkungskorrelationen zwischen den Teilsystemen, deren Ursprung darin besteht, dass diese gemeinsam in den Zusammenhang eines verschränkten Zustandes des Gesamtsystems treten. Der *holistische Charakter* eines verschränkten Systems zeigt sich darin, dass der Zustand eines verschränkten Systems nicht durch faktische Aussagen über seine Teilsysteme bestimmt ist.

Als ein erstes Beispiel für einen verschränkungsartigen Zusammenhang sei das Miteinander der Teile eines gelungenen Kunstwerkes, etwa eines Gemäldes, genannt. Als globale Observable fungiert die Gesamttendenz des Kunstwerkes, die dazu komplementären Observablen gehören zu seinen Einzelheiten. Das Ganze erzwingt nicht die Ausprägung aller Teile, es lässt ihnen Freiheit und äußert sich nur in ihrem Zusammenspiel, das natürlich nicht in Kausalzusammenhängen besteht. Jede Einzelheit hätte anders ausfallen können, aber das Ganze wirkt vollkommen. Schiller spricht in seinen ästhetischen Schriften von „Freiheit in der Erscheinung“ (Schiller, 1793). Wir werden im folgenden Abschnitt weiteren Beispielen für Verschränkungen sowohl in einzelnen Menschen als in menschlichen Gemeinschaften begegnen.

Zuvor müssen wir aber auf die für uns entscheidende Leib-Seele-Komplementarität eingehen. Im Sinne unseres monistischen Ansatzes ist der Mensch nicht ein aus Leib und Seele zusammengesetztes Wesen, so dass Leib und Seele als Teilsysteme des Menschen anzusehen wären. Vielmehr betrachten wir ihn als eine Ganzheit, die unter unterschiedlichen Gesichtspunkten betrachtet und untersucht werden kann. In unserer Sprechweise gibt es zum System „Mensch“ somatisch/physiologische und psychisch/seelische Observable. In Römer und Walach (2011) wurden ausführliche Argumente dafür gegeben, dass somatische und psychische Observable in einem komplementären Verhältnis zueinander stehen können, allerdings nicht immer müssen. Wir wollen hier die ziemlich verwickelte Argumentation dieser Arbeit nicht im Einzelnen wiederholen, sondern nur auf einen Umstand hinweisen: Mit sehr ähnlichen psychischen Zuständen können sehr verschiedene neuronale Erregungsmuster im Gehirn korrespondieren, ebenso können ähnliche neuronale Erregungsmuster zu ganz unterschiedlichen psychischen Zuständen und Vorstellungen gehören. Detailliertes Gedankenlesen durch Registrierung der neuronalen Aktivität ist mit höchster Wahrscheinlichkeit unmöglich. Also ist bei Kenntnis des Wertes einer psychischen Observablen oft mit einer weitgehenden

Unbestimmtheit des Wertes neuronaler Observablen zu rechnen, und umgekehrt wird bei Kenntnis neuronaler Aktivität Ungewissheit für die Werte psychischer Observablen zu erwarten sein. Das ist aber nichts Anderes als die Komplementarität physiologischer und psychologischer Observablen. Den einschneidenden Konsequenzen dieser Komplementarität werden wir im nächsten Abschnitt begegnen.

Zum Abschluss dieses Abschnitts sei eine weitere Bemerkung erlaubt: Die Begriffe der Observablen und der Messung sind für die Quantentheorie von ganz zentraler Bedeutung. Im Gegensatz etwa zur Klassischen Physik liegt in quantentheoretischer Betrachtungsweise die Welt nicht einfach unabhängig von jeder Kenntnisnahme vor, sondern immer nur als beobachtete. In Übereinstimmung mit der zeitgenössischen Erkenntnistheorie trägt die Quantentheorie damit dem Rechnung, was man als den *phänomenalen Charakter der Welt* bezeichnen könnte. Ausführlicheres dazu findet sich in Römer (2012b, 2015b und in Kap. 10). Danach ist Welt einem Betrachter nicht von außen gegeben, sondern einem selbst zur Welt gehörigen Beobachter primär nur so und insoweit, wie sie auf seiner inneren Bühne erscheint. Die Weise ihrer Erscheinung für einen menschlichen Betrachter ist durch *Existenziale*, also Grundgegebenheiten der menschlichen Daseinsweise modelliert, die, ähnlich den Kantschen Anschauungsformen und Kategorien, unsere gesamte Welterkenntnis und -orientierung strukturieren. Ein solches Existenzial ist unsere *Zeitlichkeit*. Welt erscheint nicht in der Form eines Panoramagemäldes, sondern im Nacheinander eines Geschehens, bei dem ein Gegenwartsfenster in die Zukunft gleitet und Vergangenheit zurücklässt. Wenn man bereit ist, in diesem Sinne die Zeit zu einem menschlichen Existenzial herabzustufen und die Möglichkeit einer im Grunde zeitlosen Welt zu erwägen, dann zeigen sich die Überlegungen zur Unsterblichkeit und zum Überdauern der Seele in einem anderen Lichte.

4. Beispiele und Anwendungen

Diagnose als „Zumessung"

Wir haben im vorangehenden Abschnitt gesehen, dass eine Messung im quantentheoretischen Sinne nicht einfach die Registrierung eines auch ohne Messung vorher bestehenden Sachverhaltes bedeutet, sondern im Allgemeinen den Zustand eines Systems ändert und Faktizität anstelle von Unbestimmtheit treten lässt, ohne dass allerdings das Messergebnis der Kontrolle des Messenden unterliegt. Eine quantentheoretische Messung ist somit eine faktenschaffende „Zumessung", eine „Feststellung" im doppelten Sinne des Wortes, nämlich nicht nur eine Kenntnisnahme, sondern eher ein Feststellen, wie man etwa eine offene Türe mit einem Keil feststellt, oder ein „Festklopfen" und „Festzurren". In unserem leib-seelischen Komplementärmodell gilt Entsprechendes für die Diagnose einer Störung: Gerade bei psychosomatischen Störungen ist oft von einer primären Unbestimmtheit in Bezug auf ihren eher somatischen oder psychischen Charakter auszugehen. Je nachdem, welche „Observable“ bei der Diagnose „gemessen“ wird, wird das gemessene faktische Ergebnis anders ausfallen. Insbesondere kann der eher psychische oder somatische Befund von der Diagnosefindung abhängen, und die diagnostische Zuweisung hat im eben beschriebenen Sinne „Feststellungscharakter“. Die Sprache trägt übrigens diesem Sachverhalt Rechnung: „Jemandem eine Krankheit ansehen“ lässt sich gerade als eine „Feststellung“ in ihrer doppelten Bedeutung verstehen. Dadurch, dass eine Diagnose wesentliche Züge mit einer quantentheoretischen Messung gemeinsam hat, fällt dem Diagnosesteller eine besondere Verantwortung zu. Nicht selten wird das Ergebnis einer Diagnose zum Teil auch schon durch eine „Selbstdiagnose“ des Patienten vorweggenommen. Von *Somatisierung* spricht man in der Psychosomatik, wenn sich der Eindruck aufdrängt, dass durch bewusste oder unbewusste Selbstdiagnose eine ursprünglich diffuse oder psychisch bedingte Störung in körperlichen Symptomen manifest wird. Zur Somatisierung scheinen besonders solche Menschen zu neigen, die im Ausleben und im verbalen Ausdruck ihrer Gefühle gehemmt sind. Einmal gestellt, ist eine Diagnose nicht leicht revidierbar, da jedes Nachfragen leicht zu ihrer Wiederholung und Verfestigung führt. In der Quantentheorie ist dies unter dem Namen *Quanten-Zenoeffekt* bekannt: Ständiges Wiederholen derselben Messung stabilisiert den Zustand und das Messergebnis.

Im Rahmen der VQT ist es für das leib-seelischen Gesamtsystem „Mensch“ unangemessen, unreflektiert von kausalen Einflüssen zwischen Psychischem und Physischem zu sprechen. Es kann ja auch in der Quantenphysik nicht vom Einfluss des Ortes auf die Geschwindigkeit die Rede sein. Für einzelne miteinander kommensurable somatische und psychische Observable mag eine kausale Betrachtungsweise allerdings manchmal berechtigt sein. So ist wohl die im zweiten Abschnitt erwähnte endokrinologische Erklärung des Placeboeffektes nicht in allen Teilen falsch, aber doch eher eine grobe Vereinfachung eines komplexen Geschehens in einem leib-seelischen Gesamtsystem. Insbesondere ist das zu beachten, was wir im vorangegangenen Abschnitt zur Nicht-Existenz der Bahn gesagt haben.

Störungen in Kollektiven

Auch in menschlichen Gesellschaften zeigt sich der phänomenerzeugende Charakter von Messungen im Verschwinden alter und im Aufkommen neuer, bisher unbekannter Diagnosen als Ausdruck eines zunächst unartikulierten Unwohlseins. Hier liegt ein kompliziertes Wechselspiel von individuellen und kollektiven Störungen vor, die sich einen zeitgemäßen, zulässigen Ausdruck suchen. Man ist geneigt, in diesem Zusammenhang geradezu den Begriff „*Gruppenpsychosomatik*“ zur Beschreibung heranzuziehen. Beispielsweise ist die Hysterie, die früher gerade für den weiblichen Teil der Bevölkerung gern diagnostiziert wurde, inzwischen in unserer Kultur aus der Mode gekommen, indem sie teils in den Bereich schamloser Lächerlichkeit verwiesen, teils als unterdrückerische Zumutung abgelehnt wird. Gewissermaßen als Ersatz beobachtet man eine Zunahme von Essstörungen wie Bulimie und Anorexie als nun legitimierten Ausdruck eines diffusen Leidens.

Als Essstörung neuen Typs, die nicht auf die weibliche Bevölkerung konzentriert ist, kann man auch die neuerdings so benannte *Orthorexie* bezeichnen, also ein überwertig und zwanghaft gewordenes Bemühen um gesunde, etwa biologische, hormon-, schadstoff- und glutenfreie, umweltneutrale, fair gehandelte oder auch vegane Ernährung.

Weitere Beispiele für „modische" Diagnosen sind die Zunahme von Borderline-Störungen oder, in jüngerer Zeit, die Konjunktur des Burnout-Syndroms.

Eine endgültige Stabilisierung, auch im Sinne eines Quanten-Zenoeffektes, erfahren neue Diagnosen, wenn sie Aufnahme in die diagnostischen Handbücher DSM-5 oder ICD-10/11 finden.

Die von unseren Nachbarn oft mit Befremden beobachtete *„German angst"* wird gewöhnlich nicht als krankhafte Störung gesehen, gehört aber wohl wenigstens zum erweiterten Formenkreis der Gruppenpsychosomatik. Spätestens seit dem Dreißigjährigen Krieg war unsere Gemeinschaft vielfacher Traumatisierung ausgeliefert, die im zwanzigsten Jahrhundert durch erfahrenes Leid und schlimme Schuldverstrickung ganz neue Ausmaße erreicht hat. Das schon lange prekäre Gleichgewicht einer realistischen Selbsteinschätzung ist empfindlich gestört. Kennzeichnend ist ein Schwanken zwischen selbstherrlichem und andere herabsetzendem Stolz auf die eigenen militärischen und kulturellen, und – in neuerer Zeit – einem Gefühl der wirtschaftlichen und besonders moralischen Überlegenheit einerseits und anderseits einer fernstenliebenden, selbstverachtenden Niedergedrücktheit bis hin zu der Verlockung eines „Genosuizids" durch Selbstaufgabe und Kinderlosigkeit. Zu beobachten ist auch ein verqueres Gefühl der moralischen Hochwertigkeit, das sich aus der Anerkennung und besonderen Beschäftigung mit der eigenen Schuld speist. Das hierin liegende depressive Unbehagen bahnt sich seinen Ausdruck in einer überwertigen, zwanghaften und persönlichkeitskonstitutiven Fixierung auf in ihrem Ursprung keineswegs gänzlich unberechtigte Gefahren wie Umweltzerstörung, atomare Verstrahlung oder Klimaerwärmung: „Die Riesenschatten unsrer eignen Schrecken im hohlen Spiegel der Gewissensangst" (Schiller, 1786).

Die eigene Angst kann wiederum Gegenstand eines seltsamen Stolzes werden. Verbreitet treten all diese Erscheinungen in einem „ökomoralistischen" Lebensgefühl zum Paket gebündelt auf.

Mit dem Quanten-Zenoeffekt ist auch im gesellschaftlichen Bereich zu rechnen. Die dauernd wiederholte Selbstanklage der Fremdenfeindlichkeit kann zu wirklicher Feindseligkeit führen. Der „homo oeconomicus" ist ursprünglich ein Modellkonstrukt der theoretischen Volkswirtschaft. Seine dauernde Beschwörung ruft ihn auf den Plan mit allen unerfreulichen Folgen.

Systemische Erwägungen

Der Mensch und erst recht menschliche Gemeinschaften sind hoch komplexe Systeme, in denen sich auf mannigfaltigste Weise Teilsysteme identifizieren lassen. Offensichtliche Beispiele sind die Glieder oder Organe des menschlichen Körpers oder die Mitglieder einer Gemeinschaft. Nicht immer liegt aber die Partitionierung in Teilsysteme so einfach auf der Hand, und oft ist sie, ähnlich wie die Identifikation von Observablen, eine keineswegs simple kreative Leistung. Beispielsweise gibt es keine unmittelbar evidente und allgemein anerkannte Einteilung der seelischen Instanzen des Menschen, die etwa in der Gehirnphysiologie und der Psychoanalyse durchaus unterschiedlich erfolgt. Verschiedene Unterteilungen in Teilsysteme werden nicht immer deckungsgleich oder auch nur miteinander verträglich sein. Die *Partitionsobservablen*, deren Werte die Teilsysteme unterscheiden, können nämlich für unterschiedliche Partitionierungen durchaus in einem komplementären Verhältnis zueinanderstehen.

In komplexen Systemen mit ausreichend unabhängigen Teilsystemen werden Verschränkungserscheinungen bedeutsam.

Im Sinne unserer quantentheoretischen Systemtheorie des Menschen sind allerdings Leib und Seele keine Teilsysteme, sondern komplementäre Aspekte des Gesamtsystems „Mensch". Wenn sich aber in Leib und Seele Teilsysteme wie Organe oder seelische Instanzen identifizieren lassen, dann können und werden, wie wir bald sehen werden, Verschränkungen sehr wohl in Betracht kommen.

Ein erstes Beispiel für einen Verschränkungseffekt ist das in der Psychotherapie oft als *Gegenübertragung* (Atmanspacher et al., 2002; Römer, 2011 sowie Kap. 2) bezeichnete Phänomen. In dem aus Therapeut und Patient bestehenden Zweipersonensystem bemerkt bei intensiver wechselseitiger „Synchronisation" der Therapeut in sich Vorstellungen und Aufwallungen, die sich durch ihre Fremdartigkeit als nicht zu ihm selbst, sondern als zum Patienten gehörig erweisen. Erfahrene Therapeuten setzen Derartiges zur Diagnose und zur Planung von Interventionen ein.

Ähnliches wird auch vielfach aus Familienaufstellungen und Gruppentherapien berichtet.

Spuk (Lucadou, 2012) ist ein „paranormales" Phänomen in einem komplexen System, das außer Menschen auch noch materielle Komponenten, etwa Einrichtungsgegenstände eines Haushaltes enthält. Primär psychische Probleme und Spannungen einer Fokusperson äußern sich in poltergeistartigen Geräuschen, im Herabfallen von Bildern, im Umkippen von Schränken oder im Ausbrechen von Bränden. Man kann Spukerscheinungen als eine über die Somatisierung hinausgehende *Externalisierung* in die materielle Umgebung hinein verstehen. Die Art und Weise, wie die Spukerscheinungen zustande kommen, bleibt immer im Ungewissen. Der Spuk verschwindet, wenn entweder seine unterliegende Psychodynamik oder seine physikalische Erzeugung aufgedeckt wird. Da die beteiligten psychischen und materiellen Observablen mit großer Sicherheit miteinander vertauschbar, also kompatibel sind, liegt beim Spuk die Deutung als Verschränkungsphänomen nahe.

Die Ähnlichkeit von Somatisierung und Spuk ist nur ein Beispiel für einen seltsamen Parallelismus von paranormalen und psychosomatischen Phänomenen. Analoge Ähnlichkeitsbeziehungen bestehen auch zwischen Verhexung und Verfolgungswahn oder zwischen Besessenheit und Zwangsstörungen. Im Spuk sind die psychische Problematik und die materielle Erscheinung durch ein Band symbolischer Verwandtschaft miteinander verbunden. Auch in der Psychosomatik ist die Beziehung zwischen seelischem Leiden und körperlichen Symptomen in hohem Maße symbolisch aufgeladen. Das zeigt sich schon in den hochemotionalen sprachlichen Benennungen für Zustände seelischen Unbehagens: Leber, Nieren, Herz, Galle und Kopf stehen in uralten kulturübergreifenden symbolischen Verwandtschaftsbeziehungen zu psychischem Leid. Der „Verschnupfte" hat oft „die Nase voll". Die Milz, englisch „spleen", wird mit einer Schrulle, einer wunderlichen, meist eher harmlosen, skurrilen und unbelehrbaren seelischen Absonderlichkeit in Verbindung gebracht. Bluthochdruck (Hypertonie) ist symbolischer Ausdruck seelischer Hochspannung oder Überspanntheit. Stark symbolisch besetzt sind auch der zehrende, beißende „Krebs", der „Hexenschuss", das „Saure Aufstoßen" (englisch „heartburning") oder das Asthma als erstickter Schrei. Inwieweit symbolisch verbundene psychosomatische Korrelationen als Verschränkungskorrelationen zu deuten sind, hängt davon ab, in welchem Maße die beteiligten psychischen und somatischen Observablen miteinander kompatibel sind.

Krankheit als Integrationsstörung und als Bewältigungsversuch

Anders als beispielsweise ein Beinbruch betrifft eine Störung aus dem psychosomatischen Bereich die Ganzheit eines hoch komplexen Systems, zu dem außer dem Erkrankten auch Teile seiner sozialen oder materiellen Umwelt gehören können. Es handelt sich um eine *Integrationsstörung*, bei der entweder das Gesamtsystem durch Abspaltung oder Zerfall in Teilsysteme beeinträchtigt ist oder, im Gegenteil, unheilvolle, unsachgemäße, schwer auflösbare und meist symbolisch geladene Verschränkungen ihr Unwesen treiben. Beide Übel treten oft sogar zusammen auf.

Ein gestörtes, desintegriertes Verhältnis der Seele zu ihrer Leiblichkeit kann die hartnäckig verfestigte Folge einer unglücklichen Selbst- oder Fremddiagnose sein. Die abspaltende Unterdrückung oder Verdrängung gewisser unwillkommener Inhalte kann zu massiven körperlichen Beeinträchtigungen führen. So mancher, der vor dem Tod davonlaufen möchte, läuft ihm direkt in die Arme.

Krebs ist die zerstörerische Wucherung desintegrierter Zellen und als solche oft auch symbolisch besetzt. Zwangserkrankungen sind eine Art seelischer Krebs, bei dem ein unintegrierter seelischer Inhalt wuchernd überhandnimmt und in vielfache aufdringliche und abwegige symbolische Beziehungen zu eigentlich Unzugehörigem tritt. Anorexie ist geradezu der Paradefall einer Integrationsstörung. Sie ist sicher mit einem gestörten, engelhafte Leichtigkeit suchenden Verhältnis zur eigenen Leiblichkeit verbunden, die als „beschwerend“ und „herabziehend“ empfunden wird. Unsere engste und sinnfälligste Beziehung zur materiellen Umwelt besteht in der selbsterhaltenden Aufnahme von Nahrung, die in der Eucharistie ihren höchsten spirituellen Ausdruck findet. Die Anorexie ist auch eine „Kommunionsverweigerung“ mit der Umwelt unter dem Vorzeichen von Autonomiewahrung. Sie nimmt persönlichkeitskonstitutive Wertigkeit an und tritt in Beziehung zu anderen hochgehaltenen Werten.

Integrationsstörungen verschiedener Art begegnen uns auch außerhalb des Bereiches der Psychosomatik. In der Erzählung von Michael Kohlhaas sehen wir, wie die Empfindlichkeit für erlittenes Unrecht zum Zerfall mit der menschlichen Gesellschaft, zur Selbstisolierung und Schuldverstrickung führen kann. Die so genannte RAF ist ein ganz reales Beispiel aus unserer jüngeren Vergangenheit. Am Anfang stand eine besondere Sensibilität für gesellschaftliches Unrecht, am Ende verbohrte, selbstimmunisierende und Gewalttätigkeit legitimierende Abkapselung einer Gruppe mit unheilvoller wechselseitiger Verschränkung bis hin zum gemeinsamen Freitod.

Die Geschichten von Michael Kohlhaas und der RAF haben beide ihren Ursprung in einem letztlich außer Kontrolle geratenen Versuch der Bewältigung eines persönlichen oder gesellschaftlichen Problems. In diesem Sinne können auch Krankheiten, besonders solche von psychosomatischer Art, als missglückende Problembewältigungsversuche betrachtet werden.

Leid und Probleme hat der Mensch im Übermaß. Seine Fähigkeit zum Glücklich-Sein ist beschränkt, allein schon deshalb, weil sich in guten Zeiten seine Erwartungshaltung und seine Schmerzschwelle ändern. Die menschliche Existenzweise als sorgendes und planendes Wesen schließt ungetrübtes Glück von vornherein aus. Zudem ist Lebenserhaltung dem Menschen nur auf Kosten anderen pflanzlichen oder tierischen Lebens möglich. Auch ist Bewusstsein keine reine Quelle von Glück. Insbesondere liegt in der Individuation des Menschen, mit der er sich der Welt bewusst gegenüberstellt, statt mit ihr völlig eins zu sein, eine unaufhebbare Gebrochenheit seiner Existenz, die im Christentum in der Vorstellung von der Erbsünde Ausdruck findet.

Das Verständnis einer akuten Krankheit als krisenhafter Problemlösungsversuch und damit durchaus auch als Zeichen von Lebendigkeit findet vielfachen metaphorischen Ausdruck, wenn etwa Fieber mit einem Vorgang der Gärung verglichen wird. In jedem Problemlösungsversuch, also auch in einer akuten oder chronischen Erkrankung, liegt mindestens auch ein teilweiser und vorläufiger Gewinn. Dieser kann zum Beispiel darin bestehen, dass der Blick und der Leidensdruck von vielleicht noch schwerer Erträglichem abgelenkt werden. Krankheit kann auch ein Hilferuf an Mitmenschen und Gesellschaft sein, und die Diagnose einer anerkannten Krankheit bringt dem Betroffenen eine gewisse Entlastung und trägt ihm Fürsorge ein. Persönlichen Gewinn zieht der Kranke auch aus dem Benennen und Dingfest-Machen eines zunächst diffusen und unfassbaren Unbehagens und im günstigen Fall auch aus einem Zuwachs an Selbsterkenntnis, an Reifung und vielleicht sogar aus der Integration seiner Sterblichkeit. Im ungünstigen Fall kann eine dauernd ausgelebte und vorangetragene Krankheit geradezu persönlichkeitskonstitutiv werden, indem sie den Kranken für sich und andere fassbar und interessant macht. Giovanni Maio bezeichnet Krankheit als Selbsthilfeversuch geradezu als „Machsal“ (Maio, 2017).

Auch im kollektiven Bereich wird mit der Identifikation einer neuen Krankheit ein mehrfacher Gewinn verbunden sein. So ist die Diagnose des „Burnout“ erstens für den direkt Betroffenen eine Erleichterung von einem leidvollen Gefühl der Überlastung und des Ungenügens durch lizensierte Benennung und Anerkennung eines aufopfernden Übersolls. Zweitens entlastet sie die Gesellschaft von einem Vorwurf, indem sie die Pathologisierung der Folgen eines gesellschaftlichen Missstandes erlaubt, und drittens gewinnt auch noch das Gesundheitssystem durch Zuweisung neuer Aufgaben und Mittel.

5. Strategien im Umgang mit psychosomatischen Störungen

Bei einem Beinbruch ist unmittelbar klar, was zunächst zu tun ist. Die Aufklärung einer eventuellen psychophysischen Dynamik, die vielleicht erst in eine Unfallsituation hineingeführt hat, kann warten. Entsprechendes gilt, wenn bei einer psychosomatischen Störung die Somatisierung mit vielleicht lebensbedrohenden Folgen so weit fortgeschritten ist, dass schnelles Eingreifen am Symptom vordringlich ist. Wenn dagegen beim Verdacht einer psychosomatischen Gesamtlage die Dinge noch im Fluss sind oder wenn die unmittelbare Dringlichkeit noch nicht oder nicht mehr vorrangig ist, dann kann und sollte man das weitere Vorgehen auf einer breiteren Basis erwägen. Hierzu ergeben sich aus dem bisher Gesagten einige Empfehlungen wie von selbst:

- Man erkunde den Umfang des gestörten Systems: Einzelne Organe des Patienten, der Patient als leib-seelische Einheit, sein gesamtes soziales Umfeld? Zu bedenken ist, dass auch die behandelnde Person, indem sie vom Patienten hinzugezogen wurde, nun Bestandteil eines größeren Systems geworden ist, in dem sie ihren Platz und ihre Funktion sorgfältig reflektieren sollte.
- Wenn der Umfang des gestörten Systems erkundet ist, gilt es die Dynamik des Störungsprozesses zu untersuchen. Insbesondere ist der mit der Störung verbundene Krankheitsgewinn zu bedenken. Zur unglaublichen Komplexität und Vielfalt systemischer Störungen in zusammengesetzten menschlich-materiellen Systemen siehe Lucadou (2010).
- Bei der Behandlung eines einzelnen Symptoms bei bleibender Gesamtproblematik des gestörten Systems ist eine bloße Symptomverschiebung[2] zu befürchten. Ersatzloser Entzug des Krankheitsgewinns birgt nicht nur die Gefahr einer Symptomverschiebung, sondern führt sogar leicht zu einer dramatischen Verschlimmerung der Gesamtlage.
- Je nach der Einschätzung der Störungsdynamik schätze man die Möglichkeiten der Einflussnahme ein sowie ihre Kosten und Risiken. Dabei sollte Realismus walten: Nicht alles Wünschbare lässt sich erreichen und erst recht nicht ohne unerfreuliche Nebenwirkungen.
- Man strebe behutsam ein Gleichgewicht des gestörten Systems an. Dazu kann es durchaus geboten sein, auf eine „feststellende“ Diagnose zu verzichten.
- Bei der Stellung einer Diagnose achte man darauf, dass die Chancen des Patienten zur Bewältigung optimiert werden. Hierbei sind besonders die Kenntnis und Nutzung seiner Ressourcen geboten. Auch Schwächen können in Stärken umgewandelt werden. Unbelehrbare Starrheit im Festhalten an Symptomen und Vorstellungen kann sich in Durchhaltevermögen beim Ringen um Genesung verwandeln.
- Man sichere sich die Akzeptanz der Diagnose beim Patienten, insbesondere auch dadurch, dass man ihn soweit wie möglich zur Mitarbeit ermuntert. Nicht in allen Lagen ist allerdings volles Wissen um sich selbst heilsam. Verdrängung ist auch ein hilfreicher Schutzmechanismus, und auch hier denke man wieder an den Krankheitsgewinn.

---

2 Komplexe Systeme haben als Folge des „Axioms NT“ eine Neigung zur „Evasivität“. Siehe Lucadou et al. (2007) und Kapitel 3 in diesem Band.

- Unheilvolle Verschränkungen im gestörten System versuche man behutsam aufzulösen. Dies kann beispielsweise Personen im sozialen Umfeld oder abwegige Vorstellungen von der Verbundenheit von Nicht-Zusammengehörigem betreffen. Auch Verschränkungen des Behandelnden mit dem Patienten sind zu beachten.
- Um Einblick in ein komplexes System zu gewinnen, ohne es zu schädigen, ist Einfühlungsvermögen geboten. In unserem quantentheoretischen Verständnis können wir konkreter zur Wachheit einer *Verschränkungswahrnehmung* (Lucadou, 2014) raten, einer spezifischen Sensibilität für verschränkungsartige Zusammenhänge. Auf die richtige Spur wird man oft dadurch gebracht, dass man die symbolischen Besetzungen im untersuchten System ernst nimmt und aufspürt. Symbolisierungsfähigkeit kann auch zu den besonderen Ressourcen des Patienten gehören.

Es ist vielleicht nicht unnötig, zum Schluss noch Folgendes zu betonen: Von der Bedeutung der Figur der Komplementarität überzeugt, würden wir uns in geradezu grotesker Weise selbst widersprechen, wenn wir den Anspruch erhöben, dass man nur unter Benutzung unserer quantentheoretischen Denkweise und Terminologie zu den hier dargestellten Schlüssen kommen könnte. Wir hoffen lediglich gezeigt zu haben, dass unsere Sichtweise aufschluss- und hilfreich sein kann.

Dank

Indem ich Dr. med. Georg Ernst Jacoby (8.5.1943 – 7.11.2012) als Koautor der Studie, auf der dieses Kapitels beruht, einsetzte, würdigte ich das Mitwirken und ehrte ich das Andenken eines vertrauten, viel zu früh verstorbenen Freundes. Georg Ernst war Facharzt für psychosomatische Medizin und Psychiatrie und Chefarzt einer Klinik für gestörtes Essverhalten in Bad Oeynhausen. Ohne den freundschaftlichen Austausch mit ihm, ohne seine Ermutigung, sein Fachwissen und seine zahlreichen Anregungen hätte ich mich als Physiker niemals an die Thematik der Psychosomatik heranwagen können. Er starb, kurz nachdem ich am 20.10.2012 unsere Ergebnisse erstmals auf der WGFP-Tagung in Offenburg vorgestellt hatte. Nach seinem Tod stockte die Weiterarbeit an dem gemeinsamen Projekt für längere Zeit.

Großen Dank schulde ich Hermes A. Kick, der es mir ermöglichte, die Gedanken zur Psychosomatik am 6.5.2017 in aktualisierter Form vor einem von ihm organisierten Arbeitskreis in Mannheim vorzutragen und die daraus erwachsene erweiterte schriftliche Fassung in seiner Schriftenreihe zur Veröffentlichung zu bringen.

5 Konsistente und inkonsistente Geschichten

1. Einführung

Ein Mensch mache sich auf den Weg, um von seinem Ausgangspunkt A zum Endpunkt E seiner Wanderung zu gelangen. Wir nehmen an, er habe nur die Möglichkeiten, seinen Weg von A nach E über Oberammergau oder über Unterammergau zu nehmen (vergl. Abbildung 1).

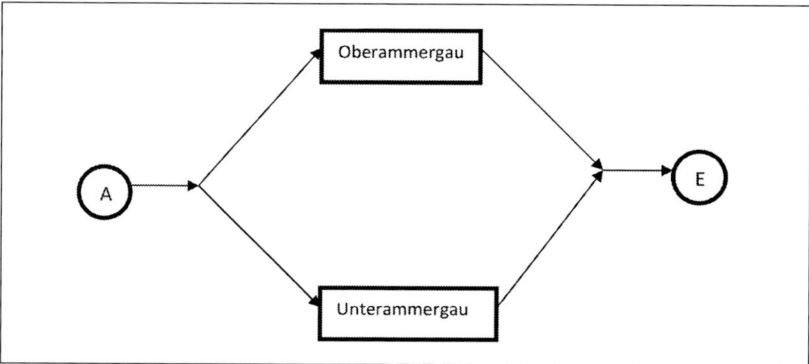

Abbildung 1

In der Terminologie, die dieser Untersuchung zugrunde liegt, stellen die beiden möglichen Wanderungen zwei verschiedene *Geschichten* dar. Nach der Ankunft in E lässt sich mit Sicherheit feststellen:

a) Genau eine der beiden Wegalternativen oder, wie wir sagen, Geschichten ist faktisch. Das heißt, es steht fest, welcher Weg genommen wurde, und zwar auch dann, wenn einem Dritten oder sogar dem Wanderer selbst nicht bekannt ist, welche der beiden Geschichten die faktische ist.

b) Um festzustellen, welcher Weg genommen wurde, kann man nach hinterlassenen Spuren suchen, etwa Fußabdrücken oder Zeugenaussagen. Solche Spuren wollen wir *Dokumente* nennen. Dokumente erzeugen nicht die Faktizität einer Geschichte, sondern belegen sie nur.

c) Dokumente entstehen längs des Weges, nur Fälschungen ohne Belegfunktion können nachträglich erzeugt werden.

d) Es ist unmöglich, Dokumente vollständig zu vernichten, da bei dem Versuch der Vernichtung immer neue Dokumente erzeugt werden. (Allerdings kann die Lesbarkeit von Dokumenten bis zur praktischen Unlesbarkeit erschwert werden.)

So selbstverständlich diese vier Aussagen erscheinen mögen: Keine von ihnen gilt unverändert in der Quantentheorie, die das Verhalten der physikalischen Welt in atomaren Dimensionen regiert.

Die Theorie der „consistent histories“ von R.B. Griffiths (Dowker & Kent, 1996; Griffiths, 1984; Omnès, 1990) ist eine interessante und viel beachtete alternative Darstellung der Quantentheorie, die das ganz andersartige Verhalten der Quantentheorie in Bezug auf Geschichten in den Mittelpunkt stellt. Insbesondere erscheinen „inconsistent histories“, also „inkonsistente Geschichten“ als eine Verallgemeinerung des Begriffes der quantentheoretischen Komplementarität und sind Ausdruck der schon in Kap. 1 erwähnten „Nicht-Existenz der Bahn“.

In dieser Arbeit wollen wir darlegen, dass inkonsistente Geschichten ihren Platz nicht nur in der physikalischen Mikrowelt haben, sondern auch in unserer uns scheinbar so vertrauten menschlichen Lebenswelt auftreten können.

An anderer Stelle (Atmanspacher et al., 2002, 2006; Filk et al., 2011) haben wir eine „Schwache Quantentheorie“ entwickelt, die man auch Verallgemeinerte Quantentheorie (VQT) nennen könnte und aus der hervorgeht, dass auch für Systeme der menschlichen Lebenswelt typisch quantentheoretische Erscheinungen wie Komplementarität und Verschränkung auftreten und bedeutsam sein können. Der Grund dafür liegt nicht etwa in einem Heineinwirken der Quantenphysik in die makroskopische Welt, sondern in gewissen entscheidenden struktureller Gemeinsamkeiten vieler makroskopischer Systeme mit Systemen der Quantenphysik.

Wir werden zeigen, dass es mit Geschichten in unserer Welt nicht immer so einfach zugeht, wie das obige Beispiel von den Wegalternativen nahezulegen scheint. Hierzu wird unser Vorgehen das folgende sein:

Im nächsten Abschnitt 2 werden wir anhand des bekannten Zweispaltexperimentes zeigen, dass in der Quantenphysik Geschichten oder Wegalternativen im Allgemeinen keinen faktischen Charakter beanspruchen können und dass auch die oben angeführten Aussagen a) bis d) ihre Gültigkeit verlieren. Im Abschnitt 3 stellen wir kurz die Struktur der VQT so weit dar, wie dies zum Verständnis der weiteren Argumentation hilfreich ist. Weiter beschreiben wir Situationen, in denen man quantenanaloge Erscheinungen im Sinne der VQT erwarten kann und soll. Abschnitt 4 enthält eine Darstellung der Griffithsschen Theorie der „consistent histories“ in einer Weise, aus der hervorgeht, dass Begriffsbildungen und Aussagen dieser Theorie nicht auf die physikalische Quantentheorie beschränkt, sondern auch in der VQT sinnvoll und bedeutsam sind.

In den zentralen Abschnitten 5 und 6 zeigen wir zunächst Strategien auf, wie man in unserer Welt aus Daten oder Dokumenten Geschichten konstruiert. Anschließend geben wir eine Reihe von Beispielen, in denen zunehmend der quantenartig inkonsistente Charakter von Geschichten an Bedeutung gewinnt. Im abschließenden Abschnitt 7 gehen wir der Frage nach, warum in unserer Welt und in unserem Denken konsistente Geschichten so stark bevorzugt werden, dass Inkonsistenzen geradezu verdrängt und nicht wahrgenommen werden.

2. Das Zweispaltexperiment der Quantenphysik

Das Zweispaltexperiment ist das mikrophysikalische Gegenstück des Beispiels von den beiden Wegalternativen aus dem vorigen Abschnitt. An die Stelle des Wanderers treten kleine Teilchen, beispielsweise Elektronen. Der Ausgangspunkt A ist eine Quelle von Elektronen, der Endpunkt E ein auf einem Auffangschirm angebrachter Detektor, der die ankommenden Elektronen registriert. Auf ihrem Weg von A nach E müssen die Elektronen eine zwischen A und E aufgestellte Maske mit zwei Löchern passieren (vergl. Abb. 2). Wenn man den Detektor E längs des Auffangschirmes verschiebt, so beobachtet man eine rasche Variation der Wahrscheinlichkeit, ein ankommendes Elektron am Orte des Detektors zu registrieren. Insbesondere wird man an manchen Stellen fast nie ein Elektron

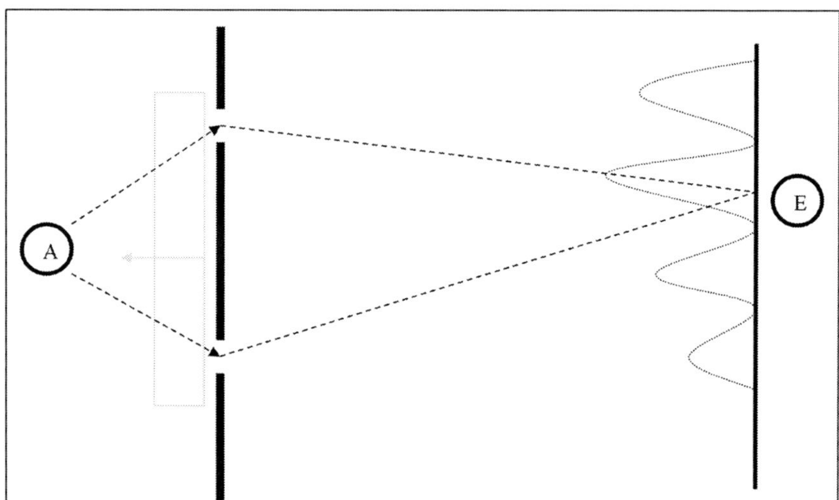

Abbildung 2

antreffen. Dies ist in Abb. 2 durch die grau eingezeichnete wellenartige Linie angedeutet.

Wenn ein ankommendes Elektron in E beobachtet wird, ist nicht bekannt, durch welches der beiden Löcher es von A nach E gelangt ist. Anders als bei dem Wanderer aus dem vorigen Teil ist es aber nicht einmal möglich, einer der beiden Wegalternativen Faktizität zuzuschreiben:

Sei w_1 die Wahrscheinlichkeit für ein Elektron, von A nach E zu gelangen, wenn das zweite Loch geschlossen ist, wenn es also nur noch einen möglichen Weg von A nach E gibt. Ebenso sei w_2 die Übergangswahrscheinlichkeit von A nach E bei geschlossenem erstem Loch. Wären die beiden Wegalternativen zwar unbekannt, aber eine von ihnen faktisch, dann müsste die Übergangswahrscheinlichkeit von A nach E, wenn beide Löcher geöffnet sind, einfach durch $w_{1,2} = w_1 + w_2$ gegeben sein. In Wirklichkeit beobachtet man $w_{1,2} \neq w_1 + w_2$. Insbesondere zeigt $w_1 + w_2$ nicht die charakteristische rasche Variation bei Verschiebung des Detektors. Wenn man bei jedem Elektron durch Messung zusätzlich registriert, durch welches Loch es den Schirm durchsetzt hat, beobachtet man im Detektor auf dem Schirm wiederum die Übergangswahrscheinlichkeit $w_1 + w_2$ ohne rasche Variation. Durch eine solche Messung ist nun in der Tat eine der beiden Wegalternativen faktisch geworden, aber die Übergangswahrscheinlichkeit ist nicht mehr durch $w_{1,2}$ gegeben. Die beiden Aussagen a) und b) des vorangegangenen Abschnitts sind zu ersetzen durch

a') Keine der beiden Wegalternativen ist faktisch; beide sind potentiell und im quantentheoretischen Sinne unbestimmt.

b') Dokumente sind faktisch und entstehen durch Messung. Sie belegen nicht etwa eine zuvor vorhandene Faktizität, sondern erzeugen sie erst.

Es ist in der Quantentheorie durchaus möglich, Dokumente auch nachträglich zu erzeugen. Beispielsweise kann man in dem Zweispaltexperiment lange, nachdem ein Elektron die Maske passiert hat, aber bevor es am Detektor E eingetroffen ist, etwa durch eine Messung der Flugrichtung, bestimmen, durch welches Loch es geflogen ist. Hierdurch wird nachträglich Faktizität einer der beiden Alternativen hergestellt, und die beobachtete Übergangswahrscheinlichkeit ist wieder durch $w_1 + w_2$ gegeben. Derartige Experimente heißen in der Quantenphysik Experimente mit verzögerter Wahl („delayed choice"). (Im Weltall können Photonen von einer Milliarden Lichtjahre entfernten Quelle durch ein ebenfalls Milliarden Lichtjahre entferntes gravitierendes Objekt so abgelenkt werden, dass sie auf ihrem Weg zur Erde an beiden Seiten des Objektes vorbeifliegen können. In diesen Fällen lassen sich durch Messung auf der Erde um Milliarden Jahre rückdatierte Dokumente erzeugen.) Aussage c) aus dem vorigen Abschnitt ist also zu ersetzen durch

c') Dokumente können nachträglich erzeugt werden.

Auch Aussage d) gilt nicht mehr unverändert in der Quantentheorie. Man kann sich vor jedem der beiden Löcher einen Kasten angebracht denken, der zwar von den Elektronen ohne weiteres durchflogen werden kann, in dem sie aber beim Durchflug eine Spur hinterlassen. (In Abb. 2 sind die Kästen dünn eingezeichnet.) Indem man nachprüft, in welchem Kasten sich die Spur befindet, kann man feststellen, durch welches Loch das

Elektron geflogen ist. In diesem Fall findet man auf dem Schirm wieder die Auftreffwahrscheinlichkeit $w_1 + w_2$. Man kann aber auch, bevor man nachprüft, in welchem Kasten sich die Spur befindet, die in Abb. 2 ebenfalls dargestellte Zwischenwand zwischen den beiden Kästen herausziehen. Danach ist eine Identifikation der Durchflugstelle nicht mehr möglich, und es ergibt sich wieder die Übergangswahrscheinlichkeit $w_{1,2}$ gerade so, als ob man nie etwas unternommen hätte, um die Durchflugstelle zu bestimmen. Solche Experimente sind in abgewandelter Form wirklich durchgeführt worden und unter der Bezeichnung „Quantenradiergummi" („quantum erasor") bekannt. In der Quantentheorie ist Aussage d) zu ersetzen durch

> d') Spuren von Wegalternativen (Geschichten) können vollständig vernichtet werden, solange sie noch nicht die volle Faktizität von Dokumenten erreicht haben.

Alle im Vergleich zur klassischen Theorie überraschenden Züge des Zweispaltexperimentes haben ihren Ursprung letztlich in der quantentheoretischen Möglichkeit nicht vertauschbarer, komplementärer Observablen und, damit zusammenhängend, in der Tatsache, dass die Vorstellung einer wohlbestimmten Bahn, längs deren ein Vorgang in einem Quantensystem verlaufen könnte, in der Quantentheorie ihre Berechtigung verliert.

Die Theorie der „consistent histories" von R. B. Griffiths entsteht aus einer Analyse und Verallgemeinerung der Situation des Zweispaltexperimentes. Wir werden sehen, dass sie in wesentlichen Teilen auch auf die VQT übertragbar ist, der wir uns nun zuwenden.

3. Verallgemeinerte Quantentheorie

Die *Verallgemeinerte Quantentheorie* (VQT) ist aus der physikalischen Quantentheorie in algebraischer Formulierung durch Vereinfachung und Abschwächung entstanden, indem von deren Axiomen alles ausgeschieden wurde, was sich spezifisch auf die physikalische Welt bezieht. Die verbleibende Struktur ist noch reich genug, um auch in einem allgemeineren, weit über die Physik hinausgehenden Rahmen Phänomene wie Komplementarität und Verschränkung in formal wohl definierter Weise zu erfassen.

Die fundamentalen Begriffe *System*, *Zustand*, *Observable* und *Messung* werden aus der physikalischen Quantentheorie übernommen.

- Ein *System* Σ ist irgendein Teil der Realität im allgemeinsten Sinne, der, wenigstens im Prinzip, vom Rest der Welt abgetrennt und zum Gegenstand einer Untersuchung gemacht werden kann.
- Ein System kann sich in verschiedenen *Zuständen z* befinden. Epistemisch beschreibt ein Zustand den Grad der Kenntnis, die ein Beobachter von dem Sys-

tem besitzt. Im Gegensatz zur physikalischen Quantentheorie wird nicht angenommen, dass sich die Gesamtheit $\mathcal{Z}$ der Zustände durch eine lineare Hilbertraumstruktur beschreiben lässt.

- Jeder *Observablen A* entspricht ein Zug des Systems, der (in mehr oder weniger sinnvoller Weise) untersucht werden kann. Die Gesamtheit aller Observablen bezeichnen wir mit $\mathcal{A}$. Wie in der physikalischen Quantentheorie lassen sich Observable mit Funktionen auf den Zuständen identifizieren. Das bedeutet: Jede Observable A ordnet jedem Zustand z einen anderen Zustand $A(z)$ zu. Als Funktionen auf Zuständen lassen sich Observable A und B hintereinander schalten, indem man zuerst B und dann A auf die Zustände z anwendet. Die zusammengesetzte Observable AB ist dann definiert durch $AB(z)=A(B(z))$. Zwei Observable A, B heißen *kompatibel*, wenn sie miteinander vertauschbar sind, d.h. wenn $AB=BA$, andernfalls, wenn $AB \neq BA$, heißen sie *inkompatibel* oder *komplementär*.
- *Messung* einer Observablen A bedeutet, dass an einem System Σ in einem gegebenen Zustand z die der Observablen A gehörige Untersuchung wirklich ausgeführt wird und zu einem Ergebnis führt, das faktischen Status hat. Nach der Messung ist der Zustand des Systems im Allgemeinen ein anderer als vor der Messung. Dass Messungen Fakten schaffen, ist eine wichtige Gemeinsamkeit von physikalischer Quantentheorie und VQT. Wie Messungen genau durchzuführen sind und wie die Faktizität hergestellt wird, etwa durch Dokumentation oder Konsens, hängt vom betrachteten System ab. Wir werden später auf diese Frage zurückkommen.

Die VQT ist durch eine Reihe von Axiomen definiert, deren genaues Verständnis für das Folgende nicht entscheidend ist. Um einen gewissen Eindruck von ihrer Struktur zu vermitteln, geben wir hier die wichtigsten von ihnen wieder:

- Zu jeder Observablen A gehört eine Menge *specA*, die *Spektrum* von A genannt wird. *specA* ist die Menge aller möglichen Ergebnisse der Untersuchung („Messung"), die zu der Observablen A gehört.
- *Propositionen* sind spezielle Observable P, die sich bei Multiplikation mit sich selbst reproduzieren: $PP=P$, und deren Spektrum nur aus den Elementen „ja" und „nein" bestehen kann. Sie entsprechen einfachen Ja-Nein-Alternativfragen über das System Σ. Zu jeder Proposition P gibt es eine Negation $\neg P$, die mit P (im oben definierten Sinne) kompatibel ist. Für kompatible Propositionen gibt es eine *Konjunktion* und eine *Disjunktion.*
- Wenn z ein Zustand ist und wenn für die Proposition P im Zustand z die Antwort „ja" gefunden wird, dann ist $P(z)=PP(z)=P(P(z))$ ein Zustand, in dem P auf jeden Fall den Wert „ja" ergibt. Dies ist Ausdruck der aktiven, konstruktiven Natur von Messungen in der Quantentheorie, die sowohl als Verifikation als auch als Zustandsänderung und Präparation fungieren.

- Das folgende Axiom verallgemeinert die Spektraleigenschaft von Observablen in der physikalischen Quantentheorie und erlaubt die Reduktion beliebiger Observablen auf Propositionen. Es ist der formale Ausdruck der einleuchtenden Aussage, dass eine Messung einer Observablen *A* zu genau einem der möglichen Messergebnisse von *A* führt:

  Zu jeder Observablen *A* und zu jedem α in *specA* gehört eine Proposition A_α, die gerade bedeutet, dass α das Ergebnis der Messung von *A* ist. Dann ist

  $$A_\alpha A_\beta = A_\beta A_\alpha = 0$$
  $$\textit{für } \alpha \neq \beta,$$
  $$AA_\alpha = A_\alpha A,$$
  $$\bigcup_{\alpha \in specA} A_\alpha = 1 \quad ,$$

  wobei 0 und 1 triviale Propositionen sind, die nie bzw. immer richtig sind. Die Observablen *A* und *B* sind genau dann kompatibel, wenn A_α und B_β kompatibel sind für alle α in *specA* und β in *specB*.

Die Konzepte der *Komplementarität* und der *Verschränkung* sind in der VQT definiert. Für komplementäre Observable *A* und *B* ist die Reihenfolge ihrer Messung von Bedeutung. Wie in der physikalischen Quantentheorie ist es auch in der VQT für komplementäre Observable allgemein unmöglich, einen Zustand *z* zu finden, in dem sowohl *A* als auch *B* einen wohl bestimmten Wert haben.

Verschränkung kann auftreten, wenn globale Observable, die sich auf ein System als ganzes beziehen, in einem komplementären Verhältnis zu lokalen, auf Teile des Systems bezogenen Observablen stehen. In einem verschränkten Zustand, beispielsweise in einem Zustand, in dem eine globale Observable einen wohl bestimmten Wert hat, ist der Wert lokaler Observablen im Allgemeinen nicht bestimmt. Es treten aber typische wechselwirkungsfreie *Verschränkungskorrelationen* zwischen den Messergebnissen für lokale Observable zu verschiedenen Teilen des Systems auf.

Es sei ausdrücklich hervorgehoben, dass in der VQT, zumindest in der hier dargestellten minimalen Version, den möglichen Ergebnissen der Messung einer Observablen *A* keine quantitativen Wahrscheinlichkeiten zugeordnet werden. Dies hängt mit dem Fehlen einer Hilbertraumstruktur auf der Gesamtheit *Z* der Zustände zusammen.

Im Rahmen der VQT tritt das Konzept der Zeit nicht von vornherein auf, und auch die Plancksche Konstante *h*, die in der physikalischen Quantentheorie den Grad der Nicht-Kommutativität regelt, hat in der VQT keinen privilegierten Platz. Insbesondere ist damit der Anwendungsbereich der VQT nicht auf mikroskopische Systeme beschränkt.

Die VQT ist eine universelle und sehr flexible Rahmentheorie. Sie sollte sich besonders in solchen Situationen bewähren, in denen, wie auch in der physikalischen Quantentheorie, die Beobachtung einen wesentlichen und unvermeidlichen Einfluss auf den Zustand des Systems hat. Das ist besonders für Systeme der Fall, in denen der menschliche Geist und seine Hervorbringungen entscheidend sind. Als Beispiele seien genannt:

a) Der menschliche Geist aus der Innenperspektive der Selbstbeobachtung.

b) Wahrgenommene Produkte des menschlichen Geistes.

c) (Glaubens-)Zustände menschlicher Gemeinschaften.

Nicht vergessen sollte man in diesem Zusammenhang, dass man nie direkt mit Dingen umgeht, sondern immer nur mit Repräsentationen im menschlichen Geist.

4. Konsistente und inkonsistente Geschichten

Die Theorie der „consistent histories" verallgemeinert die Situation des Zweispaltexperimentes. Sie beschreibt Übergänge von einem Ausgangszustand a zu einem Endzustand e über mögliche Zwischenstationen. In ihrer einfachsten Form enthält sie die folgenden Daten (vergl. Abb. 3):

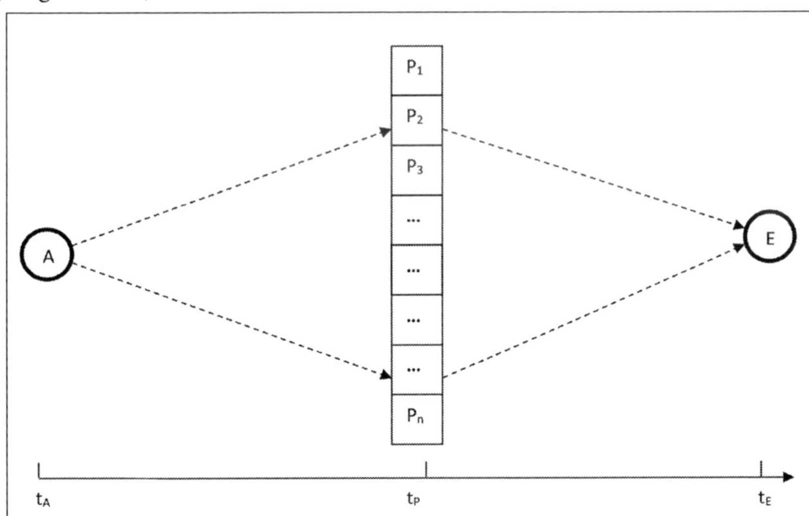

Abbildung 3

- Propositionen A und E, die besagen, dass a der Anfangszustand und e der Endzustand ist. Wie für alle Propositionen gilt $AA=A$ und $EE=E$.
- Einen vollständigen Satz einander ausschließender Propositionen $P_1, \ldots, P_n$, die Aussagen über die Art der Zwischenstation entsprechen. Hierbei soll also gelten:

$$P_iP_i = P_i\,,\quad P_iP_j = 0 \quad \textit{für } i \neq j,\quad P_1 \vee \dots \vee P_n = 1\,.$$

- Einen geordneten Satz von Zeitmarken für Anfang, Ende und Zwischenstationen: $t_A < t_P < t_E$.

Dies definiert eine so genannte *Familie von Geschichten*, die wir in der Form $A \to (P_1, \dots, P_n) \to E$ symbolisieren wollen. Eine Familie von Geschichten ist als eine Sammlung von Geschichten der Form $A \to P_i \to E$ zu verstehen, wobei also bei jeder Geschichte eine der möglichen Zwischenstationen spezifiziert ist. In Abb. 3 sind die einzelnen Geschichten jeweils durch zwei Pfeile bezeichnet, die verschiedene Wege von A nach E markieren.

Eine Familie von Geschichten heißt *konsistent*, wenn genau eine Geschichte aus dieser Familie faktisch ist. (Welcher Geschichte Faktizität zukommt, braucht hierbei nicht bekannt zu sein.) Wenn diese Konsistenzbedingung nicht erfüllt ist, heißt eine Familie von Geschichten *inkonsistent*. In diesem Fall kann von einer Bahn von A nach E über eines der P_i keine Rede sein.

Schließlich heißt eine einzelne Geschichte $A \to P \to E$ konsistent oder inkonsistent, je nachdem, ob die kleinste Familie $A \to (P, \neg P) \to E$, in welche sich die Geschichte einbetten lässt, konsistent oder inkonsistent ist. ($\neg P$ ist die mit P konsistente Verneinung von P.) In einer konsistenten Familie ist jede einzelne ihrer Geschichten konsistent.

Im einleitenden Abschnitt haben wir ein einfaches Beispiel für eine konsistente Familie gegeben. Das Zweispaltexperiment ist das Standardbeispiel für eine inkonsistente Familie inkonsistenter Geschichten, da, wie wir gesehen haben, vor einer Messung keine der beiden möglichen Geschichten Faktizität beanspruchen kann.

In der klassischen Physik sind alle Familien und Geschichten konsistent, in der Quanten-Physik ist Konsistenz die Ausnahme. Konsistenz ist sicher gegeben, wenn alle auftretenden Propositionsobservablen miteinander vertauschbar sind, wenn also außer der ohnehin vorliegenden Vertauschbarkeit der Observablen P_i zusätzlich $AE=EA$, $A P_i = P_i A$ und $E P_i = P_i E$ gilt. Konsistenz kann aber auch schon unter schwächeren Voraussetzungen vorliegen. Insofern ist Konsistenz eine echte Verallgemeinerung der quantentheoretischen Kompatibilität von Observablen auf Prozesse. Aus dieser Sicht wäre es wahrscheinlich angemessener, von kompatiblen und inkompatiblen oder komplementären Familien und Geschichten zu sprechen. Wir wollen uns aber an den anerkannten und üblichen Sprachgebrauch halten.

Wir sehen, dass die soeben eingeführten Begriffsbildungen ohne weiteres in die VQT übernommen werden können, in der ja Observable, Propositionen und Vertauschbarkeit ebenfalls definiert sind. Es muss lediglich sichergestellt sein, dass die Zuweisung von Zeitmarken möglich ist. Man wird auch in der VQT annehmen müssen, dass inkonsistente Familien und Geschichten eher die Regel als die Ausnahme sind. Beispiele werden wir im übernächsten Abschnitt geben.

In der physikalischen Quantentheorie kann man Übergängen zwischen Zuständen quantitative Übergangswahrscheinlichkeiten zuordnen. In diesem Fall lässt sich die Konsistenzbedingung von Familien auch quantitativ schärfer fassen: Für konsistente Familien ist die totale Übergangswahrscheinlichkeit vom Zustand a in den Zustand e die Summe der Wahrscheinlichkeiten, die zu den einzelnen Geschichten der Familie gehören.

In Formeln: $$\left|\langle a|e\rangle\right|^2 = \left|\sum_i \langle a|i\rangle\langle i|e\rangle\right|^2 = \sum_i \left|\langle a|i\rangle\langle i|e\rangle\right|^2.$$

Zu einer leicht verallgemeinerten Definition konsistenter und inkonsistenter Familien und Geschichten gelangt man, indem man, in Übereinstimmung mit Griffiths, mehrere Zwischenstationen zulässt (vergl. Abb. 4). Alle Definitionen von Konsistenz und Inkonsistenz übertragen sich sinngemäß auf diesen allgemeinen Fall.

Familien und Geschichten mit mehreren Zwischenstationen lassen sich symbolisieren durch

$$A \to (Q_1, \dots, Q_m) \to (P_1, \dots, P_n) \to (R_1, \dots, R_s) \to E$$

bzw.

$$A \to Q_i \to P_j \to R_k \to E.$$

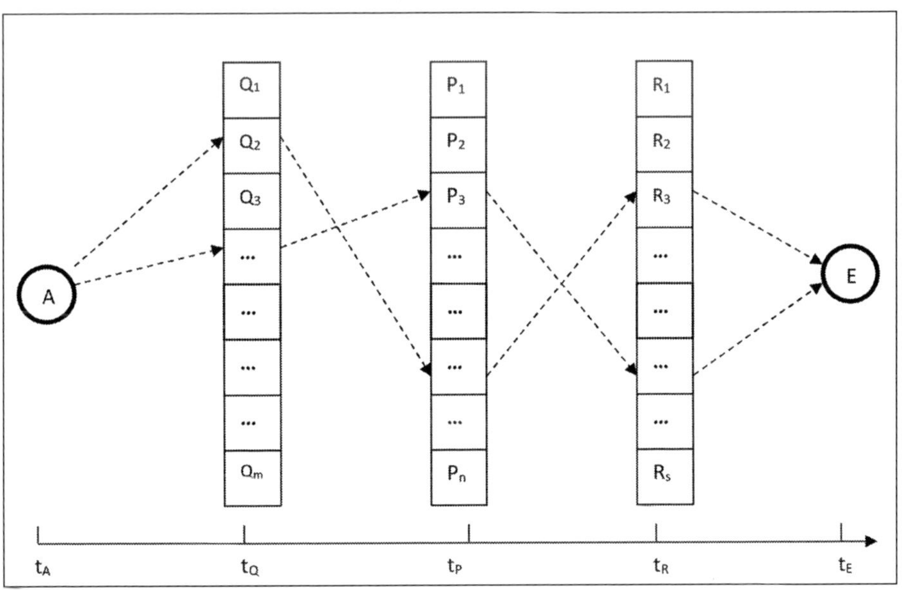

Abbildung 4

Es besteht zudem die Möglichkeit, mehrere Propositionen aus einer Zwischenstation zusammenzufassen, etwa in Abb. 4 P_1 mit P_2 und P_3 sowie $Q_{m-}1$ mit Q_m und sämtliche R_k.

Ein Extremfall konsistenter Geschichten sind faktische Geschichten, bei denen in jedem Satz von Zwischenalternativen nur jeweils genau eine möglich und damit faktisch ist.

Eine hinreichende, aber keineswegs notwendige Bedingung für Konsistenz ist wieder die Vertauschbarkeit aller auftretenden Propositionsobservablen.

In Familien von Geschichten können durch Messung einige der Zwischenstationen faktisch werden (vergl. Abb. 5).

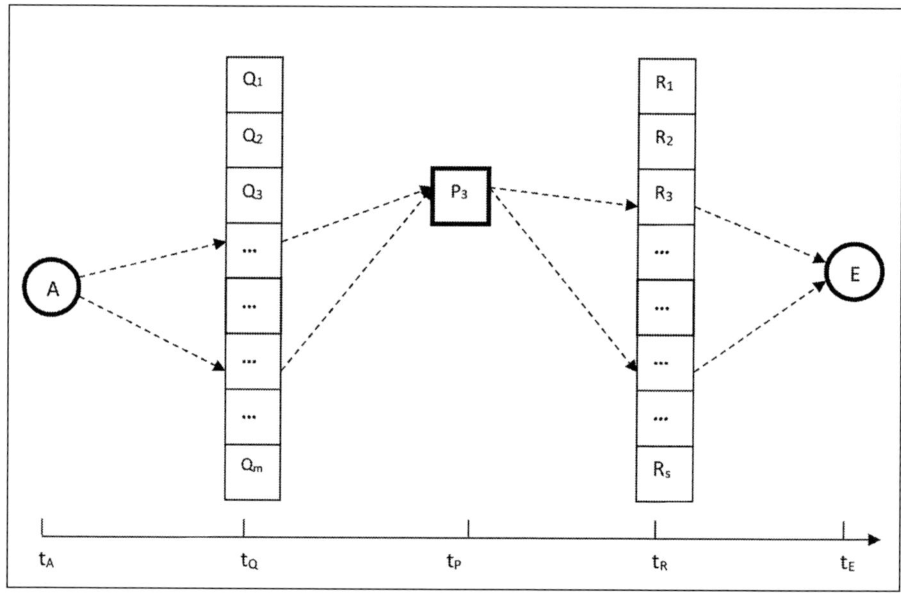

Abbildung 5

Die in Abb. 5 dargestellte Situation entspricht beispielsweise zwei Familien von Geschichten, so dass P_3 zugleich Ende der ersten und Anfang der zweiten Familie ist.

Schließlich kann man Familien und Geschichten durch Einschaltung weiterer Zwischenstationen verfeinern. In symbolischer Schreibweise:

$$A \rightarrow (Q_1,..., Q_m) \rightarrow (R_1,..., R_s) \rightarrow E + A \rightarrow (P_1,...,P_n) \rightarrow E$$

$$= A \rightarrow (Q_1,..., Q_m) \rightarrow (P_1,...,P_n) \rightarrow (R_1,..., R_s) \rightarrow E$$

Durch Verfeinerung können aus konsistenten Familien und Geschichten inkonsistente entstehen, aber niemals konsistente aus inkonsistenten.

5. Von Dokumenten zu Geschichten

Jeder Mensch und jede menschliche Gemeinschaft verfügen über einen Bestand von Erinnerungen, Berichten, Urkunden und dergleichen, die wir zusammenfassend Dokumente nennen wollen. Es besteht ein unabweisbares Bedürfnis, solche Dokumente in zusammenhängende Erzählungen oder, in unserer Terminologie, Geschichten einzuordnen.

Bei dem oft schwierigen Unternehmen, Daten zu Geschichten aufzufädeln, wird man sich in mannigfacher Weise durch Erfahrungen, Regeln, Überzeugungen und Vermutungen leiten lassen. Das Ziel, zu einer einzigen, konsistenten Geschichte zu gelangen, wird hierbei nicht immer erreichbar sein. Oft wird man sich mit einer Familie von Geschichten begnügen müssen, und in diesen Fällen gilt es die Plausibilität der einzelnen Geschichten der Familie gegeneinander abzuwägen.

Wir wollen zeigen, dass die Konsistenz der so aufgestellten Familie im Allgemeinen nicht gegeben sein wird, ebenso wenig wie die Konsistenz einer einzelnen Geschichte, für die man sich vielleicht aus irgendwelchen Gründen entschieden hat.

Bei der Aufstellung von Geschichten geht man in mehreren Schritten vor:

Als erstes wird man versuchen, eine möglichst genaue Chronologie zu erstellen, also den Daten und Propositionsalternativen Zeitmarken zuzuordnen. Dass dies nicht immer ein einfaches Unterfangen ist, dürfte am Beispiel der historischen oder geologischen Wissenschaften klar sein. Oft muss man mit einer relativen Chronologie zufrieden sein, in der wenigstens die Reihenfolge der Zeitmarken und günstigenfalls ihre ungefähren Abstände bekannt sind. Konsistenz und Plausibilität der erhaltenen Geschichten hängen wesentlich von der richtigen Chronologie ab, die denn auch meist im Lichte neuer Erkenntnisse revidiert oder verfeinert werden muss.

Als zweites kommen bei der Formulierung der Propositionsalternativen und bei der Abschätzung der Plausibilität von Geschichten verschiedene Prinzipien zur Anwendung. Solche Prinzipien betreffen die Möglichkeit und Wahrscheinlichkeit von Übergängen von Daten oder Propositionen zu anderen Daten oder Propositionen. Einige Beispiele solcher Prinzipien seien hier aufgeführt:

- Naturgesetze sind geradezu der Prototyp von Regeln, die die Möglichkeit von Übergängen zwischen verschiedenen Zuständen physikalischer Systeme einschränken. In deterministischen Theorien wie der klassischen Mechanik kann ein zu einer Zeit t_0 gegebener Zustand z_0 einer anderen Zeit t_1 nur in einen einzigen Zustand z_1 übergegangen sein. In nicht-deterministischen Theorien wie der Quantenmechanik ist die Übergangswahrscheinlichkeit zwischen verschiedenen Zuständen quantitativ genau bestimmt.

- Mögliche menschliche Handlungen und auch manche anderen Vorgänge werden oft danach beurteilt, wie gut sie in einen vorgegebenen oder empfundenen Sinnzusammenhang hineinpassen. Dies gibt ein Mittel an die Hand, die Plausibilität von Übergängen bei der Aufstellung von Geschichten zu beurteilen.
- In einem eher philosophischen Zusammenhang lassen sich Übergänge auch teleologisch danach beurteilen, wozu sie gut sind und inwieweit sie zur Erreichung eines Endzieles dienlich sind. Ähnlich wird in der biologischen Phylogenie nach dem Selektionsvorteil einer Mutation gefragt.
- Die Kenntnis dauernder Einstellungen und Neigungen oder kurzfristiger Stimmungen können gewisse Handlungen von Personen oder Personengruppen als erwartet oder ausgeschlossen erkennen lassen. So werden etwa Ehrgefühl, moralische Einstellung, Besonnenheit, Wut oder Überschwang in hohem Maße verhaltensleitend oder verhaltensbestimmend sein.
- Aufschluss über wahrscheinliches Verhalten wird auch eine Analyse möglicher Motive geben. Hierbei ist allerdings die Annahme, jede bedeutendere Handlung müsse ein klares Motiv haben, nicht berechtigt, wie schon die einfachste Selbstbeobachtung zeigt. Es lässt sich auch nicht bestreiten, dass Motive oft erst als nachträgliche Erklärung konstruiert werden. Insofern wird ein als faktisch aufgefasstes Motiv oft den Charakter eines nachträglich erzeugten Dokumentes haben, wie in Abschnitt 2 im Zusammenhang mit „delayed choice"-Experimenten erklärt wurde. An anderer Stelle (Römer, 2006a, 2006b) wurde ausgeführt, dass im Sinne der VQT eine Komplementarität zwischen substanziellen und prozessualen Observablen besteht, woraus auch eine Unverträglichkeit von voller motivationaler Reflektiertheit und Handlungsbereitschaft folgt.
- Um Ordnung in eine schwer verständliche Lage von Dokumenten und Hypothesen zu bringen, liegt es dem menschlichen Denken nahe, die Existenz einer lenkenden und Regie führenden Hintergrundintelligenz anzunehmen. Gerade das frühe Denken ist sehr geneigt, unberechenbaren Systemen Autonomie und bald wohlwollende, bald übelwollende, bald auch nur spielerische bewusste Tätigkeit zuzuschreiben (Müller, 2004).

Geschichten und Familien, die nach verschiedenen Prinzipien konstruiert wurden, werden im Allgemeinen sehr unterschiedlich ausfallen und miteinander, d. h. bei Kombination zu einer einzigen Geschichte oder Familie, selbst dann inkonsistent sein, wenn jede für sich konsistent ist.

6. Beispiele für konsistente und inkonsistente Geschichten

Bei der Deutung der Beispiele für konsistente und inkonsistente Geschichten, die wir in diesem Teil vorstellen wollen, sollte man folgende Vorbemerkungen im Sinn behalten:

- In der klassischen Mechanik gibt es nur konsistente Geschichten, da alle Observablen miteinander vertauschbar sind. Für Vertreter eines strikten klassischen epistemischen Reduktionismus wäre die Welt in allen ihren Teilen und Erscheinungen im Rahmen der klassischen Mechanik zu verstehen und zu beschreiben, und es gäbe keinen Raum für inkonsistente Geschichten.
- Inkonsistente Geschichten sind nur im Rahmen quantenartiger Theorien möglich. Da die physikalische Quantentheorie, abgesehen vielleicht von wenigen unsere alltägliche Welt kaum betreffenden Ausnahmen, nur im Mikroskopischen direkt sichtbar ist, bleibt für die uns interessierenden Anwendungen aus der menschlichen Lebenswelt nur eine Theorie mit erweitertem Anwendungsbereich vom Typ der VQT übrig. Es wird allerdings auch die Ansicht vertreten, dass menschliches Bewusstsein quantenphysikalisch verstanden werden müsse (Atmanspacher, 2020; Beck, 2001; Beck & Eccles, 1992; Hagan et al., 2002; Hameroff & Penrose, 1996). Als Ort von Quantenprozessen werden dann gewöhnlich die Synapsen zwischen Nervenzellen oder Mikrotubuli innerhalb der Zellen angesehen. Allerdings benötigen derartige Versuche, wenn mehr als nur ein Rauschen aus Quantenprozessen entstehen soll, makroskopische Verstärkungsmechanismen der physikalischen Quantentheorie, deren Plausibilität gering erscheint (Hepp, 1999).
- Mit der Anwendbarkeit von VQT darf man besonders dann rechnen, wenn psychische Observable von Menschen oder Menschengruppen ins Spiel kommen. An anderer Stelle (Römer & Walach, 2011) sind wir im Einzelnen auf das Verhältnis von physikalischen und psychischen Observablen eingegangen und haben ausgeführt, dass Komplementaritäten zwischen beiden und zwischen verschiedenen psychischen Observablen zu erwarten sind. Auf inkonsistente Geschichten, die durch derartige Komplementaritäten ermöglicht werden, wird sich unser besonderes Augenmerk richten.
- Die Frage, ob die soeben genannten Komplementaritätsbeziehungen ontischer oder epistemischer Natur sind, also ihren Ursprung lediglich in einer unvollständigen Kenntnis und unvermeidlichen, unkontrollierbaren Störung des Systemzustandes haben, kann für das Folgende offen bleiben. Insbesondere sollten unsere Anwendungen der VQT auch für Vertreter eines ontologischen Reduktionismus annehmbar sein, bei dem zwar angenommen wird, dass allen Erscheinungen im Prinzip ein physikalisches Substrat zugrunde liegt, dass aber eine Beschreibung in solchen Termini ohne weitere emergente Begriffsbildungen unpraktikabel und aussichtslos ist. Wir neigen übrigens der Ansicht zu, dass die hier angenommenen Komplementaritäten zum guten Teil ontischen Ursprungs sind.

- Wie schon im dritten Abschnitt erwähnt, gehört zu jeder konkreten Anwendung der VQT eine genauere Beschreibung des Messprozesses, insbesondere der Regeln, nach denen der faktische Charakter von Messergebnissen hergestellt wird. Diese Regeln können für verschiedene Anwendungsfälle unterschiedlich sein.

Nun können wir endlich zu Darstellung konkreter Beispiele für konsistente und inkonsistente Geschichten kommen.

a) Erdgeschichte und Paläontologie

Die Entwicklung der Erde und des Lebens auf ihr wird anhand einer gewaltigen Fülle von unbestreitbar faktischen Dokumenten rekonstruiert: Stratigraphie der Schichtung von Ablagerungen, Fossilien, Altersbestimmungen mit verschiedenen Methoden, paläomagnetischen Daten und unzähligen weiteren. Auch wenn viele Fragen über den Verlauf im Einzelnen offen sind, besteht doch Einigkeit darüber, dass die vollständige, wenn auch nicht in allen Teilen bekannte Geschichte im Voraus faktischen Charakter hat und ihn nicht erst durch weitere Daten gewinnt. Niemand glaubt an mögliche Inkonsistenzen in Erdgeschichte und Paläontologie.

Dies ist von vornherein selbstverständlich, wenn man die Entwicklung der Erde und des Lebens als einen physikalischen Prozess auffasst, in dem Quantenphysik sicher keine wesentliche Rolle spielt. Etwas problematischer wird die Frage nach möglichen Inkonsistenzen, wenn man die Entwicklung auch als Geschichte der Geologie und Paläontologie und der darin tätigen Gemeinschaft von Wissenschaftlern auffasst und Prozesse wie wissenschaftliche Dispute und Konsensbildung mit einbezieht. Aber auch hier ist das Netz der Fakten so dicht, und es kommen neue Daten so schell hinzu, dass das wissenschaftliche Unternehmen zu Recht als Arbeit an einer durch eine Kette von Fakten belegten einzigen konsistenten Geschichte angesehen wird, bei der Dissenzen, die früher oder später durch neue Fakten beendet werden, der Schließung von Lücken dienen.

Ähnliches wie für Erdgeschichte und Paläontologie gilt auch für die Kosmologie, bei der ein dichtes Netz astronomischer und physikalischer Daten das Faktengerüst darstellt, zu dem in letzter Zeit insbesondere revolutionierend genaue Beobachtungen der Feinstruktur der kosmischen Hintergrundstrahlung gekommen sind.

In diesem Zusammenhang möchte ich auf eine Frage eingehen, die vielleicht nicht jedem gleich dringlich erscheint: Welche Bedeutung haben die als höchst real und objektiv angesehenen gewaltigen Zeittiefen von Hunderten von Millionen, ja von Milliarden Jahren, die in diesen Wissenschaften gang und gäbe sind? In Römer (2004, 2006a, 2006b, 2012b, 2015b, 2017 und Kap. 10) wird der Standpunkt vertreten, dass Zeit ihren Ursprung in unserer Existenzweise als bewusste Individuen hat und erst in einen komplizierten Prozess der Operationalisierung und Objektivierung nach außen übertragen wird. Erstens erreicht die Verlegung der Zeit von innen nach außen in der Kosmologie, Erdgeschichte und Paläontologie ihren Höhepunkt. Zweitens sind derartige Zeitspannen nicht mehr direkt erlebbar. Drittens aber sind die Ergebnisse dieser Wissenschaften völlig in ganz und gar zeitlosen Stammbäumen und Diagrammen fassbar, also in entzeitlichten Formen, die dann wiederum in menschlich fassbarer Zeit studiert und verstanden werden können.

b) Kriminalgeschichten

Der Gedanke der Inkonsistenz der mit viel Fleiß und Scharfsinn erstellten Rekonstruktion eines Tatherganges ist für den Kriminalisten und für die Öffentlichkeit, die von ihm die Aufklärung einer Tat erwartet, eine Zumutung. Das gesamte kriminalistische Unternehmen beruht auf der Annahme der Konsistenz, aufgrund derer also ein als objektiv geltender Tathergang durch die Ermittlung aufgedeckt und nicht etwa erzeugt wird. Zwar besteht bei der Wahrheitsfindung das Gebot der Unschuldsvermutung, aber niemand würde einem überführten Mörder die Ausrede abnehmen, seine Tat sei erst durch die Aufdeckung faktisch geworden. Kriminalromane beziehen ihre Spannung daraus, wie es gelingt, trotz finsterer Machenschaften, in denen falsche Spuren gelegt werden und versucht wird, eine falsche Geschichte zu erzeugen, die wahre Geschichte und den wahren Täter zu entdecken. Die Überzeugung von der Konsistenz der Tatgeschichte wird auch dadurch gestärkt, dass die unwiderleglichsten Indizien mit den Mitteln der klassischen Physik beschreibbar sind, also ohnehin keine Inkonsistenzen erlauben.

c) Politische Geschichte

Es trifft sich glücklich, dass das deutsche Wort „Geschichte“ sowohl dem englischen „history“ als auch „story“ entspricht.

Die Geschichtsschreibung erarbeitet Geschichten über die Vergangenheit menschlicher Gemeinschaften. Obwohl sie sich dabei auf ein Gerüst unleugbar faktischer Quellen und Urkunden stützt, wird doch kaum ein Historiker darauf bestehen, dass die erzählten Geschichten nur unproblematisch und möglichst getreu einen vorweg objektiv vorhandenen Verlauf nacherzählen. Vielmehr haben wir hier ein erstes Beispiel, in dem inkonsistente Geschichten, wie sie im Rahmen der VQT zu erwarten sind, wirklich auftreten.

Zunächst liegt es auf der Hand, dass die Geschichte derselben Gemeinschaften von verschiedenen Völkern und von verschiedenen Autoren ganz unterschiedlich geschrieben wird. Auch wird Geschichte in jeder Epoche neu geschrieben, und zwar nicht in erster Linie deshalb, weil neue Dokumente aufgetaucht wären.

Geschichtsschreibung erstellt ihre Erzählungen ganz wesentlich aus dem Blickwinkel und im Interesse der Gemeinschaft, für die sie arbeitet. Ihre Geschichten erlangen ein begrenztes, teilweise auch vorläufiges Maß an Faktizität, indem in großen Teilen der betroffenen Gemeinschaften und günstigen Falls darüber hinaus Konsens über ihre Anerkennung erreicht wird.

Konsens ist also hier das Messverfahren, durch das Faktizität erzeugt wird. Durch Konsens tragen sie wiederum zum Zusammenhalt der Gemeinschaften bei. Zur Aufstellung ihrer Geschichten verfährt Geschichtsschreibung nach ganz verschiedenen Regeln und Strategien. Nicht nur kann die Aufmerksamkeit auf verschiedene Aspekte des Gesellschaftlichen gerichtet sein, es können auch unterschiedliche Vorstellungen über die Natur der treibenden Kräfte und über Bedeutung und Art der Motive handelnder Personen und Gruppen leitend sein. Wir haben schon im vorigen Abschnitt erklärt, dass unter unterschiedlichen Prinzipien im Allgemeinen miteinander inkompatible Geschichten im Sinne der VQT erstellt werden. Ferner haben wir schon darauf hingewiesen, dass die Unterstellung deutlicher Motive und, wie wir hier behaupten, auch klarer dominierender Triebkräfte in einem so vielfältigen Material, wie es die Vergangenheit von Gemeinschaften darstellt, Züge von nachträglich erzeugten Dokumenten trägt, wie sie in der VQT möglich sind. Die Anerkennung durch Konsens ist immer eine vorläufige und relative und erzeugt niemals so stabile Faktizität wie eine physikalische Messung. Insofern ist der Zerfall von Konsens einem Quantenradiergummi zu vergleichen, wie in Abschnitt 2 beschrieben, der wieder die Möglichkeit zu neuer, andersartiger Konsensbildung eröffnet.

Man sollte die soeben beschriebene Möglichkeit inkompatibler Geschichten, von denen keine volle Faktizität beanspruchen kann, auf keinen Fall als Abwertung der Geschichtsschreibung auffassen, etwa in dem Sinne, dass Geschichtsschreibung ohne Erkenntniswert sei, da ihre Erzählungen alle falsch seien und sie niemals zu einer wahren und richtigen Geschichte vorstoßen könne. Eine solche Auffassung würde verkennen, was Komplementarität wirklich bedeutet. Wie in der Physik Orts- und Impulsobservable komplementär sind, so dass scharfe Zuweisungen von Ort und Impuls zugleich unmöglich sind, und wie dennoch beide zusammen erst ein vollständiges Bild der physikalischen Welt ergeben, so sollte man die Existenz komplementärer, inkompatibler Erzählungen in der Geschichtsschreibung nicht als Einschränkung und Mangel, sondern vielmehr als Bereicherung ansehen, die es ermöglicht, dem Gesamten geschichtlicher Zusammenhänge näher zu kommen.

d) *Erzählformen: „Rashomon“*

In manchen Erzählformen, gerade aus neuerer Zeit, werden mehrere Geschichten als Möglichkeiten nebeneinandergestellt, aber so, dass nicht nur unbekannt bleibt, welche von ihnen wahr ist, sondern so, dass keine von ihnen Faktizität beanspruchen kann.

Ein eindrucksvolles Beispiel ist der im Jahre 1950 entstandene Film *Rashomon* des japanischen Regisseurs Akira Kurosawa.

Ein Mönch und ein Holzfäller, die im strömenden Regen unter dem verfallenden Tempeltor Rashomon Schutz gefunden haben, sprechen von einem Prozess, in dem versucht wurde, ein Geschehen aufzuklären, das sich im nahen Zauberwalde abgespielt hat. Als Daten stehen fest: Eine Frau ist von einem Räuber vor den Augen ihres Mannes, eines Samurai, vergewaltigt worden, der Samurai ist ums Leben gekommen, seine Leiche hat der Holzfäller gefunden.

In der Gerichtsverhandlung werden drei verschieden Hergänge des Geschehens erzählt und im Film als gleichermaßen wirklich in Szene gesetzt. Der Räuber behauptet, nach der Vergewaltigung auf Aufforderung der Frau einen ehrenvollen Zweikampf mit dem Samurai geführt und diesen dabei getötet zu haben. Die Frau versichert, sie habe ihren Mann gebeten, sie zu töten. Als dieser ihr darauf nur mit Verachtung begegnet sei, habe sie ihn ums Leben gebracht. Auch der Geist des toten Samurais tritt vor Gericht auf, um auszusagen, die Frau habe mit dem Räuber davonziehen wollen und den Räuber aufgefordert, ihren Mann zu töten. Dieser habe sich aber entfernt, und er, der Samurai, habe sich selbst entleibt. Bei allen drei Erzählungen scheint als Motiv der Wunsch auf, eher die Tötung auf sich zu nehmen als ehrlos zu erscheinen. Schließlich erzählt auch der Holzfäller dem Mönch seine eigene Version, die er angeblich als versteckter Zeuge gesehen hat. Die beiden Männer seien nach der Vergewaltigung in blinder Wut übereinander hergefallen, nachdem die Frau sie beide als Feiglinge beschimpft habe, und der Samurai sei dabei erschlagen worden.

Aus der Darstellung im Film wird klar, dass alle Versionen gleich wahr oder unwahr sind, ja, dass sogar die Behauptung, eine davon müsse wahr sein, unmöglich ist. Der Mönch fasst die Botschaft des Filmes gleich zu Beginn in die Worte. „Das entsetzliche ist, dass es keine Wahrheit zu geben scheint.“ Der eigentliche, wenn auch stille Hauptakteur des Filmes ist der Zauberwald, der Geschichten statt Fakten gebiert.

In Kurosawas großartigem Film werden die Inkonsistenz der Geschichten und die Unmöglichkeit eines Wahrheitsanspruches als beängstigend und bestürzend dargestellt.

Eine frühe und optimistische Darstellung einer ähnlichen Situation findet sich in der bekannten Ringparabel in Lessings Drama *Nathan der Weise*.

Die drei großen monotheistischen Religionen werden mit drei Söhnen eines gütigen Vaters verglichen, der sie alle gleichermaßen liebt. Als Zeichen seiner legitimierenden Billigung hat der Vater einen Ring zu vergeben. Da er sich nicht entscheiden kann, wem er den Ring übergeben soll, lässt er zwei vom Original ununterscheidbare Kopien anfertigen und gibt jedem der Söhne einen Ring, ohne selbst wissen zu wollen, wer das Original erhalten hat. Die Söhne sind aufgefordert, sich nicht darum zu streiten, wer der Besitzer des echten Ringes ist, sondern jeder nach Kräften durch Tugend den Nachweis zu führen, ein würdiger Träger des legitimierenden Ringes zu sein.

In unserem Sinne könnten wir diese Geschichte als Hinweis auf die bereichernde Funktion komplementärer Verhältnisse deuten.

e) „Kannitverstan“

Wieder eine andere Sicht auf inkonsistente Geschichten eröffnet Johann Peter Hebels kurze und wunderbar hintergründige Erzählung „Kannitverstan“, die sich in seinem *Schatzkästlein des Rheinischen Hausfreundes* findet.

Ein armer Handwerksbursche aus Tuttlingen, unzufrieden mit seiner bescheidenen Existenz, gelangt auf seiner Wanderschaft nach Amsterdam. Dort vermehrt der Anblick eines großen, prächtigen und wohlgebauten Hauses seine Verbitterung. Als er einen Vorübergehenden nach dem Namen des Besitzers fragt, erhält er die Antwort „Kannitverstan“ (Holländisch: „Kan niet verstaan“ = „Kann nicht verstehen“). Der Bursche deutet „Kannitverstan“ als Namen des Besitzers. Im Hafen sieht er ein großes Schiff aus Ostindien, dessen reiche Fracht soeben entladen wird. Auf seine Frage nach dem Eigner des Schiffes hört er wieder „Kannitverstan“. In trüben Gedanken über die Ungerechtigkeit des Schicksals und die Ungleichheit der Verteilung der Glücksgüter begegnet er einem prunkvollen Leichenzug. “Wen trägt man zu Grabe?“ fragt er den letzten im Leichenzug, und wieder lautet die Antwort „Kannitverstan“. Nachdenklich, getröstet und ein für alle mal mit seinem Los versöhnt schließt sich der Bursche dem Zug an und folgt der holländischen Leichenpredigt, von der er kein Wort versteht, mit größerer Andacht als je einer Predigt daheim.

„Auf dem seltsamsten Umweg kam ein deutscher Handwerksbursch in Amsterdam durch den Irrtum zu Wahrheit und zur Erkenntnis“, schreibt Johann Peter Hebel. Und wirklich: Auf welch kuriose Weise baut sich der Tuttlinger aus wenigen Daten seine Geschichte zusammen. Die Daten sind: das prächtige Haus, das stolze Schiff, der prunkvolle Leichenzug und dreimal das Wort „Kannitverstan“. Hierbei beruht „Kannitverstan“ auch noch jeweils auf einem doppelten Fehlverständnis. Die befragten Holländer verstehen die Fragen nicht, und der Handwerksbursche missversteht ihre

Worte. Die Geschichte, die sich der Handwerksbursche zusammenreimt, hat gewiss mit dem für andere wahrnehmbaren Geschehen in Amsterdam nichts zu tun, nicht einmal im Sinne eines geraden Widerspruches. Dennoch ist sie nicht einfach falsch, sie hat für den Burschen eine persönliche und sogar lebensverändernde Wahrheit. Wer dennoch die Geschichte des Handwerksburschen lediglich für ein lächerliches Missverständnis hält, müsste schon ein sehr hart gesottener physikalischer Reduktionist sein, wenn er denselben Vorwurf auch gegen einen Menschen erhöbe, der sich von der Schönheit der Natur oder der Weite des Weltalls berührt und erhoben fühlt. In der Tat könnte man von einem sehr strengen Standpunkt auch solche Erzählungen als Kannitverstansche Missverständnisse ansehen. Richtiger scheint mir die Ansicht, dass hier legitime Elemente der Wirklichkeit wahrgenommen werden, wenn auch aus einer anderen und zur rein physikalischen Sicht wohl komplementären Perspektive. Als menschliche Individuen, die versuchen, einen Ausschnitt des Weltganzen durch herangetragene Begriffe zu erfassen, gleichen wir immer dem Handwerksburschen in „Kannitverstan", und doch beruht das ganze Gebäude unseres Wissens auf solchem Tun.

f) Gehirn und Geist

Es ist hier nicht der Ort, die gesamte Problematik des Verhältnisses zwischen Gehirn/ Materie und Geist auszubreiten. Sie ist eines der Hauptprobleme gegenwärtigen Denkens und Forschens, und es ist hier unmöglich, auch nur die vielen möglichen Standpunkte aufzuzählen, die zu dieser Grundfrage eingenommen werden. Man kann sich der Erforschung der menschlichen Gedankentätigkeit aus zwei verschiedenen Perspektiven nähern:

- Aus der Außenperspektive, in der die Aktivität von Neuronen und Neuronenverbänden untersucht und gemessen wird. Hier werden Hilfsmittel wie direkte Ableitung aus Neuronen, Elektroenzephalogramme, Positronenemissionstomographie und Funktionelle Kernresonanzspektroskopie angewandt.
- Aus der Innenperspektive durch Selbstbeobachtung des Flusses von Vorstellungen und Gefühlen. Dieser Fluss kann primär nur selbst erlebt und nicht ohne Veränderung nach außen berichtet werden. Man kann dann versuchen, die gemeldeten Berichte mit Resultaten aus der Außenperspektive in Verbindung zu bringen.

Was nun das Verhältnis dieser beiden möglichen Zugänge betrifft, so erscheint mir der folgende Standpunkt naheliegend und vernünftig (Römer & Walach, 2011):

Beschreibungen der Gedankentätigkeit aus der Außen- und Innenperspektive entsprechen verschiedenen Geschichten in dem in dieser Untersuchung entwickelten Sinne. Die aus der Außenperspektive gewonnenen Geschichten sind jedenfalls dann konsistent, wenn die Tätigkeit der Neuronen als ein Prozess aufgefasst wird, in dem Quantentheorie keine wesentliche Rolle spielt. Wie gesagt, spricht vieles für diese Auffassung.

Konsistenz von Geschichten aus der Innenperspektive wird nicht gewährleistet sein, da verschiedene psychische Observable oft zueinander komplementär sind. Ebenso wenig darf man mit wechselseitiger Konsistenz von Außen- und Innengeschichten rechnen. Außen- und Innenperspektive erfassen beide berechtigte, aber komplementäre Aspekte und geben zusammen ein reicheres und vollständigeres Bild der menschlichen Gedankentätigkeit.

g) *Spukgeschichten*

Spuk- und Poltergeistgeschichten gehören in den Formenkreis so genannter paranormaler Phänomene (Lucadou, 2010, 2012; Lucadou et al., 2007; vergl. auch Kap. 2 und 3 in diesem Band). Spukphänomene haben allgemein zwei Seiten: Auf der einen Seite stehen physikalische Erscheinungen wie Geräusche, Bewegung von Gegenständen, ausbrechende Brände und dergleichen. Auf der anderen Seite wird das Spukgeschehen von den Beteiligten als bestürzendes, zutiefst sinngeladenes, allerdings sich in seinem Sinn nicht gleich erschließendes Geschehen erlebt. Bei näherer Betrachtung zeigt sich fast immer ein enger und wesentlicher Zusammenhang mit einer ungelösten Konfliktspannung. Man kann nun versuchen, eine vollständige physikalische Geschichte des Spukphänomens zu erstellen, das heißt, eine physikalische Ursachenkette, die das Zustandekommen des Spukphänomens erklärt. In diesem Falle ist der Spuk verschwunden. Ebenso wiederholen sich erfahrungsgemäß Spukphänomene nicht, wenn die zugrunde liegende Psychodynamik vollständig geklärt ist. In beiden Fällen ergeben sich also Auflösungen des Spukgeschehens in eine konsistente Geschichte, indem entweder eine physikalische oder eine psychische Deutung faktisch wird.

Eine solche Auflösung in der einen oder anderen Richtung ist allerdings nicht einfach. Erstens stößt eine psychodynamische Auflösung auf starke Widerstände, die ohne Hilfe von außen kaum je zu überwinden sind. Zweitens aber, und das ist vielleicht besonders überraschend, bleibt erfahrungsgemäß bei dem Versuch einer kausalphysikalischen Rekonstruktion meist irgendwo eine entscheidende Erklärungslücke. In dieser Lage erscheint es nicht recht passend, auf der Existenz einer einzigen „wahren" Erklärung zu beharren, deren Faktizität schon vor ihrer Verifikation gegeben wäre. Von einem rein beschreibenden Standpunkt aus scheint es angemessener zu sein, das Wesen von Spukphänomenen in einer inkonsistenten Familie von Geschichten zu sehen, die sowohl physikalische als auch psychodynamische Geschichten enthält. Walter von Lucadou hat diesen Gesichtspunkt durch eindrucksvolle Beispiele illustriert (Lucadou, 2006a, 2010, 2012).

7. Gründe für die Bevorzugung konsistenter Geschichten

Wir haben in den vorangegangenen Abschnitten gesehen, wie verbreitet, ja geradezu alltäglich inkonsistente Geschichten und Auswirkungen von Komplementarität im Sinne der VQT sind, jedenfalls sobald der menschliche Geist und seine Erzeugnisse ins Spiel kommen. Aus dieser Sicht ist es erstaunlich, dass quantentheoretische Komplementarität erst im 20. Jahrhundert klar formuliert wurde und dass bis heute eine fast bis zur Ausschließlichkeit reichende Bevorzugung klassischer Konzepte der Realität zu verzeichnen ist. Wir wollen die Gründe hierfür an dieser Stelle kurz skizzieren. Weiteres findet sich in Römer (2012b und Kap. 7). In aller Kürze werden klassische Konzepte deshalb bevorzugt, weil der Mensch im Umgang mit Dingen und anderen Menschen auf ein gewisses Maß an Verlässlichkeit und Berechenbarkeit angewiesen ist.

Kommen wir zunächst auf den Umgang mit Dingen zu sprechen. Genügende Verlässlichkeit der Dinge ist für den Menschen überlebenswichtig. So muss gesichert sein, dass sich der Boden unter den Füßen nicht jederzeit auftun kann, dass ein Pfeil, in gleicher Weise vom Bogen abgeschossen, immer die gleiche Bahn fliegt oder dass ein Sprung mit gleicher Kraft immer gleich weit trägt. Natürlich erweist sich für den Menschen nicht alles als gleich verlässlich wie Boden, Bogen und Sprung. Unberechenbar ist das Wetter, das Auftreten des Wildes auf der Jagd und insbesondere das Verhalten anderer Individuen. Gerade die Autonomie intelligenter Individuen hat paradigmatische Bedeutung gewonnen, so dass es nahe lag, Unberechenbarkeit allgemein auf ihr Wirken zurückzuführen. Um unliebsamen Erfahrungen damit zu entgehen, boten sich dann Vermeidungs- oder Beschwichtigungsstrategien an. Im Laufe der Kulturgeschichte gelang es immer mehr, durch genauere Beobachtung „natürliche" Ursachen für scheinbar unberechenbares Geschehen zu finden, den Wirkungskreis vermuteter autonomer Hintergrundintelligenzen immer weiter einzuengen und sich damit in der umgebenden Dingwelt immer sicherer zu fühlen. Der Endpunkt dieser Entwicklung sind die klassische deterministische Mechanik und das reduktionistische Programm, alles, also auch geistiges Geschehen auf mechanische Vorgänge zurückzuführen. Es schien zudem so, als ob die Klassische Logik die Realitätsauffassung der klassischen Physik fordere. (In Wirklichkeit ist auch Quantenphysik in klassischer Logik formulierbar.) Einstein Diktum „Gott würfelt nicht" ist der klare Ausdruck eines Glaubens an einen durchgängigen Determinismus. Eine Krönung des deterministischen Programmes, die ironischerweise erst nach der Entdeckung der Quantentheorie aufschien, ist die Chaostheorie, die sogar unberechenbar chaotisches Verhalten durch extrem empfindliche Abhängigkeit von Anfangsbedingungen mit vollständigem Determinismus erklärbar macht. Es ist erstaunlich, dass Unbestimmtheit und Komplementarität ausgerechnet in der physikalischen Welt entdeckt wurden, obwohl sie dort am verborgensten und fast gänzlich auf atomare

Dimensionen beschränkt sind. Der Grund dafür ist wohl in dem besonders hohen Grad von Formalisierung, Kontrollierbarkeit und Genauigkeit zu suchen, den die Physik bereits erreicht hatte.

Auch im sozialen Umgang mit anderen Mensches ist eine gewisse Verlässlichkeit unverzichtbar. Sie wird durch Einklang und Konsens bezüglich zulässiger Verhaltensweisen, Meinungen und Einstellungen erreicht. Konsens ist, wie bereits erwähnt, in Personengruppen das Mittel zur Herstellung wenigstens vorläufiger Faktizität. Konsens stabilisiert menschliche Gemeinschaften und erleichtert weitere Konsensbildung durch steten Kontakt und gemeinsame Arbeit an einem immer umfassenderen Weltmodell. Eine menschliche Gemeinschaft beruht geradezu auf einem Schatz von als konsistent anerkannten Geschichten. In frühen Phasen der Gesellschaft sind besonders die Erzählungen von Mythen konstitutiv, später spielt beispielsweise auch die Historiographie eine vergleichbare, wenn auch weit weniger mächtige Rolle. Aus dieser Sicht ist es verständlich, dass Inkonsistenzen, die den ohnehin stets prekären konsensabhängigen Zusammenhalt einer Gemeinschaft gefährden könnten, eher zurückgedrängt werden. Selbst wenn in einem Dissens mehrere Geschichten miteinander kämpfen, so werden doch gerade im Kampf alle von ihnen den Anspruch erheben, die wahre Geschichte zu sein, und damit die Vorstellung von der Konsistenz der Familie all dieser Geschichten eher befestigen als schwächen.

Ein Reservat quantenartiger Erscheinungen bleibt das eigene Innere, bei dem nur allzu klar ist, wie der mentale Zustand durch Selbstbeobachtung verändert wird. Aber erstens ist es für den Zusammenhang der Gemeinschaft nicht förderlich, diese quantenartige Verfasstheit des eigenen Inneren zu sehr in den Vordergrund zu stellen, zweitens stellte man sich oft auch die eigenen Gedanken und Gefühle, ja auch und besonders seine Träume als Eingebungen von Seiten einer autonomen Hintergrundintelligenz vor. Immerhin weist schon Heraklit von Ephesos auf diese Spannung zwischen Innenwelt und Gemeinschaft hin, indem er sagt:[1]

> Die Erwachten haben eine und eine gemeinsame Welt; bei den Schlafenden aber wendet sich jeder seiner eigenen zu.

Wir können hinzufügen: „Und diese eigene Welt ist vorzugsweise quantenartig geordnet."

1 Diels & Kranz (2005), Heraklit, Fragment Nr. 89, zitiert nach Burckhardt, 1957, S. 5.

Weltbild
und
Verallgemeinerte Quantentheorie

6 Innen und Außen

Müsset im Naturbetrachten
Immer eins wie alles achten:
Nichts ist drinnen, nichts ist draußen;
Denn was innen, das ist außen.
So ergreifet ohne Säumnis
Heilig öffentlich Geheimnis.
Freuet euch des wahren Scheins,
Euch des ernsten Spieles:
Kein Lebendiges ist ein Eins,
Immer ists ein Vieles.

J. W. v. Goethe: Epirrhema

1. Einleitung

„*Die Würde des Menschen ist unantastbar*" konstatiert und fordert der monumentale, alles Weitere vorwegnehmende und zusammenfassende Kernsatz am Beginn unserer Verfassung. Der Mensch wird als Person gesehen, und als Person besitzt er einen Kern, der Respekt verlangt, ja heilig ist, ganz ihm selbst vorbehalten und für keinen anderen verfügbar. Dieser kostbarste Besitz jedes Menschen ist verletzlich, und sein besonderer Schutz durch die Verfassung ist unmittelbar geltendes Recht.

Der Verfassungsgrundsatz von der Würde des Menschen wird nicht begründet und bedarf auch keiner Begründung. Der Mensch lebt und handelt aus dem Wissen um ein *Inneres*, dem ein *Äußeres* gegenübersteht. Begriffe wie „Ich", „Welt", „Selbst", „Bewusstsein", „Seele", „Leib", „Heimat", „Besitz" gehören zum Umfeld dieses Wissens.

Bei näherer Betrachtung erweist sich die Grenze zwischen Innen und Außen als beweglich. Sie wird ganz verschieden gezogen, je nachdem, ob ich mich als Sprecher einer Gruppe nach außen wende, ob ich ein Werkstück bearbeite, ob ich meine Kleidung ordne, ob ich meine Hand betrachte, ob ich Leib- oder Kopfschmerzen spüre, ob ich meinen Bewusstseinsstrom vorüberziehen lasse oder ob ich reflektierend „in mich gehe". Wie von konzentrischen Sphären ist das innere Selbst umgeben vom Ich, vom Leib, von der *Aura* um uns, in die einzudringen wir nur wenigen und ausnahmsweise gestatten, von den Dingen zu unserer Hand und in unserer Nähe, von den Mitmenschen und der Gesellschaft und von den entfernteren Objekten bis hin zu den Himmelskörpern und zum Weltraum.

Es fällt auf, dass wir die räumlichen Termini „Innen“ und „Außen“ für eine Unterscheidung wie „Ich“ und „Nicht Ich“, gebrauchen, die gar nicht in erster Linie eine räumliche ist. Man könnte, einer ersten Eingebung folgend, versuchen, diesen Sprachgebrauch einfach als metaphorisch zu begreifen. Hiermit wäre man aber sicherlich zu kurz gesprungen. Wo sollte denn bei solchen für die menschliche Existenz grundlegenden Strukturen die tiefere, einen Vergleich rechtfertigende begriffliche Basis liegen? Es fehlt hier das *„tertium comparationis“*. Auf eine bessere Spur gelangt man, wenn man sich auf die Kantsche Deutung von Raum und Zeit als Formen der menschlichen Anschauung besinnt, die besonders rein dort hervortreten sollten, wo es um Grundverhältnisse der Existenz des Menschen als eines bewussten mit Verstand und Vernunft begabten Wesens geht.

Man kann aber und sollte wohl auch noch einen Schritt weiter gehen: „Innen und Außen“ sind, ähnlich wie „Oben und Unten“, *Topoi*, Örter des menschlichen Geistes, in seiner Seele angelegte Urformen mit strukturierender Kraft.

C. G. Jung nennt solche Formen Archetypen, um damit tief unter dem persönlichen Bewusstsein liegende, dem kollektiven Bestand des menschlichen Geistes angehörige, urtümliche, vieldeutige, gefühlsgesättigte Bilder zu bezeichnen, die besonders in Träumen, Märchen und Mythen an die Oberfläche steigen. Bekannte Beispiele sind die Archetypen des Selbst, der Anima, des Animus, des Schattens oder der Persona (die übrigens bei C. G. Jung gerade nicht den im ersten Abschnitt beschriebenen Wesenskern bezeichnet).

Im Dialog mit Wolfgang Pauli hat die Vorstellung der Jungschen Archetypen noch eine bedeutende Erweiterung erfahren. Sie gehören nun nicht mehr nur in den Bereich des Psychischen, sondern erscheinen als universelle „Weltordner“, die sich bald physisch, bald psychisch manifestieren können. Mit Paulis eigenen Worten: (Pauli, 1993, Brief Nr. 929, S. 496–497; Römer, 2002):

> Das Ordnende und Regulierende muss jenseits der Unterscheidung von „physisch“ und „psychisch“ gestellt werden, so wie Plato's „Ideen“ etwas von „Begriffen“ und etwas von "Naturkräften“ haben (sie erzeugen von sich aus Wirkungen). Ich bin sehr dafür, dieses „Ordnende und Regulierende“ Archetypen zu nennen; es wäre aber dann unzulässig, diese als psychische Inhalte zu definieren. Vielmehr sind die erwähnten inneren Bilder (Dominanten des kollektiven Unbewussten nach Jung) die psychische Manifestation der Archetypen, die aber auch alles Naturgesetzliche im Verhalten der Körperwelt hervorbringen, erzeugen, bedingen müssten. Die Naturgesetze der Körperwelt wären dann die physikalische Manifestation der Archetypen. Es sollte dann jedes Naturgesetz eine Entsprechung innen haben und umgekehrt, wenn man das auch nicht immer unmittelbar sehen kann.

Eine solche archetypische Auffassung wird, wie uns scheint, dem tief liegenden, komplexen und schwer fassbaren Problemfeld des Innen und Außen am ehesten gerecht. Der Archetyp „Innen-Außen" konstelliert sich nicht nur in dem Paar „Ich-Nicht Ich" oder „Subjekt-Objekt", auf das sich unsere Untersuchung hauptsächlich richten soll, sondern auch in der Vorstellung des Gefäßes, der Behausung, des „Heim und Fremde", des „Temenos", das heißt des abgegrenzten heiligen Tempelbezirkes, oder des Bilderrahmens. Die unzähligen, oft mehrkreisigen Mandala-Darstellungen, in denen eine kostbare Mitte umhüllt und geborgen wird, sind als bildhafte Manifestationen dieses Archetyps anzusehen.

Der ambivalente Charakter archetypischer Widerspiegelungen wird uns immer wieder begegnen: „altus" bedeutet im Lateinischen sowohl „hoch" als auch „tief", „sacer" sowohl „heilig" als auch „verflucht".

Die eigentümliche Vieldeutigkeit des Archetypus „Innen-Außen" macht sich gleich zu Beginn unseres Streifzuges bemerkbar. Wir haben schon auf die Verschiebbarkeit der Grenze zwischen Innen und Außen hingewiesen. Durch Projektion und Introjektion wird fortwährend Inneres nach außen und Äußeres nach innen verlagert. In jedem Erkenntnisakt findet eine innige Verschränkung und Vermischung von Innen und Außen statt, und oft erscheinen, wie wir noch genauer sehen werden, Innen und Außen geradezu miteinander vertauscht, so dass beide in ein Schwindel erregendes Schwimmen und Verschwimmen geraten.

Es ist gut, im Angesicht einer derartigen Vielfalt und auf solch grundlosem Gelände sich nicht allein auf dem Weg zu machen. So haben wir unsere Erkundungsfahrt zu zweit unternommen, damit der eine den anderen ermutigen, auf allerlei Merkwürdigkeiten am Wege aufmerksam machen und auf schwankendem Boden sichern kann.

Bei unserer Reise wollen wir so vorgehen: Zunächst werden wir uns den mannigfaltigen Tätigkeiten der menschlichen Person, den Erscheinungsformen und der Dynamik ihrer Ich-Grenze zuwenden. Im Idealfall einer harmonischen und störungsfreien Beziehung zwischen Innen und Außen ist Persönlichkeit wirklich *„höchstes Glück der Erdenkinder"* (Goethe, 1819). Neben der „normalen" Funktion des Ich und oft schwer von ihr abzutrennen sind aber auch die verschiedensten Störungen und Fehlfunktionen bedeutsam, ja diese sind von besonderem Erkenntniswert.

In dem darauf folgenden Abschnitt konzentrieren wir uns auf die Erkenntnisleistung des menschlichen Geistes, bei der das Verhältnis von Innen und Außen besonders mannigfaltigen Brechungen unterworfen ist. Leistung, Gefährdung und Fragwürdigkeit des Geistes und seiner inneren und äußeren Verhältnisse treten hier besonders deutlich hervor. Gute Dienste wird uns hierbei die Begrifflichkeit einer *Verallgemeinerten Quantentheorie* (Atmanspacher et al., 2002, 2006; Filk et al., 2011) leisten. Es wird sich zeigen, dass es im Innern des Menschen nicht so sehr nach den Vorstellungen eines klassisch reduktionistischen Weltbildes, sondern eher quantenartig zugeht. Wir werden auf die fundamentale Bedeutung der *epistemischen Trennung* zwischen erkennendem Subjekt und Objekt eingehen, die eine Verallgemeinerung des aus der Quantenmechanik bekannten Heisenbergschen Schnittes ist. Als besonders fruchtbar wird sich der Begriff der *Observablen* erweisen, die eine eigenartige Mittelstellung zwischen Innen und Außen einnehmen.

Im letzten Abschnitt werden die gewonnenen Einsichten verallgemeinert und auf die *conditio humana*, die Beschreibung der zeitgebundenen Existenzweise des Menschen in der Beziehung zu seiner teils vorgegebenen und teils von ihm geschaffenen Welt angewandt. Als Prüfstein und Abschluss werden wir eine Deutung von Rilkes rätselhaftem Spätgedicht „Gong“ versuchen.

2. Das lebendige Ich und seine Gefährdung

Der Mensch erlebt den Archetypus Innen-Außen an sich selbst als den Gegensatz von Ich und Nicht-Ich, der sich in der Ausbildung von Zellwänden und Immunabwehr ankündigt und ansatzweise mit Sicherheit auch schon beim Tier auftritt, aber erst beim Menschen in seiner vollen, schier unausschöpfbaren Komplexität entfaltet ist. Nicht nur verschiebt sich, wie schon erwähnt, fortwährend die Grenze zwischen Innen und Außen, nicht nur wird ständig Äußeres einverleibt und Inneres nach außen verlagert, sondern auch das Innere ist in mannigfaltige Instanzen gegliedert, die in lebhaftester Wechselbeziehung zueinanderstehen, wie beispielsweise Leib, Überich, Selbst, Es, Gedächtnis und Unterbewusstsein.

Gerade im „Es“ zeigt sich die ganze Vieldeutigkeit und Dynamik des Archetyps Innen-Außen. Das dem Bewusstsein unzugängliche Es wird als die tiefste Schicht und zugleich als der innerste Kern der Person empfunden. Die Verwendung des topographischen Begriffs „tiefste“ weist auf eine Kreuzung mit dem Archetyp „Hoch-Tief“ hin. Oft wird der unbewusste Seelengrund mit einem tiefen, stillen Wasser verglichen, aus dem bei Gelegenheit Bilder an die Oberfläche des Bewusstseins aufsteigen. Das Wasser hebt zugleich die Schwerkraft auf, die für das bewusste Körpergefühl so wesentlich ist, es gemahnt an die uterale Existenz des im Fruchtwasser schwebenden Fötus. Wieder zeigt sich die Ambivalenz des Innen-Außen: Im unbewussten Untergrund seiner selbst fällt das Ich in einen entpersönlichten Urzustand zurück. Dieselbe Ambivalenz offenbart sich auch in einer anderen Weise: Der dem bewussten Ich unverfügbare Teil des Innen wird als Außen erlebt und deswegen zu Recht als „Es“ bezeichnet. Aus dem Unterbewusstsein aufsteigende Inhalte werden oft als Eingebungen von außen empfunden. Zudem wird immer wieder zum Ausdruck gebracht, dass der tiefe Brunnen des Unterbewussten eines jeden mit dem Wasser des Weltgrundes in Verbindung steht. In seiner innersten Tiefe begegnet das Ich dem Weltganzen. Diese Vorstellung findet sich im Begriff des kollektiven Unbewussten wie in den verschiedensten Formen der Mystik, und sie ist in der Lehre von Atman und Brahman in aller Breite ausgestaltet.

Sehr heikel ist das Gleichgewicht zwischen Selbstfindung und Selbstverlust.

Wir möchten betonen, dass wir hier und im Weiteren unter dem „Ich“ nicht die psychoanalytische Instanz, sondern die Gesamtheit des psychischen „Innen“ verstehen.

Im Folgenden werden wir die Dynamik des pulsierenden, sich bald ausdehnenden, bald zusammenziehenden Ich aus drei nicht völlig verschiedenen Blickwinkeln betrachten:

a) Leib und Haut, b) Ich und Wir und c) Ich-Verhärtung und Ich-Auflösung.

a) Leib und Haut

Im normalen, nicht weiter reflektierten Zustand wird für den Menschen die Grenze zwischen seinem Innen und Außen ungefähr mit der Grenze seines Leibes zusammenfallen. Wenn man genauer zwischen einem eher als materiell gedachten Körper und einem eher spirituellen Leib[1] unterscheiden möchte, dann ist die Grenze des Körpers durch die Haut gegeben. Den Körper umgibt eine einige Zentimeter bis knapp einen Meter umfassende Zone, die als ureigener intimer Bereich betrachtet wird und die man als *Aura* bezeichnen könnte. Die Grenze des Leibes kann mit der Außengrenze der Aura gleichgesetzt werden. Ein unberechtigtes Eindringen in sie wird als aggressiv, verletzend und geradezu schmerzhaft empfunden. „Bleib mir vom Leib“ bedeutet die deutliche Aufforderung, die Aura eines Menschen zu achten. In esoterischen Kreisen werden sanfte Heilmethoden, die Aura, Chakren und den Geistleib berühren und heilen, gepflegt.

Die Haut hat als Grenze des Körpers überragende emotionale und in ihren Einzelheiten kulturell bestimmte symbolische Bedeutung. Der Glückliche „fühlt sich wohl in seiner Haut“, wer sich „seiner Haut wehrt“, kämpft um seine körperliche Unversehrtheit. Die Ausdrücke „dickhäutig“ und „dünnhäutig“ bezeichnen verschiedene Grade der Empfindlichkeit und Empfindsamkeit. Schläge verletzen mit der Haut das Innere des Menschen, zärtliches Streicheln setzt Zutritt zu seinem intimen Bereich voraus und wirkt besänftigend und versöhnend.

1 Nicht umsonst heißt es in den Wandlungsworten der Eucharistie „Das ist mein Leib“ und nicht etwa „Das ist mein Körper“.

Pflege und Schmuck der Haut als der nach außen sichtbaren Oberfläche dienen nicht nur dem Selbstschutz und der Selbstvergewisserung, sondern ebenso sehr als Signale an die Außenwelt. Je nach kulturellem Umfeld und Mode wird die geschützte Blässe, die gesunde Bräune, die unversehrte jugendliche Zartheit und Glätte oder die von kampferprobter Erfahrung zeugende Rauheit und narbige Verwitterung zur Schau gestellt.

Auf der Haut getragener Schmuck hat vielfache schützende, magische, ästhetische und Signal gebende Funktionen. Erstaunlicherweise wird in vielen Kulturen, darunter der unseren, Schmuck vorzugsweise von Frauen getragen, während Schmuckformen im Tierreich eher dem Männchen als dem um das Weibchen werbenden Teil zukommen. Herrschergestalten ist oft besonderer Schmuck vorbehalten.

Noch körpernäher und emotional geladener als getragener Schmuck sind die mannigfaltigen Gestaltungen oder Entfernungen von Haupthaar und Körperbehaarung sowie die Bemalung und erst recht die dauernde Tätowierung der Haut. Während das Schminken in unserer Gesellschaft fast ganz den Frauen vorbehalten, bei diesen aber geradezu geboten ist, wird Tätowierung als sehr starkes und teilweise anstößiges Signal verstanden. Allerdings ist der Provokationscharakter von Tätowierungen stark im Abnehmen begriffen, so dass Tätowierungen zunehmend durch härtere Praktiken wie Schädelrasuren oder Piercing ergänzt oder ersetzt werden, die ein unverbrauchtes Identifikations- und Provokationspotential aufweisen, da sie (noch?) weithin als selbstverletzendes Liebäugeln mit der Perversion verabscheut werden. All diese Formen des Schmückens und Veränderns der Haut sind raschem Wechsel unterworfen und gerade in unserer Gesellschaft in vollem Fluss, was ihre emotionale Bedeutung weiter unterstreicht.

Noch rascher ist der Wechsel der Mode bei unserer „zweiten Haut", der Kleidung, die wir nur in streng eingegrenzten Situationen ganz ablegen dürfen, die aber oft subtil mit der Entblößung spielt.

Von betörender Vielfalt sind die mannigfaltigen Bedeutungen von Fell- oder Lederbekleidung, verschieden zudem, wenn sie von Männern oder Frauen getragen wird. Pelze bei Frauen leben von der Vorstellung der Weichheit des Fells, das zum Streicheln reizt, bezeugen aber wegen ihrer hohen Kosten auch die Wertschätzung durch den Geber, der sich zugleich ein wenig als Jäger und Erbeuter des pelztragenden Tieres fühlen darf. Der Mann betont durch einen Wolfsmantel wenigstens zum Teil auch seine behaarte Virilität.

Leder, zumal beim Mann, verstärkt die schützende Haut und signalisiert zugleich „Dickhäutigkeit", eventuell bis hin zu einer Andeutung von kühner Unverwundbarkeit wie bei Motorradfahrern oder Brutalität bei Rockern und gewissen Rechtsradikalen. Wird hier die Grenze der Perversion gestreift, so ist sie beim Lederfetischismus deutlich überschritten. Das gilt noch mehr für den Ganzkörperüberzug des Gummifetischisten, der seine glatte, eng anliegende und haarlose Gummihaut bald mit Lust trägt, bald sich selbst häutet und seine abgezogene und umgestülpte Hülle beschaut.

Anders als die sich an biologische Funktionen und Austausch zwischen Außen- und Innenwelt anschließenden psychoanalytischen Kategorien der Oralität, Analität und Genitalität hat das Haut-Ich erst spät in die tiefenpsychologische und psychosomatische Nomenklatur Einzug gehalten (Anzieu, 1992).

Das in den Leib eingeschlossene Ich steht immer in ambivalenter Wechselbeziehung zu seiner Umwelt, es ist einerseits durch sie verletzbar, anderseits auf sie angewiesen. Die gesunde Beziehung zwischen Ich und Außenwelt zeigt sich in besonders sinnhafter Weise in der täglichen Nahrungsaufnahme, bei der Äußeres in denkbar innigster und lebenserhaltender Weise verinnerlicht und „einverleibt" wird. Hier findet immer wieder das versöhnliche Ritual der „Kommunion" mit der Außenwelt statt. Gemeinsame Mahlzeiten haben in allen Kulturen vom Liebesmahl bis zum Totenmahl, vom kalten Buffet bis zum kannibalistischen Ritual eine besondere den Zusammenhalt einer Gruppe stärkende Funktion, und im Opfermahl wird die Gemeinsamkeit auf die Gottheit ausgedehnt. Die Eucharistie ist wohl der am meisten vergeistigte Ausdruck einer innigen Verbindung von Mensch, Gottmensch, Gott und Gemeinde.

Persönliche Vorlieben für und Abneigungen gegen Speisen sind meist situativ bei gemeinsamen Mahlzeiten entstanden. Den Speisen werden persönlich und gesellschaftlich verstandene symbolische Bedeutungen zugeschrieben (Milch und Honig, Rotwein und Ei, Beefsteak-Tartar).

Essstörungen, wie Bulimie und Anorexie sind ein deutliches Anzeichen einer Störung des harmonischen Verhältnisses von Ich und Außenwelt. Der Bulimiker oder die Bulimikerin versucht, emotionalen Hunger, etwa wegen eines Sinndefizits oder mangelnder liebevoller Annahme, durch übermäßige Nahrungsaufnahme zu stillen. Die Haltung der Anorektikerin, die aufgrund traumatischer Erlebnisse oder emotionaler Fehlentwicklung ihre Nahrungsaufnahme bis hin zum Hungertod verweigert, muss man wohl als Signal der „Kommunionsverweigerung" mit der Außenwelt deuten.

b) Ich und Wir

In diesem Abschnitt wollen wir die Bildung menschlicher Gemeinschaften von der Zweierbeziehung bis zum komplexen Staatswesen unter dem Blickwinkel der Ich-Dynamik und des Archetyps Innen-Außen betrachten. Das Ich kann auf verschiedene Weisen mit seiner Umgebung in Wechselwirkung treten: introjizierend-einverleibend, projizierend-auslagernd und durch Resonanz und Zusammenklang. Diese drei möglichen Formen der Ich-Dynamik werden nie ganz rein, sondern immer vermischt auftreten, ihre Unterscheidung erscheint uns aber gleichwohl wichtig. Während Introjektion und Projektion ganz ohne Empathie[2] möglich sind, ja sogar auf falschen Vorstellungen beruhen können, bedarf die Resonanzbildung ganz wesentlich der Einfühlung. Eine Resonanzbeziehung ist in ihrem Wesen symmetrisch, eine Projektions- oder Introjektionsbeziehung kann unsymmetrisch sein, etwa für die eine Seite Projektion, für die andere Introjektion. Schließlich wird nur bei einer Resonanzbeziehung die Ich-Grenze durchlässig bis hin zur Bildung eines erweiterten Gemeinschafts-Ichs. Projektion und Introjektion hingegen berühren nicht die Umgrenztheit des Ich.

Die Ich-Grenze wird nicht nur in der Bildung resonanzartiger Beziehungen durchlässig, nicht nur im Lieben, sondern auch in Haltungen wie Beten oder Weinen. Im Gebet öffnet sich das Ich seinem Gott bis hin zur mystischen Verschmelzung, im Weinen wird es in einem allgemeinen Sinne durchlässig, erweicht und „in Tränen aufgelöst".

Natürlich kann man den Vorgang der Gemeinschaftsbildung von der Ehe bis zu den Vereinten Nationen nicht nur unter dem Gesichtspunkt der Ich-Dynamik angehen, sondern dem Aspekt der Interessens- oder Wertegemeinschaft Vorrang einräumen. Dies geschieht beispielsweise mit Erfolg in der Staatstheorie, der Religionssoziologie oder der Nationalökonomie, dort zumeist mit dem Modell des *homo oeconomicus*, der rational seinen Nutzen maximiert, und unter Zuhilfenahme der mathematischen Spieltheorie. Beide Gesichtspunkte können zusammenwirken. So können geteilte Ziele und Werte Empathie fördern und Resonanzbildung erleichtern, aber auch Ergebnis einer Resonanz sein. In anderen Fällen scheinen die beiden genannten Verstehensweisen einander geradezu im Sinne einer quantentheoretischen Komplementarität auszuschließen, indem durch ihre Anwendung auf eine Gemeinschaft diese so verändert wird, dass die Anwendung des anderen Gesichtspunktes erschwert oder gar unmöglich wird. Betrachtet man den Menschen ausschließlich als *homo oeconomicus*, so mutiert er wirklich zu einem solchen. Diesen Fragen nach dem gegenseitigen Verhältnis verschiedener Sichtweisen menschlicher Gemeinschaften weiter nachzugehen, würde allerdings den thematischen Rahmen dieser Untersuchung sprengen.

Als Idealfall der Liebes- oder Freundschaftsbeziehung zwischen zwei Menschen wird die Resonanzbeziehung angesehen. Ein introjizierter Partner hingegen kann einerseits jede selbstständige Existenz verlieren, anderseits zu einem unerträglichen Tyrannen werden. Auch wenn der Partner nur die Projektionsfläche möglicherweise sogar irre-

2 Eine physiologische Entsprechung der Empathiefähigkeit scheinen die zuerst an Makaken entdeckten Spiegelneuronen zu sein. Sie sprechen an, wenn eine Handlung eines Artgenossen wahrgenommen wird, und erzeugen zu dieser parallele Impulse im praemotorischen Cortex.

aler Idealvorstellungen ist, dann wird er in seinem Eigentlichen gar nicht berührt. Es kann auch geschehen, dass der so mit Projektionen beladene Pseudopartner wiederum introjiziert wird, mit allen daraus entstehenden schädlichen Folgen. Es steckt sehr viel praktische Weisheit in der Forderung, den anderen so anzunehmen, wie er ist.

In der Resonanzbeziehung wird die Ich-Grenze zwischen beiden Partnern zu einer dünnen, im günstigen Fall in beide Richtungen durchlässigen Membran. Es kann sich ein Paar-Ich ausbilden, und im nicht unproblematischen Extremfall kann es zum völligen Fortfall der Ich-Grenze, zur gänzlichen Verschmelzung und damit zum Ende der Resonanz kommen. Die Redeweise „ein Leib und eine Seele" oder das alttestamentliche „Ein Leib" beschreibt einen Zustand innigster Resonanzgemeinschaft. Dass eine solide Basis geteilter Interessen, Ansichten und Werte hilfreich ist, bedarf kaum der Erwähnung.

Im gelungenen körperlichen Liebesakt verschmelzen die Auren, und Schleimhäute und Glied bilden gewissermaßen Ausstülpungen der begrenzenden Haut, die dem Partner entgegendrängen. Wie stark dies empfunden wird, zeigt sich im Negativbild an dem seltsamen in Südostasien registrierten Kudu-Phänomen. Das ist eine epidemisch auftretende Furcht, das männliche Glied könne eingezogen und nach innen umgestülpt werden, woran es durch fixierende Klammern und Binden zu hindern sei.

Besonders gut untersucht ist die resonanzartige Beziehung zwischen Patient und Therapeut. Beide können in einen synchronisierten, eingeschwungenen Zustand geraten, in dem sich zeitweise ein Gruppen-Ich unter Führung des Therapeuten ausbildet. Oft berichtet wird eine spezielle Form der so genannten Gegenübertragung: Der Therapeut fühlt sich von Stimmungen, Gefühlsaufwallungen und Handlungsimpulsen bedrängt oder überflutet, die sich durch Fremdheit und fehlende Integration als nicht ihm selbst, sondern dem Patienten zugehörig kundtun (Freud, 1992; Varga von Kibéd, 1998; siehe auch Kap. 2 in diesem Band). Berichtet werden auch Träume von Therapeuten und Patienten, in denen ihnen unbekanntes Material über den anderen zu Tage tritt. Es besteht eine große Ähnlichkeit zu den aus der Quantenmechanik bekannten Verschränkungskorrelationen zwischen verschiedenen Teilen eines Systems in einem verschränkten Quantenzustand. Wir werden im nächsten Abschnitt näher auf Verschränkung im Rahmen einer Verallgemeinerten Quantentheorie eingehen. Derartige Verschränkungskorrelationen wurden auch an anderen eng gebundenen Personengruppen wie Paaren oder Familien beobachtet (Römer, 2011 und Kap. 2).

Ethnologische Felduntersuchungen finden ähnliche Verschränkungserscheinungen in Stammesgesellschaften. Deren Mitglieder nehmen einander aus engster Nähe immer wieder mit allen Sinnen wahr. Die Ich-Grenze wird zum großen Teil nach außen verlegt, und es bildet sich ein Gemeinschafts-Ich. So eng ist die durch gemeinsame Riten ständig verstärkte Bindung der Gruppenmitglieder untereinander, dass sie in geradezu telepathischem Kontakt stehen und die Notlage eines abwesenden Mitglieds als ihre eigene fühlen (Müller, 2004).

c) *Ich-Verhärtung und Ich-Auflösung*

Das lebendige, gesunde Ich steigt leicht und schwindelfrei auf und ab auf der Leiter zwischen seinem Inneren und der Welt draußen, es erlebt, *„wie Himmelskräfte auf und nieder steigen und sich die goldnen Eimer reichen*" (Goethe, 1808, Vers. 449–450). Es findet auf seinem Grunde die Welt und in der Welt sich selbst, es bewältigt die schwierige Balance zwischen Selbstfindung und Selbstverlust mühelos und freut sich seines Wachstums und seiner immer reicheren Ausgestaltung. So wird es in dem vorangestellten Goethe-Gedicht gefeiert.

Dieser Idealzustand wird allerdings selten oder nie auf Dauer erreicht, vielmehr ist das Verhältnis des Ich zur Außenwelt und zu sich selbst vielfachen Störungen unterworfen.

Die Grenze zwischen dem Ich und der es umgebenden Welt und ihren Mit-Lebewesen kann bis zur Unübersteigbarkeit verhärtet oder bis zur Unkenntlichkeit verwischt sein.

Der Autist stellt einen Extremfall dar, bei dem die Verbindung zur Außenwelt fast gänzlich blockiert ist. Häufiger sind Derealisations- und Depersonalisationserscheinungen, wie sie wenigstens ansatzweise jeder schon erlebt hat. Häufig ist das Gefühl, als ob nur eine dünne undurchlässige Membran Ich und Außenwelt trennte. In ihrem Roman *Die Wand* schildert Marlen Haushofer eine Frau, deren nähere Umgebung vom Rest der Welt durch eine unsichtbare, aber undurchdringliche Wand zwar nicht den Blicken, wohl aber jedem Zugriff entzogen ist.

Unscharf wird die Grenze nach außen bei gewissen Formen der Übersensibilität und erst recht bei Psychosen, bei denen es zu Ich-Spaltung und -Auflösung, zu projektiv bestimmten Beeinflussungs-, Beeinträchtigungs- und Verfolgungsideen und zu alle Sinnesqualitäten betreffenden Fehlwahrnehmungen kommen kann. Seltsam sind Besessenheitserlebnisse durch äußere Gegenstände. Die beklemmend eindrucksvolle und unvergessliche Erzählung „Der Zahir" von J. L. Borges führt uns vor Augen, wie sich ein unscheinbarer, aber mit zugleich unendlicher und unnennbarer Bedeutung aufgeladener Gegenstand in einem Menschen einnistet und derart von ihm Besitz ergreift, dass er an nichts anderes mehr denken kann (Borges, 2003). Harmloser, aber doch immer bestürzend sind die verbreiteten Déjà-vu-Erlebnisse, bei denen die Grenze zwischen Innen und Außen dadurch fragwürdig wird, dass ein erstmalig gesehener Gegenstand auf beängstigende Weise als wohlbekannt und identisch mit einer genauen Erinnerung erscheint.

Das Verhältnis zum Mitmenschen kann von vorübergehender Empathieschwäche zeitweilig blockiert sein. Im schlimmsten Falle schwerer Soziopathie fehlt jedes Einfühlungsvermögen in andere Menschen. Auf der entgegengesetzten Seite stehen mediale Begabung, die durchlässige Ich-Grenzen voraussetzt, Besessenheit durch andere Personen, Hörigkeitsverhältnisse, Umwandlungsvorstellungen und die so genannte *folie à deux*.

Vielfältig sind die Störungen des Verhältnisses zwischen dem Ich und seinem Körper, wobei wieder die Grenze zwischen beiden zu unbestimmt oder zu hart sein kann. Der Körperverliebte identifiziert sein Ich geradezu mit seinem Körper, und sein übertriebener Körperkult ist eine besonders platte Form des Narzissmus. Im Gegensatz dazu kann der eigene Körper auch als irreal, fremd oder feindlich erscheinen. Viele Formen der Selbstverletzungen sind teils als Versuche zu deuten, den irreal gewordenen Körper zu spüren. Bei so genannten Borderline-Persönlichkeitsstörungen und Essstörungen kommt es nicht selten zum „Schnippeln", zu Selbstverletzungen durch mehr oder weniger tiefe Hauteinschnitte, um durch den Schmerz und den Anblick des ausgetretenen Blutes für kurze Zeit ein reales Körpergefühl zu erlangen. Selbsthass und Selbstbestrafung treten meist als Motive hinzu.

Schließlich kann der Zugang des Ich zu seinen eigenen tieferen Schichten in mannigfaltiger Weise behindert sein, oder es kann im Gegenteil zu einer Überschwemmung durch Unbewusstes kommen, so wie es bei manchen Neurosen, in Trancen, Dämmerzuständen, in der Wahnstimmung und im ausgebildeten Wahn geschieht. Die überflutenden problematischen Inhalte werden nicht selten somatisiert, so dass sie als körperliche Beschwerden manifest werden. Als eine Fortsetzung der Somatisierung in die Außenwelt hinein lassen sich Spuk- und Poltergeisterscheinungen verstehen.[3]

Bei dem häufig anzutreffenden Typus des Oberflächlichen ist der Zugang nach innen verbaut. Übermäßige Extraversion, Konsumismus, krasser Materialismus, leichte Beeinflussbarkeit und Konformismus sind Kennzeichen des derart entkernten Menschen. Dauerbeschallung aus dem Radio, MP3-Player oder I-pod ersetzt die fehlenden Stimmen aus dem Inneren oder übertönt sie, wenn sie sich melden wollen. Werden sie dennoch unüberhörbar, so droht dem im Umgang mit seinen tieferen Schichten Ungeübten die Gefahr der unkontrollierten Auslieferung an das Unbewusste, der Regression in eine infantile, uterale schwerelos dahintreibende Existenz. Auch der moderne Hang zum Okkultismus ist in diesem Sinne als Rückfall zu deuten, dem zuliebe oft das gesamte erlernte Wissen und die erworbene Lebenserfahrung und Kritikfähigkeit so leichthin über Bord geworfen werden, dass sie sich im Nachhinein als dünne Tünche erweisen.

3 Wir danken Walter von Lucadou für diesen Hinweis.

Sehr verbreitet ist auch in unserer Kultur ein besessener Egozentrismus. Hier hat wohl ein fremdbestimmtes, aber gepanzertes Selbstmodell die Stelle des Überich besetzt. Das stahlharte Ego fordert tyrannisch immer neue Opfer an Befriedigung, die Empathiefähigkeit ist ebenso gestört wie der Zugang nach innen, und auch hier droht, sogar in besonderem Maße, die Gefahr regressiver Selbstauflösung. Auch die von Wilhelm Reich beschriebene muskuläre Charakterpanzerung ist hier zu erwähnen. Sie blockiert schmerzhafte Gefühle, macht den Menschen aber zur unempfindlichen, manipulierbaren Marionette.

Die Bedrohung des Ich von innen oder außen und die damit verbundene Gefahr des Kontrollverlustes wird gewöhnlich als lähmende, diffuse Angst erlebt, und sicherlich besteht die Funktion verschiedener Phobien darin, der einen großen namenlosen Angst einen Namen zu geben und sie so beherrschbarer zu machen.

Der Depressive hat auf seiner düsteren Nachtmeerfahrt seine Antennen für die Außenwelt eingezogen, und das gequälte Ich des Schizophrenen zerbricht, von innen und außen bedroht, an seiner Belastung.

Schließlich kann auch der Tod des Individuums verschiedene Gestalt annehmen: Übergabe der reichen Frucht eines reifen Ich an seinen Schöpfer, Erweiterung und Entgrenzung bis zur Verschmelzung mit dem Weltganzen, oder Zusammenziehung auf einer immer kleineren und härteren Kern bis auf einen endlich verschwindenden Punkt.

Auch die Orte der Toten, die Gräber, können Einzel- oder Familiengrabstätten, sie können anonym oder kollektiv sein. Der tote Körper wird einem der vier Elemente, der bergenden Muttererde, dem verzehrenden Feuer – mitsamt der Vorstellung, als Phönix aus der Asche geläutert aufzuerstehen –, der Wiege des Wassers und der Wellen oder (bei den Parsen und Tibetern) der reinigenden Luft übergeben.

Was vorher über Funktion und Bedrohung des persönlichen Ich gesagt wurde, gilt zum größten Teil auch für das Gruppen-Ich. Im günstigen Fall erkennt eine Gemeinschaft in der Wechselwirkung mit anderen Gemeinschaften sich selbst und findet in sich selbst den Schlüssel zu Verständnis und Empathie für das Andersartige.

Im ungünstigen Fall schließt sich eine Gemeinschaft starr nach außen ab und verfällt in ein verhärtetes Feinddenken. Die Erscheinungen von Selbstverliebtheit und Egozentrismus haben ihre Parallelen beim Gruppen-Ich. Mangelnder Zugang einer Gesellschaft zu ihrer eigenen Tiefe und ihrem Ursprung äußert sich in Derealisierung, Selbstverlust und Auslieferung an kritiklos bewunderte Vorbilder. Schließlich lassen sich auch Züge von Selbstabwertung, Selbsthass und Selbstbeschädigung bis hin zur Selbstauslöschung einer alternden und absterbenden Gesellschaft beobachten. Die Somatisierung beim persönlichen Ich hat ihr gesellschaftliches Gegenstück in epidemisch auftretenden

Massenbeschwerden, zu denen mindestens teilweise die sich ausbreitenden Allergien, die „multiple chemical sensitivity" und möglicherweise auch die bereits erwähnten Essstörungen zählen. Selbst Spuk und Poltergeist besitzen vielleicht Entsprechungen in scheinbar unmotivierten Drangsalen im Verhältnis zur Natur und im Außenverhältnis zu anderen Gesellschaften. Man denke nur an das Waldsterben selbst und die Betroffenheit der Menschen durch den Tod des „Bruders Baum". Auch plötzliche atmosphärische Störungen in der Außenpolitik mögen so erklärbar sein.

3. Ich und Erkenntnis

Der Vorgang der Erkenntnis ist von der Seite des erkennenden Ich weder als rein aktive Einverleibung noch als rein passiver Empfang eines „Eindrucks" erfassbar. Es muss vielmehr von dem Erkannten schon etwas im Erkennenden vorhanden sein. In der Tat hat man es schon bei der einfachsten Wahrnehmung und erst recht bei der Erkenntnis von Sachverhalten nie direkt mit Objekten der Außenwelt, sondern immer schon mit Repräsentationen im Innern zu tun. Man sieht das in besonders drastischer Form bei blind Geborenen, die plötzlich die Sehfähigkeit erlangen. Die Begegnung mit undeutbaren Bildern ohne entsprechende innere Repräsentationen ist für sie so verstörend, dass in ihnen der Wusch auftaucht, wieder blind zu sein.

Das komplizierte Wechselspiel von Innen und Außen, das Geben und Nehmen, das zugleich Aktive und Passive beim Erkenntnisakt ist früh ins Blickfeld des Menschen getreten. Das Auge wird nicht nur als Empfänger gesehen, sondern als „sonnenhaft"; es sendet angeblich „Sehstrahlen" aus, die die Dinge wie Fühler abtasten. Eine ähnlich aktive Vorstellung lässt sich auch mit dem Wort „Ohrtrompete" verbinden.

Recht verstanden, ist das Verhältnis zwischen Erkennendem und Erkanntem eine Resonanzbeziehung, ähnlich der Beziehung zwischen zwei Liebenden. Dass Erkenntnis durch Verwandtschaft und Liebe geschieht, ist ein uraltes Philosophem. Wir dürfen daran erinnern, dass im Sprachgebrauch des alten Testamentes „Erkennen" auch den Akt des männlichen Beiwohnens bezeichnet. Das Wort ידע „jada", im hebräischen Original, bedeutet zugleich „wissen" und „erkennen". Wir haben bereits die Resonanzbeziehung zwischen Liebenden mit einem verschränkten Zustand in der Quantenmechanik verglichen und nähere Erläuterungen dazu angekündigt. Auch das der Liebesbeziehung ähnliche Wechselspiel beim Erkenntnisvorgang sollte sich als Verschränkungsphänomen verstehen lassen. Spätestens hier müssen wir allerdings begründen, wieso der zunächst rein quantenphysikalische Terminus „Verschränkung" auch außerhalb der Physik, und zwar nicht nur im metaphorischen Sinne, angewandt werden darf. Der bereits erwähnte Formalismus der Verallgemeinerten Quantentheorie wird uns hierzu die Rechtfertigung liefern.

Die Verallgemeinerte Quantentheorie (Atmanspacher et al., 2002, 2006; Filk et al., 2011) wurde aus der axiomatischen Formulierung der physikalischen Quantentheorie gewonnen, indem alles spezifisch Physikalische in den Axiomen mit dem Ziel fortgelassen wurde, den Anwendungsbereich der so verallgemeinerten Theorie über den Bereich der Physik hinaus zu erweitern. Es zeigt sich, dass auch nach diesem Abstreifen des rein physikalischen quantentheoretische Konzepte wie „Komplementarität" und „Verschränkung" eine formal wohldefinierte Bedeutung behalten. Da die Verallgemeinerte Quantentheorie mit zahlreichen Anwendungen an anderer Stelle ausführlich abgehandelt worden ist, wollen wir uns bei ihrer Darstellung auf das Allernötigste beschränken.

Folgende vier Grundbegriffe werden mit erweitertem Bedeutungsumfang aus der physikalischen Quantentheorie übernommen:

a) Ein *System* ist alles, was zumindest in Gedanken vom Rest der Welt isoliert und einer Untersuchung unterworfen wird. Die Identifizierung eines Systems ist ein keineswegs simpler, sondern im hohen Maße schöpferischer Akt.

b) *Zustand*: Ein System, an dem sich etwas untersuchen lässt, muss die Möglichkeit haben, in verschiedenen Zuständen zu existieren oder gedacht zu werden, ohne seine Identität als System zu verlieren.

c) *Observable* heißen die Züge eines Systems, die als mögliche Gegenstände einer (mehr oder weniger) sinnvollen Untersuchung identifiziert wurden. Man unterscheidet zwischen *globalen Observablen*, die sich auf ein System als Ganzes beziehen, und *lokalen Observablen*, die zu Teilsystemen gehören.

d) Die *Messung* einer Observablen bedeutet die tatsächliche Durchführung der zu der Observablen gehörenden Untersuchung mit einem Ergebnis, das faktische Gültigkeit beansprucht.

Das Ergebnis einer Messung hängt vom Zustand des Systems ab, ist aber im Allgemeinen nicht vollständig durch ihn bestimmt; vielmehr ist der Ausgang einer Messung gewöhnlich mit einer Unbestimmtheit behaftet. Messung ist der Terminus der Verallgemeinerten Quantentheorie für Erkenntnisgewinn.

Entscheidend für die physikalische wie die Verallgemeinerte Quantentheorie ist die Tatsache, dass durch Messung im Allgemeinen der Zustand eines Systems verändert wird. Wenn die Messung einer Observablen A zum Ergebnis a geführt hat, dann befindet sich das System unmittelbar nach der Messung in einem *Eigenzustand* z_a der *Observablen* A zum Eigenwert a, d.h. in einem Zustand, in dem eine erneute Messung von A mit Sicherheit wieder den Messwert a ergibt. Das ist gerade der Ausdruck der faktischen Gültigkeit des Messresultates. In dem deutschen Wort „feststellen" ist etwas von der aktivon Erzeugung festgestellter Fakten durch Beobachtung enthalten. Zwei Observable A und B heißen *vertauschbar* oder *kompatibel*, wenn die Reihenfolge ihrer Messung irrelevant ist, und im anderen Falle *komplementär*.[4] Man kann zeigen, dass komplementäre Observable A und B miteinander in folgendem Sinne unverträglich sind: Zu (mindestens einem) gegebenen Messwert a von A gibt es keinen gemeinsamen Eigenzustand z_{ab}, in dem A und B mit Sicherheit die Messwerte a und b ergeben. Es ist also nicht möglich, zusammen mit dem Messwert a von A dem System zugleich einen Messwert b von B mit Sicherheit zuzuordnen. Dies ist gerade der Kern des quantenphysikalischen Komplementaritätsbegriffes, der also auch in der Verallgemeinerten Quantentheorie seine Bedeutung behält.

Komplementarität als Grundzug der Verallgemeinerten Quantentheorie ist immer dann zu erwarten, wenn die Veränderung des Zustandes durch Messung entscheidende Bedeutung erlangt. Das gilt besonders für die menschliche Psyche aus der Perspektive der Selbstbeobachtung. Die Messung entspricht der bewussten Wahrnehmung des eigenen psychischen Zustandes, der sich dann gerade aufgrund der Eigenwahrnehmung verändert: Im Innern der menschlichen Psyche geht es quantenartig zu.

Verschränkung kann und wird auftreten, wenn folgende Bedingungen gegeben sind:

a) Es lassen sich in einem System Teilsysteme identifizieren.

b) Es gibt lokale, auf die Teilsysteme bezogene Observable, die komplementär zu einer globalen, auf das ganze System bezogenen Observablen sind.

c) Das System befindet sich in einem *Verschränkten Zustand*, typischer Weise in einem Eigenzustand der unter b) erwähnten globalen Observablen.

In diesem Fall wird im Allgemeinen das Ergebnis der Messung einer der erwähnten lokalen Observablen nicht schon im Voraus gewiss sein. Wenn man aber an einem anderen Teilsystem die Messung einer lokalen Observablen vornimmt, so wird man typische *Verschränkungskorrelationen* zwischen den Messwerten der lokalen Observablen der beiden Teilsysteme registrieren: Das Ergebnis der einen Messung erlaubt Rückschlüsse auf das Ergebnis der anderen Messung. Diese Verschränkungskorrelationen sind weder kausal vermittelt, noch zur Übermittlung von Signalen oder kausalen

4 Genauer genommen, werden Observable A in der physikalischen wie in der Verallgemeinerten Quantentheorie mit Abbildungen identifiziert, die Zuständen z andere Zustände A(z) zuordnen. Die Hintereinanderschaltung AB von zwei Observablen A und B ist dann durch die Komposition der Abbildungen A und B definiert: AB(z)=A(B(z)). A und B heißen vertauschbar oder kompatibel, wenn AB=BA und andernfalls komplementär. Vertauschbarkeit AB=BA gilt genau dann, wenn die Messungen von A und B vertauschbar sind.

Einwirkungen brauchbar (Lucadou et al., 2007; vergl. auch Kap. 3 in diesem Band). Ihr Grund liegt vielmehr im holistischen Charakter des verschränkten Gesamtzustandes. Das Ganze ist in den Korrelationen der Teile anwesend, die sich in ein globales Muster einfügen, ohne von diesem völlig determiniert zu sein. Eine Nähe der Verschränkung zur Grundvorstellung der Gestalttheorie ist unverkennbar, allerdings ist für das Phänomen der Verschränkung charakteristisch, dass das Ganze seine Teile nicht determiniert, sondern in Korrelationen zwischen den Teilen anwesend ist.

Wir sehen jetzt genauer, in welchem Sinne der Resonanzzustand zwischen Liebenden oder anderen eng gebundenen Personengruppen als Verschränkungszustand verstanden werden kann und wie das Auftreten psychischer Inhalte des einen bei einem anderen Gruppenmitglied zu sehen ist. Als Verschränkungsverhältnis zwischen Innen und Außen sollte man auch die Resonanzbeziehung zwischen Erkennendem und Erkanntem ansehen: In der Tat zeigt sich in der theoretischen Behandlung des physikalischen Messprozesses, dass nur durch Verschränkungskorrelationen zwischen gemessenem System und Messinstrument die Anzeige des Messinstrumentes Auskunft über das gemessene System gibt.

Es besteht übrigens weitgehende Symmetrie zwischen gemessenem System und Messinstrument: Man kann auch vom Zustand des gemessenen Systems auf die Anzeige des Messinstrumentes schließen. Diese Symmetrie zwischen gemessenem System und Messapparatur hat ihr Gegenstück in einer Symmetrie zwischen Erkennendem und Erkannten, Innen und Außen, die von O. Rössler (1992) als Boscovich-Kovarianz bezeichnet wird. Rössler beruft sich dabei auf die Abhandlung „De spatio et tempore ut a nobis cognoscuntur“ (Boscovich, 1758), des Kroatischen Philosophen Rugjer Josip Bošković (1711–1787), in der die Bedeutung der Grenze zwischen Innen und Außen betont und argumentiert wird, dass eine Bewegung innen nicht von einer Gegenbewegung außen unterscheidbar ist.

Mit der Identifikation von Systemen und der Entdeckung von Observablen findet das menschliche Erkenntnisvermögen seine Objekte und entscheidet über die Fragen, die an diese gestellt werden sollen. Hiermit sind die eigentlich schöpferischen Akte der Erkenntnis geleistet, während der Beobachtung und der Gewinnung von „Messergebnissen“, so schwierig sie im Einzelnen sein mögen, nur noch Vollzugscharakter zukommt.

Eine eminent kreative Leistung, auf dessen grundlegende Bedeutung G. Mahler (Gemmer & Mahler, 2001; Mahler, 2004) mit Nachdruck hingewiesen hat, ist auch die *Partitionierung* eines Systems in Teilsysteme. Dies geschieht mit Hilfe von Partitionierungsobservablen, durch deren verschiedene Werte die Teilsysteme unterschieden werden. Teilsysteme werden im Allgemeinen nicht als einfach vorliegende benannt, sondern durch den Vorgang der Partitionierung erst konstituiert.

Die erste, jeder Erkenntnis zu Grunde liegende Partitionierung ist der *epistemische Schnitt*, die Teilung des Weltganzen in ein erkennendes Subjekt und einen Erkenntnisgegenstand. Die Lage dieses Schnittes ist verschieblich, je nachdem, wo die Ich-Grenze gezogen wird und ob sich das Erkenntnisinteresse mehr nach innen oder nach außen richtet. Der Schnitt als solcher ist aber unumgänglich, insofern jede Erkenntnis im Modus des „Gegenüber" erfolgt, wie schon in dem Wort „Gegenstand" zum Ausdruck kommt: Erkenntnis ist immer Erkenntnis von etwas durch jemanden. In der Quantenphysik ist dieser verschiebbare, aber unvermeidliche Schnitt als der *Heisenbergsche Schnitt* zwischen beobachtetem System und Messinstrument bekannt. Durch den epistemischen Schnitt wird ein zunächst ungeschiedenes symmetrisches Ganzes unter Brechung seiner Symmetrie zweigeteilt. In der (falschen) Etymologie „Ur-teil" für das Ergebnis des Erkenntnisaktes kommt das Moment der Teilung sehr schön zum Ausdruck. Im epistemischen Schnitt sind Individuation und Weltentwurf inbegriffen, in ihm ereignet sich die wechselseitige Konstituierung von Ich und Außenwelt.

Die Aufstellung von Observablen ist, wie schon gesagt, eine schöpferische Tat. Nicht einmal so grundlegende physikalische Observable wie Energie oder Impuls wurden in der Natur einfach vorgefunden. Sie sind das Ergebnis eines komplizierten, Jahrhunderte dauernden Klärungsprozesses (Römer, 2006a, 2006b). Dass im Finden und Erfinden der Fragestellungen – d. h. der Observablen in der Sprache der Verallgemeinerten Quantentheorie – der entscheidende Erkenntnisschritt liegt, sollte nach dem bisher Gesagten auf der Hand liegen.

Die Frage nach der Herkunft der Observablen führt in den geheimnisvollen Bereich der Heuristik, über den die herkömmliche Wissenschaftstheorie wenig zu sagen weiß. Observable sind eingebettet in die Matrix der Sprache und nehmen damit eine eigenartige, Innen und Außen umgreifende und vermittelnde Stellung ein. Das Wort „Metapher", wörtlich „Zwischenträger" oder „Hinüberträger", lässt etwas von dieser Bedeutung ahnen. Observable erlauben die verschränkten Zustände von Innen und Außen, von Erkennendem und Erkanntem, die jeder Erkenntnis zu Grunde liegen. Da sie weder ganz im Subjekt noch im Objekt zu verorten sind, sondern einem beide umfassenden Bereich angehören, sollte man sich ihr Auftauchen als archetypisch geleitet denken. Aus einmal gefundenen Observablen lassen sich gewöhnlich durch einfache logische Operationen weitere bilden. Ihren Ursprung aber haben Observable in unergründlichen, vorsprachlichen, vorpersönlichen und vorlogischen Tiefen.

Der Versuch, „zu den Müttern", in das Gebiet der Heuristik hinabzusteigen, führt auf unsicheren Pfaden in Regionen, in denen der epistemische Schnitt noch nicht verfestigt ist. Erleuchtete, Meditierende, Mystiker oder Künstler berichten von Streifzügen in einen Bereich der ozeanischen All-Einheit und umfassenden Klarheit. Eine solche traumartige Erleuchtung mag im Psalm 126 angesprochen sein: „*Als der Herr das Los der Gefangenen Zions wendete, da waren wir alle wie Träumende.*"

Kunde geben uns vielleicht Modellpsychosen oder in milderer Form Störungszustände, in denen die Grenzen des erkennenden Ich ins Fließen geraten.

Hugo von Hofmannsthal lässt in seinem bekannten „Brief des Lord Chandos" (Hofmansthal, 1991) einen jungen Mann erzählen, wie er plötzlich aus einem Zustand der Erkenntnisfreude und der nachtwandlerischen Benennungssicherheit herausfällt. Mit Erschrecken und Erstaunen registriert er, wie Sprache, ja selbst der einfache Titel eines Traktates ihn „*fremd und kalt anstarrt*". Es ist ihm „*völlig die Fähigkeit abhanden gekommen, über irgendetwas zusammenhängend zu denken oder zu sprechen*". Die Worte „*zerfallen ihm im Munde wie modrige Pilze*". Begleitet wird diese abscheugesättigte Sprachlosigkeit von einem Gefühl völlig unvermittelter Teilhabe, „*vollster erhabenster Gegenwart*" und erschütternden Mitfühlens: „*Es war viel mehr und viel weniger als Mitleid: ein ungeheures Anteilnehmen, ein Hinüberfließen in jene Geschöpfe oder ein Fühlen, dass ein Fluidum des Lebens und Todes, des Traums und Wachens in sie hinübergeflossen ist – von woher?*" Bedeutungsunterschiede der Gegenstände sind aufgehoben; schon eine im Garten vergessene halbvolle Gießkanne kann ihn in eine solche Rührung versetzen.

Hier finden wir, ausgedrückt in unserer Sprache, einen Zustand beschrieben, in dem die epistemische Teilung in Auflösung begriffen ist und Observable verloren gehen. Wie in gelingender Erkenntnis Ich und Welt einander immerfort durchdringen und im wechselseitigen Austausch stehen, bringt Blaise Pascal (1670, *Pensées VI*, Nr. 348) auf die wunderbare Formel:

„*Im Raum umfängt (me comprend) und verschlingt mich das Universum wie einen Punkt: Im Denken umfange ich das Universum (je le comprends).*"

4. Conditio humana

Zeitlichkeit ist die Existenzform des Menschen: Die Welt ist ihm nicht in der Weise eines Panoramagemäldes gegeben, sondern in der Form eines Filmes, bei dem sich das Fenster des jeweiligen „Jetzt" über die Dinge schiebt. Das Jetzt ist das erste, was aufscheint, wenn im epistemischen Schnitt ein Ich der Welt gegenüber zu treten beginnt. Die Gebundenheit an das Jetzt, die im wenig differenzierten Tier noch eine totale ist, hat weitere existenzielle Beschränkungen zur Folge: Das einfache Jetzt ist unentrinnbar faktisch ohne die Dimension der Möglichkeit und alternativlos ohne Raum für Verneinung. Beim Menschen wird das Ich geräumiger und die Zeitlichkeit in Vergangenheit, Jetzt-Gegenwart und Zukunft ausdifferenziert. Diesen phylogenetischen Vorgang wiederholt jeder Mensch in seiner ontogenetischen Reifung.

Diese Entfaltung der Zeitlichkeit im Menschen (zur Emergenz der Zeit: Römer, 2006a, 2006b, 2007, 2012b und Kap. 10 in diesem Band) öffnet seine Existenzform auf vielfache Weise. Durch die Scheidung in Gegenwart und Vergangenheit einerseits und Zukunft anderseits tut sich der Raum für die Unterscheidung von Faktischem und Möglichem auf. Bei fortdauernder Bindung an die Zeitlichkeit wird dem Menschen dadurch, gewissermaßen zum Ausgleich, die Dimension der Freiheit gegeben, in der er sich vorausschauend, prüfend, planend, entscheidend und handelnd bewegen kann. Die Fesselung an eine unentrinnbare Faktizität wird gelockert durch die Freiheit, einen weiten Möglichkeitsraum zu erkunden, und vollends durch die Sprache eröffnet sich der Spielraum, dem Wirklichen kontrafaktisch und Abstand nehmend gegenüber zu treten (vgl. hierzu auch Steiner, 2004). Diese dreifache Befreiung erlaubt es dem Menschen, sich wenigstens gedanklich zu einer Art von Zeitlosigkeit aufzuschwingen, die beengende Eingeschränktheit auf das bloße Jetzt weit hinter sich zu lassen und über seine Stellung in der Welt nachzudenken. Er findet sich in einer Welt, in der er weder völlig fremd noch ganz zu Hause ist, die sich seinem erkennenden oder gestaltenden Zugriff weder widerstandslos ergibt noch gänzlich verweigert. Diese wenigstens teilweise Entsprechung von Ich und Welt wird schon früh in Figuren „wie innen so außen", „wie oben so unten" oder „Makrokosmos und Mikrokosmos" zu erfassen gesucht. Wir dürfen ihren Grund in einer archetypisch geleiteten gegenseitigen Konstituierung von Ich und Welt sehen.

Hierbei geht es, wie bereits ausgeführt, im Innern eher quantenartig im Sinne der Verallgemeinerten Quantentheorie zu, da sich unser innerer Zustand durch Selbstbeobachtung unvermeidlich ändert. Die Möglichkeit von Komplementarität mildert das schroffe Gegenüber des „tertium non datur" zu einem geregelten Nebeneinander von scheinbar Unvereinbarem wie etwa Wellen- und Teilchenbild ab.

Das Äußere erscheint uns widerständiger und starrer. In der Tat ist es uns nicht in derselben Weise verfügbar wie unser Inneres, aber seine relative Stabilität ist auch eine Folge unseres Umganges mit der Außenwelt. Damit unsere Handlungen die erwünschten Folgen haben, sind wir gezwungen, uns besonders an die stabileren Züge unserer Außenwelt zu halten. Ein mit derselben Kraft in dieselbe Richtung geschleuderter Speer muss dieselbe Flugbahn durchlaufen. Noch mehr ist Stabilität in Hinsicht auf die Verständigung mit den Menschen der Gesellschaft geboten, in die wir hineingeboren sind. Der Zusammenhang einer Gesellschaft beruht wesentlich auf einem gemeinsamen Schatz von anerkannten Fakten und als konsistent angesehenen Geschichten (Römer, 2012a und Kap. 5 in diesem Band). Es werden so in kollektiver Arbeit (schwimmende) Inseln der Stabilität aufgebaut, von denen das subtile und imponierende Gebäude der Naturwissenschaften und insbesondere der Physik wohl die größte und am meisten ausgestaltete ist. Andere Inseln der Stabilität werden etwa von den historischen Wissenschaften oder auch von Glaubenssystemen geschaffen. Völlige Verträglichkeit zwischen den verschiedenen Inseln lässt sich allerdings deshalb nicht erreichen, weil die Welt als ganze sich einer Erfassung aus einer einzigen Perspektive entzieht und nur komplementär zu begreifen ist. In diesem Sinne sind wohl auch die Welterklärungen verschiedener Kulturen teilweise komplementär zueinander.

Es ist durchaus verständlich, dass beispielsweise paranormale Bewertungen von Erscheinungen im Interesse einer verlässlichen und konsistenten gemeinsamen Welt persönlich wie gesellschaftlich tendenziell eher zurückgedrängt werden. Es besteht aber die Gefahr, bei der Konstituierung einer widerspruchsfreien Außenwelt über das Ziel hinauszuschießen und in die Gefangenschaft einer unrealistisch starren, die komplementäre Struktur der Welt verkennenden Weltsicht des strikten *tertium non datur* zu geraten. Herbert Pietschmann hat die verderblichen Folgen der daraus erwachsenden *„HX-Verwirrung“* eindrucksvoll beschrieben (Pietschmann, 2002, 2009). Vollends unheilvoll ist die Übertragung eines rigorosen *tertium non datur* auf das Innere des Menschen, die nur zu einer zwanghaften, unduldsamen, borniert rationalen und unschöpferisch gehemmten Persönlichkeitsstruktur führen kann. Es droht aber auch die Gefahr des anderen Extrems, ja sogar des Umschlagens der einen Einseitigkeit in die andere. Allzu leicht wird die Widerständigkeit der Außenwelt zu Gunsten von Wunschdenken und Beliebigkeit unterschätzt. Auch in der Quantentheorie gilt der Aristotelische Satz vom Widerspruch (Aristoteles, 1831, *Metaphysik IV*, 3, 1005b 19–20). *„Denn es ist unmöglich, dass dasselbe demselben in derselben Beziehung zugleich zukomme und nicht zukomme.“* Der Komplementaritätsbegriff der Quantentheorie lehrt beispielhaft den kontrollierten und qualifizierten Umgang mit unverträglichen Konzepten. Gerade, wenn die an der stabilen Außenwelt geschulte Alltagslogik fragwürdig wird, sind Disziplin und Behutsamkeit in der Behandlung von Dingen und Aussagen unerlässlich. Keineswegs sind in der Quantentheorie alle Katzen grau. Die schöne und klare Struktur der Quantenmechanik beweist, dass es möglich ist, eine konsistente Geschichte der Komplementarität zu erzählen. Bei Missachtung des Genauigkeitsgebotes unterliegt man leicht der Versuchung undifferenzierter Regression. Die oben erwähnten Inseln der Stabilität verdienen als wertvoller kultureller Gemeinschaftsbesitz Respekt, und das Ich im Modus existenzbestimmender differenzierter Zeitlichkeit ist schützenswert in seiner Verletzlichkeit. Schon die oft gehörte Forderung, ganz in der Gegenwart zu leben, gibt, wörtlich genommen, die spezifisch menschliche Entfaltung der Zeit in Vergangenheit, Gegenwart und Zukunft in regressiver Weise preis. Bereits in dem Satz *„Denn alle Lust will Ewigkeit, will tiefe, tiefe Ewigkeit“* aus Zarathustras trunkenem Lied ist der Sog regressiver Sehnsucht spürbar. Bei der Überschreitung seiner Grenzen ist der Mensch zu besonderer Vorsicht angehalten. Es gilt die Spannung zwischen einer eher quantenartigen, privaten und traumhaften Innenwelt und den klassisch verfassten, öffentlichen und wachen Inseln der Stabilität in der Außenwelt auszuhalten. Heraklit sagt hierzu: „*Die Erwachten haben eine und eine gemeinsame Welt; bei den Schlafenden aber wendet sich jeder seiner eigenen zu.*“[5]

Rilkes im November 1925, dreizehn Monate vor seinem Tode, verfasstes Spätgedicht „Gong“ (Rilke, 1996, Bd. 2, S. 396),[6] dem wir uns zum Abschluss zuwenden wollen, betritt in subtiler und präziser und zugleich in höchstem Maße poetischer und damit angemessener Form das Umfeld von Ich-Werdung und Ich-Verlagerung, in dem die epistemische Trennung noch im Flusse ist:

Gong

Nicht mehr für Ohren…: Klang,
der, wie ein tieferes Ohr,
uns, scheinbar Hörende, hört.
Umkehr der Räume. Entwurf
innerer Welten im Frein…,
Tempel vor ihrer Geburt,
Lösung, gesättigt von schwer
löslichen Göttern…: Gong!

Summe des Schweigenden, das
sich zu sich selber bekennt,
brausende Einkehr in sich
dessen, das an sich verstummt,
Dauer, aus Ablauf gepreßt,
um-gegossener Stern…: Gong!

Du, die man niemals vergißt,
die sich gebar im Verlust,
nichtmehr begriffenes Fest,
Wein an unsichtbarem Mund,
Sturm in der Säule, die trägt,
Wanderers Sturz in den Weg,
unser, an Alles, Verrat…: Gong!

5 Diels & Kranz (2005), Heraklit, Fragment 893, zitiert nach Burchkardt, 1957, S. 5.

6 Siehe auch den Kommentar auf S. 855 sowie Engel (1986, S. 224f.) und besonders Fülleborn (2000).

Der Hörer des Gedichtes fühlt sich sogleich durch zahlreiche Invokationen von Geburt, Gestaltwerdung und Umwälzung angesprochen, und er verspürt die vibrierende Spannung, die zu Entladung und Umschlag drängt. Worum es geht, wird gleich zu Beginn gesagt:

Umkehr der Räume. Entwurf / innerer Welten im Frein … Diese Zeilen markieren zugleich eine Richtungsumkehr in Rilkes Denken. In seinen *Duineser Elegien* herrscht noch die Vorstellung der *Verwandlung.*[7] Der schwindende Bestand der für den Menschen dichterisch erlebbaren Außenwelt, zu dem er, Rilkesch gesprochen, in die vertraute Wechselbeziehung des gegenseitigen Brauchens (z.B. Rilke, 1996, Bd. 2, 1. Duinesser Elegie V., 26ff., S. 201f.) treten kann, muss durch Verwandlung in ein abstrakteres Inneres gerettet und bewahrt werden (Rilke, 1987, Bd. 3, Brief an Witold Hulewicz vom 15.11.1925, S. 896ff.).

Nun sollen im Gegenteil innere Welten nach außen entworfen werden. Eine Umkehr der Räume ist dadurch gegeben, dass durch diesen Umsturz im Außen ein neues Innen entsteht. Ein Name für dieses neue Innen taucht schon im Jahre 1914 in Rilkes Dichtung auf: *Weltinnenraum* (Rilke, 1996, Bd. 2, „Es weht ein Frühling in allen Dingen", S. 113). Allerdings ist der dort genannte gewissermaßen heimelige Welt-Innenraum, durch den Vögel fliegen und der zum persönlichen Innenraum in sympathetischer Harmonie stehen kann, radikal verschieden von dem abstrakten, unfühlbaren, schweigenden, zeitlosen (Rilke, 1996, Bd. 2, Kommentar S. 424f.) Innenraum des Spätgedichtes, der eher der tonlosen mineralischen Welt am Ende der zehnten Duineser Elegie vergleichbar ist. Er stellt den schroffsten Gegensatz zum erlebten, zeitlichen persönlichen Inneren dar.

Zum Umschlag von innen nach außen gehört eine Zwischenphase der zum Werden hin gespannten Gestaltlosigkeit, in der die werdenden Tempel und Götter noch aus einer nicht differenzierten, gesättigten Lösung auskristallisieren müssen. Quantentheoretisch gesprochen, sind die epistemische Trennung und die unterscheidenden Observablen noch unausgebildet. Der Umschlag geschieht im ortlosen Hall des dröhnenden Gongs. In seinem Verhallen zeigt sich ein letztes Mal das sich „ent-äußernde" zeitgebundene Ich. Das gespannte Vibrieren des Gongs bleibt in den dreifachen Hebungen jeder Zeile und am Ende jeder Strophe das ganze Gedicht hindurch anwesend. Es kehrt wieder im opaleszierenden Flimmern der gesättigten Lösung. Der scheinbar gehörte Klang ist ein Hörender: Zeichen der Umkehrung von Innen und Außen.

Die erste Strophe ist, dem Dröhnen des Gongs vergleichbar, aus einer ortlosen, weder dem Innen noch dem Außen zugehörigen Perspektive gesprochen. Der Ort der

7 Rilke, 1996, Bd. 2, 7. Duineser Elegie V. 39–62, S. 221f.; 9. Duineser Elegie V. 52–76, S. 228f.; sowie besonders Rilke (1987).

zweiten Strophe ist das Außen, in dem ein neues Innen im Entstehen begriffen ist. Von diesem Punkt aus offenbart sich die Umkehr der Räume als ein Hineinstürzen in eine neue schweigende und zeitlose Mitte, wobei die ersten vier Verse das Schweigen, die letzten beiden das Verschwinden der Zeitlichkeit des persönlichen Ich beschwören: *Summe des Schweigenden, das / sich zu sich selber bekennt / brausende Einkehr in sich / dessen, das an sich verstummt:* Bevor die Bestände des persönlichen Innern in das Schweigen eingehen, brausen sie im Umsturz ein letztes Mal auf. *Dauer, aus Ablauf gepresst / um-gegossener Stern:* So geht Zeitlichkeit in Zeitlosigkeit über. Stern und Sternbild sind für Rilke Chiffren für strahlende Härte und Ewigkeit.[8] „Umgießen" ist der kühne Ausdruck für die Überführung in die neue Existenzform des Ewigen.

Das Zentrum der dritten Strophe ist das persönliche Ich, aus dessen Perspektive sich die kosmische Inversion als Ent-äußerung und Loslassen darstellt. Zum ersten Mal hat das Sprechen einen Adressaten, nämlich ein weibliches Du, das im Kommentar (Rilke, 1996, S. 857) mit der verlorenen Geliebten (Rilke, 1996, Bd. 2, „Du im Voraus verlorne Geliebte", S. 89) identifiziert wird. Sie steht für alles, was sich der Dichter vor der großen Umkehr poetisch anverwandeln konnte: *...Alle die großen / Bilder in mir, im Fernen erfahrene Landschaft, / Städte und Türme und Brücken und un- / vermutete Wendungen der Wege / und das Gewaltige jener von Göttern / einst durchwachsenen Länder: / Steigt zur Bedeutung in mir / deiner, Entgehende, an.* Nun wird mit ihr auch alles, wofür sie stand, im Verlust neu geboren. Preisgegeben ist auch das *nicht mehr begriffene Fest* des Rühmens mit den Adern voll Dasein (Rilke, 1996, 7. Duineser Elegie, V. 45, S. 221). Hier klingt es wohl aus den Sonetten an Orpheus nach: *Rühmen, das ists! Ein zum Rühmen Bestellter / ging er hervor wie das Erz aus des Steins / Schweigen. Sein Herz, o vergängliche Kelter / eines den Menschen unendlichen Weins* (Rilke, 1996: Sonette an Orpheus, Teil 1, VII, S. 244). Dieser Wein ist zu *Wein an unsichtbarem Mund* geworden, *nicht mehr für Ohren* ist der Klang des Gongs. Der *Sturm in der Säule, die trägt*, ist, wie bereits zuvor der dröhnende Gong und die gesättigte Lösung, Ausdruck der erwartungsschwangeren vibrierenden Unruhe vor dem Umschlag ins Außen, bei dem der Wanderer, das persönliche Ich, stürzt. Aber er stürzt nicht zu Boden oder in den Abgrund, sondern *in den Weg* ins Freie. Das Bild des Sturzes nimmt noch einmal die Vorstellung der *brausenden Einkehr in sich* auf. In der Schlusszeile *unser, an Alles, Verrat* wird mit dem erstmaligen Gebrauch der Wir-Form das Geschick des einzelnen Ich ins Allgemeine gerückt. Die Härte des Schlusswortes „Verrat" wird ein wenig dadurch gemildert, dass damit nicht nur ein Treuebruch, sondern auch die Preisgabe eines Geheimnisses gemeint sein kann. Auch erfolgt der Verrat nicht etwa an allem, sondern an Alles, das Äußere, Weltganze.

8 Vergl. z. B. Rilke, 1996, Bd. 2, Sonette an Orpheus, 1. Teil III, S. 242; VIII, S. 244; XI, S. 246; 2. Teil XX, S. 267; XXVIII, S. 271, sowie 10. Duineser Elegie, S. 230ff.

Dennoch ist in der Schlusszeile eine letzte Selbstaufgabe ausgesprochen. Man kann vermuten, dass sich hier auch Rilkes Ahnung des nahenden Todes zu Wort meldet, den er in seinem letzten Gedicht (Rilke, 1996: „Komm du, du letzter, den ich anerkenne", S. 412) als Brandopfer seiner selbst, als ein schmerzhaftes loderndes Verzehrt-Werden bejahen wird.

Man darf bezweifeln, ob der Ausgang und Schluss des „Gong" ohne Rilkes frühen Tod sein letztes Wort geblieben wäre. Im Dienste seines poetischen Lebensanliegens behandelte er komplementäre philosophische Weltentwürfe mit ähnlicher Freiheit wie Bilder und Worte.

Niemals endet das lebendige Wechselspiel zwischen Ich und Welt, zwischen Innen und Außen.

7 Schöpfer, Schöpfung, Schöpfertum

1. Erscheinungsweisen des Schöpferischen

Schöpfertum: Dieses Wort weckt in uns Bilder von der Tätigkeit des Töpfers oder des Schmiedes, des Bildhauers, Malers oder Dichters, des Baumeisters, Ingenieurs oder Forschers und vielleicht sogar eines großen göttlichen Schöpfers, eines Urhebers aller Gestaltung. Gemeinsam ist diesen Bildern die Vorstellung von der Entstehung neuer Formen unter dem Einfluss eines gestaltenden Geistes.

Kaum ausgesprochen, löst dieser erste zaghafte Versuch einer definitorischen Annäherung Bedenken aller Art und sogar heftigen Widerspruch aus:

a) Was ist der gestaltende Geist? Inwiefern muss er personale Züge tragen, inwiefern ist ihm ein bewusstes Wollen eigen?

b) Was heißt hier „neu“, und wie kommt das angeblich Neue in die Welt? In anderen Worten: Woraus schöpft der Schöpfer?[1]

Auf beide Fragen werden wir noch ausführlich eingehen müssen. Vorerst mögen einige Bemerkungen genügen.

Zu a) Was die Bedeutung eines irgendwie gearteten Geistigen für die Entstehung und Entwicklung des Kosmos und des Lebens in ihm angeht, so ist der Streit darum umso heftiger, je unzureichender das intellektuelle Rüstzeug der streitenden Parteien ist. Das eine Extrem bildet hierbei ein naiver Kreationismus, der starrsinnig auf einem Töpfer-Schöpfer beharrt, der die Welt nach Art eines Überhandwerkers, womöglich in wenigen Tagen, geschaffen hat. Mit derselben Hartnäckigkeit bestreitet die Gegenseite eines extremen Materialismus, dass Geistigem irgendein fundamentaler Platz in der Welt zukommt. Es ist schon viel, wenn ihm eine ontologisch untergeordnete epiphänomenale Schaumkronen-, Regenbogen-, Schimmel- oder Wundflächenexistenz zugestanden wird. Seltsam mutet an, dass Vertreter dieser Ansicht dennoch gern von der Welt als Schöpfung sprechen, wenn in ihnen das grüne Pathos von Umwelt- und Naturschutz erwacht.

---

1 Dieses Wortspiel hat durchaus eine etymologische Berechtigung. Im Anfang steht die indoeuropäische Wurzel *skabh mit der Bedeutung „schaben, höhlen, formen“, daraus einerseits englisch „shape“, deutsch „-schaft“, „schäbig“, „Schaft“, „Schuppe“, „schaffen/schöpfen“, „Schöpfer“, „Schaffner“, anderseits über die Bedeutung „aushöhlen“, „Schaff“, Scheffel“, „Schoppen“ und daraus weiter „(Wasser) schöpfen“, englisch „scoop“. Anderen Ursprungs sind „Schopf“, „Schaube“, „Schuppen“, „Schober“, englisch „shop“ und „sheaf“ sowie (Küchen-)„Schabe“, „Scheibe“, „Schiefer“.

Allgemein unstrittig scheint zu sein, dass menschliche Intelligenz irgendwie zu schöpferischen Leistungen, insbesondere auch solchen fragwürdiger Natur, befähigt ist, was immer man auch unter beidem verstehen mag.

Wenn man an nicht primär personengebundene, teils anonyme, aber hoch bedeutsame Erfindungen wie den Ackerbau, das Rad, die digitale Revolution oder Mythologeme denkt, kommt man wohl auch nicht umhin, menschlichen Gemeinschaften eine gewisse kollektive schöpferische Potenz zuzugestehen.

Die oft erschütternden Kunstwerke von Psychotikern beweisen, dass Schöpferkraft sicher auch geistig gestörten Menschen eigen ist. Primaten sind begrenzt schöpferisch; grenzwertig sind die oft verblüffenden Malereien von Affen, da nicht wirklich klar ist, wie viel von der kreativen Leistung dem Erzeuger und wie viel dem Betrachter zuzurechnen ist. Die erstaunlichen Produktionen von Insektenstaaten wird wohl kaum jemand als schöpferische Leistungen der beteiligten Individuen ansehen, sondern allenfalls den Kollektiven oder gar etwas dahinter Stehendem zuschreiben. Eindeutig unschöpferisch sind die mechanischen Ortsveränderungen eines fallenden Steines, bei dem mit Sicherheit von Geistartigkeit oder Freiheit nicht die Rede sein kann.

Zu b) Die Ansichten zu Wesen und Herkunft des Neuen lassen sich in erster Annäherung auf einer linearen Skala anordnen: Am einen Ende steht der Spruch des Predigers (Kohelet 1, 9–10) „Nichts Neues gibt es unter der Sonne". Scheinbar Neues entsteht also nur durch Wahrnehmung von längst in der Welt Vorhandenem, möglicherweise Vergessenem oder durch Wiederkehr des immer Gleichen. Die von Aristoteles zitierte Ansicht „Aus nichts wird nichts" (Aristoteles, *Physik I*, 4, 187a 28–29) markiert eine weniger extreme Position, die zwar die Neuentstehung von Substanzen für unmöglich erklärt, wohl aber Modifikationen ihrer Eigenschaften zulässt, ungefähr so wie der Töpfer das Rohmaterial des Tons in neue Formen überführt. Am anderen Ende der Skala wäre etwa die der Philosophie Whiteheads zugrundeliegende Auffassung anzuordnen, dass die Welt im tiefsten Wesen zeitlich ist und fortwährend Neues sprossend, quellgrundgleich oder blasenartig ins Sein entlässt.

Wir werden später wieder an diese Überlegungen anknüpfen, zuvor aber wollen wir einen Blick auf die Vielfalt der Erscheinungsweisen des Schöpferischen in unserer Welt werfen.

– Zunächst ist sicher eine Unterscheidung zwischen großem und kleinem Schöpfertum berechtigt und nötig. Der Unterschied zwischen einer kulturellen Großtat oder gar der Weltentstehung einerseits und der Prägung eines Werbespruches anderseits ist unübersehbar. Die Größe einer schöpferischen Leistung wird in erster Linie an der Höhe des damit verbundenen Sprunges, das heißt am Neuigkeitswert und der Bedeutung des Geschaffenen gemessen. In zweiter Linie ist auch die Plötzlichkeit des Überganges von Bedeutung. Schöpferisches kann jäh und bestürzend hereinbrechen oder, durch Verstetigung und Wiederholung gebändigt, ein vertrauter und unverzichtbarer Begleiter unserer Existenz sein. In diesen Bereich gehört unsere tägliche Arbeit mit der stetigen Produktion von Gütern und Leistungen und der täglichen Überwindung kleinerer oder auch größerer Probleme, Hemmungen und Widerstände, ganz allgemein Erhaltung und Ausbau unseres Lebensraumes, unserer selbst gebauten Behausung in der Welt. Kaum hoch genug zu schätzen ist das alltägliche Schöpfertum in dem zum größten Teil den Frauen anvertrauten und aufgebürdeten Geschäft der Reproduktion. Künste und Wissenschaften erbringen schöpferische Leistungen von sehr unterschiedlichem Gewicht: von Epoche machenden Kunstwerken bis zu modischen Kleidungsdetails oder kurzlebigen Songs auf Platz zwanzig der Hitliste, von Entdeckungen wie Quanten- und Relativitätstheorie bis zur Routineforschung. Als Zwergform von Schöpferkraft ist wohl „Kreativität" anzusehen, wie sie von Modedesignern oder Werbetextern verlangt wird. Es wäre geschmacklos, Schiller oder gar Gott als kreativ zu bezeichnen. Man kann das Schöpferische vielleicht mit einem Strom vergleichen, der mit dem primordialen Schöpfungsakt beginnend über Kaskaden unterschiedlicher Höhe seinen Lauf nimmt, in seinem Hauptarm der täglichen Arbeit ruhig und breit dahinfließt und in modischen Spielereien und Willkürlichkeiten versickert.

– Wie jedes lebende System befinden sich menschliche Gesellschaften zwar im Austausch mit ihrer Umgebung, sind aber wesentlich auf Selbsterhaltung und isostatische Stabilität angelegt. Schon einfache Zellen besitzen eine Membran oder Wand, die sie nach außen abschirmt, und vielzellige Lebewesen verfügen bereits über ein rudimentäres Immunsystem, das Fremdes erkennt und zurückweist. Ganz entsprechend müssen menschliche Gemeinschaften um des Selbsterhaltes willen tendenziell Fremdem und Neuem mit Misstrauen begegnen und es im Zweifel als unassimilierbar und gefährlich zurückweisen. Das bedeutet, dass in ihnen schöpferische Innovation, zumal solche größerer Art, höchstens ausnahmsweise geduldet werden kann. Klaus E. Müller (2010, prägnante Zusammenfassung auf S. 573 ff.) entrollt ein eindrucksvolles Panorama der quasiautonomen frühagrarischen Dorfgemeinschaften und zeigt, mit welcher Genauigkeit in ihnen unter der Führung der Alten darauf geachtet wird, dass kein Fußbreit von den Weltvorstellungen, Anbau- und Arbeitsweisen und Riten abgewichen wird, wie sie die ordnungsstiftenden Kulturheroen und die Gründerahnen hinterlassen haben. Jede Abweichung würde nicht nur die Lebensgemeinschaft, sondern sogar die kosmische Ordnung gefährden, die prekär jederzeit von der Überwältigung durch feindliche urzeitliche Mächte und vom Rückfall in primordiales Chaos bedroht ist. „Aia für jene, die nichts je erfanden" lautet der Ausruf eines Karibischen Dichters (Césaire, 1987).

Größere und komplexere Gesellschaften, die nicht mehr auf der persönlichen Vertrautheit ihrer sämtlichen Mitglieder beruhen, weisen ein größeres Maß von innerer Diversität auf und müssen schon deshalb ein höheres Innovationspotential zulassen. Allerdings hat auch in ihnen die Innovationstoleranz ihre Grenze dort, wo eine Gefährdung der Identität stiftenden Grundlagen ihres Zusammenhaltes beargwöhnt werden kann. „Cupiditas rerum novarum" also „Begier nach Neuem" stand bei den Römern für staatsgefährdendes Umstürzlertum.

Unsere Gesellschaft, die sicherlich einen Höhepunkt von Komplexität und Interaktion mit anderen Gesellschaften erreicht hat, empfindet sich selbst als besonders innovationsfreudig, ja geradezu als neophil, ist allerdings auch gerade deshalb und nicht ohne Berechtigung um ihren Zusammenhalt besorgt. Bei näherem Hinsehen zeigt sich allerdings, dass sich die Neuerungstoleranz unserer Gesellschaft besonders auf die Gebiete der Kunst, der Technik und der Wissenschaft konzentriert.

Die Freiheit der Kunst hat Verfassungsrang, und in der Tat findet eine Kontrolle, im Gegensatz zu restriktiveren Gesellschaften wie etwa der chinesischen, nicht statt. Künstlerische Freiheit wird sicher auch deshalb bereitwillig gewährt, da, zumal nach der Emanzipation der Kunst von der Religion, ihre Hervorbringungen als ungefährlich und weniger belangreich angesehen werden. Die Kunstfreiheit hat sicher Züge von Narrenfreiheit, und der Gebrauch, der von ihr gemacht wird, ist nicht selten geeignet, diese Einschätzung zu bestätigen. Allerdings kann politisch engagierte Kunst gerade unter Ausnutzung des Freiheitsprivilegs auch gesellschaftliche Veränderungen anstreben. (Auch Religionsfreiheit ist durch die Verfassung garantiert, jedoch ist hier der Spielraum für Neuerungen durch religionsinterne Kontrollen viel stärker eingeschränkt.)

Die besondere Freiheit von Technik und Wissenschaften hat verschiedene Gründe. Erstens würde eine zu starke Einschränkung die Konkurrenzfähigkeit einer Gesellschaft gefährden. Zweitens sind beide ohnehin schwer zu kontrollieren, und zwar nicht nur, weil der Geist weht, wo er will (Joh. 3:8): Technik und Wissenschaft entziehen sich auch deshalb einer wirksamen Kontrolle, weil ihre schöpferischen Leistungen überwiegend kollektiver Natur und weniger als künstlerische Produktion persönlich zuschreibbar sind. Zudem haben kollektive Prozesse ein anderes Zeitmaß als persönliche. Sie erscheinen eher stetig als sprunghaft, und die relativ sanften und langsamen Veränderungen entwickeln sich wenig berechenbar und fast unbemerkt, bis ihr umstürzendes Ergebnis offenbar wird. Man denke nur an die tiefgreifende digitale Revolution, die sich in einigen Jahrzehnten eher undramatisch vollzogen hat. Ihre weiteren Auswirkungen, etwa die Bedeutung ganz neuer virtueller Welten, sind kaum abschätzbar.

Über die Quellen wissenschaftlichen Schöpfertums weiß die gängige Wissenschafts- und Erkenntnistheorie wenig zu sagen. Unsere westliche Kultur, besonders in ihrer deutschen Ausprägung, schreibt sich sehr gerne ein faustisches Streben, also einen unstillbaren Durst nach Erkenntnis um ihrer selbst willen zu.[2]

Trotz der soeben erwähnten schöpferischen Lizenzen bleibt die allgemeine Feststellung einer strukturellen, bestandsichernden Innovationsskepsis gesellschaftlicher Systeme bestehen. Hierzu passt es gut, dass größere gesellschaftliche Umwälzungen ihre Legitimation gewöhnlich in dem Anspruch suchen, nur eine Revision entarteter Zustände und eine Rückkehr zur guten, alten, oft geradezu paradiesisch idealisierten Ordnung anzustreben. Bereits das Wort „Revolution" kann sowohl als „Umwälzung" wie als „Rückwälzung" verstanden werden. Noch klarer deuten die Worte „Reform", „Reformation" und „Renaissance" auf den Wunsch nach einer Wiederherstellung des „Guten Alten", etwa ursprünglicher strenger Observanz in Ordensgemeinschaften, urchristlicher Reinheit und Einfachheit (im Unterschied zu eingerissener heidnischer Verderbnis) oder erhabener antiker Kultur hin.

– Äußerst vielfältig gestaltet sich das Verhältnis des Schöpfers zu seinem Material und zu seinen Schöpfungen. Das Material kann sich fügsam der gestaltenden Kraft ergeben wie der Ton des Töpfers oder sich hart und widerständig zeigen wie das Eisen des Schmiedes oder der Stein des Bildhauers. Der behauene Stein kann seiner Formung stumpfen Widerstand entgegenstellen. Es kann aber auch, wie es Michelangelo empfunden zu haben scheint, die im Stein eingeschlossene Gestalt ungeduldig ihre Befreiung durch den Meißel des Meisters verlangen. Das Schöpfungswerk des Dichters ist überhaupt nicht an ein materielles Substrat gebunden. Dennoch kann er bei seiner Arbeit entweder einen Widerstand oder im Gegenteil einen Drang des Werkes zur Verwirklichung spüren.

Das Ideal eines glücklichen Dialogs oder eines spannungsfreien Eltern-Kind-Verhältnisses zwischen Schöpfer und Werk wird eher selten erreicht. Schöpfung kann ganz oder teilweise misslingen, und nicht selten macht sich das fertige Werk selbstständig und gewinnt ein unerwartetes und unberechenbares bald koboldhaftes, bald auch bösartiges Eigenleben, das sich gegen seinen Schöpfer oder seine Umgebung richtet. Hiervon zeugen zahlreiche Geschichten wie die vom Abfall und Aufstand Luzifers, von der Sintflut, vom Golem oder vom Zauberlehrling.

– Nicht nur, weil Neues die Stabilität des Bestehenden gefährdet, und nicht nur wegen des oft problematischen Verhältnisses von Schöpfer und Geschaffenem wird das

2 Doktor Faustus verbrachte seine letzte Lebenszeit in Staufen bei Freiburg, wo er auch eines jähen, gewaltsamen und mysteriösen Todes starb. Leuchtet in der amüsanten Beobachtung, dass „Staufen" ein Anagramm von „Faust" enthält, ein winziges schöpferisches Fünkchen auf?

Schöpferische allgemein der Sphäre des nicht ganz Geheuren zugeordnet. Der Schöpfer steht oft im Verdacht, nicht ganz unbedenklichen Umgang mit unheimlichen Mächten zu pflegen. Wird das Werk des Töpfers noch als eher harmlos betrachtet, so gilt dies schon weniger für den Bereich der Metallgewinnung und -verarbeitung. Man denke etwa an den Gott Hephaistos oder den Zwerg Alberich. Auch dem Müller werden im Volksglauben gern Zauberkräfte zugetraut (Preußler, 2008). Schon Adam und Eva mussten für ihren die göttliche Autorität herausfordernden Erkenntniswunsch mit der Vertreibung aus dem Paradies bezahlen, und Faust schließt seinen Pakt mit dem Teufel, der ihm ein Eindringen in sonst verborgene Tiefen der Natur und Teilhabe an ihrem schöpferischen Urgrund verspricht. In Thomas Manns *Doktor Faustus* wird, mit deutlichem Bezug auf die eigene künstlerische Existenz, der Teufelspakt um der künstlerischen Produktion willen geschlossen. Titel wie *Die Elixiere des Teufels* (Hoffmann, 1815) oder *Die Blumen des Bösen* (Baudelaire, 2011) sind beredte Zeugnisse für dieselbe Haltung.

Weitere Indizien für die Gefährlichkeit, Fragilität und Bedenklichkeit des Schöpfertums lassen sich leicht aufzählen:

- Der schöpferische Vorgang ist weitgehend unverfügbar, launisch und unberechenbar, er lässt sich nicht zuverlässig einspannen. Dies erklärt die oft verbreitete Abhängigkeit schöpferischer Menschen von Stimulantien (Alkohol, Kaffee, Tabak, Musik, faulende Äpfel in Schillers Schreibtisch), die geradezu hypochondrische Besorgtheit um ihre Schöpferkraft, ihren Aberglauben und ihre für Außenstehende befremdliche ängstliche Befolgung bizarrer und komplizierter Rituale (feste Orte und Zeiten, eingefahrene Einstimmungsprozeduren, spezielle Arbeitskleidung, festgelegte Anordnung von Schreib- und Arbeitsmaterialien etc.), von denen nichts ausgelassen werden kann, da deren wirksame Komponenten und die Art ihrer Wirksamkeit im Verborgenen bleiben. Seine Unverfügbarkeit hat der schöpferische Prozess mit dem Zufall gemeinsam. Insofern ist es nicht verwunderlich, wenn manche Künstler bei der Entstehung ihrer Werke ganz bewusst der Einwirkung des Zufalls Raum geben.
- Gesellschaftliche Randständigkeit des schöpferisch Tätigen. Nicht nur ist er zur Bewahrung seiner Konzentration auf Rückzug und Abstand angewiesen. Er wird im Allgemeinen im Blick auf Dinge und Zusammenhänge der Welt eine außenseiterische, von anderen vielleicht als krank oder wahnsinnig wahrgenommene Perspektive einnehmen müssen, von der, aus Selbstverständlichkeiten des Normalverstandes neu und befremdlich, Getrenntes zusammenhängend und Zusammenhängendes getrennt erscheint. Der Schöpferische, zumal der Künstler, bekundet seine Außenseiterstellung oft durch Besonderheiten in Kleidung (Hut und Weste bei Joseph Beuys) und Verhalten.
- Der schöpferische Prozess ist immer mit einer Instabilität verbunden, einer Schwellen- oder Weggabelungssituation, bei der die Dinge gewissermaßen auf

der Kippe stehen und kleine Schwankungen, Unachtsamkeiten oder Schwächen unberechenbare und möglicherweise verhängnisvolle Auswirkungen haben können. Auch bieten sie dem Einfall übelwollender Instanzen eine gefährlich offene Flanke.

- Jedes schaffende Umgestalten ist zugleich mit der Vernichtung des vorangehenden Zustandes verbunden. Es besteht stets eine gewisse Gefahr, dass Schöpfung in Zerstörung umschlägt, sei es aus Unvorsicht, sei es auch aus Übermut oder gar aus einer Perversion des schöpferischen Dranges, wie bei dem von Nero besungenen Brand Roms.
- Schöpfung ist die Überführung von Möglichem in Wirkliches. Insofern ist sie einerseits eine Herausforderung an die Freiheit des Schaffenden (mit der Gefahr des Scheiterns und Misslingens), anderseits auch eine Einschränkung seiner Freiheit, indem durch Verwirklichung der Raum des Möglichen vermindert wird.
- Die monotheistischen Religionen hegen ein besonderes Misstrauen gegen Schöpferisches, da der Schaffende in möglicherweise blasphemische Konkurrenz zum Weltenschöpfer tritt. Die monotheistische Bilderskepsis, wie sie besonders im Judentum und im Islam, phasenweise aber auch im Christentum wirksam war und ist, hat hier eine ihrer Wurzeln. In einer islamischen Überlieferung heißt es, dass Allah am Tage des Gerichtes den Hersteller eines Bildwerkes der Verdammung überliefern wird, indem er ihn auffordert, seiner Hervorbringung Leben einzuhauchen.

Wir werden später noch auf den Vergleich zwischen göttlicher und menschlicher Schöpfung zurückkommen. Nachdem wir nun unseren kleinen Streifzug über die vielfältigen und teilweise problematischen Erscheinungsweisen des Schöpferischen beendet haben, wird unser weiteres Vorgehen das folgende sein:

Im nächsten Abschnitt werden wir uns den Vorstellungen vom Ursprung der Welt, insbesondere den kosmogonischen Mythen der Menschheit zuwenden. Die Darstellung wird kurz sein, da dieser Themenkreis nicht den Schwerpunkt unserer Überlegungen bildet.

Im dritten Abschnitt werden wir der Frage nachgehen, woher Neues in die Welt kommen kann. Es wird um die Dialektik zwischen Finden und Erfinden gehen, und wir werden versuchsweise ein Szenarium für das Schöpferische entwerfen, das auf einer Analyse der Existenzlage des Menschen und des phänomenalen Charakters seiner Welt beruht.

Der vierte Abschnitt wird der bereits angekündigten Analyse der Beziehung zwischen göttlichem und menschlichem Schöpfertum gewidmet sein.

Der abschließende fünfte Abschnitt handelt von Selbstschöpfung, Autopoiesis und Individuation. Auch erhebt sich folgende Frage: Schöpfung denken wir als zeitlichen Vorgang. Nun ist Zeit ganz wesentlich ein menschliches Existenzial, und das wirft ein neues Licht auf den Status des Schöpferischen, das damit noch tiefer als vermutet mit der Dynamik der menschlichen Existenzweise und dem Wechselspiel von Selbstkonstituierung und Weltschöpfung verbunden sein könnte.

2. Kosmogonie und Schöpfungsmythen

Wer Kunde von Herkunft, Entstehung und Ursprung einer Sache, eines Menschen, einer Gemeinschaft oder eines Brauches erhält, der gewinnt damit nicht nur an Einsicht, sondern auch an Macht durch identifikatorische Teilhabe an der Macht des Schöpfers über das von ihm Geschaffene. Ursprungsmythen und die Vorstellung ihrer analogiemagischen Verwendbarkeit sind weltweit verbreitet. Sie gipfeln in Weltentstehungsmythen, die alle menschlichen Gesellschaften zu ihrem kostbarsten Besitz zählen, der von der Aura des Sakralen und Geheimnisvollen umgeben ist. Er ist ursprungsnahen eingeweihten Ältesten, Priestern und Gearchen anvertraut und wird Initianden oft in einem „rite de passage" beim Übertritt ins Erwachsenendasein mitgeteilt. Wir verfügen weder über die Zeit noch über die Qualifikation, tiefer auf die Schöpfungsmythen einzugehen, deren Durchdringung leicht Stoff für mehrere Menschenleben bietet. Wir wollen nur einige universelle Züge[3] herausstellen, die für das Folgende bedeutsam sein werden.

Am Anfang der Schöpfung steht immer ein Akt der Trennung, Entmischung und Unter-Scheidung. Eine amorphe, oft schlammig vorgestellte Urmasse wird in einem primordialen Akt der Differenzierung in Trockenes und Feuchtes, Helles und Dunkles getrennt. Diese erste Unterscheidung ermöglicht die Entstehung eines „Kosmos", eines gegliederten Miteinanders aller weiteren Formen. In monotheistischen Kulturen ist der eine Gott der Schöpfer der Welt, im Polytheismus hat die göttliche Schöpfergestalt weniger deutliche Konturen. Die Erschaffung des ersten Menschen nach göttlichem Ebenbild steht gewöhnlich am Ende der Weltschöpfung. Nach dem biblischen Schöpfungsbericht obliegt es dem Menschen, den Dingen der Schöpfung Namen zu geben (Gen. 2:19–20). Verbreitet ist die Vorstellung, dass sich das Ordnungswerk der Schöpfung auf einen Zentralbereich konzentriert, außerhalb dessen das Urchaos weiterbesteht und in dem vorzeitliche Monster und misslungene Fehlversuche, gewissermaßen Ausschussprodukte der Schöpfung, überdauern und stets auf dem Sprung sind, vernichtend in den geordneten Zentralbereich einzufallen und die Schöpfung rückgängig zu machen.

Oft wird auch ein doppelter Ansatz der Schöpfung angenommen und mit einem Bericht vom Ursprung des Bösen verbunden. Dem anfänglichen Schöpfungsgeschehen folgte eine Periode des Verderbs durch inneren Zerfall, durch die Wühlarbeit peripherer

3 Wir folgen der Darstellung von Müller (2010), besonders Kapitel II, und verweisen auf die darin enthaltenen zahlreichen Literaturangaben.

Mächte oder durch die Störtätigkeit eines von irgendwo hereindrängenden „Diabolos", eines Ordnungsstörers, der vielfach die ambivalente Gestalt eines „Tricksters" annimmt. Bekannt sind bei uns die biblischen Berichte von Sündenfall und Sintflut sowie der Mythos vom Aufstand Luzifers und vom Engelsturz.

Die Neubefestigung der Schöpfung erfolgte nach einer großen Reinigung und der Vernichtung des Entarteten durch die Stiftung von Kulturformen und -techniken durch den Schöpfer selber oder häufiger noch durch Kulturheroen. Im biblischen Schöpfungsbericht macht Gott selbst den Menschen Kleidung aus Fellen und lehrt sie offenbar auch den Ackerbau. Auch der Trickster wirkte manchmal mit, man denke an den Diebstahl des Feuers durch Prometheus. Die neu gestifteten Verhältnisse erwiesen sich trotz fortbestehender Bedrohtheit als dauerhafter, bleiben allerdings hinter der ursprünglichen paradiesischen Ordnung zurück.

Im hochkulturellen Bereich sind Schöpfungsmythen ein Ausgangspunkt philosophischer Reflexion. Besonders früh, vielfältig und subtil entspringt sie im indischen Denken. Schon im *Rigveda* wird klar zum Ausdruck gebracht, dass der Übertritt ins Sein stets mit dem Auftreten von Unterscheidung und Differenziertheit verbunden ist. Vieles von dem, was wir später zur Weltschöpfung zu sagen haben werden, klingt hier schon an (*Rigveda*, X, 129, zitiert nach Uhde, 2013, S. 183):

> Weder Nichtsein noch Sein war damals; nicht war der Luftraum noch der Himmel darüber. Was strich hin und her? Wo? In wessen Obhut? Was war das unergründliche tiefe Wasser? // Weder Tod noch Unsterblichkeit war damals; nicht gab es ein Anzeichen von Tag und Nacht. Es atmete nach seinem Eigengesetz ohne Windzug dieses Eine. Irgend ein Anderes als Dieses war nicht vorhanden. // Am Anfang war Finsternis in Finsternis versteckt; all dieses war unkenntliche Flut. Das Lebenskräftige, das von der Leere eingeschlossen war, das Eine wurde durch die Macht seines heißen Dranges geboren. // Über dieses kam am Anfang das Liebesverlangen, was des Denkens erster Same war. – Im Herzen forschend machten die Weisen durch Nachdenken das Band des Seins im Nichtsein ausfindig. // Quer hindurch ward ihre Richtschnur gespannt. Gab es ein Unten, gab es ein Oben? Es waren die Besamer, es waren die Ausdehnungskräfte da. Unterhalb war der Trieb, oberhalb die Bewährung. // Wer weiß es gewiss, wer kann es hier verkünden, woher sie entstanden, woher diese Schöpfung kam? Die Götter (kamen) erst nachher durch die Schöpfung dieser (Welt). Wer weiß es denn, woraus sie sich entwickelt hat? // Woraus diese Schöpfung sich entwickelt hat, ob er sie gemacht hat oder nicht – der der Aufseher dieser (Welt) im höchsten Himmel ist, der allein weiß es, es sei denn, dass auch er es nicht weiß.

Das besondere kosmogonische Interesse der Inder in späterer Zeit hat einen paradoxen Grund: Die karmische Kette von Ursache und Wirkung, die fortzeugend die Welt erhält und zu immer neuen Inkarnationen führt, ist leidvoll und ihr Ende wünschenswert.

Besinnung auf ihren Anfang könnte Hinweise auf die Möglichkeit ihrer Beendigung geben. Der Buddhismus, jedenfalls in der strengen Form des kleinen Fahrzeugs, leugnet die Existenz eines karmischen Kausalzusammenhanges, der durch einen konditionalen ersetzt (Uhde, 2011, 2013) und damit nur insofern als existent angesehen wird, als er vom „anhaftenden" Menschen noch ernst genommen wird. Der Kosmologie kommt dann kein erlösungsrelevantes Interesse zu.

Das griechische kosmogonische Denken ist von der Annahme eines ewigen Urstoffes beherrscht. Schon in den vorsokratischen Anfängen wird die Frage nach der Natur dieses Urstoffes aufgeworfen. Von Thales, Anaximander und Anaximenes wird er im Wasser, im Feuer oder in einem unbestimmten Apeiron gesucht. Nach der Bewegungs- und Verwandlungstheorie des Aristoteles besteht Veränderung in der Modifikation der Akzidenzien einer beharrenden Substanz durch eine von vier Ursachen (causa efficiens, causa finalis, causa formalis, causa materialis). Da jede Veränderung eine frühere Veränderung zur Ursache hat, stellt sich das Problem der Schöpfung als die Frage nach dem ersten, unbewegt zu denkenden Beweger.

Die christliche Schöpfungslehre lehnt die Existenz einer neben Gott seit jeher existierenden Materie entschieden ab und besteht auf einer „creatio ex nihilo", einer Schöpfung aus nichts. Diese Haltung ist zunächst überraschend, da der biblische Schöpfungsbericht durchaus von einer präexistierenden chaotischen Urmaterie auszugehen scheint. Sie ist wahrscheinlich als bewusste Absetzung von der zeitgenössischen Philosophie zu verstehen, der das Frühchristentum begegnete. Abgelehnt werden sowohl der aristotelische erste Beweger als auch die neuplatonische Emanationslehre, nach der Schöpfung in einem stufenweisen Überfließen der gottgeistigen Seinsfülle besteht. Erst recht wird die dualistisch-gnostische Vorstellung von einem (beinahe) gleichgewichtigen Gegensatz Geist–Materie und Gut–Böse verworfen, die das Werk der materiellen Schöpfung einem gegengöttlichen Demiurgen (einem späten Nachkömmling des Tricksters) zuschreibt. Dies war umso dringlicher, als dualistische Auffassungen auch in heterodoxen christlichen Bewegungen verbreitet waren und durch die Jahrhunderte immer wieder an die Oberfläche drängten. Thomas von Aquin (1933ff., *Summa Theologiae,* Teil 1, quaestio 45), dessen Lebensaufgabe die Harmonisierung von Christentum und Aristotelischer Philosophie war, stand mit der Begründung der creatio ex nihilo vor einer schwierigen Aufgabe. Gott als das einzige autonome Sein, das „ens a se" ruft durch sein Schöpferwort abhängiges, geschaffenes Sein ins Leben. Anklänge an die antike Logosvorstellung sind hierbei unüberhörbar.

Die physikalische Kosmologie hat uns die Augen für die wahren raum-zeitlichen Dimensionen des Kosmos geöffnet. Sie bewegen sich nicht mehr, wie für den Menschen früherer Zeiten, im eher behaglich-vertrauten Bereich von einigen tausend Kilometern und Jahren, sondern in den unfassbaren Größenordnungen von zehn Milliarden Lichtjahren – ein Lichtjahr sind etwa zehn Billionen Kilometer – und zehn Milliarden Jahren. Noch bedeutsamer ist, dass wir nun über zuverlässiges Wissen über die materiell-physikalischen Aspekte der Weltentstehung verfügen. Nach Ausweis der Beobachtung auch entferntester Himmelsobjekte und nach dem Zeugnis der kosmischen Hintergrundstrahlung, die das physikalische Weltall im großen Maßstab überall gleichförmig erfüllt, bietet der physikalische Kosmos von jedem Beobachtungspunkt und in jeder Blickrichtung ungefähr denselben Anblick. Diese Tatsache wird auch als *kosmologisches Prinzip* bezeichnet. Wenn man über Raumbereiche mit der Ausdehnung von etwa hundert Millionen Lichtjahren mittelt, kann man sich idealisierend vorstellen, dass die Materie das Universum gleichförmig ausfüllt. Auch wissen wir, dass sich das Universum ausdehnt und verdünnt, das heißt, dass sich seine Teile im Mittel von jedem Beobachtungspunkt aus in allen Richtungen voneinander fortbewegen, und zwar umso schneller, je größer ihr räumlicher Abstand ist. Nach heutigen Beobachtungen erfolgt diese Expansion sogar mit einer unerwarteten zusätzlichen Beschleunigung. Wenn man diese Verdünnung des räumlich in allen Teilen gleichförmigen Universums zeitlich zurückverfolgt, gelangt man zu dem unabweisbaren Schluss, dass sich das Weltall in früheren Phasen in einem Zustand ungleich höherer Dichte (und Temperatur) befunden haben muss. Eine genauere rechnerische Verfolgung mit Hilfe der experimentell bestens bestätigten Allgemeinen Relativitätstheorie ergibt (Ryden, 2003), dass vor ungefähr 13,7 Milliarden Jahren die Energie- und Materiedichte des Weltalls die Dichte eines Atomkerns um viele Größenordnungen übertroffen haben muss. (Die Singularitätensätze von Penrose und Hawking [Hawking & Ellis, 1993]) beweisen, dass dieser Schluss nicht auf einer Überidealisierung durch zu strikte Anwendung des kosmologischen Prinzips beruht, sondern auch bei nicht zu großen Abweichungen von einer gleichförmigen Materieverteilung gültig bleibt.) In dem heißen, verdichteten Extremzustand des Universums können weder seine uns vertrauten Großstrukturen noch die Atome, Kerne und Elementarteilchen der uns bekannten Materie bestanden haben.

Von größter Bedeutung ist, dass die Allgemeine Relativitätstheorie selbst Auskunft über die Grenzen ihrer Anwendbarkeit gibt und die Aussage erlaubt, dass bei weiterer Verdichtung die physikalischen Konzepte von Raum und Zeit ihre Bedeutung verlieren. Bei der Zurückverfolgung der kosmischen Expansion um etwa 13,7 Milliarden Jahre gelangt man also zu einem Weltzustand, in dem von physikalischer Zeit nicht mehr sinnvoll die Rede sein kann. Der Anfang der Welt ist somit nicht ein Ereignis in der Zeit, sondern der Ursprung der Zeit (Filk & Giulini, 2004; Hawking, 1988). Es ist vom Standpunkt der Allgemeinen Relativitätstheorie unzulässig und sinnlos, nach dem Zustand der Welt vor 30 Milliarden Jahren zu fragen. Dass der Weltanfang auch ein Anfang der Zeit selbst ist, wird schon bei Augustinus oder Thomas von Aquin konstatiert. Diese

Aussage passt sicher besser zu dem Konzept einer creatio ex nihilo als zu der Vorstellung einer (im physikalischen Sinne) ewigen Materie. Wir sollten betonen, dass wir uns bis zu den Anwendbarkeitsgrenzen der Allgemeinen Relativitätstheorie auf physikalisch sicherem Boden befinden. Jenseits dieser Grenzen wird eine Berücksichtigung von quantentheoretischen Effekten unerlässlich. Da eine Vereinigung von Quantentheorie und Allgemeiner Relativitätstheorie noch nicht gelungen ist, kann man bisher über diesen Bereich nur mehr oder weniger begründete Spekulationen anstellen. Verbreitet ist die Ansicht, dass das Universum aus einer Quantenfluktuation eines wie auch immer gearteten feldtheoretischen Vakuumzustandes entstanden sei. Da der Vakuumzustand nicht etwa nichts, sondern nur der Grundzustand eines Quantenfeldes ist, würde dies im physikalischen Sinne keine creatio ex nihilo bedeuten.

Zum Abschluss dieses Abschnitts wollen wir betonen, dass man nicht glauben soll, mit physikalischer Kosmologie und anschließender Darwinscher Evolution sei alles über die Schöpfung des Weltalls und des Lebens gesagt und alles andere seien vorwissenschaftliche Ammenmärchen. Die naturwissenschaftliche Methode ist ein systematisches Verfahren zur Erstellung eines Weltmodells, das seine Schärfe und Zuverlässigkeit gerade durch seine methodologische Beschränkung auf das dieser Methodik Zugängliche gewinnt. Eine materialistisch-reduktionistische Überdehnung der physikalischen Methode auf „alles“ macht sich nicht nur des naiven kategorialen Fehlers schuldig, das Modell mit dem Ganzen der Wirklichkeit zu verwechseln, sondern stumpft auch die erkenntnisträchtige, durch Selbstbeschränkung geschärfte Schneide der Naturwissenschaft ab.

3. Finden und Erfinden

Wenn wir uns nun der Frage nach der Herkunft des schöpferisch hervorgebrachten Neuen zuwenden, so haben wir zunächst nicht so sehr die ganz große Weltschöpfung oder das kleine Schöpfertum der alltäglichen Arbeit im Sinn, sondern den mittleren Bereich menschlichen Schöpfertums in Kunst, Technik und Wissenschaft, in dem die Problematik von Finden oder Erfinden besonders deutlich hervortritt. Wird also das Neue als schon irgendwie Vorliegendes gefunden oder spontan vom schöpferischen Individuum gewissermaßen aus dem Nichts erfunden, oder, anders gewendet: Tritt es von außen an seinen Schöpfer heran, oder entspringt es seinem Inneren? Damit verbunden ist die Frage nach dem ontologischen Status, der „Wahrheit“ der Erzeugnisse des menschlichen Geistes in Kunst, Philosophie und anderen Wissenschaften. „Die Dichter lügen“ lautet das strenge Diktum Platons (das bei ihm nicht für die Philosophen gilt). Nach anderer Auffassung sind Dichter gerade der Quell tiefer Wahrheiten.

Induktion und Deduktion gelten in der wissenschaftlichen Erkenntnistheorie als wenig schöpferisch im Gegensatz zur Abduktion, über deren Ursprung allerdings nicht viel gesagt wird. In der Kantschen Philosophie sind analytische Urteile und synthetische Urteile a posteriori kaum schöpferisch, synthetische Urteile a priori aber eine genuin schöpferische Leitung der menschlichen Vernunft. „Einbildungskraft" ist ein Schlüsselbegriff der romantischen Kunst und Philosophie, der für die endogene, freie schöpferische Potenz des Menschen steht. Gegenwärtig ist eine eher konstruktivistische Theorie des Schöpferischen vorherrschend, die, zumal in der Kunst, aber auch für alle anderen Hervorbringungen des menschlichen Geistes seine Spontaneität und seine bis zur Willkür reichende Freiheit in den Vordergrund stellt.

Im Gegensatz dazu war bis in die jüngere Vergangenheit eine eher externalistische Theorie des Schöpfertums vorherrschend. „Inspiration", als „Einhauchung" seitens einer überpersönlichen Instanz wurde als Quelle allen Schöpfertums angesehen, gesucht und erfleht. Homer wendet sich zu Beginn seiner beiden Epen an die Muse mit der Bitte nicht nur um Hilfe bei der künstlerischen Gestaltung des Stoffes, sondern so, als ob er unter Diktat zu schreiben gedächte. Mohammed war fest davon überzeugt, dass ihm Offenbarungen Wort für Wort über den Erzengel Gabriel von Gott mitgeteilt würden. Visionäre wie Therese von Avila glaubten fest an den göttlichen Ursprung ihrer Eingebungen, und auch Dante fühlte in sich die Wirkung der Inspiration. Sehr oft greift die Sprache im Bemühen, das schwer beschreibbare Inspirationserlebnis in Worte zu fassen, zu einer Lichtsymbolik. Das Wort „Erleuchtung" ist ein schwacher Abglanz davon.

„Ihr naht euch wieder, schwankende Gestalten, ...versuch' ich wohl, euch diesmal festzuhalten?" heißt es in der Zueignung von Goethes *Faust*. Hier diktiert niemand mehr, es ist nur noch der ungestaltete Stoff, der nach Gestaltung drängend, aber zugleich schwer greifbar an den Dichter herantritt. Der Künstler erscheint mehr und mehr als ein Geburtshelfer für etwas, das ohne seine entscheidende Mitwirkung nicht ins Sein treten könnte. In seinen Sonetten an Orpheus (Rilke, 1996, *Sonette an Orpheus*, Bd. 2, S. 241–272) sucht Rilke bis zum Bestreben nach Identifikation die Nähe des mythischen Sängers Orpheus, der, einst von Mänaden zerrissen, nun über die Welt verteilt ist, so dass individuelles Schöpfertum jetzt möglich, aber auch notwendig ist, damit er und damit die Welt weiterhin singen kann.

Unabhängig davon, wie der Schöpferische seinen eigenen Beitrag am Geschaffenen sieht, betrachtet er sein Schöpfertum als Auszeichnung, ja als Gnade, wie es in Hölderlins Worten zum Ausdruck kommt (Hölderlin, 1799):

An die Parzen

Nur einen Sommer gönnt, ihr Gewaltigen!
Und einen Herbst zu reifem Gesange mir,
Daß williger mein Herz, vom süßen
Spiele gesättiget, dann mir sterbe.

Die Seele, der im Leben ihr göttlich Recht
Nicht ward, sie ruht auch drunten im Orkus nicht;
Doch ist mir einst das Heil'ge, das am
Herzen mir liegt, das Gedicht, gelungen,

Willkommen dann, o Stille der Schattenwelt!
Zufrieden bin ich, wenn auch mein Saitenspiel
Mich nicht hinab geleitet; Einmal
Lebt ich, wie Götter, und mehr bedarfs nicht.

Es spricht alles dafür, dass einseitige Theorien, die den Ursprung des Schöpferischen ganz nach innen oder ganz nach außen verlegen, den Phänomenen nicht gerecht werden.

Zunächst ist zu beobachten, dass Inspiration von außen gerade im Innersten des Inspirierten aufzuleuchten scheint. Anderseits wird tiefste innere Gewissheit oft als Eingebung von außen gedeutet. Nach der Theorie von Julian Jaynes (1988) war die Psyche des Menschen bis zu einer Wende nach der Homerischen Zeit bikameral organisiert, so dass eigene Gedanken als Einflüsterungen von außen empfunden wurden. Obwohl diese These in ihrer Überspitzung wohl nicht wörtlich gültig ist und besonders wegen ihrer physiologischen Spekulationen über einen Zusammenhang mit der Lateralität, der hemisphärischen Asymmetrie des menschlichen Gehirns wenig Anklang gefunden hat, mag sie einen wahren Kern enthalten. Über die eigenartige Dialektik von Innen und Außen haben wir uns an anderer Stelle geäußert (Römer & Jacoby, 2012; Kap. 6 in diesem Band). Es entspricht ihr eine Dialektik von Finden und Erfinden, insbesondere wird Erfinden vom Menschen einerseits als ein Finden tief in seinem Inneren, anderseits als Eingebung erlebt.

Im Gegensatz zu der gegenwärtig bevorzugten konstruktivistisch-internalistischen Auffassung erscheint der Ursprung des neu Geschaffenen mindestens teilweise außerhalb des schöpferischen Individuums zu liegen:

- Bei der Entdeckung mathematischer Strukturen ist es wenig plausibel, dass diese lediglich ein Werk der konstruktiven Phantasie ihres Entdeckers sind. Vielmehr neigen die meisten Mathematiker der eher platonischen Auffassung zu, dass mathematische Formen weitgehend unabhängig von ihrer Entdeckung zum Bestand der Welt gehören.

- Kollektives Schöpfertum menschlicher Gemeinschaften ist in hohem Maße von unkontrollierbaren Außenwirkungen inspiriert und entspringt wohl nicht allein dem Kollektiv und erst recht nicht den Psychen seiner Mitglieder.
- Es besteht nicht selten die Tendenz, dass der Schöpfer hinter seinem Werk verschwindet, sei es durch Anonymisierung oder Sakralisierung, sei es durch Identifikation mit dem Geschaffenen. Ganz dem Wunsch nach solchem Verschwinden gewidmet ist der seltsame Roman *Doktor Pasavento* von Vila-Matas (2007). Das eine ist der Fall beispielsweise für Homer, Shakespeare, Grünewald oder Pessoa, für das dem heiligen Lukas zugeschriebene Marienbild und noch mehr für die bildende Kunst des Kathedralenbaus oder die „achiropoietischen", angeblich nicht von Menschenhand gemachten Werke der Ikonenmalerei. Das andere gilt etwa für Adam Riese oder B. Traven und zeichnet sich vielleicht schon für die Person Albert Einsteins ab.

Immer wieder wurde und wird das Ergebnis einer schöpferischen Leistung über seine Bedeutung als Einzelstück hinaus als Abglanz und Kunde einer verborgenen Welt oder eines bisher dem Sagbaren und Denkbaren entzogenen Teils der Welt gesehen. In unserer Zeit wird diese Welt gern im Unbewussten des Menschen gesucht. So sieht Georg Groddeck (Groddek, 1978) Gedanken, Weltbild, Religion, Kunst und Wissenschaft, aber auch alle Krankheiten des Menschen, ja sogar sein Ich und Selbst als Werke des schöpferischen Es an. Novalis sagt (Novalis, 1798–1800): „Alles Sichtbare haftet am Unsichtbaren, das Hörbare am Unhörbaren, das Fühlbare am Unfühlbaren. Vielleicht das Denkbare am Undenkbaren."

Angesichts des Befundes, dass der Mensch die Quelle des Schöpfertums weder nur in seinem Inneren, noch ganz außerhalb seiner selbst erlebt, und angesichts der erwähnten Dialektik von Innen und Außen, Erfinden und Finden, erscheint es angezeigt, den schöpferischen Akt in einem umfassenderen Zusammenhang zu verorten, der sowohl das schöpferische Individuum als auch die Welt, in die es eingebettet ist, einschließt. Im schöpferischen Akt würde dann ein Element des „Umfassenden Ganzen" im schöpferischen Individuum aufleuchten. Beide, Welt und Individuum, sind beim Schöpfertum beteiligt und aufeinander angewiesen.

Man könnte, der Terminologie C. G. Jungs folgend, die soeben genannten Elemente des Umfassenden als Archetypen bezeichnen. Dies sind nach C. G. Jung tief unter dem persönlichen Bewusstsein liegende, im kollektiv Unterbewussten verwurzelte eigentümlich ambivalente gefühlsgesättigte Bilder, die besonders in Träumen, Märchen und Mythen emporsteigen. Unter dem Einfluss der Zusammenarbeit mit Wolfgang Pauli (Jung & Pauli, 1952; Römer, 2002) hat der Begriff des Archetyps eine weitere über den Bereich des Psychischen hinausgehende Vertiefung erfahren. Es handelt sich nun um abstrakte Formen, „Anordner" im Weltganzen, die neutral bezüglich der Unterscheidung zwischen Materie und Geist sind und sich sowohl materiell als auch geistig manifestieren oder, wie Jung und Pauli sagen, konstellieren können. Beispiele wären die Archetypen von Innen und Außen, Oben und Unten, des Selbst, der Anima und des Animus oder des alten Mannes. Vieles Weitere zum Dialog zwischen Jung und Pauli findet man in dem Sammelband von Atmanspacher et al. (1995). Die Ambivalenz der Archetypen zeigt sich etwa in der Doppelbedeutung von lateinisch „altus" als „hoch und „tief" oder „sacer" als „heilig" und „verflucht". Marie-Luise von Franz (1980) hat Belege für den archetypischen Charakter kleiner ganzer Zahlen gesammelt, die als Indiz für den objektiven ontologischen Status mathematischer Formen gelten können.

Etwas der abstrakten Form des Archetypus Entsprechendes scheint uns zum Verständnis des Schöpferischen hilfreich zu sein. Das Umfassend Ganze, von dem oben die Rede war, wäre in Jungscher Terminologie der *unus mundus*, der zeitlos und ebenfalls neutral gegenüber dem Gegensatz Geist-Materie gedacht ist. Den schöpferischen Prozess darf man sich als archetypisch geleitet vorstellen.

Wir wollen das hier angedeutete Modell des Schöpferischen noch weiter ausbauen, indem wir von der Beobachtung ausgehen, dass der Akt der Schöpfung oder Erkenntnis eine erstaunliche Ähnlichkeit mit einem quantenphysikalischen Messprozess aufweist: In beiden Fällen ereignet sich für einen Beobachter/Schöpfer ein Übergang aus Unbestimmtheit, Unverfügbarkeit und Potentialität in Bestimmtheit und Faktizität. Wir haben an anderer Stelle viele Indizien dafür gesammelt, dass es sich bei derartigen Ähnlichkeiten zur Quantenphysik nicht nur um Metaphern, sondern wirklich um weitgehende Strukturgleichheiten handelt. Allerdings darf man nicht erwarten, dass dabei die volle mathematische Struktur der Quantenphysik verwirklicht wäre. Unter der Bezeichnung *„Verallgemeinerte Quantentheorie"* wurde ein begrifflicher Kern der Quantentheorie isoliert, der weit über den Bereich der Physik hinaus anwendbar ist und in dem typisch quantentheoretische Erscheinungen wie Komplementarität und Verschränkung in einem weiteren Rahmen wohldefiniert und anwendbar bleiben (Atmanspacher et al., 2002, 2006; Filk et al., 2011). Wir sehen hier von einer genaueren Beschreibung des Formalismus der Verallgemeinerten Quantentheorie ab und beschränken uns auf eine Aufzählung weiterer Belege und bemerkenswerter Konsequenzen eines quantenanalogen Modells des Schöpfertums:

- Eine quantentheoretische Messung mit dem damit verbundenen Übergang von Potentialität in Faktizität setzt immer die so genannte *epistemische Spaltung* in Beobachter und Beobachtetes voraus. Ebenso kommt ein Schöpfungsakt nur dann zustande, wenn in der beide umfassenden Welt zwischen dem schöpferischen Individuum und seiner Umwelt unterschieden werden kann. Bereits in den

Schöpfungsmythen kommt zum Ausdruck, dass Schöpfung stets mit Trennung beginnt.

- Quantentheorie wird in besonderer Weise dem *phänomenalen Charakter* der Welt gerecht (Römer, 2012b und immer wieder Kap. 9–13 in diesem Band), indem sie die fundamentale Bedeutung des Messprozesses betont. Welt ist dem Menschen nie direkt gegeben, sondern nur in der Weise, wie sie von ihm „ermessen" wird, wie sie ihm auf seiner inneren Bühne erscheint. In der (Verallgemeinerten) Quantentheorie ist der Ursprung eines Messergebnisses, einer Erkenntnis oder einer visionären schöpferischen Intuition weder essentialistisch außerhalb noch konstruktivistisch innerhalb des Beobachters/Schöpfers zu suchen. Dies ist gerade unsere Vorstellung von Schöpfertum. Es handelt sich um ein Geschehen innerhalb eines Umfassenden, das man philosophisch als *Welten der Welt* bezeichnen könnte.
- In der Quantentheorie ist die Figur der *Komplementarität* von fundamentaler Bedeutung: Es kommt bei der Messung zueinander komplementärer Observablen auf die Reihenfolge der Messungen an, und die Messergebnisse komplementärer Observablen können im Allgemeinen nicht zugleich faktisch sein, sondern nur das zuletzt gewonnenen Ergebnis. Bei komplementären Observablen zieht die Faktizität des einen Messergebnisses die Unbestimmtheit des anderen nach sich. (Es gibt starke Argumente für eine Komplementarität materiell-physiologischer und spirituell-phänomenaler Observabler [Römer & Walach, 2011].) Ebenso kann bei schöpferischen Erkenntnis- oder visionären Verstehensprozessen ihre Reihenfolge von Belang sein. Eine Einsicht kann einer anderen den Weg bahnen oder sie auch hemmen oder verunmöglichen, eine Gewissheit eine andere fördern oder verstellen. Archetypen gehören weder ganz zum schöpferischen Individuum noch ganz zu seiner Umwelt. Sie könnten beim schöpferischen Vorgang eine ähnliche Rolle spielen wie Observable beim quantentheoretischen Messprozess, die weder beim Beobachter noch beim gemessenen Objekt, sondern rittlings auf dem epistemischen Schnitt anzusiedeln sind.
- Quantentheoretische Systeme haben holistischen Charakter: Eine noch so genaue Kenntnis des Zustandes aller Teilsysteme bedeutet noch keine vollständige Kenntnis des Gesamtsystems. Der holistische Charakter des Gesamtsystems manifestiert sich in *Verschränkungskorrelationen* (Römer, 2011; Kap. 2 in diesem Band) zwischen Messergebnissen an Teilsystemen. In einem verschränkten System sind im Allgemeinen die Messwerte an Teilsystemen nicht determiniert, sondern unbestimmt. Die Ganzheit ist in den Verschränkungskorrelationen zwischen den Messwerten an verschiedenen Teilsystemen anwesend, lässt aber den Teilsystemen ein hohes Maß an Freiheit. Die Verschränkungskorrelationen sind nicht kausal vermittelt, sondern Ausdruck der holistischen Ordnung des Gesamtsystems. Mit ähnlichen akausalen Verschränkungskorrelationen muss man innerhalb des umfassenden Systems rechnen, das die Schöpferperson und seine Umwelt enthält. In außerphysikali-

schen Zusammenhängen zeigen sich Verschränkungskorrelationen besonders als Beziehungen in Form, Sinn und Bedeutung.

- Die Theorie des quantentheoretischen Messprozesses zeigt, dass die Korrespondenz zwischen Messwerten und Eigenschaften des gemessenen Objektes durch Verschränkungskorrelationen vermittelt ist (Römer, 2012b). Ganz entsprechend sollte die Passung zwischen Erkanntem und Erkennendem, Schöpfer und Umwelt und zwischen dem Ergebnis eines schöpferischen Prozesses und Eigenschaften der umgebenden Welt in entscheidender Weise durch nicht kausale Verschränkungskorrelationen gestiftet sein.

Wir glauben, dass ein an einer Verallgemeinerten Quantentheorie orientiertes Modell ein angemessenes, wirklichkeitsgetreues Bild des Schöpferischen und der Beziehungen zwischen Welt, Schöpfer und Geschaffenem anbietet, das essentialistische oder konstruktivistische Einseitigkeiten vermeidet. Wir wollen nun näher auf den Umstand eingehen, dass in einem verschränkten System den Teilsystemen Spielraum gelassen wird, um die schöpferische Freiheit, die Unabhängigkeit des Geschaffenen vom Schöpfer und die enge Beziehung von Schöpfertum zu Ethik und Ästhetik besser zu gewährleisten (vergl. auch Kap. 11 in diesem Band).

Die Schönheit eines Kunstwerkes besteht nicht so sehr in der Perfektion seiner Bestandteile als in deren Unterordnung unter ein Ganzes, in dem sie harmonisch zusammenwirken. Kant sieht in seiner Kritik der Urteilskraft als das einheitsstiftende Band den Einklang im Namen einer vollendet erreichten Zweckmäßigkeit. Schiller (1793) geht einen Schritt weiter, indem er Schönheit als Freiheit in der Erscheinung bestimmt. In einem schönen Werk ist jedem seiner Teile Freiheit gelassen, sie bilden gleichwohl in freiem Spiel ein Ganzes, das ganz anders hätte ausfallen können, aber so, wie es ist, vollendet ist. „Schlank und leicht, wie aus dem Nichts entsprungen" (Schiller, 1804/1991) steht das gelungene Kunstwerk vor seinem staunenden Betrachter. Die Ähnlichkeit des freien Zusammenwirkens der Teile eines Kunstwerkes mit den Verschränkungskorrelationen der Teile eines verschränkten Systems ist augenfällig. Dasselbe Maß von verschränkungsartiger Freiheit wie zwischen den Teilen eines Kunstwerkes besteht auch zwischen dem Kunstwerk, seinem Schöpfer und seinem Betrachter. So erklären sich die Freiheit des Schöpfers bei der Gestaltung und die Autonomie des Werkes gegenüber seinem Schöpfer. Diese Freiheit hat im Fall des Gelingens spielerische Züge. (Im Deutschen hat etwa ein Kugellager Spiel, wenn eine gewisse Bewegungsfreiheit gegeben ist.) Sie kann aber, wie schon erwähnt, auch problematisch, ja gefährlich werden, wenn das ernste, freie Spiel seine Gutartigkeit verliert. Ein gelungenes Kunstwerk drängt seinem Betrachter keine einseitige Deutung auf, sondern lässt ihm Freiheit, ja es bewahrt ihm gegenüber immer eine änigmatische Distanz. Das Gegenteil von Schönheit wären in dem soeben angedeuteten Verständnis Zerfall in zusammenhangslose Einzelteile, starre Determination der Einzelheiten durch das Ganze im Sinne eines vordergründigen Zweckes oder propagandistischer Zwang auf den Betrachter, der durchaus erschüttert, aber nicht mundtot gemacht werden darf. Die ganz wesentlich ästhetische Dimension des Schöpfertums wird von schöpferischen Menschen sehr deutlich empfunden. Das gilt nicht nur in der bildenden Kunst, sondern auch und gerade in Mathematik und Naturwissenschaften. Nach dem übereinstimmenden Zeugnis führender Mathematiker und Physiker war Schönheit für sie Antrieb und Leitfaden ihrer Tätigkeit, und Wert und Wahrheit des Geschaffenen bestimmten sich nach seiner Schönheit.

Ästhetik und Ethik haben vieles gemeinsam. Das Schöne und Gute werden immer wieder als zusammengehörig empfunden. Der ethische Wert einer Handlung bestimmt sich nicht aus ihr selbst, sondern aus ihrem Zusammenhang. Ethisches Verhalten erfordert Einfügung in den Bezug der menschlichen Gemeinschaft und des Weltganzen. Unethisches Verhalten läuft auf Missachtung, Leugnung oder Verweigerung von Verschränkungskorrelationen hinaus. Der unethisch eingestellte Mensch ist „mit sich und der Welt zerfallen". Egoismus ist die „Ursünde" des Menschen. Ethisches Verhalten bedeutet Anerkennung des je Einzelnen in seiner Besonderheit, Gewährung und Erweiterung von Freiheitsspielräumen für den Anderen, Verzicht auf Instrumentalisierung.

In aller Kürze kann man sagen: Schön und Gut gehören zu Freiheit, Gewährung von Spielraum, Beweglichkeit, dagegen Hässlich und Böse zu Zwang, Determinierung, Instrumentalisierung und Starrheit.

Großes Schöpfertum ist Ausdruck von Freiheit und steht in harmonischer Beziehung zum Weltganzen, das es bereichert. „Und er sah, dass es gut war" heißt es im biblischen Schöpfungsbericht am Ende jedes Tages. Rilke drückt wunderbar aus, wie Schöpfung im Unverfügbaren ihr lichtes Werk vollbringt (Rilke, 1996, Bd 2, *Sonette an Orpheus 2*, X, S. 261f.):

> Und Musik, immer neu, aus den bebendsten Steinen,
> Baut im unbrauchbaren Raum ihr vergöttlichtes Haus.

Aus dem Vorangegangenen ergeben sich wie von selbst einige Hinweise, wie man dem Schöpfertum bei sich selbst und bei anderen auf den Weg helfen kann. Sie lassen sich in dem Rat zusammenfassen: Raum und Freiheit geben und Ge„lassen"heit wahren, also geschehen lassen.

Der Befehl „Sei kreativ!" ist bekanntlich kontraproduktiv, er verhindert, was er einfordert. Richtiger ist es, von kausalem Einwirken oder gar Erzwingen abzulassen, und den Blick auf nicht-kausale Zusammenhänge in Form, Sinn und Bedeutung zu wenden.

Es kommt darauf an, den Zustand der schwebenden Unbestimmtheit, der einem Schöpfungsakt vorausgeht, zuzulassen und geduldig auszuhalten. In unserer Sprechweise gilt es, dem kreativen Potential der Unbestimmtheit eines Quantenzustandes, in dem die Fülle der Möglichkeiten noch simultan eingeschlossen ist, Freiheit einzuräumen. In einer anderen Terminologie sprechen Atmanspacher und Fach (2015) von kreativen „akategorialen Zuständen" des menschlichen Geistes. Unter der etwas seltsamen Bezeichnung „Neurotheologie" betonen Newberg und D'Aquili (1998) die Bedeutung des Zusammenwirkens eines Kausaloperators und eines Gestaltoperators in der Psyche des Menschen. Wesentliches hat auch die Gestaltpsychologie beizutragen. Die Literatur dazu ist uferlos.[4]

Das Eintreten in den schöpferischen Schwebezustand und besonders sein Ertragen sind nicht immer leicht und angenehm. Schöpfung geschieht nicht selten aus Erschöpfung. Johannes vom Kreuz berichtet von der „dunklen Nacht der Seele". Biographische Berichte von Erlebnissen schöpferischer Menschen sind zahlreich. Bekannt ist das Zeugnis des Chemikers Kekulé, dem nach angestrengter Arbeit in einem Moment der Entspannung im Kaminfeuer die Vision des Benzolringes in der Gestalt einer sich selbst in den Schwanz beißenden Schlange erschien. Der ausgezeichnete Mathematiker Hadamard (1959) hat die verschiedenen Phasen des schöpferischen Prozesses an sich selbst genau beobachtet und beschrieben: Auf eine anstrengende Konzentrationsphase, in der die für das Weitere wesentlichen Elemente in verdichteter Form zusammengetragen werden, folgt eine von Erschöpfung und Loslassen gekennzeichnete Inkubationsphase, an die sich der schöpferische Durchbruch anschließt.

Schöpfertum erwächst vorzugsweise aus einer ästhetischen Grundeinstellung und aus dem Offensein für alles, was über den Augenblick und über das an der Oberfläche Liegende hinausgeht, insbesondere für die spirituelle Dimension der Welt, die sich in Sinnzusammenhängen, Anklängen und Ähnlichkeiten offenbart. Solche Offenheit „eröffnet" die von anderen, wie gesagt, oft als außenseiterisch empfundene Möglichkeit des Perspektivwechsels, die eine gewissermaßen triangulierende Sicht auf die Dinge erlaubt. Sie ist mit der Gabe des Kinderblicks auf das verbunden, was der abgestumpften Wahrnehmung als geheimnislos erscheint.

Harald Walach (2011) bezeichnet eine solche Einstellung als undogmatische Spiritualität. Im günstigsten Falle mündet sie in Weisheit: „Sapientia", das lateinische Wort für Weisheit, ist mit „sapere": „schmecken" verbunden und bedeutet so viel wie „Geschmack", ein subtiles, gerechtes, ganzheitliches Urteilsvermögen, das mit einem Element der feinen und behutsamen Selbstzurücknahme verbunden sein sollte.

4 Eine Übersicht gibt Hartmann-Kottek (2012).

4. Göttliche und menschliche Schöpfung

Der Mensch möchte und darf sich als Ebenbild des Göttlichen betrachten. Damit besteht von Anfang an eine Verwandtschaft zwischen göttlichem und menschlichem Schöpfertum. Im Idealfall folgt der Mensch vertrauensvoll und mit Bewunderung und Verehrung, wenn auch nie ganz ohne Scheu, in seinem eigenen Schaffen den Spuren der göttlichen Schöpfung. Menschliches Schöpfertum ist Abglanz des göttlichen (Krolow, 1988):

> Das Licht in ihren Augen kommt von einem Anderen,
> Der sie mit seinen Augen lange angeschaut:
> Es ist geborgtes Licht, das sich getraut,
> Unruhig mit den Blicken hin und her zu wandern:
> Das macht sie schön und leicht ....

Der Mensch stimmt mit seinem kleinen Lied, dessen Zweitrangigkeit ihm bewusst ist, in den großen Gesang der Schöpfung ein (von der Vring, 1958):

> Sage, hast du den Flieder erdacht
> Oder war es ein anderer Meister
> Ich habe nur kleine Lieder erdacht
> Aber hätte ich den Flieder erdacht,
> Wäre ich wohl ein anderer Meister:
> Einsame Nacht.
> In eine Mohnblume einzugehn
> Mitten ins Rot verwehn.

Beim Mitsingen kann dem Menschen in seinem Tun angst werden. Die verehrungsvolle Scheu vor dem Göttlichen schlägt bei zu großer Annäherung in Furcht um, wie es in dem Wort „Ehrfurcht" zum Ausdruck kommt. Über die latente oder manifeste Bilderscheu monotheistischer Religiosität und das Verbot der Rivalität mit göttlichem Schöpfertum haben wir schon gesprochen. Man denke auch an die Bestrafung des Prometheus oder den Absturz des Ikarus.

Der schöpferische Mensch gerät ganz von selbst in die Nähe des göttlichen Schöpfers, aber auch in gefährliche Nachbarschaft zu dessen satanischem Widersacher. Wir finden viele Beispiele sowohl für die Vergöttlichung als auch für die Dämonisierung von Schöpfergestalten, zumal dann, wenn ihr Wirken die Welt verändert hat.

Die Figur des schöpferischen Heroen, der göttlichen, halbgöttlichen oder numinosen Status erlangt, hat ihre Wurzeln wahrscheinlich in archetypischen Tiefen. Sie konfiguriert sich in Gestalten wie Gilgamesch oder Herakles und besonders deutlich in Religionsstiftern wie Buddha, Mohammed und auch Jesus.

In mythische Höhen gehoben werden wirkmächtige Gründer wie Alexander, Konstantin, Karl der Große (der unter die Heiligen erhoben wurde), Napoleon und in eigenartiger Weise trotz betonter Unspiritualität in jüngerer Zeit auch Marx, Lenin und Mao. Potentaten haben immer wieder versucht, Anleihen bei dem Nimbus der großen Weltveränderer zu machen und sich, wie römische Kaiser, schon zu Lebzeiten vergöttlichen zu lassen.

Teils verrufen, teils von göttlich-satanischer Ambivalenz umgeben sind Gestalten wie Judas,[5] der perverse Künstler Nero, Attila, Dschingis Khan oder Tamerlan.

Ein wieder anderer Fall tritt ein, wenn herausgehobene, wirkmächtige Gestalten durch einen kollektiven oder auch gesteuerten Schöpferprozess selbst zu Kunstfiguren werden, deren reale Existenz geradezu belanglos wird. Solches beobachtet man beispielsweise an chinesischen Kaisern oder in neuer und trivialisierter Form an Michael Jackson.

Die Ähnlichkeit zwischen menschlicher und göttlicher Schöpfung geht so weit, dass auch dem Weltenschöpfer oft all die Krisen und Qualen zugeschrieben werden, denen menschliches Schöpfertum begegnet.

Wir haben gesehen, dass Schöpfung mit Spaltung beginnt. Die Vorstellung der inneren Gespaltenheit des göttlichen Schöpfers äußert sich darin, dass ihm von Anfang an oder doch ganz früh ein satanischer oder demiurgischer Widerpart beigegeben wird, der häufig Züge des Tricksters annimmt.

Selbst die „Nacht der Seele“ ist dem Weltenschöpfer nicht fremd. Nach verbreiteter Vorstellung entspringt die Welt aus der Einsamkeit ihres Schöpfers und aus einem quälenden und ruhelosen Drang nach „Entäußerung“, nach Übergang von der grenzenlosen Potentialität in die „Einfriedung“ verwirklichter materieller Begrenzung und Bestimmtheit. Eine damit verbundene Einbuße und Schwächung wird hingenommen. Auch hier begegnet uns Schöpfung aus Erschöpfung. Gelegentlich taucht die Vorstellung auf, der Schöpfer habe in einer Phase der Selbstvergessenheit oder der somnambulen Zerstreutheit gehandelt. (Ähnliches klingt von ferne an, wenn Eva aus Adams Schlaf und Traum entstanden sein soll.) Nach einigen Schöpfungsmythen geschah Schöpfung im Zustand von Raserei. Der Schöpfer zerriss sich selbst und formte Länder aus seinen Gliedmaßen.

Von misslungener Schöpfung, Fehlversuchen und monströsen Halbfabrikaten haben wir schon berichtet, ebenso wie von der Möglichkeit, dass Schöpfung außer Kontrolle gerät und sich gegen den göttlichen Schöpfer richtet.

---

5 In heterodoxen Kreisen und sehr früh schon im apokryphen Judasevangelium findet sich die Vorstellung, dass Judas mit seinem Verrat ein zur Erlösung notwendiges Werk vollbracht und dabei durch die Übernahme seiner Schuld sich selbst geopfert habe. Vergl. auch Borges, 2003b, Bd. 2, „Drei Fassungen von Judas“, S. 139–146.

Dem göttlichen wie dem menschlichen Schöpfer sind Niedergeschlagenheit und Reue nach dem Schöpfungsakt nicht fremd. Gott betreibt mit der Sintflut die teilweise Rücknahme seiner Schöpfung. Franz Kafka hat die Vernichtung seines Werkes verlangt, und Gogol hat sie für den zweiten Teil seiner „Toten Seelen“ in die Tat umgesetzt.

Verbreitet ist auch die Ansicht vom Rückzug des Schöpfers der Schöpfung in die Verborgenheit bei sich selbst, in der Kabbala „Zimzum“ genannt.

In dem Maße, wie uns die wahren raum-zeitlichen Dimensionen der Welt offenbar geworden sind, droht uns das Gefühl für seine Tiefendimension verloren zu gehen. Dabei sollte uns schon ein Blick auf die Entwicklung des Lebens, die Herauslösung des Menschen aus dem Tierreich und die geradezu explosionsartige Entwicklung unseres Wissens und unserer Kultur die Einsicht nahelegen, dass die Welt nicht gleich hinter der für uns fassbaren Oberfläche enden kann, sondern in unauslotbare Tiefen reicht. Es spricht alles dafür, dass sie Strukturen und Zusammenhänge enthält, die für uns so unzugänglich sind wie die Quantentheorie für einen Hund. Wenn wir wie Schleiermacher Religiosität als Geschmack für das Unendliche ansehen, dann dürfen wir mit Fug und Recht diese uns ganz wesentlich auch als geistartig erscheinende Tiefendimension des Weltganzen als göttlich bezeichnen.

Im Allgemeinen ist in monotheistischen Religionen das Göttliche weiter in die Unzugänglichkeit gerückt als im Polytheismus. Das Christentum stellt allerdings in dieser Beziehung einen Sonderfall dar: Durch die Inkarnation, die „Einfleischung“ und Menschwerdung Gottes, sind Gott und Mensch in die denkbar größte Nähe zueinander gerückt. Das Göttliche, das der Mensch nicht aus eigener Kraft fassen kann, hat sich dem Menschen in der allein für ihn fassbaren menschlichen Form und Daseinsweise geöffnet. Der Mensch ist damit so weit zum Göttlichen hin erhoben, wie es mit seiner Existenzform als zeitliches Wesen nur irgend verträglich ist. Athanasius (1973) findet dafür die kühne Formulierung:

„Gott ist Mensch geworden, damit der Mensch Gott werde.“

Hier finden wir den Gedanken der Gottesebenbildlichkeit des Menschen in seiner höchsten Steigerung. Wir werden im letzten Abschnitt noch mehr dazu zu sagen haben.

Man könnte nicht ohne Berechtigung göttliche Schöpfung ganz allgemein als eine Form der Inkarnation betrachten: Das Göttliche lässt sich unter Verzicht auf seine ungeteilte und allumfassende Potentialität auf das – auch materiell – Bestimmte ein. Inkarnation in menschliche Form wäre dann die äußerste Fortsetzung der (Neu-) Erschaffung des Menschen. In Ansicht der Gottesebenbildlichkeit des Menschen lässt sich auch die archetypische Leitung des menschlichen Schöpfertums in religiöser Sprache als Offenbarung und Inkarnation auffassen: In jedem visionären Erkenntnis- oder

Schöpfungsakt geht vorher Unfassbares und Undenkbares in nur so für den Menschen fassbare endliche Gestalt über. So lässt sich wohl das freie Wehen des „creator spiritus", des schöpferischen Heiligen Geistes verstehen.

Es ist nur natürlich, wenn der Mensch im Hinblick auf seine eigene Endlichkeit die Inkarnation des Göttlichen als Gnadengeschenk und Ausdruck unfassbaren liebenden Wohlwollens betrachtet. Nach christlicher Auffassung hat die Menschwerdung Gottes auch Erlösungsbedeutung. Wir wollen hier nicht genauer auf die christliche Lehre von Erlösung und Erbsünde eingehen und beschränken uns auf einige Bemerkungen, die im nächsten Abschnitt von Bedeutung sein werden.

Der Mensch ist mit seiner Existenzform nicht zufrieden. Es ist ihm von Anfang an bewusst, dass er ein unvollkommenes und insofern der Erlösung bedürftiges Wesen ist. Wir haben schon die Vorstellung erwähnt, dass nach der Erneuerung der Schöpfung in einem zweiten Ansatz die neuen Verhältnisse nicht mehr als den alten paradiesischen ebenbürtig angesehen wurden. Zudem geht durch die Teilung, die mit jeder Schöpfung verbunden ist, nach verbreiteter Auffassung ein Riss durch die Welt, der sich im Menschen in besonders deutlicher Form in seiner hoch problematischen Individuation als bewusstes, nicht in der Welt völlig aufgehendes und beheimatetes, sondern ihr gegenüberstehendes Wesen manifest wird. Die Individuation erlaubt als epistemische Spaltung einerseits dem Menschen die Einnahme einer Position des erkennenden Gegenübers, steht aber anderseits in gefährlicher Nähe zur „Ursünde" des Egoismus. (Man erinnert sich an den Baum der Erkenntnis im biblischen Schöpfungsbericht.)

Durch seine pure Existenzform ist der Mensch zur „Gottesferne" im Sinne einer Absonderung vom Weltganzen verurteilt. Der Weg der Selbsterlösung durch vollständige Zurücknahme der Individuation, der im Buddhismus und im Hinduismus beschritten wird, ist der europäisch-christlichen Denktradition fremd. Sie erhofft Erlösung, also die Heilung des Risses, der in der menschlichen Existenz liegt, von einer Menschwerdung des Göttlichen.

5. Schöpfung, Zeit und Individuation

Wir haben schon auf den phänomenalen Charakter der menschlichen Welt hingewiesen: Das Weltganze, die „Welt an sich" ist uns nur durch ihr Erscheinen in unserem Inneren zugänglich. Die zentrale Aussage der Kantischen Philosophie steht unverrückbar fest: Einschließlich unserer Sinneseindrücke muss sich für uns alles in die durch unsere Existenzweise vorgegebenen Formen unseres Erkennens fügen. Es muss, technisch ausgedrückt, unseren Erkenntnisapparat durchlaufen. Diese Tatsache ist allerdings kein logisch zwingender Grund, sich von jeder Seinsaussage über die Welt an sich fernzuhalten und sich der gegenwärtig verbreiteten „ontophobischen" Tendenz anzuschließen, sich ganz auf phänomenale, existenziale, sprach- oder diskursanalytische Untersuchungen zu beschränken. Gerade unser Erkenntnisapparat drängt uns dazu, Modelle der Welt an sich zu ersinnen und Szenarien für das „Welten der Welt" aufzustellen, also den unendlich vielfältigen Prozess der gegenseitigen Konstituierung von erkennendem Ich und phänomenaler Welt irgendwie als Vorgang im Weltganzen denkend zu erkunden.[6]

In diesem Sinne wollen wir das bereits angedeutete an quantentheoretische Grundvorstellungen angelehnte Weltmodell etwas weiter verdeutlichen, das, wie schon erwähnt, dem phänomenalen Charakter der Welt von vornherein Rechnung trägt.

Als fundamentale Existenziale, die darüber entscheiden, wie Welt dem Menschen erscheint, sind besonders zu nennen:

a) *Egozentrizität* (Tugendhat, 2003): Der Mensch sieht die Dinge der Welt immer aus der Perspektive des erkennenden Gegenübers. Der epistemische Schnitt ist zwar verschiebbar, aber als solcher unhintergehbar.

b) *Faktizität*: Die Wahrnehmungen, Erkenntnisse und Hervorbringungen des Menschen tragen den Stempel des Faktischen, der Verwirklichung einer von vielleicht sehr vielen Möglichkeiten.

c) *Temporalität*: Die Welt bietet sich dem Menschen nicht in der Form eines simultanen Panoramas, sondern in der zeitlichen Form eines Films an.

Hingegen werden dem Weltganzen aus quantentheoretischer Sicht folgende Züge zugeschrieben:

a') Zusätzlich zu a). *Holismus*: Die Beschreibung des Ganzen lässt sich nicht auf die Beschreibung seiner Teile reduzieren, insbesondere nicht auf eine Bestimmung der Zustände von Beobachter und Umwelt, es bestehen Verschränkungskorrelationen zwischen beiden.

b') *Potentialität*: In einem Quantenzustand ist nicht das Ergebnis einer jeden Messung bereits faktisch vorbestimmt. Erst nach einer Messung sind Möglichkeiten zu Fakten geworden.

c') *Atemporalität*: Zeit gehört nicht notwendig zur Quantentheorie in ihrer allgemeinsten Form, wohl aber zum quantentheoretischen Messprozess. Dies stimmt mit vielen Befunden der Allgemeinen Relativitätstheorie und der neueren Quantenkosmologie überein, nach denen die Zeit in fundamentalen physi-

---

6 Für eine tiefgreifende und umfassende Analyse siehe Prauss (1990/2006), *Die Welt und wir*, 2 Bde., Verlag J. B. Metzler.

kalischen Theorien zum Verblassen neigt und zu einem Näherungskonzept mit beschränktem Anwendungsbereich wird (Römer, 2004, 2006a, 2006b, Kap. 8 in diesem Band).

In der (Verallgemeinerten) Quantentheorie ist das Verhältnis zwischen physikalischem System und seiner Erscheinungsweise in Messungen im Rahmen einer theoretischen Beschreibung des Messprozesses in subtiler Weise so geregelt, dass sich scheinbar Unvereinbares in ein Gesamtkonzept fügt. Man könnte sagen, dass es damit dem Menschen auch hiermit gelungen ist, ein wenig hinter den Schleier seiner Existenzform zu schauen.

Der Mensch rebelliert gegen die kategorialen Grenzen, die ihm durch seine egozentrisch-zeitlich-faktische Daseinsweise gesetzt sind. Deshalb und wegen seiner Gebundenheit an Faktizität drängt es ihn dazu, zu ontologisieren und projizierend nach außen zu verlagern, was ihm eigentlich nur in phänomenaler Weise gegeben ist.

Auch unser quantenartig inspiriertes Weltszenarium ist als ein Ausdruck dieser Neigung anzusehen. Aus der Perspektive dieses Modells würde sich jeder menschliche Erkenntnis- oder Schöpfungsprozess wie folgt darstellen:

Archetypenartige Formen einer kristallinen, zeitlosen Welt von Potentialitäten werden durch ihre Spiegelung in der menschlichen Existenzform zu zeitlichen Geschehnissen gebrochen. Zugleich nehmen sie damit faktischen Charakter an, und es öffnet sich der epistemische Schnitt zwischen Erkennendem und Erkanntem. Der wesentliche Beitrag des Menschen zum schöpferischen Vorgang, bei dem Neues ins Licht tritt, besteht weniger im Beantworten von Fragen als im Finden neuer Fragestellungen und Sichtweisen, im Bilden von Begriffen oder, in quantentheoretischer Sprechweise, in der Identifizierung von Observablen. Im biblischen Schöpfungsbericht fällt dem Menschen die Aufgabe und das Privileg des Benennens zu. Die Gottesvorstellung entsteht im Menschen in seiner schöpferischen Auseinandersetzung mit dem, was ihn umgreift und über ihn weit hinausgeht. Auch dabei wird sein Drang zu Ontologisierung und Projektion wirksam. Das Göttliche ist dem Menschen nur in der Form einer Projektion fassbar, die in ihrer konkreten Ausgestaltung stark zeit- und kulturabhängig sein muss. Angesichts des Projektionscharakters des Göttlichen geraten auch die Gottesebenbildlichkeit des Menschen und der Gegensatz zwischen Selbsterlösung und Gnadenerlösung in ein dialektisches Verhältnis. In Rilkes Worten (1996, Bd 2, *Sonette an Orpheus 2*, XXIV, S. 269):

> Götter, wir planen sie erst in erkühnten Entwürfen,
> Die uns das mürrische Schicksal wieder zerstört.
> Aber sie sind die Unsterblichen. Sehet, wir dürfen
> Jenen erhorchen, der uns am Ende erhört.

Die Entstehung der Welt durch göttliche Schöpfung kann vom Menschen nur in Analogie zum eigenen Schöpfertum erfasst werden. Dem epistemischen Schnitt entspricht das „Urteil", das Aufklaffen von Unterscheidungen, dem menschlichen Benennen das ins Dasein rufende Schöpferwort.

Kehren wir nach dieser allgemeinen und abstrakten Betrachtung zu konkreteren Erscheinungsformen des Schöpferischen zurück.

In seinem schöpferisch denkenden und gestaltenden Wirken setzt sich der Mensch in eigenartiger Weise mit seiner Zeitlichkeit und Sterblichkeit auseinander. Sein Denken betrachtet zeitlose Formen als seinen vornehmsten Gegenstand. Obwohl Kunstwerke im Prozess ihrer Entstehung einen Eintritt in die Zeitlichkeit markieren, tragen sie doch, gerade in ihrer höchsten Form, noch das Siegel der zeitlosen Ewigkeit, der sie entsprungen zu sein scheinen. Kunst ist ganz wesentlich auch Kampf gegen Zeitlichkeit und Sterblichkeit, wie es tief bewegend die Ewigkeitsarchitektur der Pyramiden bekundet. Mausoleen, auch die von Lenin und Mao, der Petersdom als Grabeskirche des Apostels oder der Kölner Doms als riesiger Reliquienschrein lassen sich auch als Zeugnis für ein Streben nach Ungeschehenmachen des Todes verstehen.

Durch sein Werk sucht auch der schöpferische Mensch für sich selbst ein Stück Unsterblichkeit. Der Dichter möchte ein Denkmal „dauerhafter als Erz" errichten, „der Toten Tatenruhm" ist es, was den gestaltenden Helden antreibt. Die wehmütige Sehnsucht nach Dauer in der Einheit von Schöpfer und Werk, und sei es auch nur als Klage über die Endlichkeit, spricht aus Schillers Versen (Schiller, 1800):

> Auch ein Klagelied zu sein im Mund der Geliebten, ist herrlich,
> Denn das Gemeine geht klanglos zum Orkus hinab.

Bisher haben wir bei unserem Nachdenken über Schöpfung vornehmlich den Augenblick ins Auge gefasst, in dem Neues mehr oder weniger plötzlich aufleuchtet. Zum Schluss wollen wir nun unsere Aufmerksamkeit auf Schöpfung als Entwicklung richten, als einen fortlaufenden und vielleicht niemals abgeschlossenen Prozess, bei dem Neuerungen auf Vorangegangenem aufbauen. Unabgeschlossenheit, Entwicklung und Vervollkommnung werden sehr oft als wesentliche Bestimmung von Lebendigkeit angesehen.

Wir meinen, dass unser Modell geeignet ist, das Erscheinen von Neuem auch in Entwicklungsprozessen besser zu verstehen. Eine andere durchaus in unser Modell integrierbare Vorstellung entwickelt die Hegelsche Philosophie, in der das „Welten der Welt" als Selbstbewegung eines umfassenden Geistes verstanden wird. Der in neuerer Zeit von Evolutionstheoretikern bemühte Begriff der Emergenz, nach dem qualitativ Neues auf einer gewissen Komplexitätsstufe jeweils von selbst auftritt, scheint hingegen als solcher eher eine Benennung des Problems als einen Erklärungsansatz zu bieten (Römer, 2017, Kap. 9 in diesem Band).

Die Geschichte der Menschheit im Großen ist wie die Lebensgeschichte eines Individuums ein Schöpfungsprozess, in dem sich der Mensch seine Lebenswelt, gewissermaßen das materielle und geistige Gehäuse seines Lebens, selber schafft. Das besondere Pathos, mit dem im Sozialismus von der Arbeit des Menschen gesprochen wird, erklärt sich daher, dass so ein dem göttlichen Weltschöpfertum analoges Element in einer sonst eher areligiösen Weltsicht zu seinem Recht kommen kann. Der moderne Konstruktivismus versteht, wie gesagt, Welt, „Wahrheit“ und Wirklichkeit als menschliche Konstrukte. Der Strukturalist und Semiotiker Roland Barthes (1999) vergleicht die Produktion eines Textes mit der Tätigkeit einer Spinne, die in dem von ihr abgesonderten eigenen Gewebe aufgeht. Seine programmatische Vorstellung vom „Tod des Autors“ wird darin „weitergesponnen“. Man bemerke, dass „Text“ in der Tat „Gewebe“ bedeutet. Wir neigen zu einer Auffassung, bei der die Beziehung zwischen Welt, Konstrukteur und Produkt symmetrisch gesehen wird, und ziehen daher die Formel vom Welten der Welt vor. Auch ein Spinnennetz ist bekanntlich nicht selbsttragend, sondern eine an Haltefäden irgendwo aufgehängte Fangvorrichtung.

Mit seiner archetypisch inspirierten, kollektiven kulturellen Weltschöpfung strebt der Mensch ein möglichst hohes Maß von Stabilität, Konsens, Sicherheit, Geborgenheit, Weltverständnis und Daseinsmeisterung an. Wir haben diese Tätigkeit an anderer Stelle (Römer, 2012b) mit dem Bau von Inseln der Stabilität verglichen, von faktenartigen Gebilden, innerhalb deren Widersprüche und von Komplementarität herrührende Unbestimmtheiten ausgeschlossen oder unterdrückt sind. Dieser Vergleich kommt von einem Besuch bei den Uru-Chipaya, einem Volksstamm, der wirklich auf schwimmenden Schilfinseln im Titicacasee lebt, die ständig umgebaut, repariert und, nicht zuletzt durch den eigenen Abfall, erweitert werden. Hans Primas spricht in anderem Zusammenhang von „partiell Booleschen Systemen“.

Was uns in den luftigen Gebilden des von Menschen geschaffenen, dann aber zunehmend selbstständigen und selbsterzeugenden Cyberspace erwartet, ist noch gar nicht abzusehen.

Die kulturelle Tätigkeit des Menschen ist ein Beispiel für Autopoiesis, also für Selbstschöpfung und Selbstkonstituierung. Autopoiesis begegnet uns auch in der lebenslangen Arbeit eines Menschen an sich selbst. Mit einigem Recht sagt man, Goethes Leben sei sein größtes Kunstwerk gewesen. Ein komplizierter, schmerzhafter und vielfach gebrochener autopoietischer Prozess ist auch die von C. G. Jung so genannte *Individuation*, die Selbstkonstituierung durch Eintritt in die Existenzform eines bewussten Individuums. Auf die Problematik der Individuation wegen der Nähe von Egozentrizität zu Spaltung und egoistischer Ursünde haben wir schon hingewiesen.

Wegen der engen Verflechtung von Mensch und Gott sind auch Individuation und „Theogonie“, also Gottwerdung, miteinander verflochten. Im Alten Testament finden wir Spuren eines unintegrierten, unberechenbar bedrohlichen Gottes, der etwa Moses plötzlich anfällt, um ihn zu töten (Ex. 4:24). Auch die Erzählung von Sintflut und Reue Gottes wegen seiner Schöpfung gehört in diesen Zusammenhang. Bekannt ist die Geschichte, wie Jacob am Jabbok eine ganze Nacht mit einem bedrohlichen Gott ringt und ihm dabei seinen Segen und den Ehrennamen „Gottesstreiter“ abringt, aber auch eine gelähmte Hüfte zurückbehält (Gen. 32: 23–33).

Das rätselhafte Buch Hiob, das von der Heimsuchung des Gerechten Hiob, seiner Prüfung und Bewährung und schließlichen Erhöhung sowie besonders von seinem Rechtsstreit mit Gott berichtet, hat immer wieder neue Deutungsversuche herausgefordert, die gewöhnlich in der Erkenntnis von der Inkommensurabilität Gottes münden, der Unmöglichkeit, ihn mit menschlichem Maß und an menschlichen Gerechtigkeitsvorstellungen zu messen. C.G. Jung hat in seinem großen und bewegenden Essay „Antwort auf Hiob“ (Jung, 2001) die Deutungen der Hiobsgeschichte aus einer neuen und beachtenswerten Perspektive bereichert. Für C.G. Jung treibt Gott aufgrund einer frivolen Wette mit dem Teufel ein grausames Spiel mit seinem Geschöpf Hiob. Wir begegnen nach Jung dabei einem launischen, dissoziierten, gewissermaßen noch unreifen Gott, der an Hiob schuldig wird und ihn als Antwort auf seine berechtigte Klage mit dem prahlerischen Hinweis auf seine Allmacht und die Gewaltigkeit seiner Schöpfung mit dem Behemoth (Nilpferd) als Prunkstück zerknirscht. Seine Schuld an Hiob kann Gott nach C.G. Jung nur dadurch sühnen, dass er in Menschwerdung und Kreuzestod sich so innig wie nur irgend denkbar mit seiner misshandelten und leidenden Kreatur identifiziert. Durch diese Buße vollendet Gott aber zugleich seine Individuation zu einem in sich stimmigen, liebenden Wesen. Angesichts der Nähe von Gott und Mensch und des Projektionscharakters des Göttlichen für den Menschen wird mit der Geschichte von Menschwerdung und Leid Gottes zugleich die Geschichte von der schmerzhaften Individuation des Menschen erzählt. In der Schrift C.G. Jungs schwingt eine große innere Erregtheit mit. Zweifellos ist sie auch eine Erzählung seiner eigenen Individuation in der Auseinandersetzung mit seinem Vater, der Pfarrer war. Die unlösbare Verschränkung von Innen und Außen, Ich und Welt, Mensch und Gott ist hier besonders augenfällig. Fast untrennbar gehen gemäß der tiefen Erkenntnis des Athanasius Menschwerdung Gottes und Gottwerdung des Menschen in einander über. Aus dieser Perspektive erscheinen Kreuzestod und Auferstehung, als Gleichnis auf den Menschen angewandt, als der vergebliche Versuch des Menschen, in der Tötung des Gottmenschen das Göttliche in sich zu vernichten, das aber siegreich aufersteht.

Die Schöpfermacht des Menschen hat sich in den letzten Jahrzehnten in bis dahin unvorstellbarer Weise erweitert. Nicht nur kann er in unverantwortlichem, aber letztlich harmlosem Übermut „Eulen und Meerkatzen" schaffen, wie es von Eulenspiegel („Till Eulenspiegel", 2011) berichtet wird. Er hat sogar die Macht, die Hiobsgeschichte zu wiederholen, seine eigenen Schöpfungen zu misshandeln und zu missbrauchen und, etwa mit den Mitteln von Gentechnik und Cyberspace, wahre Monster in die Welt zu setzen. Was wird dann seine Buße sein?

Wir dürfen hoffen, dass es ihm nicht gelingen wird, des Göttlichen in sich ganz ledig zu werden, und dass die Schöpfungen des Menschen geistgeleitet sein werden:

„Veni creator spiritus". Komm, Schöpfer Geist!

8 Substanz, Veränderung und Komplementarität

Meinem Sohn Christoph
(1975–2004)

1. Einleitung

Es ist schwer, wenn nicht unmöglich, sich eine Bewegung zugleich als ganzheitlichen Vorgang und als Folge aller durchlaufenen Zwischenzustände vorzustellen. Nach einem bekannten Paradoxon des Zenon von Elea scheint ein fliegender Pfeil in seiner Bewegung zu erstarren, sobald sich das Augenmerk des Betrachters auf die Lage des Pfeils zu irgendeinem Zeitpunkt richtet, um festzustellen, dass er niemals mehr Raum einnimmt, als es seiner Länge entspricht.

Für Platon sind Ideen wesentlich dadurch bestimmt, dass sie der Zeitlichkeit und der Veränderung nicht unterworfen sind, und sie allein sind würdige Gegenstände reiner philosophischer Betrachtung.

In deutlicher Absetzung hiervon haben Bewegung und Veränderung im Denken des Aristoteles (Flashar, 2013) zentrale Bedeutung. Allerdings bleibt er Platon insofern verpflichtet, als er Bewegung nur von ihrem Anfangs- und Endzustand her versteht, ohne im Einzelnen zu thematisieren, wie und mit welchen Zwischenzuständen der Übergang zwischen beiden erfolgt.

Dagegen kommt für den Vorsokratiker Heraklit von Ephesos nur dem Fluss der Bewegung Wirklichkeit zu, während Ruhe- und Zwischenzustände lediglich dem Reich des Scheins angehören.

Die Frage nach dem ontologischen Status von Zeit und Veränderung, in der Heraklit und Platon die extremen Gegenpositionen markieren, hat die Europäische Philosophie immer wieder beschäftigt. Es ist hier nicht möglich, auch nur summarisch einen Überblick über die hierzu möglichen und vorgeschlagenen Positionen zu geben, es lässt sich aber sicherlich feststellen, dass Positionen, die näher bei Platon als bei Heraklit liegen, häufiger und einflussreicher vertreten wurden. Der Aristotelische Standpunkt ist ein besonders prominentes Beispiel hierfür.

In neuerer Zeit ist der Gegensatz zwischen der Platonischen und der Herakliteischen Position unter den Schlagworten „*Substanzontologie versus Prozessontologie*" erneut zum ausdrücklichen Gegenstand des Nachdenkens geworden. In der so genannten *Prozessphilosophie* (Browning, 1965; Rescher, 1996) wird eine einseitige Bevorzugung des substantiellen Standpunktes beklagt und eine stärkere Berücksichtigung des Prozessualen in der Ontologie angemahnt.

Die Prozessphilosophie beruft sich gewöhnlich auf William James (1950) als einen ihrer Vordenker. In der Tat hat W. James als Philosoph und vor allem als Psychologe die Aufmerksamkeit auf den Prozesscharakter menschlichen Denkens gerichtet und psychologische Gründe für die Bevorzugung des Substanzstandpunktes gegeben. Für James sind substantielle und prozessuale Bestandteile menschlichen Denkens entgegengesetzte Punkte auf einer gleitenden Skala mehr oder weniger rascher Veränderlichkeit:

> When the rate [of change of the subjective state] is slow we are aware of the object of our thought in a comparatively restful and stable way. When rapid, we are aware of the passage, a relation, a transition from it or between it and something else. ... Let us call the resting-places the "substantive parts" and the places of flight the "transitive parts" of the stream of thoughts. It then appears that the main end of our thinking is at all times the attainment of some other subjective part than the one from which we have just been dislodged. And we may say that the main use of the transitive parts is to lead from one substantive conclusion to another.

Und gleich darauf:

> Now it is very difficult, introspectively, to see the transitive parts as what they really are. If they are but flights to a conclusion, stopping them to look at them before the conclusion is reached is really annihilating them. Whilst if we wait till the conclusion be reached, it so exceeds them in vigour and stability that it quite eclipses and swallows them up in its glare. Let anyone try to cut a thought across in the middle and get a look at its section, and he will see how difficult the introspective observation of the transitive act is. ... The results of this introspective difficulty are baleful. If to hold fast and observe the transitive parts of the thought's stream be so hard, the great blunder to which all schools are liable must be the failure to register them, and the undue emphasizing of the more substantive parts of the stream.
>
> (James, 1950, Vol. 1, Kap. 9, S. 243f.)

In dieser Untersuchung werden wir zu zeigen versuchen, dass der Ursprung der Schwierigkeiten mit dem Zenonschen Paradoxon oder der von James beschriebenen introspektiven Unzugänglichkeit prozessualer Bestandteile des Denkens darin liegt, dass die substantielle und die prozessuale Betrachtungsweise in einem komplementären Verhältnis zueinanderstehen.

Komplementarität, wie wir sie hier meinen, ist von Niels Bohr in die Quantenphysik als Begriff eingeführt worden. Physikalische Größen der Quantentheorie wie Ort und Impuls (oder Geschwindigkeit) heißen *komplementär*, wenn es nicht möglich ist, sie zugleich mit beliebiger Genauigkeit einem physikalischen System zuzuschreiben. Schon

Bohr selbst hat immer betont, dass Komplementarität eine ganz allgemeine Struktur im gegenseitigen Verhältnis verschiedener Begriffe oder Beschreibungsweisen sei, die weit über den Bereich der Physik hinaus von grundsätzlicher Bedeutung sein sollte.

An anderer Stelle (Atmanspacher et al., 2002, 2006; Filk & Römer, 2011) haben wir mit der von uns so genannten „Schwachen Quantentheorie", die man auch „Verallgemeinerte Quantentheorie" nennen könnte, einen formalen Rahmen geschaffen, in dem man in einem wohl definierten und nicht nur metaphorischen Sinne von Komplementarität (und auch von Verschränkung) jenseits des Bereiches physikalischer Beschreibung sprechen kann.

Die Verallgemeinerte Quantentheorie hat mit der Quantentheorie der Physik die Grundbegriffe „System", „Zustand" und „Observable" gemeinsam. Die Struktur der Verallgemeinerten Quantentheorie sollte immer dann realisiert sein, wenn Beobachtungen einen wesentlichen und unvermeidlichen Einfluss auf den Zustand eines Systems haben. Das ist in exemplarischer Weise für die menschliche Psyche aus der Innenperspektive von Selbstbeobachtungen der Fall, und wir werden die Unverträglichkeit substantieller und prozessualer Betrachtungsweisen mit dem komplementären Verhältnis psychischer Zeit- und Übergangsobservablen in Verbindung bringen.

Im Einzelnen wird unser Vorgehen das folgende sein:

Im Abschnitt 2 werden wir den Formalismus der Verallgemeinerten Quantentheorie in vereinfachter Form beschreiben, um den nötigen Hintergrund zum Verständnis unserer Argumentation bereitzustellen. Als Beispiele für die Tragweite der Verallgemeinerten Quantentheorie werden einige an anderem Ort (Atmanspacher et al., 2002, 2004; Römer 2004, 2006a, 2006b) ausführlicher beschriebene Anwendungen erwähnt.

Abschnitt 3 beschäftigt sich mit dem Begriff der Gesamtheit der Observablen in der Verallgemeinerten Quantentheorie. Um sich von einem zu engen, von der Physik her beeinflussten Vorverständnis zu lösen, wird sich ein Vergleich mit der Gegenstandslehre von Alexius Meinong (1904) als hilfreich erweisen. *Perspektivität* und *Intentionalität* werden als wesentliche Eigenschaften der Observablen betont, und die Aufstellung von Observablen wird sich als schöpferischer Prozess erweisen. Grundlegend ist auch die Bedeutung einer *Partitionierung*, einer Unterteilung der Welt in Teilsysteme durch Observable, für welche die *„epistemische Spaltung"* in Beobachter und Beobachtetes das erste und aller Erkenntnisanstrengung zu Grunde liegende Beispiel ist.

Abschnitt 4 handelt von psychischen Zeitobservablen, ihrer Beziehung zur physikalischen Zeit und von Observablen, die zu Zeitobservablen komplementär sind. Diese zweite Klasse von Observablen sollte zur prozessualen Sichtweise in enger Beziehung stehen. Es schließen sich Überlegungen zum Zenonschen Paradoxon und zur endlichen Dauer des psychischen „Jetzt" an.

In Abschnitt 5 zeigen wir anhand einer Erzählung von Jorge Luis Borges, zu welchen Absurditäten eine überspitzte Prozessontologie führen kann, aber auch, wie sehr sich die menschliche Psyche aus der Innenperspektive von einem klassischen physikalischen System unterscheidet.

Der abschließende Abschnitt 6 beschreibt das komplementäre Verhalten von Substanz- und Prozessbeschreibung. Beide werden als notwendig erwiesen, und eine Beschränkung auf nur eine der beiden Sichtweisen wäre ähnlich verfehlt, als wenn ein Physiker sich darauf versteifte, nur Orts- oder Impulsobservable zu verwenden, nicht aber beide.

2. Verallgemeinerte Quantentheorie

Die *Verallgemeinerte Quantentheorie* (Atmanspacher et al., 2002, 2006; Filk & Römer, 2011) ist aus der physikalischen Quantentheorie in algebraischer Formulierung durch Vereinfachung und Abschwächung entstanden, indem von deren Axiomen alles ausgeschieden wurde, was sich spezifisch auf die physikalische Welt bezieht. Die verbleibende Struktur ist noch reich genug, um auch in einem allgemeineren, weit über die Physik hinausgehenden Rahmen Phänomene wie Komplementarität und Verschränkung in formal wohl definierter Weise zu erfassen.

Die fundamentalen Begriffe *System*, *Zustand* und *Observable* werden aus der physikalischen Quantentheorie übernommen.

- Ein *System* Σ ist irgendein Teil der Realität im allgemeinsten Sinne, der, wenigstens im Prinzip, vom Rest der Welt abgetrennt und zum Gegenstand einer Untersuchung gemacht werden kann.
- Ein System kann sich in verschiedenen *Zuständen* z befinden. Epistemisch beschreibt ein Zustand den Grad der Kenntnis, die ein Beobachter von dem System besitzt. Im Gegensatz zur physikalischen Quantentheorie wird nicht angenommen, dass sich die Gesamtheit Z der Zustände durch eine lineare Hilbertraumstruktur beschreiben lässt.
- Jeder *Observablen* A entspricht ein Zug des Systems, der (in mehr oder weniger sinnvoller Weise) untersucht werden kann. Die Gesamtheit aller Observablen bezeichnen wir mit $\mathcal{A}$. Wie in der physikalischen Quantentheorie lassen sich Observable mit Funktionen auf den Zuständen identifizieren. Das bedeutet: Jede Observable A ordnet jedem Zustand z einen anderen Zustand $A(z)$ zu. Als Funktionen auf Zuständen lassen sich Observable A und B hintereinanderschalten, indem man zuerst B und dann A auf die Zustände z anwendet. Die zusammengesetzte Observable AB ist dann definiert durch $AB(z)=A(B(z))$. Zwei Observable A, B heißen kompatibel, wenn sie miteinander vertauschbar sind, d.h. wenn $AB=BA$, andernfalls, wenn $AB\neq BA$, heißen sie inkompatibel oder komplementär. In der

physikalischen Quantentheorie können Observable auch addiert und mit komplexen Zahlen multipliziert werden, und zu jeder Observablen A ist eine konjugierte Observable A^* definiert. Die Menge aller Observablen ist mit einer reichen sog. *C*-Struktur* ausgestattet. In der Verallgemeinerten Quantentheorie ist nur die oben beschriebene Multiplikation definiert, und die Gesamtheit aller Observablen hat nur eine wesentlich einfachere, eine so genannte *Halbgruppenstruktur*.

Die Verallgemeinerte Quantentheorie ist durch eine Reihe von Axiomen definiert, deren genaues Verständnis für das Folgende nicht entscheidend ist. Um einen gewissen Eindruck von ihrer Struktur zu vermitteln, geben wir hier die wichtigsten von ihnen wieder:

- Zu jeder Observablen A gehört eine Menge *specA*, die *Spektrum* von A genannt wird. *specA* ist die Menge aller möglichen Ergebnisse der Untersuchung („Messung"), die zu der Observablen A gehört.
- *Propositionen* sind spezielle Observable P, die sich bei Multiplikation mit sich selbst reproduzieren: $PP=P$, und deren Spektrum nur aus den Elementen „ja" und „nein" besteht. Sie entsprechen einfachen Ja-Nein-Alternativfragen über das System Σ. Zu jeder Proposition P gibt es eine Negation $\neg P$, die mit P (im oben definierten Sinne) kompatibel ist. Für kompatible Propositionen P_1 und P_2 gibt es eine *Konjunktion* $P_1 \wedge P_2 = P_1 P_2$ und eine *Disjunktion* $P_1 \vee P_2 = \neg(\neg(P_1) \wedge \neg(P_2))$.
- Wenn z ein Zustand ist und wenn für die Proposition P im Zustand z die Antwort „ja" gefunden wird, dann ist $P(z)=PP(z)=P(P(z))$ ein Zustand, in dem P auf jeden Fall den Wert „ja" ergibt. Dies ist Ausdruck der aktiven, konstruktiven Natur von Messungen in der Quantentheorie, die sowohl als Verifikation als auch als Zustandsänderung und Präparation fungieren.
- Die folgende Eigenschaft verallgemeinert die Spektraleigenschaft von Observablen in der physikalischen Quantentheorie und erlaubt die Reduktion beliebiger Observablen auf Propositionen. Zu jeder Observablen A und zu jedem α in *specA* gehört eine Proposition A_α, die gerade bedeutet, dass α das Ergebnis der Messung von A ist. Dann ist

  $$A_\alpha A_\beta = A_\beta A_\alpha = 0$$

  $$\textit{für}\ \alpha \neq \beta,$$

  $$AA_\alpha = A_\alpha A,$$

  $$\bigcup_{\alpha \in specA} A_\alpha = 1 \quad ,$$

  wobei 0 und 1 triviale Propositionen sind, die nie bzw. immer richtig sind. Die Observablen A und B sind genau dann kompatibel, wenn A_α und B_β kompatibel sind für alle $\alpha \in specA$ und $\beta \in specB$.

Die Konzepte der *Komplementarität* und der *Verschränkung* sind in der Verallgemeinerten Quantentheorie definiert. Für komplementäre Observable A und B ist die Reihenfolge ihrer Messung von Bedeutung. Wie in der physikalischen Quantentheorie, ist es auch in der Verallgemeinerten Quantentheorie für komplementäre Observablen allgemein unmöglich, einen Zustand z zu finden, in dem sowohl A als auch B einen wohl bestimmten Wert haben.

Verschränkung tritt auf, wenn globale Observablen, die sich auf ein System als Ganzes beziehen, in einem komplementären Verhältnis zu lokalen, auf Teile des Systems bezogenen Observablen stehen. In einem verschränkten Zustand, beispielsweise in einem Zustand, in dem eine globale Observable einen wohl bestimmten Wert hat, ist der Wert lokaler Observablen im Allgemeinen nicht bestimmt. Es treten aber typische wechselwirkungsfreie *Verschränkungskorrelationen* zwischen den Messergebnissen für lokale Observablen zu verschiedenen Teilen des Systems auf.

Es sei ausdrücklich hervorgehoben, dass in der Verallgemeinerten Quantentheorie, zumindest in der hier dargestellten minimalen Version, den möglichen Ergebnissen der Messung einer Observablen A keine quantitativen Wahrscheinlichkeiten zugeordnet werden. Dies hängt mit dem Fehlen einer Hilbertraumstruktur auf der Gesamtheit Z der Zustände zusammen.

Im Rahmen der Verallgemeinerten Quantentheorie tritt das Konzept der Zeit nicht von vornherein auf, und auch die Plancksche Konstante h, die in der Physikalischen Quantentheorie den Grad der Nicht-Kommutativität regelt, hat in der Verallgemeinerten Quantentheorie keinen privilegierten Platz.

Die Verallgemeinerte Quantentheorie ist eine universelle und sehr flexible Rahmentheorie. Sie sollte sich besonders in solchen Situationen bewähren, in denen, wie in der physikalischen Quantentheorie, die Beobachtung einen wesentlichen und unvermeidlichen Einfluss auf den Zustand des Systems hat. Systeme, die die menschliche Psyche einschließen, bieten sich hier besonders an.

Aus der Anzahl verschiedener Anwendungen, die vorgeschlagen und im mehr oder weniger großen Detail ausgeführt worden sind, seien hier einige genannt:

- Gegenübertragung in Systemen psychisch eng aneinander gekoppelter Personen (Atmanspacher et al., 2002; Römer, 2011; Kap. 2). Die oft beobachtete Erscheinung, dass Mitglieder einer solchen Personengruppe psychische Inhalte wahrnehmen, die nicht zu ihnen selbst, sondern zu anderen Gruppenmitgliedern gehören, wird als die Auswirkung von Verschränkungskorrelationen gedeutet, wobei als globale Observablen Einstimmungsvariable der Gruppe fungieren.

- H. Walach (2003) schlägt vor, die flüchtige und schwer nachweisbare Wirkung homöopathischer Medikamente durch Verschränkungskorrelationen zu erklären.
- So genannte *sychronistische Erscheinungen* im Sinne von W. Pauli (Atmanspacher et al., 1995; Lucadou et al., 2007; Römer, 2002; Kap. 2 und 3 in diesem Band).
- Die Verallgemeinerte Quantentheorie enthält als solche keinen Bezug zur Zeit. In der Arbeit „Weak Quantum Theory and the Emergence of Time" (Römer, 2004) wird beschrieben, wie sich ausgehend von der Existenzform bewusster Individuen Zeitobservable identifizieren lassen und in welchem Verhältnis derartige Observable zur physikalischen Zeit stehen. Wir werden im Abschnitt 5 auf diese Überlegungen näher eingehen.
- *Kippbilder* sind Bilder, wie etwa der bekannte Neckersche Würfel, die auf zwei verschiedene Weisen gesehen und gedeutet werden können. Konfrontiert mit einem Kippbild, klappt die Wahrnehmung einer Versuchsperson in mehr oder weniger regelmäßiger Weise zwischen den beiden Deutungsmöglichkeiten hin und her. In der Arbeit „Quantum Zeno Features of Bistable Perception" (Atmanspacher et al., 2004) wird dieses Umklappen mit Hilfe eines verallgemeinert-quantentheoretischen Modells auch quantitativ beschrieben. Insbesondere wird eine empirisch bestätigte Relation zwischen drei verschiedenen wahrnehmungsphysiologischen Zeitkonstanten hergeleitet.
- In soziologischen Systemen sind Verschränkungskorrelationen zwischen Einstellungen oder Handlungen verschiedener Individuen denkbar (Lucadou et al., 2011; Römer, 2014 und Kap. 7; Gedankenaustausch mit A. Wendt, University of Chicago, 2003).

3. Observable

Observable entsprechen, wie bereits erwähnt, allen Zügen eines Systems, die irgendwie untersucht werden können. In der Verallgemeinerten Quantentheorie kann ein System ganz anders und wesentlich vielfältiger sein als in der Physik, beispielsweise eine Gruppe bewusster Individuen. Dem entsprechend wird auch die Gesamtheit der Observablen mannigfaltiger und komplexer sein. Die Observablen der Verallgemeinerten Quantentheorie sollen der Gegenstand dieses Abschnittes sein.

Wir haben schon gesehen, dass sich Observable auf Propositionen, genauer gesagt, auf Fragen zurückführen lassen, die Propositionen zugeordnet sind. Nun enthält eine Proposition als Satz der menschlichen Sprache im Allgemeinen sowohl Nomina als auch Verben. Schon aus diesem Grunde wäre es verfehlt, Observable einfach mit Nomina oder Begriffen zu identifizieren, wie es vielleicht durch das Beispiel physikalischer Observabler wie Ort oder Impuls nahegelegt erscheinen könnte.

Wir wollen auf drei Charakteristika von Observablen besonders eingehen:

a) *Intentionalität*, wie schon durch ihre Beziehung zu Fragesätzen deutlich wird.

b) *Perspektivität*, da Fragen aus der Perspektive eines Fragenden gestellt werden.

c) *Strukturierende Aktivität*, da der Fragende durch Art und Horizont seiner Fragen schon vorweg eine Strukturierung des untersuchten Bereiches vornimmt und diesen in gewisser Weise so erst konstituiert.

Zu a)

Um eine unangemessene Verengung des Vorverständnisses zu vermeiden, erscheint eine Besinnung auf die *Gegenstandslehre* von Alexius Meinong (1853–1920) hilfreich. Meinong (1904) nennt alles *Gegenstand*, was dem menschlichen Geist in irgendeiner Weise vorliegen oder gegeben sein kann, und er bemüht sich um eine möglichst vollständige Erfassung aller derartigen Gegenstände. Als Schüler von Franz Brentano betont er mit Nachdruck die Intentionalität solcher Gegenstände des menschlichen Geistes, also ihre jeweilige Gerichtetheit auf etwas Anderes. Entsprechend den vier Grundfunktionen des menschlichen Geistes, nämlich Vorstellen, Denken, Fühlen und Begehren unterscheidet Meinong vier Klassen von Gegenständen:

- *Objekte*: Vorstellungen, gerichtet auf „Dinge",
- *Objektive*: gerichtet auf Urteile, Propositionen,
- *Dignitative*: gerichtet auf Werte wie „gut", „wahr", „schön",
- *Desiderative*: Begehren, Sollen, Zweck.

In die Klasse der Objekte gehören keineswegs nur Vorstellungen von wirklichen, real existierenden Dingen. Im Gegenteil, solche Vorstellungen sind, wenn man auf alle Vorstellungen des menschlichen Geistes schaut, eher die Ausnahme. Meinong spricht in diesem Zusammenhang von einem durch die traditionelle, primär an Erkenntnis orientierte Philosophie vermittelten *Vorurteil zu Gunsten des Wirklichen.*

Innerhalb der einzelnen Klassen unterscheidet Meinong zwischen *einfachen Gegenständen* und solchen, die aus Gegenständen anderer Klassen oder auch derselben Klasse *zusammengesetzt* sind. Gegenstände der drei letzten Klassen sind immer zusammengesetzt. Hierbei kann die Zusammengesetztheit nicht bis ins Unendliche fortgesetzt werden, sondern endet letztlich nach einer endlichen Zahl von Schritten bei Objekten.

In der Meinongschen Terminologie wären die Observablen der Verallgemeinerten Quantentheorie als Objektive einzuordnen, die ihrerseits aus Gegenständen aller vier Klassen zusammengesetzt sein könnten.

Zu b)

Bereits der Name „Observable“ weist auf ihre Bezogenheit auf einen „Beobachter“ hin, den man sich mit einem zumindest rudimentären Bewusstsein ausgestattet denken muss. Von der Perspektive des Beobachters hängt es ab, was er beobachten will und kann, welches also seine Observablen zu einem von ihm beobachteten System sind.

Perspektive und Horizont des Beobachters werden sich, nicht zuletzt gerade aufgrund der gemachten Beobachtungen, verschieben. Hierdurch gewinnt die Gesamtheit der Observablen einen wesentlich dynamischen Charakter.

Die Verallgemeinerte Quantentheorie hat mit der physikalischen Quantentheorie gemeinsam, dass Systeme immer nur als beobachtete auftreten. Es ist zunächst nicht möglich, das Weltganze, das alle Beobachter einschließt, als System zu betrachten und von seinen Zuständen und Observablen zu sprechen. In der Arbeit (Atmanspacher et al., 2002) wurde allerdings gezeigt, wie sich durch einen immer weiter fortgesetzten Prozess der sukzessiven Erweiterung im Sinne einer Extrapolation oder Leitvorstellung auch das Weltganze in gewissem Sinne als System auffassen lässt. Dieser Weg wird in der Physik im Rahmen der sog. *Quantenkosmologie* tatsächlich mit Erfolg beschritten. In der Verallgemeinerten Quantentheorie sollte das Weltganze in seinem Gehalt viel umfassender sein und etwa dem *unus mundus* C.G. Jungs (Atmanspacher et al., 1995; Römer, 2002) entsprechen, der archetypisch organisiert und neutral gegenüber der Unterscheidung von Geist und Materie gedacht ist.

Zu c)

Wie bereits erwähnt, ist die Aufstellung und Identifizierung von Observablen als ein entscheidender und konstitutiver gedanklicher Akt zu würdigen. Dies gilt in besonderem Maße für die Unterteilung eines Systems Σ in Teilsysteme Σ_i, die unter verschiedenen Gesichtspunkten in mannigfacher Weise geschehen kann und die Teilsysteme nicht einfach vorfindet und registriert, sondern sie, zusammen mit dem Gesamtsystem, geradezu konstituiert.

G. Mahler (Mahler, 2004; vgl. auch Gemmer & Mahler, 2001) hat wiederholt auf die entscheidende Bedeutung des schöpferischen Aktes der *Partitionierung* in Teilsysteme hingewiesen.

Die Partitionierung geschieht mit Hilfe von *Partitionierungsobservablen*, deren unterschiedliche Werte gerade die Unterscheidung der Teilsysteme erlauben. Verschiedene Partitionierungen können miteinander kompatibel oder zueinander komplementär sein, je nachdem, ob ihre zugeordneten Partitionsobservablen vertauschen oder nicht. Im Falle komplementärer Partitionsobservabler macht die Zuordnung zu einem

Teilsystem bezüglich der einen Zerlegung eine genaue Zuordnung bezüglich der anderen Zerlegung unmöglich.

In der physikalischen Weltbetrachtung ist die Zerlegung in *räumlich getrennte* Teilsysteme entscheidend. Die Ortsobservable ist die Partitionsobservable dieser Zerlegung, die für die Physik von solcher Bedeutung ist, dass man die physikalische Weltbetrachtung geradezu dadurch definieren kann, dass die räumliche Zerlegung angewandt werden kann und angewandt wird. Die physikalische Welt erscheint auch von diesem Gesichtspunkt aus als die Welt der *res extensae*.

Wenn man, mit aller gebotenen Vorsicht, das Weltganze, den *unus mundus* als ein System ansieht, dann ist die erste, alles weitere bestimmende und jedem Akt der Erkenntnis vorausgehende Partition die *Epistemische Spaltung* in Beobachter und Beobachtetes. Ohne eine solche Aufspaltung kann nicht davon die Rede sein, dass jemand Erkenntnis von etwas gewinnt. Die genaue Lage des epistemischen Schnittes kann variieren, etwa beim Übergang von der Außenperspektive zur Innenperspektive der Selbstbeobachtung, aber der Schnitt als solcher wird nie vermeidbar sein.

Es ist durchaus damit zu rechnen, dass verschiedene Partitionen des Weltganzen, die unterschiedlichen Lagen des epistemischen Schnittes entsprechen, zueinander komplementär sein können. In einer solchen Situation werden Erkenntnisse aus verschiedenen Erkenntnispositionen miteinander unverträglich sein, und zwar nicht nur deshalb, weil man sich ausschließende Perspektiven nicht zugleich einnehmen kann, sondern, weil aus der einen Position heraus gewonnene Erkenntnisse nicht in die andere Position hinübergenommen werden können, sondern ihre sichere Geltung verlieren.

Es könnte in dem oben unter b) beschriebenen Sinne auch Observable des *unus mundus* geben, die zu jeder epistemischen Spaltung komplementär wären. Sie würden Zügen des Weltganzen entsprechen, die aus der Perspektive des Gegenüber von Erkennendem und Erkannten grundsätzlich unzugänglich wären.

In der Physik tritt die epistemische Spaltung in der Gestalt des *Heisenbergschen Schnittes* zwischen Messinstrument und gemessenem Objekt auf. In der Theorie des quantenphysikalischen Messprozesses kann sie durch Untersuchung eines aus Messapparat und gemessenem Objekt zusammengesetzten Systems ein Stück weit mit den Mitteln der physikalischen Quantentheorie untersucht werden. Es zeigt sich dabei, dass das ganzheitliche, aus Apparat und Objekt zusammengesetzte System in einen verschränkten Zustand übergeht und dass der Apparat gerade wegen der Verschränkungskorrelationen mit dem Objekt zur Messung geeignet ist. Dieser Übergang zum verschränkten Zustand ist rein deterministisch, und undeterministische Wahrscheinlichkeitsverteilungen, wie sie für die Quantenphysik typisch sind, treten erst auf, wenn man den Heisenbergschnitt vornimmt, indem man durch „Verkürzung" den Zustand der Apparatur als Aussage über das gemessene Objekt deutet.

Interessanterweise besteht in der physikalischen Theorie des Messprozesses eine vollständige Symmetrie zwischen Apparat und Objekt: Es ergibt sich dieselbe Wahrscheinlichkeitsverteilung auch durch *Verkürzung* des verschränkten Zustandes auf das Objekt statt auf die Apparatur.

Man kann sich fragen, inwieweit eine derartige Symmetrie auch in der Verallgemeinerten Quantentheorie zwischen Beobachter und Beobachtetem besteht. Eine solche Symmetrie sichert die Adäquatheit der vom Beobachter gewonnenen Erkenntnisse und entspräche einer engen Korrelation von Innen und Außen. Beobachtetes spiegelte sich im Beobachter, das Beobachtete spiegelte den Beobachter, und beide sind Teile des Weltganzen. (Vergl. Kap. 6.)

4. Substantielle und prozessuale Observable

Die Verallgemeinerte Quantentheorie enthält als solche keinen Begriff von Zeit. Auch der Jungsche *unus mundus* ist zeitlos. Anderseits ist jedes bewusste Individuum als Form seiner Existenz an Zeitlichkeit gebunden. Im Sinne einer Unterscheidung von Mac Taggart (1908) ist die individuelle, subjektive Zeit eine sog. *A-Zeit*, die von der Vergangenheit in die Zukunft gerichtet ist und in der die Gegenwart durch ein unverkennbares Merkmal des „Jetzt" ausgezeichnet ist. Dies unterscheidet die subjektive Zeit von der strukturärmeren ungerichteten physikalischen *B-Zeit*, in der kein ausgezeichnetes Jetzt existiert, sondern alle Zeitpunkte gleichberechtigte Marken auf einer Skala sind. Es ist eine unbestreitbare Tatsache, dass die subjektiven Zeiten verschiedener Individuen miteinander und mit Systemen der äußeren Welt, etwa mit umlaufenden Planeten oder Uhren, durch starke Korrelationen verbunden sind.

Hans Primas (2003) und der Autor (Römer, 2004) haben unterschiedliche, in wichtigen Zügen aber auch ähnliche, Szenarien vorgeschlagen, nach denen Zeit in dem primär zeitlosen *unus mundus* auftauchen kann. Wir wollen hier den Vorschlag der Arbeit „Weak Quantum Theory and the Emergence of Time" (Römer, 2004) kurz skizzieren, der die folgenden Teilschritte enthält:

Erster Schritt: Nach einer epistemischen Spaltung lassen sich im *unus mundus* Teilsysteme Σ_i identifizieren, die bewussten Individuen zuzuordnen sind.

Zweiter Schritt: In diesen Teilsystemen Σ_i lassen sich Zeitobservable aufweisen, deren Werte durch starke Verschränkungskorrelationen mit Observablen anderer Systeme korreliert sind. Der Mechanismus, nach dem gewisse Observable sich als Zeitobservable qualifizieren, ist der Quantenkosmologie in der Formulierung der Wheeler-de Witt-Gleichung[1] nachempfunden. Die subjektiven Zeiten T_i sind vom Typ der A-Zeit. Der Ursprung der Zeit wird also in diesem Szenarium in der A-Zeit bewusster Individuen gesehen.

Dritter Schritt: Die subjektiven A-Zeiten T_i sind nicht nur untereinander, sondern auch mit Observablen T_I uhrenartiger physikalischer Teilsysteme Σ_I durch Verschränkungskorrelationen verbunden.

Vierter Schritt: Durch einen mehrstufigen und langwierigen Prozess wird die Zeit immer mehr nach außen verlegt und mit Observablen physikalischer Systeme in Verbindung gebracht, die so gewählt sind, dass die Verschränkungskorrelationen möglichst strikt werden. Die schließlich auf diese Weise konstruierte physikalische Zeit hat ihren Charakter als A-Zeit eingebüßt und ist nur noch eine strukturarme B-Zeit.

Unabhängig von irgendeinem Szenarium zur Genese der Zeit werden wir im Folgenden nur die Tatsache verwenden, dass es Teilsysteme Σ_i gibt, die bewusste Individuen beschreiben, und dass die Observablenmengen zu den Teilsystemen Σ_i Observable T_i vom Typ einer A-Zeit enthalten. Für verschiedene Individuen wird man, ohne dass dies unerlässlich wäre, $T_iT_j=T_jT_i$ erwarten.

Wenn wir nun eines der Teilsysteme Σ_i herausgreifen, dann können wir die Gesamtheit aller Observablen und insbesondere die Observablen zu Σ_i in zwei Klassen einteilen:

A) *Zeitkompatible Observable R* mit $RT_i = T_iR$. Solche Observablen kommutieren mit der Zeitobservablen T_i. Sie sind entweder direkt mit T_i verbunden, oder aber sie haben keinerlei Zeitbezug. Eine Messung von R und die Zuweisung einer Zeit beeinflussen oder stören einander in keiner Weise. Ein Beispiel einer zeitkompatiblen Observable ist die Ortsobservable Q: Räumliche und zeitliche Lokalisierungen sind uneingeschränkt verträglich, und der Ort hat keinerlei Bezug zur Zeit.

Zeitkompatible Observable beschreiben auch Züge eines Systems, die zeitlos, d.h. ohne Zeitbezug sind, etwa wie die Winkelsumme eines Dreiecks oder wie Platonische Ideen. Wir schlagen vor, derartige Observable mit den Observablen zu identifizieren, die sich auf Gegenstände einer Substanzontologie, wie sie in der Einleitung erwähnt wurde, zu beziehen.

Wir wollen derartige Observable in Zukunft *substantielle Observable* nennen. Im Sinne von Abschnitt 3 gehören zu substantiellen Observablen generisch Nominalsätze (in Frageform).

---

1 Eine gute Darstellung findet man bei Kiefer (2000).

B) *Zeitkomplementäre Observable* S mit $ST_i \neq T_iS$. Die Zuweisung eines Wertes von *S* und einer Zeitmarke sind miteinander im Sinne einer Komplementarität unverträglich. Ein physikalisches Beispiel für eine zeitkomplementäre Observable ist die Energieobservable in der Quantenphysik, die Zeitverschiebungen bewirkt. Zeitpunkt und Energie können nicht zugleich mit beliebiger Genauigkeit bestimmt werden. Allgemein werden Observable zeitkomplementär sein, wenn sie Prozessen, also Veränderungen in der Zeit zugeordnet sind.

Wir wollen zeitkomplementäre Observable in Zukunft *prozessuale Observable* nennen. Sie entsprechen den fundamentalen Gegenständen einer Prozessontologie. Prozessuale Observable sind generisch mit Verbalsätzen (in Frageform) verbunden.

Unter der Annahme der Komplementarität von substantiellen und prozessualen Observablen findet das Zenonsche Paradoxon eine einfache Deutung und Erklärung: Die jeweilige Lage eines bewegten Gegenstandes wird durch substantielle Observable beschrieben, etwa durch die Ortsobservable, die Bewegung selbst wird durch prozessuale Observable beschrieben. Die Komplementarität von beiden erklärt, dass Bewegungsgröße und Zwischenzustände nicht zugleich mit beliebiger Genauigkeit zuschreibbar sind. In derselben Weise verliert in der Quantenmechanik der Begriff der Bahn eines bewegten Körpers, der jeden Zeitpunkt t den Ort zu Zeit t zuordnet, seinen exakten Sinn.

Ganz allgemein sollte für jede innenweltliche oder außenweltliche Veränderung eine Komplementarität zwischen substantiellen Observablen für Zwischenstationen und prozessualen Observablen zur Beschreibung des Bewegungsvorganges bestehen.

In der Quantenphysik ist die Energieobservable komplementär zur physikalischen Zeit. In der Tat ist in der Quantenphysik die Energie die „erzeugende Observable" jeder zeitlichen Veränderung.

Wir haben nun, wie zu Beginn dieses Abschnittes skizziert und in der Arbeit „Weak Quantum Theory and the Emergence of Time" (Römer, 2004) ausgeführt, innenweltliche subjektive Zeitobservable T_i identifiziert, die zu bewussten Individuen Σ_i gehören, und behauptet, dass die physikalische Zeitobservable *T* aus den subjektiven Zeitobservablen T_i erst durch Operationalisierung, Externalisierung, Reinigung und strukturelle Vereinfachung hervorgeht. Es stellt sich nun die Frage, ob es auch zu den Individuen Σ_i eine energieartige Observable E_i gibt, die zur physikalischen Energieobservablen *E* in einem ähnlichen Verhältnis steht wie T_i zu *T*. Tatsächlich hat sich der Begriff der physikalischen Energie erst durch einen Jahrhunderte dauernden Prozess der Reinigung und Idealisierung aus einem intuitiven Energiebegriff herausgebildet. Diese intuitive Energievorstellung sollte helfen, sich dem Charakter der individuellen Energieobservablen E_i zu nähern. Intuitiv enthält der Energiebegriff die Vorstellung einer Fähigkeit und eines

Willens, Veränderungen hervorzurufen. Dies ist im physikalischen Energiebegriff schärfer, aber auch enger gefasst: Die physikalische Energie ist einerseits der Generator zeitlicher Veränderungen, anderseits geht ihr das Element des Wollens und Verlangens ab, das der intuitiven Energievorstellung anhaftet.

Jedenfalls liegt die Annahme der Existenz einer Observablen E_i in der Observablenmenge von Σ_i nahe, und wir wollen vorläufig und in der Hoffnung, damit nicht zu Missverständnissen Anlass zu geben, E_i als *psychische Energie* bezeichnen.

Es wird Komplementarität $T_iE_i \neq E_iT_i$ gelten.

Diese Komplementarität von subjektiver Zeit und psychischer Energie erklärt zwanglos mit den Mitteln der Verallgemeinerten Quantentheorie einen wichtigen Befund der Wahrnehmungsphysiologie: Das subjektive Jetzt hat eine endliche zeitliche Ausdehnung von der Größenordnung einer dreißigstel Sekunde. Unterhalb dieser zeitlichen Schwelle können Ereignisse nicht mehr in ihrer richtigen zeitlichen Reihenfolge geordnet werden. In der Physik ist wegen der Komplementarität von physikalischer Energie E und Zeit T eine immer genauere zeitliche Lokalisierung nur auf Kosten einer immer größeren Energieunschärfe und eines immer größeren mittleren Energieaufwandes möglich. Ganz analog sollte es sich mit der subjektiven Zeit und der psychischen Energie verhalten. Die Grenze der Lokalisierbarkeit in der subjektiven Zeit erklärt sich dann dadurch, dass nur ein begrenzter Vorrat an psychischer Energie verfügbar ist.

5. Tlön

Die Prozessphilosophie betont die Bedeutung von dynamischen, prozessorientierten, Bewegung und Veränderung beschreibenden Größen. Unter Berufung auf Autoritäten wie William James (1950) und Alfred North Whitehead (1919, 1920) beklagt sie eine übermäßige Betonung zeitloser, auf beharrende Substanzen oder Wesenheiten bezogener Konzepte in der europäischen Philosophie, die sich auf diese Weise einen angemessenen Zugang zu Erscheinungen von überragender Bedeutung wie Entwicklung, Neuerung und Kreativität verstelle. In der von uns gewählten Sprechweise fordert die Prozessphilosophie eine Abkehr von einer Überbetonung der Bedeutung der substantiellen Observablen und eine stärkere Berücksichtigung der prozessualen Observablen. Es ist nun eine reizvolle und lehrreiche Übung, einmal zu versuchen, möglichst ohne substantielle Observable auszukommen, also Zeit und Substanzen so weit wie irgend möglich wegzudenken.

Das Nachdenken über Zeit und der Versuch, ihren illusionären Charakter nachzuweisen, ist ein Lieblingsthema des gelehrten argentinischen Schriftstellers Jorge Luis Borges (1899–1986) (Borges, 1992). In seiner Erzählung *„Tlön, Uqbar, Orbis Tertius"* (Borges,

2003a, S. 15–34) beschreibt Borges in wunderbar freier und scharfsinnig verspielter Weise die Utopie eines Planeten *Tlön*, dessen Bewohner keine Substanzbegriffe kennen.

Indem sie ganz konsequent in einer prozessontologisch verfassten Welt leben und zugrundeliegende dauernde Substanzen nicht kennen, gibt es in den Sprachen der Bewohner von Tlön keine Substantive. Konsequent ist wohl auch, dass prozessontologisch lebende Wesen strikt idealistisch (Borges sagt sogar Berkeleyanisch) eingestellt sind. Zumindest ist der reduktionistische physikalistische Materialismus, wie wir ihn kennen, durch eine ausgeprägte Substanzontologie gekennzeichnet. Borges beschreibt die Tlönianer, die offenbar vom Meinongschen „Vorurteil zugunsten des Wirklichen" vollständig frei sind, wie folgt (Borges, 2003a, S. 15–34):

> Hume hat ein für allemal festgestellt, dass die Argumente von Berkeley nicht die geringste Replik zulassen und nicht die geringste Überzeugung hervorrufen. Dieses Urteil ist völlig richtig, wenn man es auf die Erde anwendet; völlig falsch bei Tlön. Die Völker dieses Planeten sind – von Geburt an – Idealisten. Ihre Sprache und deren Ausflüsse – die Religion, die Literatur, die Metaphysik – setzen den Idealismus voraus. Die Welt ist für sie nicht ein Zusammentreffen von Gegenständen im Raum, sondern eine heterogene Folge unabhängiger Handlungen ...

Zu den Sprachen Tlöns:

> In der mutmaßlichen Ursprache Tlöns, von der die „heutigen" Sprachen und Dialekte herstammen, gibt es keine Substantive: Es gibt unpersönliche Verben, die durch einsilbige Suffixe (oder Präfixe) adverbieller Art näher bestimmt werden. Zum Beispiel gibt es kein Wort, das dem Wort „Mond" entspräche, aber es gibt ein Verbum, das „monden" oder „mondieren" lauten würde. „Der Mond ging über dem Fluss auf" lautet „hlör u fang axaxaxas mlö" Oder in genauer Wortfolge: „empor hinter dauerfließen mondet es" (Xul Solar übersetzt knapp: „Upa tras perfluyue lunó", "Upward behind the onstreaming it moonded")
>
> Das eben Gesagte gilt für die Sprachen der südlichen Hemisphäre. In der nördlichen Hemisphäre (über deren Ursprache der elfte Band nur sehr wenige Angaben enthält) ist die Urzelle nicht das Verb, sondern das einsilbige Adjektiv. Das Substantiv wird durch Häufung von Adjektiven gebildet. Man sagt nicht „Mond", man sagt „luftighell auf dunkelrund" oder „orange-zart himmlisch" oder irgendeine andere Wortfügung ...
>
> Es gibt berühmte Gedichte, die aus einem einzigen Wortungeheuer bestehen. Dieses Wort verkörpert ein vom Autor geschaffenes poetisches Objekt. Die Tatsache, dass niemand an die Realität der Substantive glaubt, hat paradoxerweise zur Folge, dass ihre Anzahl unbegrenzt ist.

Hierzu ist zu bemerken, dass in vielen menschlichen Sprachen, beispielsweise im Japanischen, den Adjektiven der europäischen Sprachen eine Klasse von Verben entspricht, so dass der Unterschied zwischen den Sprachen der nördlichen und südlichen Hemisphäre im Vergleich zum gemeinsamen Fehlen von Substantiven als gar nicht so radikal erscheint.

Wenig später schreibt Borges über die Tlönianer:

> Sie erfassen das Räumliche nicht als in der Zeit fortdauernd. Die Wahrnehmung eines Rauchgewölks am Horizont, und danach der brennenden Steppe, und danach der halberloschenen Zigarre, die den Brand verursachte, wird als ein Beispiel von Gedankenassoziation gewertet.

Das Unverständnis der Tlönianer für überdauernde Substanzen geht so weit, dass für uns Selbstverständliches ihnen als anstößiges Paradox erscheint:

> Unter den Lehren Tlöns hat keine so großen Anstoß erregt wie der Materialismus. Einige Denker haben ihn, weniger klar als inbrünstig, so formuliert, wie man ein Paradoxon vorträgt. Um diese unbegreifliche These dem Verständnis näherzubringen, ersann im 11. Jahrhundert (Im Doudezimalsystem ist „Jahrhundert" eine Periode von einhundervierundvierzig Jahren.) ein Heresiarch das Sophisma von den neun Kupfermünzen, das ob seiner Anstößigkeit auf Tlön so berüchtigt ist wie bei uns die Aporien der Eleaten. Von diesem „Scheinargument" gibt es viele Versionen, in denen die Zahl der Münzen und die Zahl der Funde variieren; hier die geläufigste:
>
> „Am Dienstag überquert X einen öden Weg und verliert neun Kupfermünzen. Am Donnerstag findet Y auf dem Weg vier Münzen, die der Regen ein wenig hat rosten lassen. Am Freitag entdeckt Z drei Münzen auf dem Weg. Am Freitag Morgen findet X zwei Münzen im Flur seines Hauses"
>
> Der Heresiarch wollte aus dieser Geschichte die Realität – id est die Kontinuität – der neun wiedererlangten Kupfermünzen ableiten. „Es ist absurd, sich vorzustellen", behauptet er, „dass vier der Münzen zwischen Dienstag und Donnerstag, drei zwischen Dienstag und Freitag Nachmittag, zwei zwischen Dienstag und Freitag früh nicht existiert haben. Es ist logisch, anzunehmen, dass sie – sei es auch auf eine geheime, dem Begreifen des Menschen verschlossene Weise – in sämtlichen Augenblicken dieser drei Zeitspannen existiert haben."
>
> Die Sprache von Tlön widersetzte sich der Formulierung dieses Paradoxons; die meisten verstanden es überhaupt nicht.

Borges geht des längeren in sehr erhellender Weise auf die philosophischen Systeme auf Tlön ein. Besonders drastisch kommt die Unfähigkeit der Tlönianer zu Substanzvorstellungen in der Erscheinung der von Borges so genannten *hrönir*[2] zum Ausdruck:

---

2 *Hrönir* ist offenbar ein von Borges frei erfundenes Wort mit Isländischem Klang. In Isländischen Wörterbüchern habe ich nur „*hrönn*" mit dem Plural „*hrannir*", gefunden, ein poetisches Wort mit der Bedeutung „Woge".

> Der Idealismus von Jahrhunderten und Aberjahrhunderten ist an der Wirklichkeit nicht spurlos vorbeigegangen. So ist in den ältesten Gebieten von Tlön die Verdoppelung verlorener Gegenstände nichts Seltenes. Zwei Personen suchen einen Bleistift; die erste findet ihn und sagt nichts; die zweite findet einen zweiten nicht minder wirklichen Bleistift, der jedoch ihrer Erwartung besser angepasst ist. Diese Sekundärobjekte heißen „*hrönir*" und sind, wenn auch anmutlos, um ein weniges größer. Bis vor kurzem waren die „*hrönir*" Zufallskinder der Zerstreutheit und der Vergesslichkeit. Kaum zu glauben, dass ihre methodische Produktion nicht älter als knapp hundert Jahre ist. ... Die *hrönir* zweiten und dritten Grades – das heißt die *hrönir*, die einem anderen *hrön* sowie die *hrönir*, die vom *hrön* eines *hrön* abgeleitet sind – zeigen Abweichungen von dem ursprünglichen in übertriebener Form; die *hrönir* fünften Grades sind nahezu einförmig; die des neunten vermischen sich mit denen zweiten Grades, bei denen vom elften Grad kommt es zu einer Reinheit der Linien, wie sie die Originale nicht besitzen.

Die Schilderung der bizarren Welt von *Tlön* nötigt uns zwei Einsichten ab:

1) Eine überspitzte Prozessontologie führt zu offensichtlich absurden Konsequenzen. Oft werden Ansichten geäußert, bereits alles, was sich in feste Begriffe fassen lasse, führe zu einer unheilvollen Erstarrung und werde dem zutiefst dynamischen Wesen der Welt nicht gerecht. Wer solches ernsthaft vertritt, läuft Gefahr, am Paradoxon der neun Münzen zu scheitern.

2) Anderseits gleicht die Welt des menschlichen Geistes und seiner Hervorbringungen in vielem wirklich der Welt von *Tlön* und fügt sich oft eher einer Prozessontologie. Das wird schon an der oben angeführten Widerlegung des Münzenparadoxons mit Hilfe des Beispiels vom menschlichen Schmerz klar. Mehr noch treten im Bereich der Geistesströmungen und der Moden *hrönir* in Form mehrfacher Wiederentdeckungen massenhaft auf. Übrigens wird in Borges' Erzählung *Tlön* selbst als ein Produkt des menschlichen Geistes geschildert, das durch stetige Gedankenarbeit an Dichte gewonnen hat und zur Realität aufgestiegen ist, zum Zeitpunkt des Berichtes aber im Begriff ist, durch den noch komplexeren *orbis tertius* abgelöst zu werden.

6. Komplementarität von Substanz und Prozess

Aus unseren bisherigen Überlegungen sollte deutlich geworden sein, dass, zumal zur Beschreibung der Tätigkeit des menschlichen Geistes, sowohl substantielle als auch prozessurale Sichtweisen unverzichtbar sind. Die Aufgabe besteht darin, beide in ein einheitliches Denkmodell einzubetten. Einen bemerkenswerten Versuch in diesem Sinne haben Atmanspacher und Fach (2015) unternommen. Offenbar angeregt von William James, entwickeln Atmanspacher und Fach Grundlagen einer allgemeinen Theorie mentaler Zustände.

Der „stream of thoughts“ von William James wird durch ein klassisches Dynamisches System modelliert. Der mentale Zustand z ist ein Element einer Mannigfaltigkeit von hoher Dimensionalität. Die Bewegung des Zustandes z wird durch eine Potentialfunktion V getrieben, wobei V mentale Dispositionen und Funktionsweisen beschreibt.

Die Dynamik der mentalen Tätigkeit ist dann durch eine klassische Bewegungsgleichung, eine Differentialgleichung der Form

$$\frac{dz(t)}{dt} = \nabla V(z(t)) + \ldots$$

bestimmt, und die Funktion $z(t)$, die den mentalen Zustand zur Zeit t angibt, ist eine Lösung dieser Bewegungsgleichung.

Von besonderer Bedeutung sind die möglichen *Gleichgewichtszustände* z_0, in denen das mentale System beliebig lange verharren kann. Sie sind durch die Bedingung $\nabla V(z_0) = 0$ gekennzeichnet. Die Gleichgewichtszustände lassen sich einteilen in stabile und unstabile Gleichgewichtszustände. Bei einer Auslenkung aus einem stabilen Gleichgewichtszustand z_s verbleibt der Zustand des Systems in der Nähe von z_s, während er sich bei einer Auslenkung aus einem instabilen Zustand z_i weit von z_i entfernt.

Atmanspacher und Fach schlagen vor, die stabilen Gleichgewichtszustände mit substantiellen mentalen Zuständen, den „substantive parts“ von William James, zu identifizieren. Die instabilen Gleichgewichtszustände werden mit den prozessualen Zuständen, James' „transitive parts“ identifiziert. Atmanspacher und Fach nennen diese Zustände auch *„akategoriale Zustände“*. Generische Zustände sind weder substantiell noch prozessual und noch unstabiler als prozessuale Zustände. Die „mentalen Zustände“ von Atmanspacher und Fach wird man sich im Allgemeinen als Gehirnzustände vorstellen, allerdings ohne zwingende Notwendigkeit dazu. Wir haben hier in unserer Studie das Augenmerk auf den menschlichen Geist aus der Innenperspektive gerichtet und die Beziehung zwischen Gehirn und Geist nicht thematisiert.

Da Selbstbeobachtung den Zustand des menschlichen Geistes unvermeidlich ändert, ist ein verallgemeinerter quantentheoretischer Formalismus die angemessene Beschreibungsweise. Unsere Betrachtungsweise und die von Atmanspacher und Fach brauchen sich nicht notwendig auszuschließen, sie werden eher als Versuche anzusehen sein, aus verschiedenen Perspektiven einen Blick auf den menschlichen Geist zu werfen.

Im Sinne einer Verallgemeinerten Quantentheorie und nach dem bisher Ausgeführten erscheint es naheliegend, die Unterscheidung von substantiellen mit der Zeit T_i kompatiblen und prozessualen, zur Zeit T_i komplementären Observablen zum Ausgangspunkt zu nehmen.

Substantielle Observable entsprechen Bewusstseinsinhalten, die zeitlos sind in dem Sinne, dass eine zeitliche Fixierung für sie belanglos ist, während zu prozessualen Observablen Bewusstseinsinhalte gehören, die sich einer genauen zeitlichen Fixierung entziehen und mit ihr unverträglich sind. Solche Observablen werden mit Sicherheit für den menschlichen Geist von Bedeutung sein: Bereits das Bewusstsein selbst wird eher als ein Bewusstseinsstrom, ein Fließen, als in zeitlich fixierbaren Bestandteilen erlebt. Die bereits beschriebene „psychische Energie" ist ein weiteres wichtiges Beispiel für eine prozessuale Observable des menschlichen Geistes.

Zu einer Definition von substantiellen und prozessualen Zuständen des menschlichen Geistes gelangt man wie folgt: Ganz allgemein ist ein *Eigenzustand* z einer Observablen A als ein Zustand z definiert, in dem man A genau einen der durch das Spektrum von A eingegrenzten überhaupt möglichen Werte mit Gewissheit zuschreiben kann. (In der Bezeichnungsweise von Abschnitt 2 lässt sich dies durch $A_\alpha(z) = z$ für ein α aus $specA$ formalisieren.)

Substantielle Zustände sind nun einfach Eigenzustände substantieller Observabler und *prozessuale Zustände* Eigenzustände prozessualer Observabler.

Substantielle Zustände lassen eine zusätzliche genaue zeitliche Bestimmung zu, diese ist aber im Allgemeinen für die mit dem Zustand verbundene Aussage belanglos, etwa so wie in der Feststellung: „Dies ist ein Quadrat, und es ist zwölf Uhr." Prozessuale Zustände wehren sich gegen eine genaue Zeitbestimmung, und wenn man an ihnen eine Zeitfestlegung versucht, so verändert man sie damit.

Wesentlich ist in unserer Beschreibung des menschlichen Geistes die Komplementarität zwischen substantiellen und prozessualen Observablen. Sie erklärt, wie oben beschrieben, die endliche Dauer des psychischen Jetzt und gibt eine natürliche Auflösung des Zenonschen Paradoxons. Komplementarität in dem Sinne, dass eine Vorstellung eine andere zunichtemacht, ist für die Introspektion eine ganz gewöhnliche Erscheinung.

Die Beschreibung prozessualer Zustände ist schon aus den von William James genannten Gründen schwieriger als ihr Erleben, sie sperrt sich gegen eine vorherrschende Substanzontologie. Selbst in der Introspektion flieht ein prozessualer Zustand, wenn man versucht, ihn mit Hilfe substantieller Observablen dingfest zu machen.

Atmanspacher und Fach widmen in ihrer Arbeit (Atmanspacher & Fach, 2015) der genauen Beschreibung der prozessualen Zustände, die sie akategoriale Zustände nennen, große Aufmerksamkeit.

Gute Beispiele für derartige Geisteszustände sind

1. Erinnerungszustände, in denen ein vergangenes Geschehen als Ganzes erinnert wird.

2. „Flowzustände", in denen bei der intensiven Beschäftigung mit einer Aufgabe jede Zeitbestimmung zu verschwinden scheint.

3. Meditative Klarbewusstseinszustände. Atmanspacher und Fach kennzeichnen sie durch folgende Eigenschaften:
   - Reines Einheitsbewusstsein
   - Fehlen jeder räumlichen und zeitlichen Lokalisierbarkeit
   - Gefühl von höchster Wirklichkeit
   - Gefühl der Vereinigung von Gegensätzen, von Frieden und Harmonie
   - Schwierigkeit begrifflicher Beschreibung.

In unserer quantenartigen Beschreibung sind diese meditativen Eigenzustände gute Kandidaten für Eigenzustände der psychischen Energie. In der Quantenphysik sind die Eigenzustände der zeitkomplementären physikalischen Energieobservablen gerade die sogenannten *stationären Zustände*, die zeitunabhängigen Zustände, die sich jeder zeitlichen Festlegung verweigern. Die psychische Energie enthält, wie gesagt, auch ein Element des Wollens, und sie sollte Eigenzustände besitzen, in der nicht nur die Zeitfestlegung verschwindet, sondern auch das Wollen den Grad der Wunschlosigkeit erreicht hat und Veränderung nicht angestrebt wird.

Wir hoffen, gezeigt zu haben, dass die Verwendung substantieller und prozessualer Konzepte gleichermaßen unerlässlich ist. Der Verzicht auf eine der beiden Sichtweisen wäre ähnlich abwegig, wie wenn ein Physiker versuchte, ohne Orts- oder ohne Impulsobservable auszukommen.

9 Emergenz und Evolution

1. Reduktion und Emergenz

Schon im fünften Jahrhundert vor Christus wurde das Programm eines strikten physikalischen Reduktionismus von dem griechischen Denker Demokrit (460–370 ? v. Chr.) in unübertrefflicher Kürze und Prägnanz formuliert: „Nur der Meinung nach gibt es sauer, nur der Meinung nach bitter, warm, kalt, nur der Meinung nach Farbe, in Wirklichkeit gibt es nur Atome und leeren Raum“ (Diels & Kranz, 2005, Demokrit, Fragment Nr. 125). Zwar ist dieser oft zitierte Ausspruch wohl der einzige, der wörtlich von Demokrit überliefert ist, aber seine Ansichten waren doch stets durch ihre Erwähnung bei anderen Philosophen, etwa bei Aristoteles, und besonders durch die Polemik der Kirchenväter nie ganz in Vergessenheit geraten. Im Jahre 1417 fand der Humanist Poggio in Deutschland, wahrscheinlich in Fulda, ein Manuskript des langen Lehrgedichtes „De rerum natura“ (Lukrez, 1973) des Epikuräers Lukrez (97–55 v. Chr.) auf, in dem in auch künstlerisch beeindruckender Form der reduktionistische Atomismus Demokrits in aller Ausführlichkeit und in zahllosen Anwendungen dargestellt wird. Dieses Werk wurde sehr bald durch den Buchdruck vielfach verbreitet, und die kühle Faszination, die von ihm ausgeht, ist nie geschwunden (Römer, 1992).

Ein mehr oder weniger konsequenter Reduktionismus erscheint wohl für die Mehrheit der Menschen in Europa als natürliches Weltbild von selbstverständlicher Plausibilität. Das gilt wahrscheinlich für die nicht durchreflektierte Weltanschauung des Durchschnittsbürgers und für die populäre Literatur und Presse in noch höherem Maße als für die Vertreter der verschiedenen Wissenschaften und die wissenschaftlichen Fachpublikationen. Geisteswissenschaftler glauben im Allgemeinen nicht an die materielle Reduzierbarkeit jedenfalls ihres eigenen Fachgebietes, und bei Naturwissenschaftlern sind auffällige Unterschiede zwischen den verschiedenen Disziplinen zu beobachten.

Die Physik hat im zwanzigsten Jahrhundert fruchtbare Grundlagenkrisen durchlaufen, in denen ihr die fundamentalen Konzepte von Raum und Zeit, ja sogar ihr eigener Gegenstand fragwürdig geworden sind. Diese Krisen haben zur Entwicklung von Relativitätstheorie und Quantentheorie geführt und sind wohl ein Grund dafür, dass ein harter physikalischer Reduktionismus unter nachdenklichen Physikern weniger verbreitet ist. Wenn man überhaupt an Reduzierbarkeit glaubt, dann überlässt man die Reduktion auf Physik lieber den Einzelwissenschaften. Allerdings wird die Suche nach einer aller Physik zu Grunde liegenden fundamentalen physikalischen „Theorie für alles“ mit unterschiedlichem Optimismus und Universalitätsanspruch aus teilweise guten Gründen weiterhin betrieben.

Die stärkste Zuversicht in ein materialistisch reduktionistisches Programm findet man wohl in den Biowissenschaften und besonders in den Neurowissenschaften und der Gehirnforschung.

Seit der chemischen Synthese des Harnstoffes ist durch die spektakulären Erfolge der Biochemie und der Molekularbiologie der Glaube, dass es zwischen belebter und unbelebter Materie jedenfalls keine chemische Grenze gebe, zur Gewissheit geworden, so dass man allgemein erwartet, letztlich lebende Systeme mit den Mitteln von Chemie und Physik verstehen zu können.

Die Neurophysiologie hat große Erfolge in der Theorie des neuronalen Stoffwechsels, der Sinnesphysiologie, der neuronalen Informationsverarbeitung und in der Aufklärung der Funktion einzelner Gehirnregionen erzielt und in vielen Fällen auch die Entwicklung darauf basierender Therapien gefördert. Dies hat die Hoffnung genährt, menschliche Geistestätigkeit und menschliches Bewusstsein ganz auf neuronaler Basis erklären zu können.[1] Man begnügt sich in diesem Falle mit einem *Neuroreduktionismus*, da die physikalische Erklärbarkeit von Nervenfunktionen als gesichert gelten kann. Allerdings sind die Schwierigkeiten dieses neuroreduktionistischen Programmes so groß, dass sich zunehmend auch skeptische, zur Vorsicht mahnende Stimmen in den optimistischen Chor mischen, verstärkt durch wissenschaftstheoretische und philosophische Bedenken, auf die wir noch zurückkommen werden.

Der Neuroreduktionismus wird uns als Beispiel einer reduktionistischen Weltsicht im Folgenden immer wieder begegnen. Mit dem Demokritischen atomaren Reduktionismus hat er als typische Grundelemente gemeinsam:

- Einen möglichst einfach strukturierten und anschaulich fassbaren Grundbereich. Einfache Strukturierung bedeutet, dass der Zustand des Grundbereiches durch eine nicht zu große Anzahl wesentlich verschiedener Variablen beschreibbar ist, beispielsweise durch Orte und Geschwindigkeiten von Atomen oder durch Verknüpfungen und Erregungsweisen von Neuronen. Zur Anschaulichkeit des Grundbereiches gehört auch, dass die Beschreibungen seiner Zustände als „harte, nicht weiter problematische Fakten" angesehen werden. Sie gleichen in dieser Hinsicht den Zuständen eines Systems der Klassischen Mechanik im Gegensatz zu einem quantenartig konstituierten System.
- Die Variablen, die den Zustand des Grundbereiches beschreiben, werden als *primäre Qualitäten* angesehen. Andere Eigenschaften wie Gerüche oder Farben im Demokritischen Weltmodell bzw. Wahrnehmungen, Gefühle, Dispositio-

1 Ein Ausdruck dieser Erwartung ist das in der Zeitschrift *Gehirn und Geist* von elf führenden Wissenschaftlern veröffentlichte „Manifest der Gehirnforschung", im Internet einsehbar unter www.gehirn-und-geist.de/manifest

nen, Stimmungen oder Bewusstseinszustände und -inhalte im neuroreduktionistischen Modell werden als sekundäre Qualitäten auf die primären Qualitäten zurückgeführt. Primären Qualitäten kommt dabei eine ontologische Vorrangstellung zu, während *sekundäre Qualitäten* den primären als ontologisch untergeordnet gelten. Die Rückführung auf primäre Qualitäten kann im Einzelfall kompliziert und schwierig sein, was aber die prinzipielle Vorrangstellung der primären Qualitäten nicht berührt.

Das hohe Maß von Überzeugungskraft und Faszination derartiger reduktionistischer Modelle beruht auf einer ganzen Anzahl gewichtiger Argumente:

- Ein materialistischer Reduktionist kann sich im Bunde mit der mächtigen neuzeitlichen Naturwissenschaft fühlen. Ihr einfaches und im Grunde bescheidenes Verfahren, sich auf die Quantifizierung des reproduzierbar Messbaren zu konzentrieren, mathematische Modelle für die sich so ergebenden Messwerte zu entwickeln, Vorhersagen aus diesen Modellen zu gewinnen und mit weiteren Messungen zu prüfen und gegebenenfalls zur Verbesserung und Erweiterung der Modelle zu verwenden, war spektakulär erfolgreich. Nicht nur hat es einen gewaltigen Schatz von sicheren Erkenntnissen erbracht und uns ein ganz neues und verlässliches Bild unserer Welt in ihren wahren raum-zeitlichen und naturgesetzlichen Tiefen geschenkt, sondern es hat uns auch durch planmäßige Anwendung der Naturgesetze in der neuzeitlichen Technik ein bis dahin unvorstellbares Maß an Naturbeherrschung beschert, das unsere Lebenswelt unumkehrbar revolutioniert hat und mit wachsender Geschwindigkeit weiterhin revolutioniert. Angesichts solcher Erfolge erscheint es geboten, den Anwendungsbereich der naturwissenschaftlichen Methode möglichst weit auszudehnen.
- Reduktionistische Programme waren schon vielfach erfolgreich. Die prinzipielle Reduzierbarkeit von Chemie auf Physik gilt als gesichert, ebenso wie die Reduktion der Wärmelehre und Thermodynamik auf statistische Mechanik. (Im nächsten Abschnitt werden wir allerdings genauer untersuchen, inwieweit hier von Reduktion die Rede sein kann.) Auf die bedeutenden und viele Skeptiker widerlegenden reduktionistischen Teilerfolge in den Lebenswissenschaften und den Neurowissenschaften haben wir schon hingewiesen. Sie wecken vielfach die Hoffnung, dass es nur eine Frage der Zeit bis zum vollständigen Gelingen des reduktionistischen Programms und zum Verstummen der Skeptiker sei.
- Reduktionistische Konzepte in den Lebens- und Neurowissenschaften haben eine Allianz mit der großartigen und überaus einfluss- und erfolgreichen Darwinschen Evolutionslehre geschlossen. Das Auftreten sekundärer Qualitäten wird durch Darwinsche Prozesse von Mutation und Selektion erklärt. Die *evolutionäre Erkenntnistheorie* weist mit Recht darauf hin, dass sich auch der überlebenswichtige menschliche Erkenntnisapparat in Anpassung an seine Umwelt entwickelt hat. In ihrer extremen materialistisch-reduktionistischen

Ausprägung versucht sie allerdings darüber hinaus, den Wahrheitsanspruch einer derartigen Weltsicht dadurch zu begründen, dass sie als Ergebnis der erfolgreichen Anpassung an eine materiell-physikalisch konzipierte Welt hingestellt wird.

Für die verschiedenen Spielarten des soeben beschriebenen materialistischen Reduktionismus ist auch die Bezeichnung *Naturalismus* (Vollmer, 1975) gebräuchlich. Er ist nicht nur eine auf den genannten Argumenten beruhende rein rationale Überzeugung, sondern für seine Vertreter auch eine Herzensangelegenheit. Ein sehr charakteristisches naturalistisches Pathos ist ein deutlicher Hinweis darauf, dass es auch moralische und emotionale Gründe für diese Überzeugung gibt:

- Der Naturalismus vermittelt ein geschlossenes, zusammenhängendes und wissenschaftlich fundiertes Weltbild, das in der Auseinandersetzung mit der Vielfalt unserer Welt Sicherheit und Orientierung verleiht, zugleich mit dem Gefühl, sich auf der Höhe des Wissens seiner Zeit zu befinden.
- Im Besitze eines solchen Weltbildes darf man sich ein wenig sicherer vor unkontrollierbar bedrohlichen Mächten fühlen. Schon Lukrez betont die angstabbauende Funktion des Demokritischen Reduktionismus. Die Reduktion der Qualitäten auf Lagen und Geschwindigkeiten der Atome dient für ihn dem – anachronistisch gesprochen – aufklärerischen Hauptanliegen der epikuräischen Philosophie, nämlich den Geist durch Klarstellung der wahren Ursachen seiner Wahrnehmungen und durch Befreiung von falscher Furcht, wie sie durch „Ammenmärchen" über die Natur hervorgerufen wird, in den Zustand unverletzlicher Festigkeit und Ruhe zu versetzen. Verbunden hiermit ist ein Gefühl und oft auch eine Pose unerschrockener Nüchternheit und kraftvoller Unabhängigkeit. Ein Naturalist legt Wert darauf, dass es in der Welt „überall mit rechten Dingen zugeht" und dass „böse Geister" in ihr keinen Platz haben.
- Damit zusammenhängend, findet man bei Naturalisten nicht selten ein tiefes antireligiöses Ressentiment, das Religion ganz im Sinne von Lukrez mit Aberglauben und Ammenmärchen assoziiert. Auch ist diese Abneigung wohl noch die Reaktion auf vergangenen und vielleicht auch noch gegenwärtigen Missbrauch von Religion zu Zwecken von Ausbeutung, Zwang und Manipulation.
- Oft ist von den Kränkungen die Rede, die der Mensch durch Kopernikus, Darwin und Freud erlitten habe und die ihn immer weiter aus dem Zentrum des Universums, ja sogar aus der Mitte seiner selbst in eine Randstellung entrückt hätten. Wenn nun der Mensch in einer rein bewusstlosen und geistlosen materiellen Welt einsam als geistiges, zu Bewusstsein und Weltorientierung befähigtes Wesen existiert, dann verleiht ihm dies wieder eine heroische Sonderstellung im Kosmos und tröstet über die Kränkungen hinweg, auch und vielleicht gerade dann, wenn sein Bewusstsein auf höchst indirekte und sekundäre Weise zustande gekommen ist. (Hierzu z.B. Monod, 1971)

Wer den Gewinn aus der Unterscheidung zwischen primären und sekundären Qualitäten ziehen will, dem ist damit auch aufgetragen, Klarheit über die Art des Verhältnisses zwischen beiden zu schaffen.

Am einfachsten macht es sich damit ein *eliminativer Reduktionismus*, der in der Art Demokrits den Bezeichnungen sekundärer Qualitäten jede selbstständige Berechtigung abspricht. Einen eliminativen Neuroreduktionismus vertritt beispielsweise P. Churchland (1997): Die gebräuchlichen Bezeichnungen für Bewusstseins- und Gemütszustände werden nur als Termini einer ungenauen, vorwissenschaftlichen „Populärpsychologie" angesehen. Sie hätten allenfalls die Bedeutung summarischer Kurzbezeichnungen, und ihre präzise Fassung würde in der genauen Beschreibung zu Grunde liegender neuronaler Zustände bestehen. Selbst unter Neurowissenschaftlern sind nicht viele zu einer derart radikalen Haltung bereit, die auf eine Entwertung und letztendliche Aufgabe einer Terminologie hinauslaufen würde, die der Mensch in Jahrtausenden des Umgangs mit sich selbst und mit seinesgleichen entwickelt hat und die in ihren verschiedenen Ausprägungen einen wesentlichen Teil seines kulturellen Erbes darstellt. Nur wenigen wird dies als wünschenswert oder auch nur als praktikabel erscheinen.

Wenn man den Unterschied zwischen primären und sekundären Qualitäten aufrechterhalten will, ohne den sekundären Qualitäten ihren Eigenwert abzusprechen, muss man zu subtileren begrifflichen und gedanklichen Hilfsmitteln greifen. Hier ist der Begriff der *Emergenz* von besonderer Bedeutung. „Emergenz" leitet sich von lateinisch „emergere" („auftauchen") her und gibt der Vorstellung Ausdruck, dass sekundäre Qualitäten in einem durch primäre Qualitäten beschriebenen System unter gewissen Umständen auftauchen. Hierbei wird gewöhnlich angenommen, dass dieses Auftauchen dann geschieht, wenn das zu Grunde liegende System eine mehr oder weniger scharfe Schwelle von Komplexität überschreitet. Die sekundären Qualitäten sind dabei völlig legitime Beschreibungen des Systems, basieren aber auf primären Qualitäten und behalten ihnen gegenüber in irgendeiner unterschiedlich aufgefassten Weise einen abgeleiteten, eben „sekundären", zweitrangigen Charakter.

Dieses hier zunächst angedeutete Konzept der Emergenz wird durchaus unterschiedlich aufgefasst. Einerseits erscheint es oft als eine abgemilderte Form des Reduktionismus, die unter Betonung des Eigenwertes von Emergentem eine eliminative Radikalität vermeiden will, anderseits wird „Emergenz" auch mit deutlich antireduktionistischer Stoßrichtung verwendet.

Die doppelte Betrachtung von Teilen der Welt, einmal auf einer grundlegenden und einmal auf einer emergenten Ebene, legt viele Fragen nahe, die je nach Standpunkt unterschiedlich beantwortet werden. Um nur einige zu nennen:

- Wie ist das Basissystem, und wie sind die emergierenden Eigenschaften abzugrenzen? Beispielsweise kann man sich für die Problematik der Emergenz von Psychischem aus materiellen Systemen fragen, ob das materielle System ein Gehirn, ein Individuum oder die gesamte Umwelt eines Individuums sein sollte und ob sich die emergenten psychischen Eigenschaften auf das Individuum oder auch auf seine soziale Umgebung beziehen sollten.
- Was ist der ontologische Status der primären und sekundär-emergenten Qualitäten? Für beide getrennt kann man sich fragen, ob sie ontisch oder epistemisch aufzufassen sind, also sich auf das Sein oder nur auf die Beschreibung der betrachteten Systeme beziehen.
- Inwiefern sind emergente Eigenschaften wirklich neu? Das Wort „Emergenz" scheint nahezulegen, dass emergente Eigenschaften „auftauchen", also bereits vorher vorhanden waren und aus der Verborgenheit in die Sichtbarkeit übergehen. Im Gegensatz dazu wird oft auch betont, dass jenseits einer Komplexitätsschwelle Emergentes gewissermaßen ganz von selbst, gleichsam aus dem Nichts entsteht. Das ließe sich etwa im Geiste der Whiteheadschen Prozessontologie so sehen. In diesem Sinne hat Konrad Lorenz vorgeschlagen, den Terminus „Emergenz", der ein vorheriges Vorhandensein andeutet, durch „Fulguration", also „blitzartige Zündung" zu ersetzen.
- Wie steht es mit der Kausalbeziehung zwischen Grundebene und emergenter Ebene? Kann Emergentes auf die Grundebene einwirken, etwa Psychisches auf Physisches, und, wenn ja, wie?

Wir werden auf diese Fragen noch zurückkommen müssen. Im Weiteren wird unser Vorgehen das folgende sein:

Im anschließenden Abschnitt 2 werden wir uns an die nötige begriffliche Klärungsarbeit machen und Arbeitsdefinitionen des zentralen Konzeptes der Emergenz sowie des eng verwandten Begriffes der *Supervenienz* geben und sie in ihre unterschiedlichen Varianten gegeneinander abgrenzen. Außerdem werden wir eine Reihe von Beispielen für vorgeschlagenes Emergenzverhalten geben, an denen wir uns später orientieren können. Am Beispiel der physikalischen Thermodynamik werden wir insbesondere das Konzept der *kontextuellen Emergenz* vorstellen und auf seine Anwendbarkeit auf andere Situationen untersuchen.

Im Abschnitt 3 werfen wir einen in der Emergenzdiskussion weniger berücksichtigten und unserer Ansicht nach vernachlässigten Gesichtspunkt in die Debatte. Sowohl auf der basalen als auch auf der emergenten Ebene wird im Allgemeinen angenommen, dass die Realitätsverhältnisse einer an der klassischen Physik orientierten Ontologie herrschen. Wir werden Gründe dafür angeben, dass man in manchen Situationen und auf verschiedenen Ebenen eher von quantenartig verfassten Systemen ausgehen sollte.

Das bedeutet keineswegs, dass in diesen Fällen die physikalische Quantentheorie das Feld beherrschen müsste, sondern dass eine teilweise strukturelle Verwandtschaft mit der Quantenphysik im Sinne einer *Verallgemeinerten Quantentheorie* (Atmanspacher et al., 2002, 2006; Filk & Römer, 2011) besteht, so dass quantentheoretische Konzepte wie Komplementarität und Verschränkung auch in einem allgemeineren Rahmen sinnvoll definiert und anwendbar sind. Ein wesentlicher Vorzug der (Verallgemeinerten) Quantentheorie besteht darin, dass sie von Vornherein *dem phänomenalen Charakter der Welt* Rechnung trägt. Damit ist gemeint, dass uns Welt nie direkt gegeben ist, sondern zunächst nur so, wie sie auf unserer inneren Bühne erscheint. Diese Grundtatsache kann für weite Teile unserer Welt, etwa für die Klassische Physik, unberücksichtigt bleiben, sie kann aber gerade dann von entscheidender Bedeutung sein, wenn ein introspektiver Zugang wesentlich wird, wie es bei psychischen Phänomenen oft der Fall ist.

Die quantentheoretische Perspektive wird uns im vierten Abschnitt von Nutzen sein, wenn wir uns den oben schon angerissenen Fragen nach dem ontologischen Status und dem Neuigkeitswert von Emergentem und Supervenientem widmen. Auch werden wir der Frage nachgehen, inwieweit Emergenz Reduktionismus verlangt. In diesem Zusammenhang wird auch das Problem des kausalen Zusammenhanges zwischen Grund- und emergenter Ebene zur Sprache kommen.

Im abschließenden fünften Abschnitt wenden wir uns der Erörterung des Zusammenwirkens von Emergenz und Darwinscher Evolution zu. Emergenz erscheint in diesem Rahmen nicht nur als Beziehung zwischen primären und sekundären Qualitäten, sondern als ein zeitlicher Prozess. Insbesondere setzen wir uns mit den Thesen der evolutionären Erkenntnistheorie auseinander. Gerade in diesem Zusammenhang werden, wie verschiedentlich schon zuvor, einige verborgene Voraussetzungen und Schwächen der naturalistischen Weltsicht zum Vorschein kommen.

2. Begriffsklärungen und Beispiele

Emergenz im weitesten Sinne ist damit verbunden, dass ein Teil der Welt, etwa ein physikalisches System, Eigenschaften aufweist, die so von ihm nicht zu erwarten waren, etwa Leben und Bewusstsein. Dies ist aber noch eine völlig ungenügende Bestimmung von Emergenz. Wenn ich bei einem Freund unerwartete und mich überraschende Züge entdecke, kommt mir das Wort „Emergenz" nicht in den Sinn. Was hinzutritt, ist, dass die Erwartung, die überrascht wird, in besonderer Weise qualifiziert sein muss:

Der Bereich der Welt, um den es geht, ist nicht einfach nur als solcher gegeben, er ist ein gedeuteter, ein mehr oder weniger formal beschriebenes *System*. Paradigmatisch sind die Systeme der Klassischen Mechanik. Unlösbar mit der Vorstellung eines Systems verbunden sind die Begriffe *„Observable“* und *„Zustand“*. Observable sind als wesentlich betrachtete Züge des Systems, die der Beobachtung zugänglich sind. Observable in der klassischen Mechanik sind beispielsweise Orte, Geschwindigkeiten und Massen von Punktteilchen und daraus durch elementare Operationen definierbare Größen wie Impuls, Drehimpuls oder Energie. Solche Observable haben wir oben als primäre Qualitäten bezeichnet. Ein System kann sich zudem in verschiedenen Zuständen befinden, die durch die Werte geeigneter Observablen gekennzeichnet sind. Nicht immer wird die Charakterisierung eines Systems dieselbe Genauigkeit wie bei einem mechanischen System erreichen. Der ontologische Status von Observablen und Zuständen wird verschieden gesehen: Sie können ontisch als objektiv vorhanden und dem System direkt zukommend oder epistemisch im Sinne einer Beschreibung durch herangetragene Begriffe aufgefasst werden. Emergente oder sekundäre Qualitäten im nun schärfer gefassten Sinne sind Züge eines Systems, die nicht in offensichtlicher Weise Observable des Systems sind. Vor diesem Hintergrund wird nun klarer, welcher Art die besondere Qualität der Überraschung ist, die im Zusammenhang mit Emergenz auftritt.

Wenn der Formalisierungsgrad eines Systems ein hohes Niveau wie in der klassischen Mechanik erreicht, dann ist es möglich, die Formalisierung eines Systems von dem damit erfassten Teil der Welt abzutrennen und als eigenes *formales System* zu betrachten. Es kommt dann eine *Interpretationsabbildung* hinzu, die den Elementen des formalen Systems Elemente des konkreten Systems zuordnet. Strukturwissenschaften haben solche formalen Systeme zum Gegenstand. Die Abstraktion eines formalen Systems aus einem konkreten wird als *Modellierung* des konkreten Systems bezeichnet. Ein formales System kann mit unterschiedlichen Interpretationsabbildungen vielfältig interpretierbar und auf konkrete Systeme anwendbar sein. Interessant ist der Fall, in dem sich emergente Größen als Observable eines neuen formalen Systems auffassen lassen, das dann eine andere Modellierung des konkreten Systems, mit dem man begonnen hat, darstellt. Die Emergenzbeziehung wird so zu einer Beziehung zwischen verschiedenen formalisierenden Modellierungen ein und desselben konkreten Systems.

In der klassischen Mechanik gelten die Newtonschen Bewegungsgesetze. Sie definieren eine *Dynamik*, die es erlaubt, wenn der Zustand des Systems zu einer Zeit bekannt ist, Aussagen über die Zustände zu anderen Zeiten zu treffen. Wenn auch in einem emergierten formalen System eine Dynamik definiert ist, dann muss man auch diese Dynamik als emergent betrachten dürfen.

Zur Vorstellung von Emergenz gehört ferner, dass Emergentes in irgendeinem Sinne als abgeleitet aus den primären Observablen gilt, was von vornherein eine gewisse Überschneidung mit reduktionistischen Denkweisen bedeutet.

An der Frage nach dem genauen Status von Emergentem, insbesondere danach, wie weit ein reduktionistisches Element wünschenswert oder unwillkommen, unvermeidlich oder vermeidbar ist, scheiden sich die Geister. Mit unterschiedlichem Zutrauen in die Möglichkeit einer Reduktion unterscheidet man oft zwischen *schwacher* und *starker Emergenz*, je nachdem, ob emergente Eigenschaften nur vorläufig als unvollständig verstanden oder als prinzipiell unverständlich angesehen werden. Die Scheidung der Geister wird besonders in der kaum noch zu überblickenden Debatte zum Materie-Geist-Problem deutlich, die wir hier nicht einmal annähernd wiedergeben können.

Gerade in dieser Frage ist bereits die Terminologie im Umfeld der Emergenzvorstellung höchst uneinheitlich. Es stehen teils Welten, teils höchst subtile Unterschiede zwischen den verschiedenen Positionen, von denen wir nur einige besonders markante und bekannte nennen wollen.

David Chalmers (1996) vertritt einen entschiedenen, von der Vorstellung der Universalität von Information inspirierten antireduktionistischen Standpunkt. D. Dennett (1991) steht in immer wieder leicht veränderter Form für einen gemäßigten Reduktionismus.

Einen sehr originellen Beitrag zur Diskussion gibt Thomas Metzinger (2003, 2009). Im Mittelpunkt seiner Sicht steht die Figur des *transparenten Selbstmodells*. Der Mensch ist ein Wesen, das seine Welt und sich selbst modelliert, ohne dass der Modellcharakter der Modellierungen durchschaut wird. Auf höchst überraschende und subtile Weise nähert sich diese Position einem eliminativen Reduktionismus, indem die herkömmliche Auffassung von Bewusstsein als illegitim angesehen wird.

Der weniger subtile eliminative Reduktionismus von P. Churchland wurde bereits erwähnt, ganz zu schweigen von den grobschlächtigen materialistischen und simpel Darwinistischen Thesen, die, zusammen mit einem erbitterten antireligiösen Ressentiment, R. Dawkins in seinen viel gelesenen Büchern verbreitet.

Materie-Geist und Emergenz sind auch, gerade im Zusammenhang mit der Frage nach der Freiheit des Willens, ein Thema der Philosophie (z. B. Bieri, 2001). Insbesondere umkreist die analytische Philosophie (Kim, 1993) die Vorstellung der Emergenz in der ihr eigenen scharfsinnigen, klärenden und erhellenden, aber, wie mitunter beklagt (Bieri, 2007), auch manchmal ermüdenden und das eigentliche philosophische Bedürfnis unbefriedigend lassenden Weise.

In der postulierten Emergenzreihe „Materie, Leben, Bewusstsein" lebt die uralte *arbor Porphyriana*, (der „Baum des Porphyrius") fort. In der Schöpfung wird mit Mineralien, Pflanzen, Tieren und Menschen eine aufsteigende Stufenfolge zunehmender Vergeistigung erblickt. Emergenz von Bewusstsein gilt allgemein als das schwierigste Problem, schwieriger noch als Emergenz von Leben. Über die Gründe wird noch zu reden sein.

Emergenz wird auch in mannigfachen anderen Zusammenhängen am Werk gesehen, von denen einige hier, nur um die Vielfalt von Emergenzerscheinungen anzudeuten, kurz aufgezählt seien:

a) Als emergent über einer mikroskopischen Beschreibung werden in der Physik Thermodynamik und Strömungslehre, aber auch Materialeigenschaften wie elektrische Leitfähigkeit, Viskosität, Elastizität, Bruchfestigkeit und Ferromagnetismus betrachtet.

b) Turbulenz könnte als emergente Erscheinung der Strömungslehre angesehen werden. Metereologie ist angewandte Strömungslehre der Atmosphäre. Seltsame, höchst charakteristische Erscheinungen wie Tornados, die nicht leicht im Detail verständlich sind, gelten oft als emergent, mindestens im schwachen Sinne.

c) In der Biologie treten emergenzartige Erscheinungen in verwirrender Fülle auf, etwa in der Ausbildung echter Zellkerne, im Übergang zur Mehrzelligkeit, beim Auftauchen von plastischem, zweiäugigem Sehen, in der Staatenbildung von Insekten, beim überraschend koordinierten Verhalten von Fisch- und Vogelschwärmen, das oft geradezu als Schwarmintelligenz bezeichnet wird, oder in Ökologie und Pflanzensoziologie.

d) Soziologie und Kulturwissenschaften kennen viele kollektive Phänomene, die nicht ohne weiteres auf die Individuen einer Gesellschaft zurückzuführen sind. Man denke nur an die vielfältigen Erscheinungen der Gruppendynamik, an Massenphänomene wie Begeisterung und Panik oder an das Aufblühen und Untergehen von Kunststilen oder ganzen Kulturen.

e) Das eigenartig autonome Verhalten des Marktes in den Wirtschaftswissenschaften verhält sich emergent zu den atomaren „homines oeconomici".

f) In der Informatik ist die Problemlösefähigkeit von Computern emergent über ihren Schaltkreisen. Aus Programmen können ganze virtuelle Welten mit unvorhersehbaren Eigenschaften entspringen, ebenso kann im Zusammenwirken von Programmsystemen Neues emergieren.

g) Selbst in der Mathematik ist Emergenz nicht selten. So können sich in der mehrfachen Anwendung ganz einfacher Transformation- oder Bildungsgesetze völlig überraschende Strukturen von unglaublicher Komplexität und gespenstischer Lebensähnlichkeit ausbilden. Als Beispiel seien nur Conways *Game of Life* (Genaueres z. B. im *Wikipedia*-Artikel „Conways Spiel des Lebens oder Mandelbrots Apfelmännchen (Mandelbrot, 1965, sowie *Wikipedia*-Artikel „Mandelbrot-Menge)" genannt. Morphogenese und Katastrophentheorie sind geradezu allgemeine mathematische Theorien von Emergenzerscheinungen.

h) Zweifellos geht der Gehalt eines Textes, etwa eines dichterischen Werkes, über die Verteilung der Druckerschwärze auf dem Papier hinaus. Von einer Emergenzbeziehung würde man in diesem Zusammenhang wohl noch nicht sprechen, da die Bedeutung des Textes von vornherein geplant und hineingelegt war, so dass das Element der Überraschung fehlt. Es ist aber sehr wohl die Frage, ob und inwieweit Sinnhaftes auch auf einem ganz andersartigen Träger emergieren kann. Damit hängen die schwierigen Fragen nach der Natur von Zeichenhaftigkeit, Bedeutung und Information zusammen, auf die wir hier nicht eingehen können.

Beim Blick auf diese Beispiele fällt auf, dass man in allen Fällen bereit ist, dem Emergenten vollgültige Realität einzuräumen. Das reduktionistische Pathos, das eifrig darauf besteht, dass die emergente Ebene ontologisch zweitrangig sei und dass ihr nur verminderte epiphänomenale Realität zukomme, trifft man so nur an, wenn es um die Emergenz von Leben und mehr noch von Bewusstsein geht.[2] Hier scheint mehr auf dem Spiel zu stehen, nämlich ein ganzes materialistisch-naturalistisches Weltbild.

Wir müssen in unserer begrifflichen Klärungsarbeit noch einige Schritte weiter gehen. *Supervenienz* (Mittelstraß & Metzeler, 1995, Artikel „Supervenienz“) ist ein eher technischer Begriff, der im Problemumfeld von Emergenz, Reduktion und Vielfachheit von Beschreibungsebenen gerade von der analytischen Philosophie gern herangezogen wird. Man sagt, dass eine Familie von Eigenschaften A über einer Familie B superveniert, wenn jede Änderung in A von einer Änderung in B begleitet wird, aber nicht unbedingt jede Änderung in B mit einer Änderung in A korrespondiert. So sollen beispielsweise psychische Zustände über neuronalen oder physikalischen Zuständen supervenieren. In diesem Sinne können emergente Eigenschaften über einem Grundbereich supervenieren. Die Frage liegt darin, wie Natur und Zustandekommen einer Supervenienzbeziehung zu verstehen sind, wenn nicht in reduktionistischer Weise Zustände in A einfach eine andere Bezeichnung für Klassen von Zuständen in B sein sollen. Ohne eine Antwort auf diese Frage ist Supervenienz nur die Benennung, nicht aber die Lösung eines Problems (Kim, 1993). Auf eine mögliche Schwäche der Supervenienzvorstellung werden wir im nächsten Abschnitt stoßen.

Bei einer Supervenienzbeziehung unterscheidet man zwischen *de facto Supervenienz*, die einfach ohne Erklärung festgestellt wird, und *notwendiger Supervenienz*. J. Kim verfeinert innerhalb der notwendigen Supervenienz noch zwischen *schwacher Supervenienz* und *starker Supervenienz*, je nachdem, ob die Notwendigkeit nur in einer oder in jeder möglichen Welt besteht.

---

2 Interessanter Weise hat der antike reduktionistische Atomismus keine Emergenz von psychischem aus Materiellem, sondern die Existenz eigener Seelenatome angenommen.

Zum Schluss dieses Abschnittes wollen wir noch die höchst instruktive Emergenzbeziehung zwischen Mikrophysik und Thermodynamik näher beschreiben.

In großen physikalischen Systemen, die aus vielen Milliarden von Komponenten bestehen, ist eine detaillierte mikrophysikalische Beschreibung weder praktikabel noch wirklich wünschenswert. Man ersetzt die mikroskopische Beschreibung durch eine makroskopisch-phänomenologische Beschreibung mit Hilfe von *Makrozuständen*, bei der die wirklich interessierenden thermodynamischen Variablen wie Temperatur, Druck oder Volumen als neue Observable auftreten. Beispielsweise lässt sich ein Glas Wasser mikroskopisch als Ansammlung von 10^{24} (einer Billion Billionen) wechselwirkenden Molekülen oder thermodynamisch als System mit Temperatur, Volumen, Druck und Entropie beschreiben. Es liegt hier der oben beschriebene günstig gelagerte Fall vor, dass ein und dasselbe konkrete System durch zwei verschiedene mit Dynamiken ausgestattete formale Systeme mit unterschiedlichen Kontexten beschrieben wird, nämlich einmal mit den Mitteln der Mikrophysik und einmal im Formalismus der Thermodynamik.

Was man gewöhnlich als die Zurückführung der Thermodynamik auf Mikrophysik bezeichnet, ist ein Prozess in zwei Schritten:

Zunächst ersetzt man die mikrophysikalische Beschreibung der Zustände, die ohnehin praktisch nicht mehr zugänglich sind, durch eine statistische Beschreibung. Hierzu führt man so genannte *gemischte Zustände* ein, das sind Ensembles, Gesamtheiten, Mengen von Mikrozuständen mit einer Wahrscheinlichkeitsbelegung, die jedem Mikrozustand der Gesamtheit eine Wahrscheinlichkeit zuordnet. In einem zweiten Schritt identifiziert man die *Makrozustände*, die durch die Werte der thermodynamischen Makroobservablen charakterisiert sind, mit geeigneten gemischten Zuständen. Es gibt viele gemischte Zustände, die keine thermodynamische Deutung haben.

Einige Observable, wie die Gesamtenergie des Systems, sind der mikroskopischen und der thermodynamischen Beschreibung gemeinsam. Im Allgemeinen aber ist die Identifikation der thermodynamischen Makroobservablen, etwa der Temperatur, weder durch die mikroskopische Beschreibung noch durch die gemischten Zustände erzwungen. Sie erfolgt vielmehr durch Herantragen eines anderen Kontextes an das konkrete, zunächst nur mikrophysikalisch beschriebene System. Aus diesem Grund sprechen Atmanspacher und beim Graben (Atmanspacher & beim Graben, 2007) in diesem Zusammenhang von *kontextueller Emergenz*.

Damit diese kontextuelle Emergenz gelingt, muss noch eine weitere Bedingung erfüllt sein: Die gemischten Zustände, die den thermodynamischen Makrozuständen entsprechen, müssen ein ausreichendes Maß an Stabilität unter der mikroskopischen Dynamik aufweisen. Andernfalls würde sich ein solcher gemischter Zustand schnell in einen anderen gemischten Zustand entwickeln können, der keine makroskopische Deutung zuließe.

Die kontextuelle Emergenz der Thermodynamik ist ein besonders gut verstandenes Musterbeispiel von Emergenz. Es besteht vielfach die Hoffnung, dass sich andere Emergenzsituationen nach diesem Muster richten. Damit ist allerdings viel verlangt: Basisebene und Emergenzebene müssen beide gut formalisierbar und mit Dynamiken ausgestattet sein. Außerdem muss die eben genannte Stabilitätsbedingung erfüllt sein.

Was die Emergenz der psychischen aus der neuronalen Beschreibung angeht, ist die Lage etwa die folgende: Auf neuronaler Ebene ist die Formalisierbarkeit weitgehend gegeben. Zustände und Observable können als genügend bekannt gelten, Einschränkungen sind allenfalls im Verständnis der Dynamik größerer neuronaler Komplexe zu machen. Auf psychischer Ebene ist die Situation weniger befriedigend. Es existiert keine umfassende Klassifikation der psychischen Zustände und Observablen und erst recht keine vollständige psychische Dynamik. Genauigkeit wird nur um den Preis einer engen Beschränkung auf einige wenige leicht operationalisierbare Größen erreicht, die oft geradezu so auf die neurologische Beschreibung zugeschnitten erscheinen, dass die Emergenzbeziehung zu einer nahezu trivialen Identifikation entartet. Unklar ist, inwieweit das Stabilitätserfordernis erfüllt ist. Man hat einerseits den Eindruck, dass oft sehr unterschiedliche neuronale Zustände demselben psychischen Zustand entsprechen, anderseits auch nicht selten eine kleine Änderung des neuronalen Zustandes zu einer großen Änderung des psychischen Zustandes gehört. Ferner: Was ist mit gemischten neuronalen Zuständen ohne psychische Deutung? Am Beispiel der Thermodynamik haben wir überdies gesehen, dass selbst bei gelungener kontextueller Emergenz der Traum eines reduktionistischen Maximalprogrammes, dass sich die emergente Ebene in allen Zügen und ohne Zutaten zwangsläufig aus der Basisebene ergibt, nicht verwirklicht ist.

3. Emergenz und Quantentheorie

Ein naiver Realismus nimmt an, dass wir die Welt im Wesentlichen so sehen, wie sie „wirklich ist“. Die Quantenmechanik ist eine physikalische Theorie, die sich von jedem naiven Realismus gelöst hat, und zwar nicht aus Gründen von Zeitgeist, Mode oder Laune, sondern zögernd und geradezu widerwillig unter dem Zwang harter experimenteller Tatsachen. In der neuzeitlichen Philosophie hat spätestens Kant dem naiven Realismus den Boden entzogen, und für die zeitgenössische Philosophie ist er als Position kaum noch diskutabel. Dennoch scheint das Weltverständnis vieler praktizierender Naturwissenschaftler, besonders, wenn sie sich zu einer strengen Form des Naturalismus bekennen, mehr oder weniger bewusst und ausdrücklich von einem naiven Realismus durchtränkt zu sein.

Es ist, wie schon im ersten Abschnitt erwähnt, kaum bestreitbar, dass uns Welt nie direkt gegeben ist, sondern nur so, wie sie uns unser Erkenntnisapparat auf unserer inneren Bühne präsentiert. Mag es manchmal möglich sein, von diesem phänomenalen Charakter der Welt abzusehen, so gewinnt er doch in erkenntnistheoretisch anspruchsvolleren Bereichen wie der menschlichen Psyche aus der Innenperspektive konstitutive Bedeutung.

Die einfache Tatsache der Phänomenalität der Welt hat tiefgreifende Konsequenzen, und die Quantentheorie ist die erste physikalische Theorie, die sich ihnen stellt. Insofern ist es ein wenig befremdlich, dass in der Diskussion um Emergenz so wenig die Rede von Quantentheorie ist. Zwar emergiert die Thermodynamik in der neueren Statistischen Mechanik aus einem komplexen mikroskopisch beschriebenen quantenmechanischen System, aber bereits in der Thermodynamik gelten die Realitätsverhältnisse einer klassischen Theorie. Dasselbe wird allgemein für emergente Systeme oder Beschreibungen angenommen, vielleicht in der Meinung, dass sich „große Systeme" per se klassisch verhalten müssten. Wir werden bald Argumente gegen diese Annahme geben.

Die Quantenmechanik trägt dem phänomenalen Charakter der Welt Rechnung, indem in ihr physikalische Systeme immer beobachtete Systeme sind. Entsprechend zentral ist die Bedeutung, die sie dem Begriff der Messung zuschreibt. Für einen von uns formulierten begrifflichen Kern der Quantentheorie unter dem Namen „Verallgemeinerte Quantentheorie", der sich formalisieren (Atmanspacher et al., 2002, 2006; Filk & Römer, 2011) und weit über den Bereich der Quantenphysik hinaus anwenden lässt, kann man feststellen:

- Eine quantentheoretische Messung ist nicht die bloße Registrierung eines bestehenden Faktums, sondern in gewisser Weise ein phänomenerzeugender Akt. Wenn sich bei der Messung einer Observablen M ein Messergebnis m ergibt, so hat ein Übergang von Potentialität in Faktizität stattgefunden. Das faktische Messergebnis m ist durch die Messung „zugemessen", erzeugt, „festgestellt" im doppelten Wortsinne.
- Nach der Messung von M mit dem Ergebnis m ist das System in einem Eigenzustand z_m *der Observablen M zum Eigenwert m.* Dies ist ein Zustand, in dem eine unmittelbar folgende erneute Messung von M mit Sicherheit wieder den Wert m ergibt. Das ist gerade Ausdruck des faktenerzeugenden Charakters der Gewinnung des Messwertes m. Vor der Messung hingegen war der Messwert unbestimmt.
- Typisch für die Quantentheorie ist die Möglichkeit, dass zwei Observable M und N komplementär sind. Das ist dann der Fall, wenn Messungen von M und N nicht miteinander vertauschbar sind und sich ein unterschiedlicher Zustand ergibt in Abhängigkeit davon, ob zuerst M mit Ergebnis m und dann N mit Ergebnis n gemessen wird oder ob die Reihenfolge der Messungen umgekehrt wird. Der

> Zustand des Systems nach beiden Messungen ist auf jeden Fall ein Eigenzustand der zuletzt gemessenen Observablen. Bei komplementären Observablen wird es Eigenzustände der einen Observablen geben, die nicht zugleich Eigenzustände der anderen Observablen sind, in denen also das Ergebnis einer Messung der anderen Observablen mit Notwendigkeit unbestimmt ist.

In anderen Worten: Komplementären Observablen können im Allgemeinen nicht zugleich faktische Messwerte zugeschrieben werden. Zudem ändert die Messung einer Observablen den Zustand eines Systems immer dann, wenn sich das System vor der Messung nicht in einem Eigenzustand der Observablen befunden hat.

Das Standardbeispiel für komplementäre Observable sind die Orts- und Impulsobservable in der Quantenmechanik. Wenn der Wert der einen von ihnen bekannt ist, dann ist der Wert der anderen stets ungewiss. Kein System kann zugleich scharfe Werte für Ort und Impuls haben. Es gibt eine Fülle von Beispielen dafür, dass Komplementarität von Observablen auch außerhalb des Bereiches der Physik auftritt (Atmanspacher et al., 2002, 2006; Atmanspacher & Römer, 2012; Filk & Römer, 2011). Dies ist immer dann zu erwarten, wenn eine Messung notwendig zu einer Zustandsänderung des Systems führt. In paradigmatischer Weise ist dies für psychische Systeme aus introspektiver Perspektive der Fall. Dies macht die Emergenz von Psychischem zu einem besonders schwierigen Problem. An anderer Stelle (Römer & Walach, 2011) haben wir Argumente dafür gegeben, dass auch Komplementarität zwischen phänomenal-psychischen und neuronal-physiologischen Observablen bestehen sollte, was natürlich für die Emergenz von Psychischem von Belang ist.

Wir sehen, dass sich die Komplementaritätsbeziehung und die im vorigen Abschnitt beschriebene Supervenienzbeziehung in ihren Anwendungsbereichen überlappen können. Ein Vergleich zeigt aber auch große Unterschiede zwischen beiden:

- Die Supervenienzbeziehung betrifft zwei verschiedene formale Systeme, die ein konkretes System beschreiben, Komplementarität besteht in ein und demselben formalen System.
- Supervenienz handelt in erster Linie von Zuständen und allenfalls in zweiter Linie von Observablen, Komplementarität nur von Observablen.
- Supervenienz ist eine asymmetrische, Komplementarität eine symmetrische Beziehung. Supervenienz ist im Gegensatz zur Komplementarität im Allgemeinen mit einer „Vergröberung“ der Beschreibung des Basissystems durch Klassenbildung von „Mikrozuständen“ verbunden.

Allerdings gibt es auch Gemeinsamkeiten:

- Die charakteristische Haupteigenschaft der Supervenienz: „Keine Änderung im supervenienten Bereich A ohne Änderung im Grundbereich B“ ist, was Zustände betrifft, für die Komplementaritätsbeziehung trivialerweise erfüllt, da es dabei ja nur um Zustände ein und desselben Systems geht. Sie gilt aber auch für die Wahrscheinlichkeitsverteilung der Messwerte komplementärer Observablen. Es ist praktisch unmöglich, nur die eine, nicht aber die andere zu ändern.[3]

- Sowohl die Konstruktion des zusätzlichen formalen Systems bei Supervenienz als auch die Identifikation zusätzlicher komplementärer Observablen sind kontextuell durch Herantragen eines neuen zusätzlichen Gesichtspunktes zum bereits bestehenden Kontext bedingt und nicht zwingend in allen Zügen vorgegeben.

Die Thermodynamik ist ein Beispiel dafür, dass klassische Theorien aus Quantentheorien emergieren können. J. Honerkamp (2013, darin besonders Kap. 5), dem das Verdienst zukommt, als einer der wenigen Quantentheorie in seine Überlegungen zur Emergenz einzubeziehen, schlägt vor, dass Realitätsverhältnisse, wie sie in der klassischen Physik herrschen, ganz allgemein durch Emergenz aus Quantentheorie zu erklären seien. Sicher ist der Zustand eines Quantensystems zunächst nur ein „Erwartungskatalog" von Potentialitäten für das Ergebnis von Messungen. Aber das entscheidende Element der Faktizität von Messergebnissen ist bereits von vornherein Bestandteil der Quantentheorie und nicht erst aus ihr emergent. Die Theorie der Dekohärenz (Giulini et al., 1996) zeigt, dass das klassische Verhalten großer Systeme daher rührt, dass sie durch Wechselwirkung mit ihrer Umgebung, etwa mit der kosmischen Hintergrundstrahlung, von der sie nicht effektiv abtrennbar sind, permanent gemessen werden.

Auch der umgekehrte Fall, dass ein quantenartiges System aus einem klassischen emergiert, ist möglich. Die Emergenz von Psychischem aus einer klassischen neuronalen Grundlage ist ein mögliches Beispiel für eine solche besonders schwierige Emergenzbeziehung. P. beim Graben und H. Atmanspacher (2006) haben gezeigt, wie Komplementarität in großen klassischen Systemen durch gewisse „mischende" Partitionen ihrer Zustände entstehen kann. Vergleiche auch (Römer et al., 2011).

Verschränkung ist ein eigenartiger und höchst charakteristischer Zug quantenartiger Systeme. Verschränkung kann und wird auftreten, wenn folgende Bedingungen erfüllt sind:

- Es lassen sich in einem System Teilsysteme identifizieren und *globale Observable*, die sich auf das System als Ganzes beziehen, von *lokalen Observablen* unterscheiden, die zu den Teilsystemen gehören.

---

3 Eine mögliche Ausnahme wäre für die Ortsobservable Q und die Impulsobservable P in der Quantenmechanik wie folgt zu konstruieren: Die Ortswellenfunktionen $\psi_q(x)$ und $\psi'_q(x) = e^{i\alpha(x)}\,\psi_q(x)$ haben dieselben Ortsverteilungen $|\psi_q(x)|^2 = |\psi'_q(x)|^2$, aber unterschiedliche Impulsverteilungen $|\psi_p(p)|^2 \neq |\psi'_p(p)|^2$. Dies ist aber eine Ausnahmesituation. Bei Vorliegen einer Eichsymmetrie herrscht zudem vollständige physikalische Gleichwertigkeit der gestrichenen und ungestrichenen Wellenfunktionen.

- Es gibt eine globale Observable, die zu lokalen Observablen komplementär ist.
- Das System befindet sich in einem so genannten *verschränkten Zustand*, in dem der Ausgang von Messungen der lokalen Observablen ungewiss ist, beispielsweise in einem Eigenzustand der globalen Observablen.

Zwar ist der Ausgang von Messungen an Teilsystemen in einer solchen Situation unbestimmt, es zeigen sich aber seltsame *Verschränkungskorrelationen* zwischen den Messwerten an verschiedenen Teilsystemen. Das physikalische Standardbeispiel dafür ist ein System von zwei Teilchen mit Spin ½ im Singulettzustand. Wenn man die Komponente des Spins eines Teilchens bezüglich einer Achse misst, dann ist unbestimmt, ob sie in Richtung der Achse oder in Gegenrichtung gefunden wird. Eine Messung am anderen Teilchen bezüglich derselben Achse wird aber ein strikt antikorreliertes Ergebnis, nämlich Ausrichtung in der Gegenrichtung des ersten Teilchens liefern. Auch außerhalb der Physik lassen sich viele Erscheinungen als Verschränkungsphänomene deuten (Römer, 2011; Kap. 2 und Kap. 3 in diesem Band). Wichtig ist es, festzuhalten, dass Verschränkungskorrelationen Korrelationen ohne Wechselwirkung sind. Ein verschränkter Zustand kommt zwar oft durch kausale Einwirkungen zustande, aber die Verschränkungskorrelationen selbst sind nicht Ausdruck von Wechselwirkungen zwischen den Teilsystemen und können auch nicht zur Übermittelung von Einwirkungen oder Signalen zwischen den Teilsystemen verwendet werden. Sie sind Ausdruck des holistischen Charakters von Quantensystemen: Das Ganze determiniert nicht seine Teilsysteme, ist aber in nicht kausalen Korrelationen zwischen den Teilsystemen anwesend. Der Hinweis auf die Existenz nicht kausal vermittelter Korrelationen ist deshalb wichtig, weil unter dem Einfluss der Physik eine Neigung zu verzeichnen ist, Verständnis geradezu mit dem Aufweis von Kausalbeziehungen zu identifizieren. Natürlich hat man es nicht nur in der Quantentheorie mit nicht kausalen Korrelationen zu tun. So ist die Beziehung der Winkel eines Dreiecks sicher keine Kausalbeziehung im Sinne einer *causa efficiens*. Gerade aus naturalistischer Sicht gerät aber die Rolle von Mustern und Formen als „Anordner" mit einem den Kausalbeziehungen ebenbürtigen Erklärungspotential leicht in Vergessenheit.

Sinnbeziehungen sind ein weiteres Beispiel für nicht-kausale Beziehungen. Schöpferische Leistungen bestehen gerade im Auffinden von Sinn-und Formbeziehungen. Auch die schöpferischen Leistungen beim Auffinden neuer Kontexte und Observablen gehören in diesen Umkreis. Es ist verlockend, in quantentheoretischer Sprache Sinn- und Gestaltbeziehungen als Verschränkungskorrelationen zu beschreiben und ihr intuitives Auffinden als Leistung eines besonderen „Verschränkungssinnes" zu deuten (Römer, 2011; Kap. 2 und Kap. 7 in diesem Band; Römer & Jacoby, 2017).

4. Emergenz und Ontologie

Bevor wir uns eingehender den in der Einleitung angesprochenen Fragen nach der Abgrenzung von Systemen sowie nach dem ontologischen Status, dem Neuigkeitscharakter und den kausalen Beziehungen unerwarteter emergenter Eigenschaften zuwenden, wollen wir uns einige Gesichtspunkte in Erinnerung rufen, die sich aus dem Studium der kontextuellen Emergenz und der Einbeziehung quantenartiger Systeme ergeben haben:

- Wenn wir nicht in einen obsoleten naiven Realismus verfallen wollen, dann dürfen wir nicht den phänomenalen Charakter der Welt und die Rolle des Menschen in ihr als Repräsentationen und Modelle bildendes Wesen vergessen.
- Emergenz als eine Weise, wie Unerwartetes in einer Weltbeschreibung auftritt, ist nicht alternativlos. Es könnte geboten sein, auch Erweiterungen von Systemen durch neue komplementäre Observable oder, allgemeiner, einfach durch Einbeziehung anderer Gesichtspunkte in Betracht zu ziehen.
- Kontextualität ist ein entscheidender Zug, dem wir sowohl bei der kontextuellen Emergenz als auch im Zusammenhang mit Komplementarität begegnet sind. Neues, unter dem Verdacht der Emergenz Stehendes ergibt sich nicht zwangsläufig aus der Basisbeschreibung, sondern durch Herantragen eines anderen Kontextes, dessen Herkunft zu hinterfragen ist. Damit zusammen hängt das Problem des Ursprungs schöpferischer Leistungen.
- Nicht jede Erklärungs- und Verständnisleistung muss im Aufzeigen von Kausalzusammenhängen bestehen. Auch Sinn- und Formbeziehungen können wertvolle, sogar vollwertige Erklärungen erbringen.

„Emergenz" und „Supervenienz" bedeuten „Auftauchen" und „Darüberkommen". Diese Wortwahl legt bereits nahe, dass das neu Hinzukommende einer höheren Stufe angehört, einer Schicht, die „über" einer „Basis" liegt. Die bereits erwähnte *arbor Porphyriana* drückt sogar die Vorstellung einer Seinsordnung mit einer ganzen Hierarchie auseinander emergierender Ebenen aus. In der Tat ist Supervenienz, wie wir gesehen haben, eine im Wesentlichen unsymmetrische Beziehung, und auch die Beispiele von Emergenz, die wir ausführlicher diskutiert haben, sind von dieser Art. Unsymmetrie zwischen Basis und Emergenzebene kommt zusätzlich dadurch hinein, dass Emergenz gewöhnlich mit höherer Komplexität in Verbindung gebracht wird. Mit der Identifikation einer zusätzlichen zu den bisherigen Observablen komplementären oder nicht komplementären Observablen innerhalb ein und desselben Systems ist eine solche Unsymmetrie nicht notwendig verbunden. Es stellt sich die Frage, inwiefern der mit Emergenz und Supervenienz verbundene Stufenbau wirklich einer Seinsordnung entspricht oder ob er eher von der Reihenfolge bedingt ist, in der man verschiedene Sichtweisen an ein System heranträgt.

Hierzu ist zunächst festzustellen, dass Komplexität ein relativer, auf eine vorgegebene Form der Beschreibung bezogener Begriff ist. Wir haben am Beispiel der Thermodynamik gesehen, dass eine makroskopische Beschreibungsweise sich als Vereinfachung dann anbietet, wenn die mikroskopische Beschreibung zu umfangreich und zu kompliziert wird. Allerdings kann auch die thermodynamische Beschreibung eines Systems sehr mühsam und schwerfällig werden, wenn es um kleine Schwankungen der thermodynamischen Größen oder um die Dynamik von thermodynamischen Systemen geht, die sehr weit vom Gleichgewichtszustand entfernt sind. Das kann so weit gehen, dass die mikroskopische Beschreibung einfacher wird als die makroskopische. In der Tat zieht man in solchen Fällen eine molekulardynamische einer thermodynamischen Behandlung eines Systems vor. Hier scheint sich die Richtung der Emergenz umgekehrt zu haben und die mikroskopische Sicht aus der makroskopischen Sicht zu emergieren. Historisch war die erfolgreiche Behandlung von Fluktuationserscheinungen ein Triumph der Atomtheorie, der dazu geführt hat, dass Atome nicht nur als fiktive Rechengrößen, sondern als vollgültige Bestandteile der Realität Anerkennung fanden.

Für eine symmetrischere Deutung der Emergenzbeziehung spricht auch, dass Emergentes gegenüber seiner Basis ein hohes Maß von Selbstständigkeit gewinnen, ja sich (fast) ganz von seiner Basis lösen kann. Die Informationsverarbeitungsleistung eines Computers ist von seiner Hardware weitgehend entkoppelt und kann materiell ganz unterschiedlich realisiert werden. Für Leben und Geist herrschen offenbar ganz ähnliche Verhältnisse, für ein dichterisches Werk ist es ohne großen Belang, auf welchem Papier und in welchen Lettern es gedruckt ist oder ob es gar auf der Festplatte eines Computers residiert. Ein Dom hat als Struktur wenig mit den Steinen zu tun, aus denen er gebaut ist. Geld schließlich hat sich als Entität ganz von dem Metall emanzipiert, aus dem es ursprünglich hervorgegangen ist.

Ein reduktives Verständnis von Emergenz träumt davon, das Weltganze durch stufenweise Emergenz aus einer letztlich fundamentalen, gewöhnlich physikalisch vorgestellten Ebene hervorgehen lassen zu können. Von der Elementarteilchenphysik wird oft eine solche physikalische Grundlegung erhofft. Es ist aber höchst zweifelhaft, ob eine solche Grundebene schon erreicht ist, ja, ob sie überhaupt existiert. Auch mehren sich die Anzeichen dafür, dass die Elementarteilchenphysik sich kaum von der Kosmologie trennen lässt, die doch eigentlich aus ihr emergieren sollte.

Wir werden zu dem Schluss gedrängt, dass man außer einem objektiv hierarchischen Verhältnis verschiedener Beschreibungsmöglichkeiten sehr ernsthaft Alternativen wie symmetrische, komplementäre oder zyklische Beziehungen von Beschreibungsebenen erwägen sollte.

Emergenz, zumal in der differenzierten Form der kontextuellen Emergenz, ist uns dort, wo wir sie genauer fassen konnten, immer als eine Beziehung zwischen verschiedenen Modellierungen, Theorien und Beschreibungsweisen begegnet. Dasselbe gilt in eher noch stärkerem Maße für Supervenienz. Wir haben es also hier mit vorzugsweise epistemischen und nicht mit ontischen Konzepten zu tun. Ob und wo ein ontisches Element hinzutritt, bleibt zu untersuchen. Das Hinzutreten einer neuen Observablen oder eines neuen Gesichtspunktes ist ebenfalls in erster Linie ein Geschehen im Bereich des Epistemischen.

Die (Verallgemeinerte) Quantentheorie nimmt zwischen den Polen „ontisch" und „epistemisch" eine eigenartige Zwischenposition ein. Einerseits sind Systeme der Quantentheorie niemals ganz vom Beobachter gelöste, sondern immer beobachtete Systeme, was sich in der überragenden Rolle äußert, die dem Beobachter und dem Heisenbergschen Schnitt, einem *epistemischen Schnitt* zwischen Beobachter und Beobachtetem, zukommt. Anderseits ist im Begriff des quantentheoretischen Zustandes eine eigenartige Ontologie von Potentialitäten, die erst durch Beobachtung zu Fakten werden, enthalten. Der ontologische Status dieser Potentialität wird durch die experimentell bestätigte Verletzung der Bellschen Ungleichungen erhärtet. Observable nehmen in der Quantentheorie eine Zwitterstellung zwischen Beobachter und Beobachtetem ein: Sie gehören weder ganz auf die eine, noch ganz auf die andere Seite, sondern sitzen gewissermaßen rittlings auf dem epistemischen Schnitt, gleichsam mit einem Bein auf jeder Seite. Hierin kommt erneut der phänomenale Charakter der Welt zum Ausdruck: Jede Erkenntnis ist Erkenntnis von jemandem über etwas.

Information ist ein Neuling unter den physikalischen Größen, der sich seit einigen Jahrzehnten gerade im Zusammenhang mit Emergenzerscheinungen immer mehr in den Vordergrund drängt. Der enge Zusammenhang von Information und thermodynamischer Entropie tritt nun deutlich hervor. Information hat denselben zwitterigen Charakter wie quantentheoretische Observable, da Information zwar einerseits Information über ein System ist, anderseits aber nur für einen Beobachter existiert, der über einen Schlüssel und einen Rahmen verfügt, der es ihm ermöglicht, gewisse Züge eines Systems in ihrer Zeichenhaftigkeit als Botschaften zu deuten. Insofern ist die Etablierung von Information ein Schritt auf dem Weg, Sinnhaftes, Bedeutungsvolles und Zeichenhaftes in die Beschreibung von Systemen einzubeziehen.

Ein starkes und entscheidendes ontisches Element, das zu jeder epistemischen Beschreibung und Modellierung hinzutritt, ist die *Widerständigkeit der Natur.* Es gibt einen unleugbaren und unüberwindlichen Unterschied zwischen gelungenen und misslungenen Beschreibungen und Modellierungen. Der Mensch ist zwar weitgehend frei darin, in welchem begrifflichen Rahmen er welche Fragen an die Natur richtet. Die Antwort auf seine Fragen richtet sich aber nicht nach dem Willen des Fragenden. Die Natur lässt sich nicht widerstandslos jede Struktur überstülpen. Insofern haben Strukturen, auch wenn sie sich in einem frei vorgegebenen begrifflichen Rahmen offenbaren, objektiven ontologischen Charakter. Man drückt das manchmal so aus: Die Natur stellt von sich aus keine Fragen, gibt aber Antwort auf gestellte Fragen. Hier zeigt sich wieder die geheimnisvolle Problematik von Schöpfertum, der Herkunft von Kontexten und Begriffen und dem Entstehen von Welt im Zusammenwirken eines Erkenntnis suchenden Bewusstseins mit der ihm gegenüberstehenden und von ihm durch den epistemischen Schnitt getrennten Natur, für die wir an anderer Stelle (Römer & Jacoby, 2017; Kap. 7) eine Lösung versucht haben.

J. Honerkamp (2013, bes. S. 87ff.) gibt Emergentem zusätzlich dadurch ontologisches Gewicht, dass er zwischen objektiven Phänomenen wie Gefrieren und Verdampfen und subjektiven Beschreibungsweisen wie Thermodynamik unterscheidet. Mir scheint, dass es wegen des phänomenalen Charakters der Welt begriffslose, unbenannte, gewissermaßen nackte Phänomene nicht gibt. Dass sich viele Phänomene wie Wärme und Kälte zusammen mit ihrer Benennung geradezu aufzudrängen scheinen, liegt wohl an unserer überlieferten und ererbten kulturellen und kategorialen Ausstattung. Auch ohne eine derartige weitere ontologische Aufwertung sind wir in unserer Erkundung von Emergenz nirgendwo einer Zweitrangigkeit von „Emergentem" gegenüber dem „Grundbereich" begegnet. Eine solche wird auch, wie gesagt, in den Beispielen aus Abschnitt 2 kaum angenommen und wird in vollem Ernst eigentlich nur vom Neuroreduktionismus unterstellt.

Wenn man nicht den Extremstandpunkt eines eliminativen Reduktionismus einnehmen will, dann stellt sich die Frage nach dem Neuigkeitswert von Emergentem. Angesichts der bereits festgestellten Kontextualität von Emergenz lässt sich die Frage weiter präzisieren: Werden die emergenten Eigenschaften, Begriffe und Modellierungen neu geboren wie Athene aus dem Haupte des Zeus, oder haben sie in irgendeiner Weise schon vorher zum Weltbestand gehört? Wieder taucht hier die Problematik von Ursprung und Grenzen menschlicher Kreativität, von Finden und Erfinden auf, der wir hier nicht im Einzelnen nachgehen können. Es spricht aber auf jeden Fall sehr viel für die zweite Alternative. Bei dem ausgearbeiteten Beispiel der kontextuellen Emergenz der Thermodynamik war der Kontext der Wahrscheinlichkeitstheorie nicht einfach aus der Mikrophysik entsprungen, sondern lag schon bereit und war auch in ganz anderen Zusammenhängen anwendbar. (In der Tat ist auch eine statistische Beschreibung kleiner [quanten-] mechanischer Systeme möglich.) Ähnliches gilt für Begriffe wie Volumen und Druck.

Wenn in der Euklidischen Geometrie in einer Ebene mehr als zwei Punkte gegeben sind, dann wird das Konzept des Winkels zwischen zwei Geraden anwendbar. Es wäre aber sicher verfehlt, anzunehmen, dass mit dem Anstieg der Komplexität von zwei auf drei Punkte der Begriff des Winkels aus dem Nichts emergiert wäre. Er war schon vorhanden und ist mit zunehmender Komplexität nur anwendbar geworden. Allgemein darf man bei mathematischen Strukturen Präexistenz annehmen. Die meisten praktizierenden Mathematiker gehen sogar von einem impliziten Platonismus aus: Grundlegende mathematische Strukturen wie die natürlichen Zahlen sind nicht einfach freie Erfindungen des menschlichen Geistes, sondern von jeher Bestandteile der Welt.

Aufschlussreich ist, wie gern Vertreter einer reduktionistischen Darwinistischen Genetik, wie etwa R. Dawkins, von „egoistischen Genen" reden. Das ist natürlich ein schwerer kategorialer Fehler, insofern damit der Basisbeschreibung Eigenschaften zugeschrieben werden, die eigentlich erst aus ihr emergieren sollten. Auf Befragen würde ein solcher sentimentaler Rückfall wohl auch eingestanden werden. Das inkonsequente Festhalten an dieser falschen, aber eingängigen und populären Redeweise verrät, wie schwer es ist, die intuitive Ahnung von der Präexistenz von Emergentem zu unterdrücken.

Von naturalistischer Seite und im Bündnis mit der Darwinschen Evolutionstheorie wird in dem Bestreben, Geistigem nur epiphänomenale Existenz zuzugestehen, das Auftreten von Neuem gern dem Wirken des blinden Zufalls zugeschrieben. Hierzu ist anzumerken, dass Zufälligkeit nur negativ, nämlich als Abwesenheit einer Erklärung im Rahmen eines in Betracht gezogenen und als zulässig empfundenen Begründungsmusters definiert ist. So ist aus physikalistischer Sicht zufällig, was keine Kausalerklärung hat. *Algorithmische Zufälligkeit* ist dann gegeben, wenn es für eine Zahlenfolge keine dem Algorithmus entsprungene Regelhaftigkeit gibt. So ist die unendliche Folge der Dezimalstellen der Kreiszahl π durch deren Definition zwar bis ins Letzte festgelegt, folgt aber keiner irgendwie ersichtlichen Regularität. Das „game of life" ist ein weiteres Beispiel für algorithmische Zufälligkeit.

Was in dem einen Erklärungsschema als zufällig erscheint, braucht in einem anderen keineswegs zufällig zu sein. So kann trotz des Fehlens eines Kausalzusammenhanges eine Sinnerklärung möglich sein, wenn überhaupt Sinnzusammenhänge als zulässige Erklärungsmuster betrachtet werden. Der Zufall braucht aus dieser Sicht nicht blind zu sein. Der wissenschaftliche Erfolg des Darwinismus beruht wohl auch darauf, dass mit großem heuristischem Gewinn finalistisches Denken in einer Weise zugelassen wird, die für Naturalisten noch akzeptabel ist. Zwar wird der Zufall als blind angesehen, aber es erweist sich als außerordentlich fruchtbar, wenigstens im Nachherein nach dem Fitnessgewinn des Ergebnisses einer Mutation zu fragen und, wo ein solcher nicht gleich erkennbar ist, unbeirrbar nach ihm zu suchen.

Kausale Wechselwirkungen zwischen verschiedenen Beschreibungsebenen, besonders Einwirkungen der höheren auf die basale Ebene, werfen ein Problem auf, wenn man nicht im Sinne eines eliminativen Reduktionismus die höhere Ebene entwirklicht und ihr jede Selbstständigkeit abspricht. Im Zusammenhang mit der Materie-Geist-Problematik geht es um die Möglichkeit mentaler Verursachung, also um Einwirkungen von Mentalem auf Materielles, die in dem Maße fragwürdig wird, wie man dem Bereich des Mentalen einerseits eine gewisse Selbstständigkeit zugesteht, anderseits aber auf dem Primat des Materiellen und der Abgeleitetheit des Geistigen besteht. J. Kim (2003) sieht hier die Schwierigkeit, dass Mentales entweder machtlos, da zu kausalen Einwirkungen unfähig, oder aber dem Materiellen gegenüber völlig untergeordnet und unselbstständig sein müsse. So gelangt er zu der bereits erwähnten skeptischen Aussage, dass Supervenienz nur die Benennung, nicht aber die Lösung eines Problems sei.

Das Kimsche Dilemma löst sich ziemlich leicht auf, wenn man die Kontextualität (Atmanspacher & beim Graben, 2007) der hinzutretenden Beschreibungsebenen berücksichtigt: Es gibt gar keine Kausaleinwirkungen verschiedener Beschreibungsebenen aufeinander, und etwas Derartiges wird auch gar nicht benötigt. Die Beziehung zwischen verschiedenen Ebenen ist nicht kausaler Natur, sondern eine Korrespondenz, eine Ordnungsstruktur, ein Zusammenwirken, das einfach davon herrührt, dass dasselbe konkrete System auf verschiedene Weisen betrachtet wird. Am Beispiel der kontextuellen Emergenz der Thermodynamik können wir unschwer sehen, dass die Beziehung zwischen der mikroskopischen und der thermodynamischen Beschreibung nicht von kausaler Natur ist. Natürlich verändert sich auch der Mikrozustand, wenn sich die Werte der thermodynamischen Variablen ändern, aber diese Simultaneität ist nur Ausdruck der Tatsache, dass beide Beschreibungen nur zwei Seiten derselben Medaille sind. Noch deutlicher wird dies vielleicht am Beispiel komplementärer Observablen ein und desselben Systems. Niemand kann auf den Gedanken kommen, etwa die vielfältigen Beziehungen zwischen Orts- und Impulsverteilungen eines quantenmechanischen Systems als Kausaleinwirkungen zwischen beiden zu deuten.

Das Kimsche Dilemma ist eine Folge der ungerechtfertigen Monopolisierung von Kausalbeziehungen als gültige Erklärungsmuster. Mit der Auflösung dieses Monopolanspruches löst sich auch die Zwangsvorstellung einer physikalisch-kausalen Geschlossenheit der Welt, die als selbstverständlich unterstellt, dass jede Erscheinung eine physikalische Wirkursache haben müsste.

In Wirklichkeit ist die kausale Abgeschlossenheit nicht einmal innerhalb der Physik gegeben. Ein erster Grund hierfür liegt in der Aufgabe eines durchgängigen Determinismus für Messresultate in der Quantentheorie. Ein tieferer, für klassische und Quantenmechanik gleichermaßen gültiger Grund ist der phänomenale Charakter der Welt. Der einzige Kandidat für ein physikalisch kausal abgeschlossenes System ist das Weltganze. Dieses schließt aber den Beobachter ein und ist somit gar kein physikalisches, nämlich beobachtetes oder beobachtbares System. Durch den epistemischen Schnitt zwischen Beobachtetem und Beobachter, der sich methodisch unvermeidlich dem Beobachteten gegenüberstellt, wird die kausale Geschlossenheit jedes physikalischen Systems aufgebrochen.

Die Beschreibungsebenen, mit deren wechselseitigen Verhältnissen wir uns beschäftigt haben, sind mehr oder weniger ausgearbeitete Modellierungen unter verschiedenen Kontexten. Physik ist eine in Jahrhunderten konsequenter Arbeit formal besonders weit entwickelte und wunderbar erfolgreiche Modellierung. Ihr Kontext besteht einerseits in der Konzentration auf reproduzierbar Messbares und auf Kausalzusammenhänge, anderseits in der methodischen Ausblendung von Sinnhaftem, Ästhetischem, Ethischem und Geistartigem. Obwohl Geistiges am Entstehen der Physik und physikalischer Theorien natürlich ganz entscheidend beteiligt ist, gehört es doch aus Gründen fruchtbarer methodologischer Beschränkung nicht zum Gegenstandsbereich der Physik.

Ein naturalistischer Physikalismus unterstellt, dass alles Weltgeschehen letztlich physikalisch sei. Das kann in eliminativer Weise aufgefasst werden, indem die ausgeblendeten Aspekte in die Irrealität verwiesen werden, oder in reduktiver Weise, indem sie als sekundär und abgeleitet betrachtet werden. Auf jeden Fall verfällt eine solche Weltauffassung in den methodologischen Fehler, ein Modell mit dem Ganzen der Wirklichkeit identifizierend zu verwechseln. In der Sprechweise Metzingers ist hier ein Modell transparent geworden, wo man eigentlich „Opazität" verlangen sollte.

Zu einem solchen Fehler verführen, wie schon in der Einleitung erwähnt, der umfassende und lebensverändernde Erfolg der physikalischen Methode und ihr weiter Anwendungsbereich. In der Tat lässt sich wohl beinahe zu jeder Erscheinung ein physikalisches Substrat angeben und mit physikalischen Methoden untersuchen. Der Hinweis auf ein physikalisches Substrat kann sehr aufschlussreich sein, wie man am Beispiel der Chemie und der Theorie der chemischen Bindung sieht. Er kann sich aber auch, wie bei Kunstwerken oder ethischen Fragen, nur auf einen im fraglichen Zusammenhang gänzlich belanglosen Aspekt beziehen. Die universelle Anwendbarkeit hat die Physik auch mit anderen Aspekten der Weltbetrachtung gemeinsam. Beispielsweise kann man wohl so ziemlich alles auch aus einer moralischen Perspektive betrachten, aber eine überdehnte, in allem moralisierende Haltung wird mit Recht als penetrant und engstirnig empfunden. Entsprechendes sollte für die physikalische Perspektive gelten, und wirklich wird die physikalische Reduktion von Ästhetik und Ethik kaum ernsthaft unternommen.

Die menschliche Willensfreiheit, die unsere gesamte Existenzweise bestimmt, hat im Rahmen einer physikalischen Modellierung, selbst wenn diese nicht deterministisch ausfällt, keinen Platz. Diese Unvollständigkeit in einen angeblichen Erfolg des physikalischen Reduktionismus umzumünzen mit Konsequenzen wie der Forderung nach Aufgabe des Schuldprinzips im Strafrecht, ist ein Ausdruck geradezu grotesker Verblendung. In Wirklichkeit wird Physik ja erst durch freies Experimentieren und Setzen von Anfangsbedingungen möglich.

Wir sehen erneut, dass die Vergessenheit von Kontextualität und Perspektivität und die daraus entspringende Verabsolutierung einer Modellierung unsachgemäß ist und absurde und teilweise gefährliche Folgen haben kann.

Als Ergebnis unserer Überlegungen und in Ergänzung dessen, was wir am Anfang dieses Abschnitts gesagt haben, können wir festhalten:

- Wie sich besonders deutlich im Kimschen Dilemma zeigt, ist die Position eines nicht-eliminativen Reduktionismus kaum haltbar.
- Durch die Anerkennung von Kontextualität ist ein nicht-reduktiver Emergentismus möglich.
- Es fällt schwer, in nicht-trivialen Fällen einen Kontext einem anderen als untergeordnet zu betrachten. Das Verhältnis der Beschreibungsebenen ist symmetrischer, als es im Allgemeinen von Emergenztheorien angenommen wird. Es stellt sich die Frage, ob symmetrische kontextuelle Konzepte wie Komplementarität oder Erweiterung der Observablenmenge in manchen Fällen nicht vorzuziehen wären.
- Man wird der unausschöpfbaren Vielfalt der Welt nur durch einen multiperspektivischen Zugang gerecht. Die verschiedenen Perspektiven oder Beschreibungsweisen können unterschiedlich weit anwendbar und formal ausgebaut sein, ihre Hierarchisierung ist aber problematisch. Holistische, vom Ganzen zu den Teilen und synthetische, von den Teilen zum Ganzen vorgehende Strategien sollten zusammenwirken.

5. Emergenz und Evolution

Evolutionstheorien sehen emergenzartige Erscheinungen nicht nur als formale Beziehungen zwischen verschiedenen Beschreibungsweisen, sondern als wirkliche Vorgänge in der Zeit. Sie bereichern damit die Naturbetrachtung um ein ganz entscheidendes historisches Moment. Der Vergleich verschiedener gegenwärtiger und fossiler Lebensformen miteinander erhebt die Evolution im Bereich des Lebens auf der Erde zu einer unbestreitbaren Tatsache. Der einfache und ungemein fruchtbare Ansatz des Darwinismus besteht in der Strategie, die Evolution des Lebens als ein Zusammenwirken zufälliger Mutationen und anschließender Selektion der überlebenstüchtigeren unter ihnen zu verstehen. Gerade in dem Antrieb, immer wieder und so lange nach dem Überlebensmehrwert einer Erscheinung zu suchen, bis man ihn findet, steckt das gewaltige kreative Potential des Darwinismus. Die Gefahr für die Falsifizierbarkeit des Darwinismus, die darin besteht, dass die Suche niemals aufgegeben werden darf, wird dagegen als beherrschbar angesehen und gern in Kauf genommen. Es herrscht allgemein Zuversicht, dass noch bestehende Erklärungslücken früher oder später geschlossen werden können.

Außer der Evolution des Lebendigen bis hin zum Psychischen, für die er geschaffen wurde, hat der Darwinismus viele weitere Anwendungen. Der Entwicklung des Lebendigen vorgeschaltet wird allgemein eine präbiotische chemische Evolution angenommen, bei der eine Auslese derjenigen zufällig entstandenen chemischen Verbindungen geschehen sein muss, die sich autokatalytisch oder auf Kosten anderer am schnellsten vermehren. Hier klaffen allerdings noch besonders große Lücken im Verständnis, und der Weg bis zur Entstehung des genetischen Codes oder gar der ersten lebenden Zelle ist noch längst nicht klar. Weitere erfolgreiche Anwendungen hat der Darwinismus in der Theorie von Musterbildungen bis hin zur Herausbildung der kosmologischen Strukturen wie Sterne, Planeten, Galaxien und Galaxienhaufen. Auch hier setzen sich die wachstumskräftigeren der durch Zufallsfluktuationen entstandenen Strukturen schließlich durch. Darwinistische Ansätze finden sich auch in den Wirtschafts- und Sozial- und Kommunikationswissenschaften. In vielen Fällen gelingt, aufbauend auf einem geeigneten dynamischen System, eine mathematische Simulation von Evolutionsvorgängen. Das ist in besonders spektakulärer Weise für kosmologische Strukturen der Fall.

Wir haben es mit einem subtilen Zusammenwirken von akausaler und algorithmischer Zufälligkeit zu tun.

Es fällt auf, dass in allen Fällen Darwinistischer Evolution Zufälligkeit und Variabilität in den entstehenden Strukturen herrschen, nicht aber in den zugrundeliegenden dynamischen Gesetzen, die als Naturgesetze fest bleiben. Es wird zwar in manchen physikalischen Spekulationen erwogen, dass auch die Naturgesetze veränderlich und Ergebnis einer Evolution seien. Das kann aber nur als Verschiebung, nicht als Lösung eines Problems angesehen werden, da dann die Evolution der Naturgesetze wieder tiefere, darunter liegende feste Gesetze erfordern würde.

Dies ist Anlass genug, uns daran zu erinnern, dass Evolutionstheorien Modellierungen sind, die auf einem kontextuell definierten Grund, einer Basistheorie, aufsetzen. In der Darwinistischen Evolutionstheorie ist der Kontext besonders durch die Betonung der Rolle des als blind angesehenen Zufalls und der methodologischen Ausblendung alles Sinnhaften in Mutation und Selektion bestimmt. Der Modellcharakter eines solchen Ansatzes sollte bewusst bleiben, wenn man nicht in dogmatisch naiver Weise Modell und Realität identifizieren und den phänomenalen Charakter der Welt unbeachtet lassen will.

Mathematische Theorien wie Musterbildung und Katastrophentheorie (Thom, 1989) werfen ein Licht auf die Zunahme von Komplexität in Evolutionsprozessen durch Wachstum und Ausdifferenzierung. Ungelöst bleibt allerdings das Problem der Herkunft von Kontexten, insbesondere der in emergenzähnlichen Vorgängen herantretenden neuen, zusätzlichen Kontexte. An der Kontextualität des Emergenten führt wohl kein Weg vorbei, und die neuen, zusätzlichen Kontexte müssen, wie wir mehrfach gesehen haben, irgendwie schon bereitstehen und vorausgehen. Diese Präexistenz der Kontexte ist nicht im Sinne eines zeitlichen Vorangehens, sondern eher als eine kategoriale oder logische Priorität zu verstehen. So sehr Evolution ein zeitliches Geschehen betrifft, hat sie doch auch ihre unzeitliche Seite als im Grunde zeitloses Muster. Man kann die Zeitachse der physikalischen Zeit zu einer Linie „verräumlicht" denken und einen Evolutionsvorgang in entzeitlichter, aber äquivalenter Weise als zeitlosen Stammbaum repräsentieren (Römer 2015a, 2015b; Kap. 10). In anderen Worten: Es besteht durchaus die Möglichkeit, einen Evolutionsvorgang auch als zeitlose Gestalt aufzufassen und diese Gestalt mit anderen Begrifflichkeiten und in anderen Kontexten zu untersuchen. Es ist dabei keineswegs von vornherein unzulässig, unsinnig oder unfruchtbar, auch sinnhafte oder ästhetische Elemente in den Kontext einzubringen, die im Darwinschen Kontext methodisch ausgeschlossen waren. Die Darwinsche Evolutionstheorie ist durchaus logisch mit einer Erweiterung durch zusätzliche Kontexte verträglich, auch wenn die Mehrzahl ihrer Vertreter und Anwender Derartiges als Verstoß gegen den Geist des Darwinismus ablehnt. Es gibt eigentlich keinen guten Grund, die Hinzunahme neuer Aspekte dogmatisch zu verbieten, besonders dann, wenn sie erhellende, bereichernde und vereinfachende Wirkungen entfalten. Im Grunde handelt es sich auch bei einer solchen Erweiterung um einen legitimen emergenzartigen Vorgang. Es ist die Möglichkeit eines komplementären Verhältnisses von alten und neuen Größen zu prüfen. In diesem Falle wäre der Erkenntniswert der Erweiterung sogar besonders hoch.

In der Anwendung auf die unfassbare Vielfalt von Erscheinungen und Zusammenhängen im Bereich des Lebens in der Welt hat sich der von der Konzeption her so einfache Ansatz des Darwinismus zwangsläufig und in manchmal sehr überraschender Weise entfaltet und ausdifferenziert:

- Die Umwelt, an die Anpassung geschieht, ist nicht starr. Sie kann sich durch äußere Einflüsse, besonders aber auch als Ergebnis der Evolution des Lebens selbst radikal verändern. Was vorher ein Überlebensvorteil war, kann später das Überleben gefährden oder verhindern.
- Die Auslese braucht nicht sofort zu geschehen. Es können sich durch „Präadaption" unter geringem Selektionsdruck viele gleichermaßen überlebensfähige Varianten bilden, deren Wert oder Unwert sich erst später unter veränderten Umweltbedingungen und schärferem Selektionsdruck erweist.

- „Exaptation", also Umfunktionierung eines bereits vorhandenen, aber bisher anderweitig wertvollen Merkmals ist eine häufig beobachtete „Evolutionsstrategie".
- „Koevolution" begegnet uns, wenn verschiedene Arten einander zur Umwelt werden. Als Beispiel seien die koordinierte Evolution von Blütenpflanzen und Insekten genannt oder die einander steigernde offensive und defensive Aufrüstung in Jäger-Beutebeziehungen.
- Oft treten konkurrierende Verhältnisse auf, die dasselbe Merkmal in einer Hinsicht als hinderlich, in anderer Hinsicht als förderlich erscheinen lassen und zu geradezu kontraintuitiven Ergebnissen führen können. Die „intraspezifische Selektion" des monströsen Pfauenschwanzes, der aber Signalcharakter bei der Partnerwahl hat, mag als Beispiel dienen.

Wenn eine Theorie sich aus sich selbst heraus immer weiter verkompliziert, dann ist ab und zu die kritische Frage angebracht, ob sie nicht in die „Phase der Epizykel" getreten ist, wie sie zur „Rettung der Phänomene" in immer größerer Zahl in der Ptolemäischen Astronomie gewuchert sind, mit der Folge einer Immunisierung gegen wirkliche Neuerungen und Vereinfachungen. Für den Darwinismus scheint mir dies nicht der Fall zu sein, wohl aber kann man sich fragen, ob er immer die einfachste Erklärung liefert.

Der Grundgedanke der evolutionären Erkenntnistheorie liegt darin, dass sich der menschliche Erkenntnisapparat, der uns Orientierung und Überleben in unserer Welt sichert, durch Anpassung an eine „mesoskopische" Umwelt von weder atomar kleinen noch astronomisch großen Gegenständen entwickelt haben muss. Dass in der Tat eine gewaltige Entwicklung stattgefunden hat, zeigt der Vergleich mit unseren Verwandten in der Tierwelt, sogar mit unseren Vettern, den Menschenaffen. Klar ist auch, dass unser Erkenntnisapparat auf unsere Sinnesorgane angewiesen ist, die ebenfalls der Evolution unterworfen waren, und dass er unser Überleben nicht verhindern oder ernstlich gefährden darf. Eine verbreitete naturalistische Version der evolutionären Erkenntnistheorie fügt dieser sicher richtigen Grundannahme allerdings noch weitere höchst problematische physikalisch reduktionistische Elemente hinzu. Die mesoskopische Welt, an die Anpassung erfolgt, wird mit einer starren Hintergrundwelt identifiziert, die ganz mit den Gesetzen der Physik, vorzugsweise der klassischen Physik des neunzehnten Jahrhunderts, beschreibbar ist. Wichtiger noch: Das durch Überleben belegte Gelingen und Funktionieren des menschlichen Erkenntnisapparates wird als Beweis für die Richtigkeit eines materialistisch-reduktionistischen Weltbildes gewertet, das deshalb als das wahre oder jedenfalls als das einzig vernünftige, wissenschaftlich kontrollierbare und skeptischer Prüfung standhaltende anzunehmen sei. Es findet sich hier wieder das eigentümliche Pathos, das Geistiges allenfalls als Epiphänomen akzeptieren kann, zusammen mit einem antireligiösen Ressentiment mit aufklärerischem Anspruch, etwa auf dem Niveau von L. Büchners einflussreichem materialistischem Manifest *Kraft und Stoff* (Büchner, 1888) aus dem 19. Jahrhundert.

Nach allem, was wir bisher gefunden haben, liegt hier ein klarer Fall von naiver Verwechselung eines naturalistisch-darwinistischen Modells mit der vollen Realität und von Missachtung des phänomenalen Charakters der Welt vor. In Wirklichkeit sind Modellierungen mehr oder weniger gelungen, nicht aber einfach wahr oder falsch. Bemerkenswert ist die dogmatische Unduldsamkeit vieler Vertreter eines solchen Weltbildes wie etwa R. Dawkins. Auch in der so genannten Soziobiologie trifft man auf ähnliche Anschauungen. Man kann sich des Eindrucks nicht erwehren, als ob von der bekämpften Religion ausgerechnet ihr Hang zum Dogmatismus, nicht aber ihre Spiritualität übernommen würde. Dass sich im Übrigen gerade im kulturellen Bereich nicht immer die richtigeren Anschauungen als die durchsetzungsfähigeren erweisen, ist durch unzählige Beispiele aus Vergangenheit und Gegenwart belegt.

Es lohnt sich, die Evolution der menschlichen Erkenntnisfähigkeit näher zu betrachten. Ihre qualitative Überlegenheit, die uns auch wesentlich von unseren nächsten Verwandten, den Menschenaffen, unterscheidet, beruht sicher darauf, dass der Mensch als einziger unter den Primaten die Schwelle zur *Eusozialität* überschritten hat.[4] Der Mensch lebt in sozialen Gemeinschaften mit intensiver Kommunikation und Zusammenarbeit. Die Gruppe bestimmt in solchem Maße die Überlebensfähigkeit, dass die Selektion mindestens ebenso sehr an der Gruppe wie an den Individuen ansetzt. Gruppe und Individuum treten in eine Koevolution ein, die durch ein heikles, schwer austarierbares Gleichgewicht von altruistischen und egoistischen Elementen gekennzeichnet ist. Die Erkenntnisfähigkeit des Menschen entwickelt sich zusammen mit seiner Sprache im Rahmen der Gruppe. Mindestens so wichtig wie die Orientierung in der mesoskopischen Umwelt ist die Fähigkeit zur Zusammenarbeit und zu empathischer Einsicht in die Absichten andere Gruppenmitglieder.

Kulturelle Evolution ist ein sich selbst beschleunigender Prozess, der in den letzten 100.000 Jahren für den Menschen wichtiger war als genetische Evolution. Die klassische Physik und auch das darwinistisch-naturalistische Weltmodell sind Ergebnisse einer kulturellen Evolution, und zwar sehr späte, untypische und von einem einzigen Kulturkreis hervorgebrachte Früchte am Baum der Erkenntnis.

Über den Verlauf der menschlichen Geschichte in den letzten Jahrzehntausenden gesehen, trug das Weltverständnis des Menschen, das das Überleben von Gruppen und Individuen sicherte, bis fast an die Schwelle der Gegenwart nicht etwa mechanistische,

4 Hierzu und weiterhin Wilson (2013).

sondern ausnahmslos animistische Züge. Die Umwelt des Menschen wurde als ähnlich belebt und geistbegabt wie er selbst modelliert. Wer die Richtigkeit einer Modellierung an ihrer Leistung für die Überlebenstüchtigkeit misst, der muss sich fragen lassen, wieso dann nicht eine animistische Weltanschauung als gelungene Anpassung an eine spirituell organisierte Umwelt aufzufassen ist. Naturalistische Anhänger der evolutionären Erkenntnistheorie müssen sich Inkonsequenz vorwerfen lassen, wenn sie eine animistische Weltsicht als möglicherweise rührenden, aber letztlich irrtümlichen Aberglauben abtun, ihr eigenes Weltbild aber als Durchbruch der wahren Welterkenntnis ansehen.

Charakteristisch für kulturelle Evolution ist die rasche Veränderlichkeit ihrer Umwelt und damit ihr unberechenbar erratischer Verlauf. Hinzu kommt, dass der Selektionsdruck bei kultureller Evolution eher gering ist, so dass sich zwischen verschiedenen Gruppen viele kulturelle Unterschiede und innerhalb einer Gruppe rasch wechselnde Moden ausbilden können. Auch ist kulturelle Evolution reich an Luxusbildungen, die an Pfauenschwänze und Hirschgeweihe erinnern. Allgemein scheint die Fähigkeit zu Luxusbildungen innerhalb einer Gesellschaft als attraktiver Überschuss an Lebenskraft geschätzt zu werden. Es wäre auch aus darwinistischer Sicht nicht wünschenswert, die Vielfalt kulturell evolvierter Weltsichten durch die Monokultur eines naturalistischen Weltverständnisses zu ersetzen, da dann viele, später vielleicht wertvolle Präadaptionen zum Verschwinden gebracht würden. Auch aus dieser Sicht spricht nichts für ein „Ende der Geschichte“ in der Entwicklung des menschlichen Weltverständnisses, das nach endlosen Irrwegen nun endlich auf den richtigen naturalistischen Pfad eingeschwenkt wäre. Es wird wohl auch in Zukunft dabei bleiben, dass allzu einfachen Weltsichten kein langes Leben beschert ist.

Die universellen Züge des menschlichen Erkenntnisapparates, die ihn wirklich charakterisieren, sind nicht passgerecht zu einem speziellen mechanistisch inspirierten Weltmodell. Sie liegen tiefer und sind von existenziell-kategorialer Natur. Hierzu gehören Zeitlichkeit als eine Form menschlicher Existenz, Räumlichkeit als Form des äußeren Sinnes, Emotionalität und ganz besonders die sozial evolvierte einzigartige Empathiefähigkeit des Menschen und damit verbunden Moralität und intuitive Einsicht in Zusammenhänge, die man als „Sinn für Sinn“ oder, in quantentheoretischer Weise, als Verschränkungssinn bezeichnen könnte. Im engsten Zusammenhang mit der Sprachfähigkeit steht eine Fähigkeit und Neigung zu Symbolisierung, symbolischer Repräsentation und kontrafaktischem Denken. Die Empathiefähigkeit ist mit der Fähigkeit zur Bildung von Begriffen und Auffinden von Beziehungen verbunden. Ihr evolutionärer Wert liegt auf der Hand. Über die allgemeine Fähigkeit zu Symbolisierung und Begriffsbildung hinaus ist sicher auch die Disposition, gewisse Strukturen und Erscheinungen wie Steine, Bäume, Tiere oder Wärme und Kälte zu identifizieren und als Kontexte anzuwenden, ein bis ins Tierreich zurückreichender evolutionär erworbener Zug. Schließlich gehört auch der ästhetische Sinn in das weite Feld der Empathiefähigkeit. Zeigen sich vielleicht erste Spuren davon schon beim Rad des Pfaus?

Angesichts der unschematischen Lebendigkeit der menschlichen Erkenntnisformen und der facettenreichen Vielfalt der Welt erscheint eine offene, behutsame Einstellung angezeigt, die auf vorschnelle und einseitige Subsumptionen verzichtet und in undogmatischer Weise verschiedene Perspektiven, Kontexte und Modellierungen zulässt.

Geheimnisvoll am lichten Tag
Lässt sich Natur des Schleiers nicht berauben,
Und was sie deinem Geist nicht offenbaren mag,
das zwingst du ihr nicht ab mit Hebeln und mit Schrauben.[5]

5 Goethe: *Faust I, Nacht*, Z. 672–675.

10 Mythos und Symbol

Zur Ontologie von Ähnlichkeits- und Sinnbeziehungen

1. Einführung und Übersicht

Der Mensch lebt in einer benannten und gedeuteten Welt, wobei im Benennen, wenn es sich nicht gerade um Eigennamen handelt, und im Deuten immer die Wahrnehmung einer irgendwie gearteten Ähnlichkeit wirksam ist. Zu dem ausgedehnten Umfeld von „Ähnlichkeit" im weitesten Sinne gehören Wörter wie „Vergleich", „Analogie", „Metapher", „Symbol", „Gestalt", „Muster", „Sinn", „Begriff", „Zeichen", aber auch, wenn eher an Handlungen gedacht wird, „Nachahmung" oder „Ritual".

Die Dinge unserer Welt stehen nicht einfach nur für sich, sondern in mannigfaltigen Beziehungen füreinander und miteinander. Nur durch solche „Weltordner" können wir uns in dem, was uns umgibt, orientieren und handeln.

Um eine erste Übersicht über die Mannigfaltigkeit der weltordnenden ähnlichkeitsartigen Beziehungen zu gewinnen, versuchen wir eine Einteilung nach verschiedenen Gesichtspunkten:

- Gerichtetheit vs. Symmetrie: Die Beziehung von Ursache und Wirkung oder die Signalbeziehung weist einen hohen Grad von Asymmetrie und Gerichtetheit auf, der bei Allegorie, Metapher und Symbolbeziehung immer schwächer wird und etwa in der Beziehung der Winkel im Dreieck gänzlich fehlt.
- Zeitbezug: Aufrufe und kausale Einwirkungen sind wesentlich auf Zeit bezogen, Der Bezug von Zeichen und Bezeichnetem ist zwar deutlich gerichtet, aber weniger zeitartig, Vergleich und Symbol sind weitgehend zeitlos.
- Inhalt: Beziehungen können zwischen „Dingen" bestehen, wie etwa die Ordnung nach Größe oder Gewicht oder zwischen Dingen und Begriffen oder auch zwischen Begriffen. Man kann sich fragen, inwieweit Begriffe und Beziehungen selbst „Dinge" sind. Zweifellos sind für das Denken „abstrakte" Beziehungen höherer Ordnung, die Verbindungen zwischen Beziehungen und anderen Beziehungen stiften, von größter Bedeutung.
- Tiefe: Zeichen sind weitgehend durch Konvention vereinbar und damit verfügbar. Anspielungen und Allegorien haben einen seltsamen Zwittercharakter zwischen Tiefsinn und gelehrter Verspieltheit. Symbolbeziehungen ist im Allgemeinen etwas Unverfügbares, nicht ganz Auflösbares eigen, in dem sich etwas nicht anders Fassbares ankündigen möchte.

In dieser Untersuchung werden wir unsere Aufmerksamkeit besonders auf tiefere nichtkausale Beziehungen richten, wie sie sich in Mythen und Symbolen zeigen.

Die Frage nach dem ontologischen Status ordnungsstiftender Ähnlichkeitsbeziehungen ist eine Grundfrage der Philosophie seit ihren Anfängen. Sie ist eng mit der Frage verbunden, wie Wahrheit zu verstehen sei. Was hat größeren Seins- und Wirklichkeitsgehalt: die einzelnen Dinge oder das, woran wir ihre Ähnlichkeiten erkennen?

Für Platon war das Wirklichste und der vornehmste Gegenstand des Denkens, das, was der Zeitgebundenheit und Wandelbarkeit der jeweils etwas verschieden erscheinenden Einzeldinge entzogen ist, nur in dem Unwandelbaren zu finden, durch das wir sie als solche identifizieren, also in *Ideen*, von denen Einzeldinge nur unvollkommene Abbilder sind. Aristoteles sah Ideen nicht so weit über den Dingen wie Platon, sondern gleichsam als Formen in enger Verbindung mit den Dingen. Bei den frühen Materialisten wie Demokrit oder bei den Sophisten zeichnet sich eine Position ab, von der aus Allgemeinbegriffen als bloßen „Namen" nur eine sehr untergeordnete ontologische Stellung zugestanden werden konnte. Als *Universalienstreit* zog sich das Ringen um die Stellung von Allgemeinbegriffen durch die mittelalterliche und frühneuzeitliche Philosophie. Der Streit ist bis heute nie zur Ruhe gekommen, und die Vielfalt der unterschiedlichen möglichen und wirklich eingenommenen Positionen ist unabsehbar. Eine erschöpfende Darstellung oder gar eine überzeugende Synthese ist von niemandem zu erbringen und erst recht im Rahmen unserer kleinen Studie ganz unmöglich. Wir wollen uns hier, wie gesagt, auf die wegen ihrer vermutlichen Tiefe besonders faszinierenden symbolartigen Beziehungen konzentrieren und, von unserem eigenen Hintergrund ausgehend, ein ontologisches Szenarium vorstellen, das von einer quantentheoretischen Begrifflichkeit Gebrauch macht, die bisher trotz mancher Anklänge in der philosophischen Diskussion weniger herangezogen worden ist, aber hoffentlich aus einer anderen Perspektive einige Einsichten erlaubt. Es wird eine zwischen verschiedenen Extremstandpunkten vermittelnde Position sein.

Eine Extremposition stellt sicher der moderne naturwissenschaftliche Reduktionismus dar, der, durchaus im Geiste Demokrits, nur gewissen physikalischen Objekten, wie etwa Atomen, Elementarteilchen oder Quantenfeldern und allenfalls einigen *„primären Qualitäten"* wie Masse, Ladung oder raum-zeitlichem Abstand volle ontologische Dignität zuerkennt und alles andere zu freien Erfindungen des menschlichen Geistes erklärt oder einem ontologisch sekundären, möglicherweise aus dem primären Grundbereich „emergenten" Bereich zuweist (Römer, 2017; Kap. 9).

Wir wollen hier, ohne irgendwie Vollständigkeit anzustreben, einige Standpunkte skizzieren, denen gemeinsam ist, dass nicht nur grob Materiellem, sondern auch Relationalem und Ordnendem ein höherer, von menschlicher Willkür freier Status zugemessen wird. Zugleich soll der Blick auf sie durch Vergleich eine genauere Positionierung des noch zu entwickelnden quantentheoretisch inspirierten ontologischen Szenariums erleichtern, die wir in dieser Studie allerdings nicht vollständig leisten können und zum Teil dem Leser anheimstellen müssen.

Gewisse Ordnungsprinzipien wie Räumlichkeit, Zeitlichkeit, Relationalität oder Kausalität sind für Kant zwar keine Entitäten, aber doch der Willkür freier Erfindung entzogene Bestimmungsweisen des menschlichen Daseins, Wahrnehmens und Erkennens, die als solche Erfahrung erst möglich machen und apriorischen Charakter haben.

Verbreitet ist eine im allgemeinsten Sinne Aristotelische Weltsicht, in der grundlegende Ordnungsprinzipien zwar nicht so weit entrückt sind wie platonische Ideen, aber dem klaren Verstand, der gereinigten Anschauung oder der geübten Einfühlung objektiv zugänglich und damit ontologisch nicht nur vollwertig, sondern sogar hochwertig sind.

Als Beispiel sei Goethes Konzeption der Urpflanze genannt. Auch Max Webers Idealtypen wird zur Beschreibung und zum Verständnis der Verhältnisse in menschlichen Gesellschaften erschließende Kraft zugeschrieben. Die hermeneutische Philosophie hat derartige Vorstellungen zu hoher Blüte und Differenziertheit gebracht.

An dieser Stelle ist auch C. G. Jungs Konzept der *Archetypen* zu erwähnen. Dies sind nach C. G. Jung tief unter dem persönlichen Bewusstsein liegende, im kollektiven Unterbewussten verwurzelte eigentümlich ambivalente gefühlsgesättigte Bilder, die besonders in Träumen, Märchen und Mythen emporsteigen. Unter dem Einfluss der Zusammenarbeit mit Wolfgang Pauli (Atmanspacher & Primas, 2008; Atmanspacher et al., 1995; Jung & Pauli, 1952; Römer, 2002) hat der Begriff des Archetyps eine weitere, über den Bereich des Psychischen hinausgehende Vertiefung erfahren. Es handelt sich nun um abstrakte Formen, „Anordner" im Weltganzen, die neutral bezüglich der Unterscheidung zwischen Materie und Geist sind und sich sowohl materiell als auch geistig manifestieren oder, wie Jung und Pauli sagen, konstellieren können. Beispiele wären die Archetypen von Innen und Außen, Oben und Unten, des Selbst, der Anima und des Animus oder des alten Mannes. Die Ambivalenz der Archetypen zeigt sich etwa in der Doppelbedeutung von lateinisch „altus" als „hoch und „tief" oder „sacer" als „heilig" und „verflucht". Marie-Luise von Franz (1980) hat Belege für den archetypischen Charakter kleiner ganzer Zahlen gesammelt, die als Indiz für den objektiven ontologischen Status mathematischer Formen gelten können.

Ordnung und Verständnis können auf mannigfaltige Weise angestrebt werden: Durch Kausalerklärung, durch Darstellung von Ursprung und Genese, durch logische Begründung oder durch Aufweis von Mustern, die auf Zusammenhänge nach Sinn und Bedeutung, Absicht und Teleologie, Harmonie, Schönheit und ethischem Wert hinweisen. Eine ordnende Einteilung der Dinge, die uns umgeben und Gegenstand unseres

Wahrnehmens und Denkens sind, wird in der philosophischen Tradition immer wieder entworfen. Zur Orientierung seien hier einige wenige Beispiele angeführt:

Nach K.R. Popper (1978) lebt der Mensch in drei Welten: Welt I ist der Bereich der physikalischen Gegenstände. Welt II umschreibt den Bereich der subjektiven Empfindungen und Gedankengegenstände, und Welt III ist das Reich objektiver Gedankeninhalte wie etwa mathematischer oder logischer Objekte und Strukturen. Man erkennt in dieser Einteilung die traditionelle Unterscheidung von Physis, Psyche und Logos.

J. Habermas (1976) unterscheidet ebenfalls drei Bereiche: *Konstitutiva* gehören zur kognitiven Aktivität des Menschen. Sie dienen der Darstellung von Sachverhalten zur Orientierung in der äußeren Welt. Sie werden nach ihrer Wahrheit beurteilt. *Repräsentativa* beziehen sich auf Intentionen und Einstellungen. Ihr Platz ist das innere subjektive Erleben, und Wahrhaftigkeit ist ihr Maßstab. *Regulativa* haben ihren Platz im Bereich der sozialen Normen und Einrichtungen der gemeinsamen Lebenswelt. Gemessen werden sie an ihrer Richtigkeit.

Auf die höchst originelle *Gegenstandslehre* von Alexius Meinong (1853–1920) (Meinong, 1904) sind wir bereits in Kapitel 8 eingegangen.

Ernst Cassirers Philosophie der symbolischen Formen (Cassirer, 2010), eine wahre Schatzkammer, enthält eine umfassende Darstellung davon, wie sich der Mensch seine Welt in symbolhaltigen Gestalten wie Mythen und Erzählungen zugleich schafft und erkennbar macht. Besondere Aufmerksamkeit wird hierbei seiner ästhetisch schöpferischen Tätigkeit in der Dichtung und der bildenden Kunst zugewandt.

Den gängigsten Weltdeutungen liegt gewöhnlich unausgesprochen eine ontologische Grundeinstellung zugrunde, die man als *Substanzontologie* bezeichnen kann. Die Welt wird eher als ein Aggregat von Dingen als von Vorgängen aufgefasst. Vorgänge werden sekundär als Veränderungen von Dingen angesehen. In anderen Worten: Nominale Prädikate werden gegenüber verbalen Prädikaten bevorzugt. In *Prozessontologien* (Browning, 1965; Rescher, 1996, 2000; Kap. 8 in diesem Band) liegen die Verhältnisse gerade umgekehrt: Prozesse genießen ontologischen Vorrang, und Substanzen sind entweder Idealisierungen von langsamen Prozessen oder Stationen in Prozessen. In besonders reiner Form findet sich eine Prozessontologie in der Philosophie A.N. Whiteheads (Whitehead, 1919, 1920).

In der zeitgenössischen Philosophie ist eine Scheu vor ontologischen Festlegungen verbreitet. Man zieht es oft vor, von Diskursen und „belief systems“ statt von Entitäten zu sprechen. Polemisch könnte man eine solche Haltung als *„Ontophobie“* bezeichnen (Römer, 2013).

Nach dieser einführenden Übersicht können wir nun damit beginnen, unsere eigene vermittelnde Position zu entwickeln. Wir werden dabei wie folgt vorgehen:

Im folgenden Abschnitt werden wir einen kurzen Abriss einer *„Verallgemeinerten Quantentheorie“* (Atmanspacher et al., 2002, 2006; Filk et al., 2011) geben. Es handelt sich um einen konzeptionellen Kern der Quantentheorie, in dessen Rahmen grundlegende quantentheoretische Figuren wie *„Komplementarität“* und *„Verschränkung“* weit über den Bereich der Physik hinaus formal wohl definiert und anwendbar sind. Entscheidend ist, dass in der (Verallgemeinerten) Quantentheorie die Welt nicht als eine unabhängig von jedem Betrachter schlicht seiende, sondern zunächst als eine Erscheinende und Beobachtete aufgefasst wird.

Im dritten Abschnitt werden wir *Existenziale* beschreiben, die den Modus des menschlichen Daseins in der Welt und damit auch die Weisen bestimmen, in denen ihm die Welt erscheinen kann. Wir werden sehen, wie die Verallgemeinerte Quantentheorie diesen Existenzialen Rechnung trägt.

Im vierten Abschnitt beschreiben wir ein ontologisches Szenarium, das von der Verallgemeinerten Quantentheorie nahegelegt wird.

Im abschließenden fünften Abschnitt schließlich versuchen wir zu zeigen, wie Symbolbeziehungen, Mythen und Rituale im Rahmen eines solchen ontologischen Szenariums einzuordnen sind.

2. Verallgemeinerte Quantentheorie

Die Verallgemeinerte Quantentheorie (VQT) ist ein aus der physikalischen Quantentheorie extrahierter Formalismus, der, wie gesagt, weit über den Bereich der Physik hinaus auf beobachtete Systeme allgemeinster Art anwendbar ist. Da sie für die folgenden Überlegungen von zentraler Bedeutung sein wird, kommen wir nicht umhin, an dieser Stelle ihre Grundstruktur zu skizzieren, wobei unsere Darstellung untechnisch sein wird und diejenigen Aspekte betonen wird, die in unserem Zusammenhang wichtig sind. Für eine genauere Beschreibung und für zahlreiche Anwendungen verweisen wir auf die oben angeführte Literatur sowie auf weitere Arbeiten des Autors (Atmanspacher & Römer, 2012; Römer, 2011 sowie Kap. 2 und Kap. 14 in diesem Band).

Die vier Grundbegriffe *„System“*, *„Zustand“*, *„Observable“* und *„Messung“* der VQT sind von der physikalischen Quantentheorie übernommen. Ihre Bedeutung ist die folgende:

System ist alles, was, mindestens in Gedanken, vom Rest der Welt abgesetzt und einer eigenen Untersuchung unterzogen werden kann. Ein System in diesem Sinne ist etwa die griechische Mythologie oder der deutsche Entwicklungsroman des 18. bis 20.

Jahrhunderts zusammen mit allem, was an Autoren, Forschern und Thesen dazugehört. In jedem halbwegs interessanten System werden sich *Teilsysteme* unterscheiden lassen. Anders als bei physikalischen Systemen ist die Identifizierung und ungefähre Abgrenzung eines Systems im Allgemeinen kein einfacher, unproblematischer Vorgang, sondern oft eine subtile schöpferische Leistung. Die Welt als ganze ist in unserem Sinne kein System im eigentlichen Sinne, sondern allenfalls eine regulative Zielvorstellung immer umfassenderer Systeme.

Zustand: Ein System muss die Möglichkeit haben, in verschiedenen Zuständen zu existieren, ohne seine Identität als System zu verlieren. So bleibt beispielsweise das System „Entwicklungsroman" auch dann erhalten, wenn einzelne Autoren, Werke oder Ansichten hinzukommen. Allzu radikale Veränderungen allerdings könnten ein System zerstören oder zerfallen lassen.

Observable ist vielleicht der am wenigsten allgemein bekannte Grundbegriff der VQT. Jeder Observablen entspricht ein Zug des Systems, der in mehr oder weniger sinnvoller Weise untersucht werden kann. Die Bezeichnung „Observable" deutet an, dass diese Untersuchung durch einen *„Beobachter"* erfolgt. Für eine Observable *A* wollen wir die Gesamtheit {a} der möglichen Ergebnisse *a* der zur Observablen *A* gehörigen Untersuchung als das *Spektrum* von *A* bezeichnen.

Von besonderer Bedeutung werden die so genannten *Propositionsobservablen* sein. Sie entsprechen Untersuchungen, deren Ergebnis „Ja" oder „Nein" ist, also Fragen an das System oder Aussagen über das System. In anderen Worten: Das Spektrum einer Propositionsobservablen ist in der zwei-elementigen Menge {Ja, Nein} enthalten. Propositionsobservable sind mit *Prädikationen* zu dem System zu identifizieren. Dabei sind nicht nur nominale Prädikationen (Sokrates ist ein Mensch) möglich, sondern auch verbale Prädikationen (Sokrates schläft). Jede Observable lässt sich auf ein System $\{P_a\}$ von Propositionsobservablen zurückführen, die für alle *a* im Spektrum von *A* danach fragen, ob *a* das Ergebnis der Untersuchung zu *A* ist oder nicht.

Für uns ist wichtig, dass Observable selbst Bestandteile eines Systems sein können und dass es Observable von Observablen geben kann. Zu jedem Teilsystem gibt es eine Propositionsobservable, die danach fragt, ob etwas zu ihm gehört oder nicht. Sogar jedem Element eines Systems kann man eine Propositionsobservable zuordnen, die nach seiner Identität fragt. In diesem Sinne könnte man ein System geradezu mit einer Menge von Propositionen identifizieren.

Bei der *Messung* einer Observablen *A* wird die zu *A* gehörige Untersuchung wirklich durchgeführt und ein Ergebnis *a* erzielt, das *faktische Geltung* besitzt. Das Messergebnis wird vom Zustand des Systems abhängen, braucht aber von diesem nicht vollständig determiniert zu sein, sondern kann mit einer mehr oder weniger großen Unbestimmtheit behaftet sein. Der faktische Charakter eines Messergebnisses *a* einer Observablen *A* kommt darin zum Ausdruck, dass sich das System direkt nach der Messung in einem *Eigenzustand* z_a *der Observablen A zum Eigenwert a* befindet. Das ist ein Zustand, in dem eine erneute Messung von *A* mit Sicherheit wieder denselben Wert *a* ergibt. (Ein Eigenzustand z_a kann sogar stabilisiert und vor dem Zerfall bewahrt werden, indem man in rascher Folge immer wieder die Observable *A* misst. In der Quantenphysik ist dies als *Quanten-Zenon-Effekt bekannt.*) Was Faktizität bedeutet, kann von der konkreten Anwendung der VQT abhängen: etwa Gültigkeit eines physikalischen Messergebnisses, innere Überzeugung bei Introspektion oder erreichter Konsens in Gemeinschaften.

Typisch für die Quantentheorie ist die Möglichkeit, dass zwei Observable *A* und *B* komplementär sind. Das ist dann der Fall, wenn Messungen von *A* und *B* nicht miteinander vertauschbar sind und sich ein unterschiedlicher Zustand ergibt in Abhängigkeit davon, ob zuerst *A* mit Ergebnis *a* und dann *B* mit Ergebnis *b* gemessen wird oder ob die Reihenfolge der Messungen umgekehrt wird. Der Zustand des Systems nach den Messungen ist auf jeden Fall ein Eigenzustand der zuletzt gemessenen Observablen. Bei komplementären Observablen wird es Eigenwerte der einen Observablen geben, so dass kein zugehöriger Eigenzustand zugleich Eigenzustand der anderen Observablen sein kann.

In anderen Worten: Komplementären Observablen können im Allgemeinen nicht zugleich faktische Messwerte zugeschrieben werden. Zudem ändert die Messung einer Observablen *A* den Zustand eines Systems immer dann, wenn sich das System vor der Messung nicht in einem Eigenzustand von *A* befunden hat. Nicht-komplementäre Observable, denen also jederzeit zugleich Messwerte mit Bestimmtheit zugeschrieben werden können, heißen *kompatibel.*

Das physikalische Standardbeispiel für komplementäre Observable sind die Orts- und Impulsobservable in der Quantenmechanik. Wenn der Wert der einen von ihnen bekannt ist, dann ist der Wert der anderen stets ungewiss. Kein System kann zugleich scharfe Werte für Ort und Impuls haben. In den bereits zitierten Anwendungen der VQT wird eine Fülle von Beispielen dafür angeführt, dass Komplementarität von Observablen auch außerhalb des Bereiches der Physik auftritt. Dies ist immer dann zu erwarten, wenn eine Messung notwendig zu einer Zustandsänderung des Systems führt. In geradezu paradigmatischer Weise ist dies für psychische Systeme aus introspektiver Perspektive der Fall. Die von der klassischen Physik her inspirierte Ontologie legt die Vorstellung nahe, dass Prädikationen uneingeschränkt miteinander verträglich und somit alle Observablen kompatibel seien. Das wird insbesondere auch für die oben erwähnten Propositionsobservablen zur Identifikation von Teilsystemen erwartet. Ist die Möglichkeit von Komplementarität erst einmal ins Blickfeld getreten, dann zeigt sich, dass im alltäglichen Leben Komplementarität eher die Regel als die Ausnahme ist. Um nur ein Beispiel zu nennen: Güte und Gerechtigkeit stehen in einem komplementären Verhältnis zu einander. Sie sind keineswegs Gegensätze. Wenn etwa ein hohes Maß von Güte feststeht, dann ist Gerechtigkeit nicht ausgeschlossen, aber die Kontrolle über den Grad von Gerechtigkeit gering.

Eine Messung, die den Zustand eines Systems verändert, ist nicht einfach die Registrierung eines bereits vorhandenen Faktums. Dem Messenden kommt eine aktive, Fakten erzeugende Rolle zu. Das Ergebnis einer Messung wird „zugemessen" und „festgestellt" im doppelten Wortsinne. Das bedeutet allerdings nicht, dass das Messergebnis der Willkür des Beobachters unterworfen ist. Der Beobachter ist frei in der Wahl der gemessenen Observablen, das Ergebnis der Messung unterliegt aber nicht seiner Kontrolle. In anderen Worten: Nur die Wahl der Frage steht frei, in der Unverfügbarkeit der Antwort zeigt sich die *„Widerständigkeit der Welt"*.

Verschränkung ist ein typisches Quantenphänomen, das auch im Rahmen der VQT auftreten kann. Dazu ist Folgendes nötig:

1. Es lassen sich Teilsysteme innerhalb eines Gesamtsystems identifizieren, die in dem Sinne voneinander getrennt und unabhängig sind, dass lokale Observable, die sich auf verschiedene Teilsysteme beziehen, miteinander kompatibel sind.
2. Es gibt eine globale, auf das Gesamtsystem bezogene Observable, die zu lokalen Observablen der Teilsysteme komplementär ist.
3. Das System befindet sich in einem *verschränkten Zustand*, etwa in einem Eigenzustand der globalen Observablen.

Dann wird das Ergebnis der Messung einer lokalen Observablen an einem der Teilsysteme im Allgemeinen unbestimmt sein. Es treten aber eigenartige *Verschränkungskorrelationen* zwischen den Teilsystemen auf: Das Messergebnis an einem Teilsystem lässt Rückschlüsse auf die zu erwartenden Messergebnisse an den anderen Teilsystemen zu. Diese Korrelationen sind nicht lokaler oder kausaler Natur, sie hängen nicht vom räumlichen Abstand der Teilsysteme ab, sie beruhen nicht auf kausalen Wechselwirkungen der Teilsysteme, und sie sind auch nicht zum Austausch von Einwirkungen oder Signalen zwischen den Teilsystemen verwendbar (verg. z.B. Kapitel 3).

Verschränkungskorrelationen sind Ausdruck des *holistischen Charakters* von Quantensystemen. Der Gesamtzustand eines Quantensystems ist nicht durch die Zustände seiner Teilsysteme bestimmt. Die Verschränkungskorrelationen zwischen den Teilsystemen rühren daher, dass diese gemeinsam in den Zusammenhang eines verschränkten

Zustandes des Gesamtsystems treten. Zu verschiedenen Teilsystemen gehörige und laut Voraussetzung kompatible Observable $A_1, A_2,\dots$ können, da sie zugleich messbar sind, zu einer einzigen *Verschränkungsobservablen* $Av = (A_1, A_2,\dots)$ zusammengefasst werden, die geeignet ist, Verschränkungszusammenhänge der Teilsysteme aufzuweisen und zu messen.

Die Bedeutung nicht kausaler Korrelationen ist eine wichtige Botschaft der Quantentheorie, da unter dem Einfluss der klassischen Physik die Neigung besteht, nur Kausalerklärungen als wirklich gültige Erklärungsmuster anzuerkennen. Viele Beispiele für Verschränkung in der VQT finden sich in Römer 2011 und Kap. 2 in diesem Band. Auch in dieser Studie werden Verschränkungskorrelationen wichtig sein.

Wir schließen diesen Abschnitt mit einigen ergänzenden Bemerkungen zur VQT.

- Im Gegensatz zur physikalischen Quantentheorie und zu anderen Versuchen der Anwendung von Quantenkonzepten auf nicht-physikalische Systeme (Aerts et al., 2009, 2013, 2015 und darin angegebene Literatur) ziehen wir im Allgemeinen nicht den vollen Hilbertraumformalismus der Quantenphysik heran, sondern beschränken uns auf einen möglichst einfachen formalen Rahmen der VQT, in dem Quantenphänomene wie Komplementarität und Verschränkung ihren Platz haben.
- Damit verbunden, werden wir keine quantifizierbaren Wahrscheinlichkeiten für die Ergebnisse von Messungen angeben. Dies wäre in der Tat etwa für das System „Griechische Mythologie“ unangemessen. Es scheint uns wenig plausibel, dass ein solches System von den vollen Gesetzen der Quantenphysik regiert wird.
- Unsere Beschreibung der Messung enthält ein Element der Idealisierung. Eine Messung wird als ein Erkenntnisakt angesehen, an dessen Ende ein Ergebnis steht. Vom genauen zeitlichen Verlauf des Erkenntnisaktes wird abgesehen, insbesondere bleibt dahingestellt, wann und wie Faktizität einkehrt. Dies ist auch in der Quantenphysik der Fall, und eine überzeugende Behandlung des Messprozesses als eines physikalischen Prozesses scheint in so weiter Ferne zu liegen, dass man an ihrer Möglichkeit zweifeln muss. Hier ist an die mehrfach erwähnte (z. B. Kap. 1, 4, 5, 8 in diesem Band) „Nicht-Existenz der Bahn in der Quantentheorie“ zu erinnern. Tatsächlich ist kein rein physikalisches Kriterium in Sicht, das einen physikalischen Vorgang als Messprozess qualifiziert. Man kann allerdings zeigen, dass die Korrespondenz von Messwerten mit Eigenschaften des gemessenen Objektes wesentlich auf Verschränkungskorrelationen beruht (z. B. Römer, 2012b).

3. Existenziale des Menschen

Welt ist dem Menschen unmittelbar nur so und insoweit gegeben, als sie auf seiner inneren Bühne erscheint. Das gilt sowohl für seine sinnlichen Wahrnehmungen als auch für seine vorüberziehenden Gedankeninhalte. Diese unbestreitbare Tatsache, dass die

Welt primär eine erscheinende ist, werden wir als den *phänomenalen Charakter der Welt* bezeichnen. Die Verallgemeinerte Quantentheorie trägt, wie wir sehen werden, dieser Tatsache in besonderem Maße und von Anfang an Rechnung. **Wie** uns die Welt erscheint, ist weitgehend von unserer Existenzweise als denkende, fühlende, planende, handelnde und auch erkennende Wesen bestimmt. Obwohl in unserer Untersuchung die erkennende Tätigkeit im Vordergrund steht, dürfen wir nicht vergessen, dass für unser Leben und Erleben die anderen Tätigkeiten mindestens ebenso wichtig sind. Die phänomenale Gestalt der Welt des Menschen wird durch *Existenziale*, d.h. Grundstrukturen seiner Daseinsweise wesentlich bestimmt. Insoweit diese nie ganz abgestreift werden können, haben sie quasi apriorische Geltung.[1]

Wir erleben uns in unserer menschlichen Existenz immer als leib-seelische Einheit. Unser personales (Selbst-)Bewusstsein konstituiert und stabilisiert sich in ständiger Selbstwahrnehmung sowohl des eigenen Körpers als auch reflektorisch in der Wahrnehmung der eigenen Gedankenbewegung. Auch und gerade diese Selbstwahrnehmung geschieht in der Form der menschlichen Existenziale. Eine dualistische Auffassung des Verhältnisses von Leib und Seele entspricht nicht unserer Selbstwahrnehmung. In der Sprache der Verallgemeinerten Quantentheorie sollte man eher von leiblichen und seelischen Observablen des einen Systems „Mensch" sprechen und mit einem komplementären Verhältnis zwischen ihnen rechnen (Römer & Walach, 2011). Wenn solche Komplementaritäten bestehen, dann sind in der Tat Leib und Seele monistisch so eng miteinander verbunden, dass selbst ein Modell, in dem Leib und Seele/Geist getrennte, wenn auch eventuell miteinander verschränkte Teilsysteme des Systems „Mensch" wären, den Tatsachen nicht immer gerecht wird.[2] (Ohnehin haben dualistische Leib-Seele-Theorien notorisch Schwierigkeiten mit dem Verständnis leib-seelischer Wechselbeziehungen.) Ohne Anspruch auf Vollständigkeit wollen wir im Folgenden einige menschliche Grundexistenziale beschreiben (Römer, 2012b). Dabei sollte klar sein, dass sie nur um der Aufzählung willen voneinander getrennt werden, in Wirklichkeit aber immer zusammenwirken.

Exzentrizität und Räumlichkeit. Dem Menschen erscheint Welt aus der Position des „Gegenüber". Insbesondere ist jede Erkenntnis der uns zugänglichen Form Erkenntnis von jemandem über etwas. Das erkennende Subjekt, das nicht nur ein Individuum, sondern auch eine Gemeinschaft sein kann, steht dem Erkannten gegenüber und ist von

1 Was wir als „Existenziale" bezeichnen, ist nicht ganz deckungsgleich mit den Heideggerschen Existenzialien wie Sorge und Zeitlichkeit. Im Vergleich mit Kategorien als fundamentalen Prädikationen sind Existenziale weniger formal und stärker auf die menschliche Existenzform bezogen.

2 Genaueres in Kapitel 4.

ihm durch einen *epistemischen Schnitt* getrennt. Dieser Schnitt ist beweglich und verschiebbar. Er liegt anders, wenn ich den Mond betrachte, auf meine Hand schaue oder mir über meinen Gemütszustand Rechenschaft geben möchte, aber er kann nie ganz zum Verschwinden gebracht werden. Damit stimmt überein, dass Denken gewöhnlich die Form eines mehr oder weniger expliziten Selbstgespräches hat. Diese existenziale Figur des „Gegenüber" wird auch als *Exzentrizität* des Menschen bezeichnet, der, gerade im Erkenntnisakt, nicht im Zentrum, sondern auf einer Seite des epistemischen Schnittes steht. Als *transzendentales Subjekt* (vergl. Kap. 13) beobachtet und erkennt sich somit die letzte erkennende Instanz nicht selbst.

Die Termini „Gegenüber" und „Exzentrizität" verraten, dass ein Element der Räumlichkeit und des Abstandes im Spiel ist, das teils, etwa beim gesehenen Mond, wörtlich, teils, wie bei der Selbstprüfung, eher symbolisch-metaphorisch zu verstehen ist. Grundstrukturen wie „Nah und Fern", „Innen und Außen", „Getrennt und Zusammenfallend", die man, ohne C. G. Jung in allem zu folgen, versuchsweise als archetypisch bezeichnen könnte, treten als Modulatoren auf.

Gerade beim Menschen als „Handwesen" ist die Struktur des Gegenüber besonders ausgeprägt. Während Vierfüßlern als „Mundwesen" einfache nahe Gegenstände nicht „begreifbar", sondern eher „bebeißbar" sind, erlaubt dem Menschen die durch den aufrechten Gang frei gewordene Hand ein genaueres Betrachten aus größerem Abstand. Distanz und Räumlichkeit werden an einem in der Hand gehaltenen und vor den Augen gedrehten Gegenstand in leib-seelischer Ganzheitlichkeit direkt und bedeutungsvoll erlebt. In Übereinstimmung damit wird der Gesichtssinn als der wichtigste und erkenntnismächtigste Sinn angesehen, im Gegensatz etwa zum räumlich viel diffuseren Geruchssinn. Die Hand ist auch ein Zeigeorgan, auf einen Geruch kann man kaum zeigen. Reste älterer Verhältnisse zeigen sich noch an dem im Vergleich zu seiner Bedeutung riesigen olfaktorischen Cortex des Menschen, der heute großenteils andere Funktionen übernommen hat. Ein Beleg für die besondere Wertschätzung des Gesichtssinnes ist auch die verbreitete Lichtmetaphorik für die menschliche Vernunft.

Das Existenzial des „Gegenüber" ist tief in der Grundstruktur der VQT verankert, indem der „Messung", bei dem ein Messendes einem Gemessenen gegenübersteht, eine überragende Bedeutung zugeschrieben wird. Die Figur des „Gegenüber" ist bereits in der Bezeichnung „Observable" enthalten. Dass Observable ebenso wie die Sprache vorwiegend Kollektivbesitz sind, unterstreicht die Bedeutung von Gemeinschaften als Subjekten von Erkenntnis. In der Quantenphysik ist der epistemische Schnitt zwischen Messapparat und gemessenem Objekt unter dem Namen *„Heisenberg-Schnitt"* wohlbekannt. Der Heisenbergschnitt ist verschiebbar, indem etwa ein Messinstrument selbst zum gemessenen Objekt werden kann, aber bei jeder Messung unaufhebbar anwesend.

Faktizität: Welt begegnet uns in der Gestalt von Fakten und nicht etwa nur als Ansammlung von Möglichkeiten. Sowohl Sinneseindrücke als auch innere Bilder oder Überzeugungen tragen in ihrer Erscheinungsweise den Stempel des Faktischen. Zwar stehen dem Menschen mehr als anderen Lebewesen kontrafaktisches Denken und das Bedenken von Möglichkeiten offen, aber selbst dabei erscheinen ihm seine Bewusstseinsinhalte immer in faktisch-wirklicher Weise. Selbst in dem Begriff „Möglichkeit" ist die Möglichkeit des Faktisch-Seins oder Faktisch-Werdens enthalten.

Es ist wohl das Erlebnis des Irrtums, das dem Menschen den Weg zum kontrafaktischen Denken öffnet und zugleich mit besonderer Strenge auf die Widerständigkeit der Welt stoßen lässt. Der Tod ist das grimmigste aller Fakten. Faktizität wird gewöhnlich mit Härte und Schwere und in direkter oder übertragener Weise mit dem Tast- und Schweresinn in Verbindung gebracht. In diesem Bereich ist auch der Ursprung der Materievorstellung zu verorten. („Hart im Raume stoßen sich die Dinge.") Die leib-seelische Ganzheitlichkeit des Existenzials der Faktizität ist jederzeit spürbar und greifbar.

In der VQT ist das Existenzial der Faktizität in prominenter Weise als Faktizität von Messergebnissen vertreten. Allerdings ist ein Zustand in der VQT ebenso wie in der Quantenphysik nicht so sehr als Faktum, sondern eher als annotierter Katalog von Potentialitäten zu verstehen. Wir werden auf diese seltsame Janusköpfigkeit der VQT im nächsten Abschnitt eingehen.

Temporalität: Unsere Daseinsweise ist unentrinnbar zeitlich. Die Welt ist uns nicht in der Form eines Panoramabildes gegeben, sondern eher in der Gestalt eines Films: Ein schmales Fenster des *„Jetzt"* schiebt sich voran in eine Zukunft und hinterlässt Vergangenheit. Das Jetzt ist das schlechthin Faktische, und Faktizität zeigt sich besonders im Jetzt. Das Existenzial der Zeitlichkeit ist im Rhythmus des Herzschlages oder in Musik und Tanz besonders unmittelbar leib-seelisch präsent. Zukunftgerichtetheit und Existenz eines ausgezeichneten Jetzt sind die wesentlichen Kennzeichen der *inneren Zeit*, die unsere Existenz bestimmt. In der Terminologie von Mc Taggart (1908) ist damit unsere innere Zeit eine A-Zeit. Im Gegensatz dazu ist die *physikalische Zeit* in Mc Taggarts Klassifikation eine B-Zeit, eine Skalenzeit gleichwertiger Zeitpunkte ohne ein ausgezeichnetes Jetzt. Sie weist gerade in der fundamentalen Physik keine bevorzugte Richtung auf. In der Allgemeinen Relativitätstheorie und mehr noch in der Quantenkosmologie neigt die Zeit dazu, dem Raum immer ähnlicher zu werden. Das ist nicht überraschend, wenn man mit Kant die Zeit als Form des inneren und den Raum als Form des äußeren Sinnes versteht und bedenkt, dass die physikalische Natur zum Bereich des äußeren Sinnes gehört. In extremen Zuständen des Weltalls in der Nähe des Urknalls scheint die Zeit zusammen mit dem Raum sogar als fundamentale physikalische Größe abzudanken. Mehr hierzu und zum Verhältnis von innerer und äußerer Zeit ist an anderer Stelle ausgeführt (Römer, 2015a; Kap. 8). Das Existenzial der Zeitlichkeit hat in der VQT im Messprozess seinen wohlbestimmten Platz: Die Wahl der zu messenden Observablen geht der Messung zeitlich voraus, und das Ergebnis kommt nach der Messung. Auch ist die Reihenfolge von Messungen, entscheidend für komplementäre Observable, eine zeitliche Reihenfolge.

Agentivität, Kausalität und Freiheit. Der Mensch lebt in seiner Welt nicht nur als beobachtender, sondern mehr noch als planender und handelnder. Kausalität und Freiheit, die sich in seinem Handeln vereinen, stehen nicht etwa, wie oft angenommen, im Widerspruch zueinander, sondern entspringen zusammen mit der Agentivität aus der gemeinsamen Wurzel einer entfalteten, in Vergangenheit, Gegenwart und Zukunft differenzierten Zeitlichkeit, die dem Menschen in besonderer Weise eigen ist. Ohne Zeitlichkeit wären sie gegenstandslos. Freiheit und Kausalität wirken zusammen und sind aufeinander angewiesen. Ohne Kausalität könnten frei gewählte Handlungen nicht zum beabsichtigten Ziel geführt werden. Anderseits könnten kausale Regelmäßigkeiten gar nicht gefunden werden, wenn nicht erstens die Auswirkungen frei und explorativ gesetzter Ursachen beobachtet würden und zweitens die Aufmerksamkeit nicht frei steuerbar wäre. Das (Selbst-)Bewusstsein durch selbstbeobachtende Aufmerksamkeit auf Leib und Gedankentätigkeit kann man als Leistung der Agentivität ansehen.

Kausalität und Freiheit geraten in Widerspruch nur in der Schimäre eines durchgehend deterministischen Weltmodells von der Art eines kosmischen Uhrwerks. Dieses Weltmodell ist selbst in der Physik durch die Quantentheorie obsolet geworden. Sogar in einem klassisch deterministischen Weltmodell wäre das einzige voll deterministische System das Weltganze, das auch den Beobachter enthalten müsste, dessen Existenz dann unwesentlich und seiner eigentlichen Funktion enthoben wäre. Wegen des phänomenalen Charakters der Welt ist aber dieses Weltganze durch das Gegenüber von Beobachter und Beobachtetem, die durch den epistemischen Schnitt voneinander getrennt sind, aufgebrochen.

In der VQT zeigen sich Agentivität, Freiheit und Kausalität in der Planung, Einrichtung und Durchführung von Messungen mit freier Wahl der gemessenen Observablen.

Emotionalität. Jede unserer Wahrnehmungen ist gefühlsmäßig eingefärbt und wird nach gefühlsbehafteten Qualitäten wie „angenehm–unangenehm", „schön–hässlich", „anziehend–abstoßend" bewertet. Die leib-seelische Einheit des Menschen wird in der Emotionalität besonders deutlich. In Herzschlag und Atmung oder in Lust und Schmerz ist Emotionalität auch leiblich mit unabweisbarer Eindringlichkeit spürbar.

In manchen Situationen, gerade dann, wenn es um die Erkenntnisfunktion des Menschen geht, ist es angezeigt, von der Emotionalität soweit wie möglich abzusehen. Aus diesem Grund hat Emotionalität in der VQT nicht denselben zentralen Platz wie die anderen hier genannten Existenziale. Allerdings lässt sich sehr wohl zu Stellung und Leistung der Emotionalität vom Standpunkt der VQT einiges sagen.

Zur Emotionalität gehören *emotionale Observable*, die Gefühlsqualitäten „messen" und kaum vollständig zu unterdrücken sind. Sie werden immer mehr oder weniger explizit mitgemessen. Ergriffenheit geht mit dem Begreifen zusammen, wenn sie nicht sogar vorangeht. Die Komplementarität emotionaler Observablen zueinander und zu anderen Observablen äußert sich im „Zwiespalt der Gefühle" und darin, dass Emotionalität und Objektivität in Konflikt geraten können. Es ist bezeichnend, dass über Gefühle eher in der Metaphorik räumlich schwach lokalisierter Sinne wie Geruch und Geschmack gesprochen wird. Ihre Leistung liegt gerade im Aufspüren nicht lokaler verschränkungsähnlicher Zusammenhänge. So liegt die Schönheit eines Objektes, auf die ästhetische Observable ansprechen, in einem freien, ganzheitlichen Verschränkungszusammenhang seiner Teile, die sich ungezwungen und harmonisch in ein Ganzes fügen (mehr dazu besonders in Kap. 11). Ähnliches gilt für ethische Bewertungen (Römer, 2014; Kap. 7). In unserer Emotionalität macht sich etwas bemerkbar, was man als *„Verschränkungssinn"*[3] bezeichnen könnte. Er ist wirksam in schöpferischen Leistungen (Römer & Jacoby, 2017; Kap. 7 in diesem Band) wie dem Erkennen von Zusammenhängen und dem Auffinden neuer Observablen.

Man darf annehmen, dass die hier genannten Existenziale nicht nur für den Menschen, sondern für jedes erkenntnisfähige Wesen in ähnlicher Weise bestimmend sind. Das gilt ganz gewiss für das Existenzial der Exzentrizität. Einem vernunftbegabten Hund, mit dem uns wegen der Säugetierverwandtschaft Empathie möglich ist, erschiene wohl seine phänomenale, stark geruchsbezogene Welt im Vergleich zum Menschen emotionaler und weniger distanziert, wäre aber von denselben Existenzialen in etwas verschiedener Gewichtung geprägt.

4. Quantenontologie

Schon mehrmals haben wir mit Nachdruck den phänomenalen Charakter der Welt betont und gezeigt, wie die VQT diesem und den menschlichen Grundexistenzialen gerecht wird.

Nun ist es aber gerade das Existenzial der Faktizität, das den Menschen dazu treibt, phänomenal Begegnendes als objektiv Verhängtes von innen nach außen zu verlegen

3 W. von Lucadou, persönliche Mitteilung.

und damit in gewisser Weise projektiv zu ontologisieren. In der so entworfenen Welt hat dann erst das sonst frei schwebende transzendentale Subjekt seinen Platz. Schon deshalb kann der Mensch kaum umhin, ontologische Modelle der Welt als ganzer zu entwerfen, auch wenn er sich der Problematik eines solchen Unternehmens bewusst ist, und auch dann, wenn, bildhaft ausgedrückt, seine ontologischen Szenarien Sandburgen zu gleichen scheinen, die Kinder am Rande des Meeres bauen und die von der nächsten größeren Welle weggespült werden. (Allerdings scheint sich die Lebensdauer ontologischer Grundszenarien eher in Jahrhunderten, wenn nicht Jahrtausenden zu bemessen.)

In der zeitgenössischen Philosophie ist, wie schon gesagt, eine große „ontophobische" Zurückhaltung gegenüber ontologischen Festlegungen verbreitet. Dies ist sicher nicht unberechtigt, sofern es um Abwehr falscher Verdinglichungen in einer einseitigen Substanzontologie geht. Sehr zu Recht betont M. Gabriel (2013), um nur ein Beispiel aus neuerer Zeit zu nennen, in einem jüngst erschienenen Buch unter dem provokativen Titel „Warum es die Welt nicht gibt", dass die Rede von „Welt" im Sinne eines „Dinges" wie Häuser und Bäume schlichtweg verfehlt und unzulässig ist. Natürlich ist es richtig, dass „Welt" kein solches Ding und auch kein System im Sinne der VQT sein kann. Aber in einer weiter gefassten Ontologie gibt es Welt natürlich, wenigstens schon deshalb irgendwie, weil man über sie reden und beispielsweise behaupten kann, dass es sie nicht gebe. Als regulatives Prinzip oder als von immer umfassenderen Systemen her angestrebte Grenzvorstellung erscheint doch, wie schon erwähnt, die Frage nach dem Ganzen nicht nur zulässig, sondern geradezu unabweisbar, da sich das menschliche Verlangen nach projektiver Ontologisierung seine Suche nicht verbieten lässt. (Mit „Welt" verhält es sich vielleicht ähnlich wie mit „Nichts", das es natürlich nicht „gibt", das aber Gegenstand sinnvoller Überlegungen sein kann.)

In diesem Sinne wollen auch wir ein ontologisches Szenarium zu erstellen versuchen, das von der VQT inspiriert ist und in dem gerade die *Phänomenalität der Welt als ontologische Grundtatsache* gedeutet wird.

Den meisten Menschen scheint wohl eine Ontologie der Objektivität und Faktizität intuitiv am plausibelsten. Danach ist die Welt eine große Ansammlung von Objekten und von Fakten zu diesen Objekten, deren Gültigkeit ganz unabhängig davon ist, ob sie registriert werden oder nicht.

Die physikalische Quantentheorie hat uns gelehrt, dass an dieser Vorstellung Abstriche gemacht werden müssen. Die experimentell eindeutig nachgewiesene Verletzung der Bellschen Ungleichungen ist ein bemerkenswertes Stück „Experimentalphilosophie", mit dem bewiesen wird, dass eine lokal realistische Deutung der Quantentheorie unmöglich ist: Wenn es möglich ist, Systeme so voneinander zu isolieren, dass kausale Einwirkungen zwischen ihnen für eine gewisse Zeitspanne auszuschließen sind, dann können die Ergebnisse von Messungen an ihnen nicht in allen Fällen durch bereits vor der Messung vorliegende Qualitäten erklärt werden. Eine gut verständliche Darstellung der Bellschen Ungleichungen findet man bei Audretsch (2002) oder, knapper und stärker formalisiert bei Römer (2009, Kapitel 16). In diesem Sinne werden, wie bereits im zweiten Abschnitt dieser Studie erwähnt, Messungen nicht einfach Fakten registrieren, sondern aktiv schaffen. (Wobei allerdings, wie ebenfalls bereits gesagt, das Messergebnis nicht im Belieben des Beobachters steht). Alle Versuche, trotz des klaren Befundes der Bellschen Ungleichung an einer klassischen Ontologie festzuhalten, tragen m. E. den Stempel des Gezwungenen, Gekünstelten und Rückwärts-Gewandten. Da die VQT die physikalische Quantentheorie als Spezialfall mit einschließt, ist in diesem weiteren Rahmen erst recht der faktenschaffende Charakter von Messungen gesichert.

Hat man einmal eingesehen, dass die Kernvorstellung faktisch-objektivistischer Ontologien nicht haltbar ist, wird man vielleicht eher bereit sein, ein quantentheoretisch inspiriertes ontologisches Alternativszenarium zu erwägen.

Die Welt ist darin eine zeitlose Ansammlung von Potentialitäten. Menschliche Existenziale wie Temporalität und Faktizität gehören nicht zur Welt als solcher, sondern nur zu der Weise, in der sie den Menschen in einer, allerdings für diesen unhintergehbaren Weise, als Seinsgeschick „weltend" erscheint. Um für den Menschen erfassbar zu werden, muss Welt in die kategorialen Formen der menschlichen Existenziale „inkarnieren". Den wahrhaft tiefgreifenden und ungewohnten Konsequenzen und Einsichten, die sich aus einer solchen „Quantenontologie" ergeben, wollen wir ein Stück weit nachspüren.

Die Herabstufung der Zeitlichkeit zu einem bloßen Existenzial in einer im Grunde zeitlosen Welt führt zu einer radikalen Änderung der gewohnten Weltsicht. Wir hatten den Unterschied zwischen kausalen auf der einen Seite und nicht-kausalen figuralen, gestalt- und sinnartigen Ordnungsprinzipien auf der anderen Seite betont und ausgeführt, dass gerade aus der Sicht der VQT beiden gleichrangige Bedeutung als Stiftern von Ordnung und Verständnis zugestanden werden muss. In einer zeitlosen Welt fallen beide zunächst als verschränkungsartige Muster zusammen. Als Modell könnte man sich das zeitlose Zusammenspiel der Teile in einem ästhetischen Gebilde vor Augen halten. Der Unterschied zwischen beiden liegt lediglich darin, wie diese Muster dem Menschen unter dem Existenzial der Temporalität erscheinen, das im einen Fall von überragender, im anderen Fall von untergeordneter Bedeutung ist. Man könnte auch sagen, dass die kausalen Ordnungsstrukturen parallel und die nicht-kausalen quer zur Zeitachse liegen.

Kausalität und Freiheit sind in einer zeitlosen Welt gegenstandslos. Sie treten erst dann auf, wenn Welt dem Menschen im Rahmen seiner Existenziale erscheint. Sie zeugen beide von ontologisch gleichwertigen Verschränkungsstrukturen. Insbesondere ist Freiheit die erhaltene Spur eines geordneten Zusammenspiels unter der Herrschaft der Temporalität, gleichsam Korrektiv und „Trostpreis" für die Beschränkung des Menschen durch die Zeitlichkeit. Wie bereits ausgeführt, wirken beide beim Handeln des Menschen zusammen. Spannungen zwischen beiden lassen sich als Auswirkungen möglicher Komplementaritäten zwischen verschiedenen zugehörigen Verschränkungsobservablen deuten.

Auch die Unterscheidung zwischen Substanz- und Prozessontologien ist in einer zeitlosen Quantenontologie neutralisiert. Wiederum liegt der Unterschied in der phänomenalen Realisierung. In der Tat treten in der VQT substantielle und prozessuale Observable, die sich in ihrem Zeitbezug unterscheiden, gleichermaßen und gleichwertig auf. An anderer Stelle haben wir ausgeführt, dass man ein komplementäres Verhältnis zwischen ihnen erwarten muss (Römer, 2006a, 2006b und Kap. 8 in diesem Band).

In der Vielfalt der zulässigen Observablen, die sich durchaus auch auf andere Observable beziehen können, liegt ein charakteristischer Zug der Quantenontologie.

In seiner Welt begegnen dem Menschen Signalketten der verschiedensten Art, die in der unbelebten Natur eindeutig kausaler Natur sind und in höheren Lebensformen immer mehr mit der Wahrnehmung von Ordnungsstrukturen verbunden sind. In der sinnlichen Perzeption nimmt der Gestaltcharakter von der primären Nervenreizung bis zur gedeuteten Wahrnehmung immer weiter zu. Alle Glieder dieser Ketten erscheinen unter einer zeitlosen Quantenontologie zunächst als gleichartig. Der Unterschied differenziert sich erst unter dem Vorzeichen der Existenziale heraus.

Unter dem Einfluss der philosophischen Tradition ist man an den Gedanken gewöhnt, dass Zeitlosem ein ontologischer Vorrang einzuräumen sei und dass die vornehmsten Gegenstände des menschlichen Denkens der Zeitlichkeit nicht unterworfen seien. Wahrhaft atemberaubende Aussichten tun sich auf, wenn man den ontologischen Status von Faktizität in Frage stellt.

Das ist allerdings, wie schon gesagt, nach dem Befund der Verletzung der Bellschen Ungleichungen unvermeidbar. Faktizität von Messergebnissen bereits vor der Messung darf im Allgemeinen nicht angenommen werden, sondern sie entsteht erst als Ergebnis der Messung. Insofern beschreibt der Zustand eines Quantensystems nicht eine Ansammlung von Fakten, sondern ein großes Aggregat von Potentialitäten, das sich durch Messung verändert. Die erwähnte Janusköpfigkeit der VQT, die darin besteht, dass Quantenzustände zu Potentialitäten, Messergebnisse aber zu Fakten gehören, erklärt sich dadurch, dass von den vier Grundbegriffen „System", „Zustand", „Observable" und

„Messung" die ersten beiden vornehmlich ontologischer Natur sind und Entitäten einer Quantenwelt beschreiben, während die beiden anderen sich auch darauf beziehen, wie die Quantenwelt einem Beobachter erscheint. Zu einer reinen Quantenontologie gelangt man, wenn man zugibt, dass der Erscheinungsmodus der Quantenwelt von ihrem Seinsmodus untrennbar, ja Teil von ihm ist.

Der Quantenwelt wohnt die Figur des „Gegenüber" inne als eine Tendenz, sich in Beobachter und Beobachtetes aufzuspalten, die durch einen epistemischen Schnitt getrennt sind. Vertraut ist uns eine objektiv-faktische Ontologie, in der der Beobachter nur eine registrierende Rolle spielt. Im Gegensatz dazu legt die VQT ebenso wie die Quantenphysik eine *ternäre Ontologie* nahe, in der an die Stelle einer Welt äußerer Fakten die Triade von Beobachter, Beobachtetem und Observablen steht. Die Observablen gehören dabei weder nur zum Beobachteten noch nur zum Beobachter, sondern sitzen gewissermaßen rittlings auf dem epistemischen Schnitt. Observable nehmen die zentrale Position ein, sie sind die eigentlichen Vermittler und Ordner, und in ihnen kommt die eigentümliche Grundstruktur der ternären Quantenontologie am deutlichsten zum Ausdruck. Da sich, wie bereits im zweiten Kapitel ausgeführt, Observable und Bestandteile eines Quantensystems auf Propositionen zurückführen lassen, könnte man die Quantenontologie als *Propositionsontologie* bezeichnen. Die Quantenwelt wäre somit eine Welt von Propositionen ohne den Stempel von Faktizität, die im typischen Fall in einem komplementären Verhältnis zueinander stehen. Kommensurabilität ist eher die Ausnahme. *Komplementaritätsontologie* wäre demnach auch ein passender Name für die hier skizzierte Quantenontologie. Die Faktizität von Messergebnissen bedeutet für einen Beobachter ein Ende der Potentialität der gemessenen Proposition und wird von ihm als Einbruch von Faktischem in seine durch menschliche Existenziale charakterisierte Daseinsform, als „Welten der Welt" erlebt. Noch einmal: Observable und Propositionen sind die Bestimmungsstücke der Quantenwelt. Sie sind primär potentiell statt faktisch und weder subjektiv noch objektiv, sondern liegen jenseits dieses Gegensatzes. Sie stehen für verschränkungsartige Ähnlichkeitsbeziehungen allgemeinster Art, die durch besondere Verschränkungsobservable expliziter gemacht werden können. Die Elemente der Quantenwelt müssen sich „inkarnierend" in die Existenziale des Menschen fügen, um für diesen fassbar zu sein. Man sieht, dass Observable in vielem den im dritten Abschnitt dieser Arbeit erwähnten Jungschen Archetypen ähneln. Die charakteristische Ambivalenz von Archetypen wäre als Ausdruck von Potentialität und Komplementarität von Quantenobservablen zu verstehen. Auch drängt sich ein Vergleich mit der Hegelschen Logik auf, dessen Durchführung den Rahmen dieser Studie sprengen würde.

Das Auffinden von Observablen ist eine hohe schöpferische Leistung, in der der Gegensatz zwischen Finden und Erfinden aufgehoben ist, da Observable ihren Platz weder innen, beim Beobachter, noch außerhalb seiner, sondern, wie gesagt, auf dem epistemischen Schnitt haben (Römer & Jacoby, 2017, 2021 und Kap. 7 in diesem Band). Solche schöpferischen Leistungen sind als archetypisch geleitete Prozesse nicht einfach ins Belieben ihres Schöpfers gestellt; der oben erwähnte Verschränkungssinn scheint in ihnen wirksam zu sein. Gerade sein tiefstes Inneres, dem Schöpfertum zu entspringen scheint, ist am meisten der Kontrolle des Schöpfers entzogen. Wieder zeigt sich hier die Widerständigkeit der Welt. Aus der Art ihrer Konstituierung ergibt sich, dass man Observable und damit Begriffe nicht so sehr von ihren immer problematischen Rändern, sondern vielmehr vom Zentrum des Gemeinten her definieren sollte. Da mit jeder Wahrnehmung und jedem Erkenntnisakt eine Messung von Observablen verbunden ist, gibt es im Rahmen der Propositionsontologie keine unbegriffliche akategoriale Wahrnehmung.

Observable sind im Allgemeinen zusammen mit der Sprache Kollektivbesitz. Das trägt sehr zu ihrer Stabilisierung bei. Überhaupt ist für den Zusammenhalt einer Gemeinschaft ein Vorrat allgemein anerkannter Fakten unerlässlich, die durch regelmäßige Bestätigung in der Weise eines Quanten-Zeno-Effektes (Atmanspacher et al., 2004; Atmanspacher & Primas, 2008; Misra & Sudarshan, 1977) befestigt werden.

Zum Abschluss dieses Abschnitts sei erwähnt, dass im Rahmen einer propositionalen Quantenontologie der Universalienstreit über die ontologische Stellung von Allgemeinbegriffen in einem anderen Licht erscheint. Der Frage, ob solche Begriffe vollwertige „Dinge“ seien, also außerhalb des Menschen lägen, oder nur Namen, also innere Erfindungen, liegt stillschweigend die Vorstellung einer Objektontologie der Faktizität zu Grunde. In der hier skizzierten ternären Quantenontologie sind aber Allgemeinbegriffe Observable, die weder innen noch außen, sondern als Elemente der Quantenwelt auf dem epistemischen Schnitt zu lokalisieren sind.

5. Mythos, Ritus und Symbol

Unser quantenontologisches Szenarium, das man, je nachdem, welchen seiner Aspekte man besonders hervorheben möchte, als *Ternärontologie*, *Propositionsontologie* oder *Komplementaritätsontologie* bezeichnen könnte, gibt uns nun die Möglichkeit, den ontologischen Status von Mythen, Ritualen und Symbolen zu bestimmen. Für sie gilt alles, was über Observable und Prädikationen und ihre ontologische und Welt erschließende Bedeutung gesagt worden ist. In der Tat gibt es gleitende Zwischenformen und Übergänge zwischen einfachsten, der sinnlichen Wahrnehmung unmittelbar zugänglichen Prädikationen wie „Baum“ oder „Stein“ und tiefer Symbolik. Dennoch verdienen Mythos, Ritual und Symbol besondere Aufmerksamkeit, da in ihnen das auf das Weltganze gerichtete Streben des Menschen nach Weltverständnis zum Ausdruck kommt.

Über den Nahbereich des Gewohnten und Abgegriffenen hinaus richtet sich in ihnen der Blick des Menschen suchend, staunend, verehrend und auch bangend auf das, was ihn übersteigt und überwältigt, von dem er aber abhängt und aus dem er lebt. Es geht eine geheimnisvolle Faszination von ihm aus, die das „faustische" Streben nach Welterkenntnis nie ganz zur Ruhe kommen lässt. Dass es auch Trivialformen und Travestien von Mythen, Ritualen und Symbolen gibt und dass Tiefes in Routine verflachen kann, steht auf einem anderen Blatt und soll uns hier nicht beschäftigen.

Das menschliche Bemühen um erkenntnisträchtige Weltbilder und ontologische Szenarien ist, wie bereits gesagt, tief in seinen Existenzialen der Faktizität, Agentivität und Emotionalität verwurzelt.[4] Der Verschränkungssinn findet in ihm sein vornehmstes Wirkungsfeld. Es geht ihm dabei neben kausalen Zusammenhängen besonders um sinnartige und weitgehend unzeitliche ethische oder teleologische Ordnungen, also um das Verständnis dafür, ob und wozu etwas gut sei.

Mythen, Symbole und Rituale habe ihren Platz so sehr in menschlichen Gemeinschaften, dass der Ausdruck „Privatmythologie" nur scherzhaft oder spöttisch gebraucht wird. Sie gehören zum Bestand der Gemeinschaft und haben für sie identitätsbildende und stabilisierende Bedeutung. Dies sollte allerdings nicht im Sinne eines kruden religionssoziologischen Utilitarismus verstanden werden. Vielmehr wird ein nicht explizit angestrebtes Ziel im Rahmen eines organischen Ganzen gewissermaßen nebenher erreicht.

Zusammenwirken von Mythos, Ritual und Symbol ist der Normalfall. Dennoch ist eine Unterscheidung angezeigt, da sich Mythos und Ritual auf der einen Seite und Symbolik auf der anderen Seite deutlich in ihrem Bezug zum Existenzial der Zeitlichkeit unterscheiden.

Mythen haben die Form von Erzählungen, in denen ein zeitliches „Nacheinander" zur Darstellung kommt. Das gilt für Schöpfungs- und Weltentstehungsmythen ebenso wie für Götter- oder Heroenmythen wie etwa den Dionysosmythos, den Demetermythos, den Orpheusmythos oder den Baldurmythos. Ein zusätzliches zeitliches Element kommt dadurch herein, dass Mythen meistens Urspungsmythen sind, die eine Erscheinung oder einen Kult durch Aufrufung seines primär durchaus zeitlich gemeinten Ursprungs erklärend begründen. Auch der Typus des Endzeitmythos, der uns etwa in Apokalypsen wie dem Götterdämmerungsmythos begegnet, hat über seine narrative Struktur hinaus einen deutlichen Zeitbezug.

---

4 Natürlich muss man auch unser quantenontologisches Szenarium in diesem Zusammenhang als ein mythisch-symbolisches Unternehmen verstehen.

Rituale sind zeitlich geordnete, genau festgelegte performative Handlungsketten und Rezitationen in engem Bezug zu Mythen. Entweder wird dabei im symbolischen Vollzug der Rituale auf Mythen angespielt, oder die mythische Erzählung wird im rituellen Handeln direkt nachgespielt. Heilrituale sind ein Beispiel für den ersten Fall, das Pessachritual oder die Eleusinischen Mysterien verdeutlichen die zweite Möglichkeit.

Rituale werden immer in einer bestimmten Absicht ausgeführt. Ihre „Wirksamkeit" beruht vom Standpunkt der VQT aus gesehen nicht auf kausalen Einwirkungen, sondern darauf, dass die am Ritual Beteiligten und das vom Ritual Angesprochene in eine vielfältig verschränkte Beziehung gesetzt werden, in der alle Elemente in einem für das Angestrebte förderlichen ganzheitlichen Verhältnis stehen (Walach & Römer, 2016). Zur Herstellung der gewünschten verschränkungsartigen, durch Ähnlichkeit bestimmten Korrespondenz ist die genaue Beachtung der Einzelheiten des festgelegten Ablaufs der rituellen Handlungen und Worte wichtig. Allerdings sind in Ritualen oft auch noch archaische analogiemagische und wortmagische Vorstellungen lebendig, in denen kausale Einwirkungen von Sinnbeziehungen nicht unterschieden werden. Die zauberartige Fehldeutung von Sinnkorrespondenzen als Einwirkungen kann für die Herstellung des verschränkten Zustandes sogar hilfreich sein.

Außer ihrem zutiefst zeitartigen Charakter haben Rituale aber auch eine eigenartige *entzeitlichende Wirkung*. Durch die Aktualisierung im Ritual wird das angesprochene mythische Geschehen in die Gegenwart gerufen und, gerade auch durch häufige und genaue Wiederholung, in einen Modus zeitloser Anwesenheit versetzt. So ist nach der Vorstellung des Judentums das göttliche Heilswirken für sein Volk hier und jetzt und in Ewigkeit im recht vollzogenen Pessachritus anwesend. Ähnliches gilt für den verwandten christlichen Ritus der Eucharistie, in dem der Erlöser und Gottmensch im Gedächtnismahl anwesend ist. Die Entzeitlichung des mythischen Gehalts im vollzogenen Ritual geht so weit, dass die Historizität des mythologischen Geschehens, auf welches sich das Ritual bezieht, belanglos wird.

Mit Mythen und Ritualen ist immer ein charakteristisches Dilemma verbunden. Einerseits ist zur Verstetigung, also zur Sicherung von „Wirksamkeit", Stabilität und Gleichförmigkeit, eine gewisse fixierende Normierung nötig, die aber anderseits immer mit der Gefahr von Veräußerlichung, Verflachung und Verlust von Bindungskraft verbunden ist. So sind die literarischen Mythen eines Apollodor und erst recht die Metamorphosen des Ovid als abgeschwächte, wenn auch hoch kultivierte Spätformen des Mythos anzusehen. Um ihre Lebendigkeit zu behalten, bedürfen Mythos und Ritual bei aller Beständigkeit einer immer erneuerten Aneignung und Bekräftigung.

Im Gegensatz zum Mythos sind Symbole von vornherein zeitlos. Was im Mythos in der Form einer Erzählung ausgebreitet ist, das erscheint im Symbol im Modus der Simultaneität zu einem Ganzen zusammengefasst. Das Symbol ist abstrakter als der Mythos, da weniger vom Existenzial der Temporalität geprägt. Im Vergleich zum Mythos stellt das Symbol eher eine Erscheinungsform des *Logos* da. Der Übergang vom Mythos zum Logos wird oft als eine epochale Station im Erwachen und Erwachsen-Werden des Menschen aufgefasst und mit der individuellen Entwicklung eines Kindes verglichen.[5] In Wirklichkeit hat die Mythen bildende Tätigkeit des Menschen natürlich nie aufgehört. Gerade die Erzählung des Übergangs vom Mythos zum Logos enthält den Ansatz einer mächtigen und zutiefst wahrheitshaltigen Mythosbildung über die gefährliche (Selbst-)Ermächtigung des Menschen, ähnlich dem Prometheusmythos, der biblischen Geschichte vom Sündenfall, der Lehre von den drei Weltaltern oder, aus neuerer Zeit, der Erzählung Rousseaus vom Abfall und Rückwendung zur Natur oder C. G. Jungs Erzählung von der Individuation.[6]

Die großen Symbole reichen weit über den Menschen hinaus. Sie bezeichnen und stiften verschränkungsartige Zusammenhänge mit archetypischen Weltstrukturen in einer für den Menschen eben noch oder kaum mehr fassbaren Form. In ihrer faszinierenden, rätselhaften Unbestimmtheit und Mehrdeutigkeit geben sie Zeugnis von ihrem archetypischen Hintergrund. So ist im Mandalasymbol der Archetyp des Innen und Außen anwesend. Das Yin-Yang-Symbol steht in Beziehung zum Archetyp der Polarität. Besonders vieldeutig ist das Kreuzsymbol. In ihm klingt das ordnende, aber auch in doppelter Polarität spannungsreiche Weltverhältnis der vier paarweise gegensätzlichen Haupthimmelsrichtungen an. Man kann es auch als Symbol für das Seinsgeviert von Gott und Mensch, Himmel und Erde oder die Jungsche Quaternität „Denken-Fühlen, Empfinden (Wahrnehmen)-Intuieren“ verstehen. Für den Christen symbolisiert es das Leiden des durch seine Menschwerdung, also seine Inkarnation in die menschliche Daseinsform, auf das Kreuz der Polaritäten gespannten gottmenschlichen Erlösers.

Symbole können zu umfangreichen Symbolsystemen zusammengefasst, systematisiert und akkulturiert werden. Zu nennen wären hier die verwandten Symbolsysteme der Alchemie, Astrologie und vormodernen Medizin mit ihren eigenartigen Korrespondenzen von Planeten, Elementen, Metallen und menschlichen Temperamenten und der Signaturenlehre von den Hinweisen, die Pflanzen durch ihre Gestalt auf die Krankheiten geben, die sich mit ihrer Hilfe behandeln lassen. Gewiss kam und kommt hier auch viel Allzu-Menschliches als geheimnistuerische Pose und verspielter gelehrter Stolz

5 Mit besonderem Nachdruck bei Gebser (1986).

6 Zu moderner, auch trivialer, Mythenbildung siehe z. B. Barthes (1964) oder Brednich (1990).

zum Ausdruck. Aber Archetypisches ist als Quelle der Faszination mit anwesend. Ein ausgebautes Symbolsystem findet man in den Sephiroth der Kabbala. Theologie ist ohne Symbolbezüge gar nicht denkbar. Mit der allegorischen Schriftdeutung hatte sich geradezu ein Wörterbuch von symbolischen Beziehungen zum tieferen Verständnis der heiligen Schriften herausgebildet, das heute als erkünstelt, schematisch, oberflächlich und wenig plausibel von aufgeklärten Theologen weitgehend aufgegeben wurde und nur noch als mentalitätsgeschichtlich interessant betrachtet wird. In säkularisierter Form leben allerdings Elemente der allegorischen Schriftdeutung in der Psychoanalyse und dort besonders in der Traumdeutung fort.

Dass Symbole in der Kunst und zumal in der Dichtung besonders beheimatet sind, kann nicht verwundern, da es ja gerade in diesem Bereich um die Grenzen dessen geht, was menschlichem Erleben zugänglich ist. In abgeschwächter, gezähmter Form finden sie sich in dichterischen Metaphern und festgeprägten Formeln, wie etwa den Homerischen Vergleichen oder den hoch artifiziellen Kenningar der nordischen Skalden, die ein Schwert als „Wundzweig" oder Gold als „Lindwurmlager" bezeichnen in Anspielung darauf, dass der Drache Fafnir einen Goldhort unter seinem Körper barg und bewachte.

„Symbol" leitet sich bekanntlich vom griechischen Wort „symballein" her, das „zusammenwerfen" bedeutet. Die dahinterstehende Vorstellung ist die, dass die Hälften eines zerbrochenen Gegenstandes *passgenau* zusammengefügt werden können. Hierzu *„passt"* sehr gut die observablenartige Stellung von Symbolen in der ternären Ontologie. Auf der einen Seite des epistemischen Schnittes steht der Beobachter, auf der anderen Seite das Beobachtete und zwischen ihnen auf dem Schnitt die Observable, die eine *Passung*, eine verschränkungsartige Korrespondenz zwischen beiden repräsentiert, benennt und aufweist. Ist es zu kühn, eine symbolische Beziehung zwischen der Grundstruktur der Ternärontologie und der Trinitätslehre zu unterstellen? Hier stände der Vater für das Unfassbare der in sich ruhenden Gottheit, der Sohn für ihre Inkarnation in die Form der menschlichen Existenziale und der Heilige Geist für das, was, ähnlich einer Observablen, zwischen beidem vermittelt.

Wer im Banne eines physikalischen Reduktionismus Zweifel an der ontologischen Dignität von Symbolischem hegt, der sei daran erinnert, dass gerade die physikalischen Formeln und Gesetze ein voll entwickeltes, hoch differenziertes, in vollster Blüte und auf dem Gipfel allgemeiner Anerkennung stehendes Symbolsystem darstellen. In ihnen wird durch symbolischen Bezug ein an sich unfassbarer Bereich der Welt für das menschliche Begreifen zugänglich und sogar erfolgreich beherrschbar gemacht. Die Abstraktheit der physikalischen Gesetze, die damit verbundene Vielfalt ihrer Deutungen und Anwendungen und auch die von ihnen immer noch ausgehende Faszination legen Zeugnis von ihrer Symbolhaftigkeit ab. Wolfgang Pauli, der wusste, wovon er redete, wies mit Recht darauf hin, dass mathematische Strukturen für den begabten Mathematiker tiefe symbolische Bedeutung haben (Goldschmidt, 1990).

Wie Mythen und Rituale sind auch Symbole in erster Linie Gemeinschaftsbesitz, der die kulturelle Identität einer Gesellschaft entscheidend bestimmt. Was von Mythen und Ritualen über die Gefahren des Zerfließens in Vagheit und der Erstarrung in normierter Festlegung gesagt wurde, gilt auch für Symbole. Ein gewisses Maß an Festschreibung ist unerlässlich, so wie Wasser verrinnt, wenn es nicht in einem Gefäß bewahrt ist, oder wie eine gefasste Quelle stetiger fließt. Anderseits ist Verflachung durch Gewöhnung eine stete Gefahr, der nur durch ständige Neuaneignung begegnet werden kann. Gerade der Symbolcharakter der physikalischen Strukturen droht durch oberflächlichen Gebrauch und Gewöhnung in Vergessenheit zu geraten, was ihre Entdecker traurig stimmen würde.

Der Wahrheitswert von Mythen und Symbolen ergibt sich direkt aus ihrem Status in der ternären Komplementaritätsontologie. Wahrheit kann sich nur im Faktischen von „Messergebnissen" offenbaren. Das gilt schon für die einfachsten Sinneswahrnehmungen und ist erst recht für Mythen und Symbole zu bedenken. Deren Gegenstand ist der simplen Wahrnehmung entzogen und gehört in der Terminologie der VQT zu hoch abgeleiteten Observablen, die sich ihrerseits auf andere Observable beziehen werden. Sie bauen eine verschränkungsartige Brücke zu dem, was in besonderem Maße über den Menschen hinausgeht und an den äußersten Grenzen des ihm Zugänglichen liegt. Der aufgeklärte Verstand ist versucht, sie nur als Konstruktionen anzusehen. In Wirklichkeit ist in ihnen, wie bereits erklärt, der Gegensatz von Finden und Erfinden aufgehoben. Sie sind der Willkür der Individuen oder Gemeinschaften ihrer Finder/Erfinder enthoben.[7] Das zeigt sich auch darin, wie Verstehen erlebt wird, nämlich als unverfügbares Geschenk, als Erscheinung der Einheit und Einfachheit, als plötzlicher Einbruch von Evidenz. „Exaiphnes" ist der griechische Ausdruck für die bestürzende Plötzlichkeit, mit der Wahrheit hereinbricht. Durch immer erneute Bestätigung wird diese Wahrheit in der Art eines Quanten-Zenon-Effektes befestigt. Wie ein scheinbares Konstrukt so an Dasein und Wahrheit gewinnt, ist wunderbar poetisch in Rilkes Sonett vom Einhorn dargestellt (Rilke, 1996, Bd. 2, *Sonette an Orpheus 2*, IV, S. 258):

---

7 Der bekannte religionskritische Einwand des Xenophanes, dass Rinder, Pferde und Löwen ihre Götter als ihre Ebenbilder gestalten würden, verkehrt sich geradezu in sein Gegenteil: Auch Rinder, Pferde und Löwen hätten Götter, die ihnen in der jeweils gemäßen Form erscheinen würden.

O dieses ist das Tier, das es nicht gibt.
Sie wußtens nicht und habens jeden Falls
– sein Wandeln, seine Haltung, seinen Hals,
bis in des stillen Blickes Licht – geliebt.

Zwar war es nicht. Doch weil sie‘s liebten, ward
ein reines Tier. Sie ließen immer Raum.
Und in dem Raume, klar und ausgespart,
erhob es leicht sein Haupt und brauchte kaum

zu sein. Sie nährten es mit keinem Korn,
nur immer mit der Möglichkeit, es sei,
Und die gab solche Stärke an das Tier,

daß es aus sich ein Stirnhorn trieb. Ein Horn.
Zu einer Jungfrau kam es weiß herbei –
und war im Silber-Spiegel und in ihr.

In der Tat ist das Einhorn ein durchaus legitimer Bestandteil der menschlichen Welt, in dem sich ambivalente Archetypen von Unzähmbarkeit und Fügsamkeit konstellieren. In der konkreten Form der Konstellierung ist natürlich ein Element menschlicher Gestaltungsfreiheit enthalten, aber misslungene und willkürlich erfundene Symbole und Mythen gewinnen wegen der Widerständigkeit der Welt kein Leben. Das zeigt sich sehr schön am Beispiel des Ungeheuers von Loch Ness, das durch immer wieder erneuerte Pressekampagnen, in denen es um seine beim Einhorn belanglose angebliche reale Existenz geht, künstlich am Leben gehalten werden muss.

Religiöse Symbole und Mythen reichen noch weiter und tiefer über den Menschen hinaus als Begriffe wie „Gerechtigkeit“, deren Gegenstand bereits weit jenseits jeder direkten Wahrnehmung liegt. Sie sind, wie mehrfach gesagt, die einzige Möglichkeit, wie Unfassbares erscheinen kann. Ihre Wahrheit liegt *nicht hinter, sondern in ihrer Erscheinung*. Recht verstanden, bauen religiöse Systeme keine Hinterwelt auf, wie sie Nietzsche mit Recht verachtet, sondern gehören zu der einen Welt, die über den Menschen hinausgeht, der er aber von jeher angehört. Auf die Problematik, die mit der unerlässlichen Verfestigung religiöser Systeme verbunden ist, haben wir schon hingewiesen.

Mythen und Symbole rufen einen anders nicht fassbaren Verschränkungszusammenhang auf. Insofern ist die aufklärerisch gemeinte Forderung nach „Entmythologisierung“ ein Unding, wenn sie nicht als Aufforderung zu immer neuer und aktualisierter Mythenbildung verstanden werden soll. Gleiches gilt für Programme der „Dekonstruktion“ von angeblich nur Konstruiertem.

Der Idealtypus eines Verschränkungszusammenhanges, wie ihn Mythen und Symbole beschwören, ist das harmonische, freie und versöhnte Miteinander der Teile eines ästhetischen Gebildes. Es ist von daher nicht überraschend, dass zwischen Kunst und Religion ein enges Bündnis besteht. Über die Notwendigkeit eines solchen Bündnisses sagt Goethe in unübertrefflicher Formulierung (Goethe, 1962, sechstes Buch, S. 12):

> So viel ist aber gewiß, daß die unbestimmten sich weit ausdehnenden Gefühle der Jugend und ungebildeter Völker allein zum Erhabenen geeignet sind, das, wenn es durch äußere Dinge in uns erregt werden soll, formlos, oder zu unfasslichen Formen gebildet, uns mit einer Größe umgeben muss, der wir nicht gewachsen sind.
>
> Eine solche Stimmung der Seele empfinden mehr oder weniger alle Menschen, sowie sie dieses edle Bedürfnis auf mancherlei Weise zu befriedigen suchen. Aber wie das Erhabene von Dämmerung und Nacht, wo sich die Gestalten vereinigen, gar leicht erzeugt wird, so wird es dagegen vom Tage verscheucht, der alles sondert und trennt, und so muß es auch durch jede wachsende Bildung vernichtet werden, wenn es nicht glücklich genug ist, zu dem Schönen zu flüchten und sich innig mit ihm zu vereinigen, wodurch denn beide gleich unsterblich und unverwüstlich sind.

Rilke deutet an, dass das Ästhetische auch die gerade noch erträgliche Form ist, in der das Bedrohliche erscheint, das hinter allem lauert, was mit dem Kontrollverlust beim Überschreiten der menschlichen Sphäre verbunden ist:

> Denn das Schöne ist nichts als des Schrecklichen Anfang, den wir noch gerade
> ertragen, und bewundern es so, weil es gelassen verschmäht, uns zu zerstören
>
> (Rilke, 1996, Bd. 2, 1. Duineser Elegie, V. 4–7, S. 202)

Welt ist in der ternären Ontologie nur in Begriffen, Bildern Mythen und Symbolen und dazugehörigen Observablen gegeben. Gerade in ihrer Tiefe zeigt sie sich in der Form des Schönen. So wollen wir zum Schluss noch einmal die Poesie zu Wort kommen lassen (George, Bd. 1, „Das neue Reich", „Das Wort", S. 466–467):

DAS WORT

Wunder von ferne oder traum
Bracht ich an meines landes saum

Und harrte bis die graue norn
Den namen fand in ihrem born –

Drauf konnt ichs greifen dicht und stark
Nun blüht und glänzt es durch die mark...

Einst langt ich an nach guter fahrt
Mit einem kleinod reich und zart

Sie suchte lang und gab mir kund:
„So schläft hier nichts auf tiefem Grund“

Worauf es meiner hand entrann
Und nie mein land den schatz gewann...

So lernt ich traurig den verzicht:
Kein ding sei, wo das wort gebricht.

Physik und Kritik des Physikalismus

11 Lockende Schönheit

Erkenntnis und Ästhetik

1. Einführung

Die Elementarteilchenphysik versteht sich als die Grundlagendisziplin der gesamten Physik. Wenn die elementaren Bausteine der physikalischen Welt bekannt und ihre Wechselwirkungen verstanden wären, dann sollten sich, wenigstens im Prinzip, alle anderen physikalischen Disziplinen darauf zurückführen lassen.

Nun ist die Elementarteilchentheorie in unseren Tagen von einem seltsamen Problem belastet, das weithin geradezu als Krise angesehen wird: Das so genannte *Standardmodell* der Elementarteilchenphysik, das schon vor mehr als vierzig Jahren formuliert wurde, beschreibt die alten und neuen Messergebnisse an Elementarteilchen viel erfolgreicher und für höhere Energien, als man ihm angesichts seiner von Anfang an bemängelten Unvollkommenheiten, auf die noch einzugehen sein wird, zugetraut hätte. Die berechtigte Hoffnung, mit Hilfe des seit dem Jahre 2008 am europäischen Kernforschungszentrum CERN betriebenen Großprojektes „Large Hadron Collider" „neue Physik", also experimentelle Hinweise zur Erweiterung und Verbesserung des Standardmodells zu finden, hat sich bisher kaum erfüllt. Dies setzt die theoretischen Physiker in einige Verlegenheit und nötigt sie, sich bei ihrem Bemühen um Weiterentwicklung oder Abänderung des Standardmodells von theoretischen Prinzipien wie Einheitlichkeit, Widerspruchsfreiheit, „Natürlichkeit", mathematischer Eleganz und/oder auch von ästhetischen Erwägungen und Ansichten leiten zu lassen.

Hier setzt die Kritik der Frankfurter Physikerin Sabine Hossenfelder an, deren Buch „Das hässliche Universum" für Aufsehen gesorgt hat. Ihre zentrale These besteht in der Behauptung, dass ästhetische Argumente bei der Suche nach erfolgreichen physikalischen Theorien in die Irre führten und dass, im Gegenteil, Mut zur Hässlichkeit zu fordern sei. Sie berichtet von Gesprächen mit führenden Theoretikern, die wie sie zumeist die gegenwärtige Entwicklung der Elementarteilchenphysik mit Skepsis sehen und ihrer Ansicht teils zustimmen, teils in mehr oder weniger konventioneller Weise die Schönheit der Naturgesetze preisen und sich von der Schönheit zeitgenössischer Ansätze wie Stringtheorie und Supersymmetrie beeindruckt zeigen.

Um sich bei der Prüfung der kritischen Thesen Hossenfelders nicht im Ungefähren zu verlieren, kann man zur Vertiefung mindestens zwei Fragestellungen nicht ausweichen:

- Was kann oder sollte man unter Schönheit, insbesondere unter der Schönheit einer physikalischen Theorie, verstehen?

- Welche Erkenntnis leitende Bedeutung kommt ästhetischen Betrachtungen zu? In anderen Worten: Was ist das Verhältnis von Schönheit und Wahrheit?

Unser weiteres Vorgehen wird das Folgende sein:

Im nächsten Abschnitt werden wir in aller Kürze, aber hoffentlich hinreichend für unser Anliegen, darlegen, was „Schönheit" bedeuten könnte, insbesondere Schönheit einer physikalischen Theorie. Wir werden uns dabei besonders an Immanuel Kants Forderung des „interesselosen Wohlgefallens" und an Schillers Definitionsversuch von Schönheit als „Freiheit in der Erscheinung" orientieren.

Anschließend werden wir untersuchen, inwieweit die wichtigsten bestehenden physikalischen Theorien wie Mechanik, Elektrodynamik, Relativitätstheorie und Quantentheorie diesen ästhetischen Kriterien genügen und in welchem Maße ästhetische Motive bei ihrer Aufstellung wirksam waren.

Darauf werden wir uns der zweiten soeben benannten Frage zuwenden und zu beschreiben versuchen, welche Rolle Ästhetik in der Erkenntnistätigkeit des Menschen spielt, wenn er sich, Begriffe bildend und modellierend, um Weltorientierung und Weltbeherrschung bemüht. Dann erst werden wir in der Lage sein, die zeitgenössische Elementarteilchenphysik einer genaueren Betrachtung zu unterziehen und die Berechtigung der Hossenfelderschen Thesen und Kritik zu prüfen.

Der Schlussabschnitt soll eine Zusammenfassung unserer Ergebnisse enthalten.

2. Ästhetik

Wenn Schönheit irgendeinen Erkenntniswert haben soll, dann kann das Urteil über die Schönheit eines Objektes nicht allein von Geschmack, Laune und Willkür eines Betrachters bestimmt sein. Es muss vielmehr ein Zusammenhang zwischen der Schönheit und wesentlichen Eigenschaften eines Objektes bestehen. Die Beschreibung dessen, was ein Objekt schön sein lässt, ist Gegenstand der *Objektästhetik*, der wir uns zunächst zuwenden werden. Damit ist nicht gesagt, dass die Reaktion eines Betrachters ohne Belang und Interesse wäre. Die Art seiner Reaktion ist sehr wohl einer Untersuchung wert und zugänglich und kann von seiner Sozialisierung, Empfänglichkeit und Gestimmtheit abhängen. Auch kann man die Wechselbeziehung zwischen einem schönen Objekt und seinem Betrachter einer ästhetischen Untersuchung unterziehen. Solche Probleme fallen in das Gebiet der *Wirkungsästhetik* und werden uns später beschäftigen.

Vorab sei noch eine weitere Unterscheidung erwähnt: Die *Naturschönheit* einer Landschaft oder einer Blume ist nicht ganz dasselbe wie die *Kunstschönheit* eines Bildnisses oder eines Musikstückes. Allerdings ist Kunstschönheit oft empfundener Naturschönheit auf der Spur, und mancher Gläubige wird in der Schönheit der Natur die Kunst ihres Schöpfers bewundern.

2.1 Objektästhetik

Ästhetik tritt als Bezeichnung einer eigenen philosophischen Disziplin erst überraschend spät, nämlich bei A. G. Baumgarten (1714–1762) auf. Eine grundlegende und bis heute maßgebliche Behandlung erfährt sie in Immanuel Kants Kritik der Urteilskraft.

Nach Kant unterscheidet sich das Schöne vom bloß Gefälligen und Angenehmen durch seine vom Betrachter losgelöste Autonomie. Es dient nicht direkt den Interessen und Vorlieben des Betrachters, sondern besteht in sich und weckt in ihm nur ein Gefühl „uninteressierten und freien Wohlgefallens".

Die Schönheit eines Objektes ist eine innere und ganzheitliche Qualität. Ganzheitlich ist sie insofern, als sie nicht in den Teilen eines Objektes, sondern im Zusammenspiel seiner Teile gründet. Im Zusammenspiel entsteht, liegt und erscheint Vollkommenheit: Ein irgendwie geartetes inneres Anliegen erfüllt sich harmonisch und zwanglos in vollkommener, einfach erscheinender Gestalt. Zwanglosigkeit muss nicht die Abwesenheit innerer Spannungen, sondern kann auch deren gelungene Bändigung bedeuten. An der Wahrnehmung von Schönheit wird gewöhnlich Vernunft ihren wesentlichen Anteil haben, aber es ist nicht nötig und im Allgemeinen auch nicht der Fall, dass das zugrunde liegende Anliegen und seine Erfülltheit in vollem Maße durchsichtig werden. Dies bleibt eine Herausforderung an den Betrachter, und Schönheit ist gewöhnlich zumindest mit einem Rest an Rätselhaftigkeit verbunden. Wie gesagt, handelt es sich bei dem genannten Anliegen um einen inneren Zweck, der sich nicht nach den Bedürfnissen des Betrachters richtet. In Kants Worten geht es um „eine formale Zweckmäßigkeit, d. i. eine Zweckmäßigkeit ohne Zweck".

Friedrich Schiller hat einen bedeutenden, auch von Kant ausdrücklich anerkannten Beitrag zur theoretischen Ästhetik geleistet. Sein Lebensthema war Freiheit, und Schönheit bedeutet nach Schiller ganz wesentlich „Freiheit in der Erscheinung". Freiheit besteht hierbei nicht nur in der Wahl des inneren Anliegens oder Zweckes, sondern auch in der Art seiner Erfüllung, die ganz anders hätte ausfallen können, so wie sie ist, aber den Stempel der Vollkommenheit trägt. Freiheit liegt auch in der erwähnten Zwanglosigkeit des Schönen, die zugleich so überzeugt, dass eine gelungene Versöhnung von Freiheit und Notwendigkeit aufscheint. In Schillers (1804/1991, S. 232) Worten:

> Nicht der Masse qualvoll abgerungen,
> Schank und leicht, wie aus dem Nichts gesprungen
> Steht das Bild vor dem entzückten Blick.

Wer mit der Quantentheorie vertraut ist, dem fällt auf, wie sehr das unerzwungene Miteinander der Elemente eines schönen Objektes im Rahmen eines gestalthaften Ganzen der nicht-kausalen Ordnung eines verschränkten Quantenzustandes ähnelt. Wir wollen dies an dieser Stelle nicht weiter ausführen, da eine „Verallgemeinerte Quantentheorie" ohnehin das Thema dieses Buches ist.

2.2 Wirkungsästhetik

Die Wirkungsästhetik untersucht die Beziehung eines ästhetischen Objektes mit seinem Betrachter. Insbesondere kann man das erweiterte System, das aus einem schönen Objekt und seinem Beobachter besteht, einer ästhetischen Analyse unterziehen. „Freiheit in der Erscheinung" bedeutet hier auch Freiheit in der Beziehung zwischen Objekt und Betrachter, dem in Wahrnehmung, Reaktion und Deutung Spielraum zugestanden werden muss. Ein Element der Rätselhaftigkeit trägt zur Schönheit des Betrachteten bei. Abträglich ist anderseits alles, was berechnend, erzwingend oder propagandistisch auf den Betrachter einwirken möchte und damit auch die Kantsche Forderung nach interesselosem Wohlgefallen verletzt. Damit ist nicht gesagt, dass Schönes keine Gemütserregung bewirken dürfte, aber diese darf nicht von der Art eines manipulativ mechanischen Kitzels sein, sondern muss dem Betrachter selbst in vollem Maße zuzurechnen sein.

Ein ästhetisches Erlebnis ist oft mit einer Empfindung von *Erhabenheit* verbunden, wenn auch keineswegs mit diesem identisch. Erhabenheit ist ein zentraler Begriff in Kants Kritik der Urteilskraft. Ein Gefühl der Erhabenheit weckt der Anblick des Sternhimmels, die Betrachtung des kategorischen Imperativs oder das Hören großer Musik, aber wohl auch das Wirken von Naturgewalten. Es ist ein Gefühl der Ergriffenheit, ja Überwältigung durch Begegnung mit einer Sphäre, die über den Menschen weit hinausgeht und sich nicht nur seiner Kontrolle entzieht, sondern auch sein Verstehen und Wünschen klein erscheinen lässt. Die Reaktion auf Erhabenheit ist Staunen, Verehrung, aber auch Scheu, Überwältigung und Erschrecken. Ein Element von Erhabenheit liegt bereits in der Losgelöstheit eines schönen Objektes von den Bedürfnissen des Betrachters. Das Gefühl der Erhabenheit des Schönen kann in Furcht und Erschrecken übergehen beim Blick auf eine Welt, die so ganz und gar nicht für den Menschen gemacht erscheint. Dies spricht Rilke wunderbar mit den Worten aus (Rilke, 1996, Bd. 2, erste Duineser Elegie, V. 4–7, S. 201):

> Denn das Schöne ist nichts als des Schrecklichen Anfang, den wir noch grade ertragen, und wir bewundern es so, weil es gelassen verschmäht, uns zu zerstören.

2.3 Schönheit physikalischer Theorien

Wenn wir von physikalischen Theorien sprechen, dann verwenden wir das Wort „Theorie" nicht im umgangssprachlichen Sinne als „Hypothese" im Gegensatz zu sicherer Erkenntnis. Die spezielle Relativitätstheorie z.B. ist längst keine Hypothese mehr. „Physikalische Theorie" meint eine wohldefinierte Struktur mit klaren Schlussregeln, wie sie auch in mathematischen Theorien gegeben ist, unabhängig davon, ob sie die physikalische Realität richtig beschreibt oder nicht.

Physikalische Theorien sind gewöhnlich abstrakt, also in Begrifflichkeit und Aufbau weit von dem entfernt, was uns in unserer materiellen Welt der Steine und Bäume unmittelbar anschaulich gegeben ist, und zudem in mathematischer Sprache formuliert. Daher ist ihre immer wieder gepriesene Schönheit nicht sofort und ohne Vorbildung zugänglich. Sie ähnelt der Schönheit mathematischer Objekte, die oft als verwandt zur ebenfalls abstrakten musikalischen Schönheit empfunden wird. In der Tat treten mathematische und musikalische Begabung nicht selten zusammen auf.

Ob die Schönheit physikalischer Theorien als Naturschönheit oder Kunstschönheit anzusehen ist, hängt davon ab, ob man sie eher als gefunden oder als erfunden betrachtet. Sollte man den kreativen Physiker eher als Entdecker oder als Künstler verstehen? An anderer Stelle (Römer & Jacoby, 2017; Kap. 7) haben wir unter Berufung auf eine quantentheoretisch inspirierte Ontologie eine vermittelnde Position vorgeschlagen. Im vierten Abschnitt wird noch einiges zum ontologischen Status physikalischer Theorien zu sagen sein.

Die Schönheitskriterien von Kant und Schiller sind auf physikalische Theorien mühelos anwendbar.

Das „Wohlgefallen" an einer physikalischen Theorie kann nur als „interesselos" bezeichnet werden, da überdeutlich ist, dass die Naturgesetze nicht für den Menschen gemacht sind, auch wenn sie unter seiner Mitwirkung ausformuliert wurden. Dass Naturgesetze in ihrer technischen Anwendung auch nützlich sein können, steht auf einem anderen Blatt.

Auch die „Zweckmäßigkeit ohne Zweck" ist ohne weiteres gegeben. Das Anliegen einer physikalischen Theorie ist offensichtlicher als bei den meisten anderen ästhetischen Objekten. Es geht um Beschreibung und Verständnis eines gewissen Bereiches der materiellen Natur. Dieses Anliegen ist umso besser und schöner erfüllt, je umfangreicher dieser Bereich ist und je klarer und vollständiger sein Verständnis. Eine umfassende Theorie ist also tendenziell schöner als eine Theorie mit sehr eingeschränktem Anwendungsbereich. Ein klares und vollständiges Verständnis sollte sich ökonomisch aus möglichst wenigen und möglichst übersichtlichen und folgenreichen Prinzipien und Voraussetzungen ergeben.

Hiermit ist auch schon die „Freiheit in der Erscheinung" angesprochen. Eine Menge physikalischer Daten legt noch nicht von selbst die Form ihrer Beschreibung nahe. Eine riesige Tabelle möglichst vielfältiger Messdaten wäre nicht schön, da sie vollständig von den Daten erzwungen wäre und wenig zu ihrem Verständnis beitrüge. Freiheit in der Erscheinung liegt vor, wenn aus der Vielzahl der möglichen Beschreibungen und Deutungen wie von selbst eine hervorspringt, die sich von den Einzelheiten unzähliger Daten löst und überzeugend und scheinbar mühelos Ordnung und Verständnis stiftet. Dann stellt sich der Eindruck der Einfachheit ein, die, wie gesagt, der Schönheit verwandt ist. Die Zwanglosigkeit, die in der „Freiheit in der Erscheinung" einer physikalischen Theorie liegt, wird oft auch als *Eleganz* wahrgenommen. Ein umfassendes Verständnis, das von einer Theorie vermittelt wird, führt oft zu ganz unerwarteten Einsichten. In diesem Sinne spricht man auch von der *Tiefe* schöner Theorien, die unlösbar mit dem der Schönheit eigenen Zug der Rätselhaftigkeit verbunden ist.

Durch ihre menschenferne Unverfügbarkeit und ihre Erklärungsmacht, die in der Weite ihres Anwendungsbereiches und in der Tiefe und Vollständigkeit des vermittelten Verständnisses begründet ist, wecken grundlegende physikalische Theorien auch das Empfinden von Erhabenheit mit allem, was sich daraus ergibt.

Zum Abschluss dieses Abschnittes wollen wir auf die beiden Begriffe *Kontingenz* und *Anschaulichkeit* eingehen, die im Zusammenhang mit physikalischen Theorien oft auftauchen.

Kontingent, im Gegensatz zu notwendig, sind im Rahmen einer Theorie alle Züge in ihrem Anwendungsbereich, die von ihr nicht erklärt werden. In physikalischen Theorien tritt Kontingenz in den Grundgesetzen oft in der Form von *Naturkonstanten* auf, deren Größe nicht von der Theorie bestimmt ist, sondern der Erfahrung entnommen werden muss. Beispielsweise wird die Gravitationskonstante, also die genaue Stärke der Schwerkraft, weder von der Newtonschen Gravitationstheorie noch von einer anderen bekannten physikalischen Theorie vorhergesagt. Solche Kontingenz bedeutet Einschränkung der Reichweite einer Theorie und wird mit einigem Bedauern als Beeinträchtigung ihrer Schönheit angesehen. Die historische Entwicklung der Physik zeigt eine Verminderung von Kontingenz. So sind Hunderte von Größen wie Reibungskonstanten, Zähigkeit, Elastizitätskonstanten und elektrische Leitfähigkeit, die früher sämtlich als elementare Naturkonstanten galten, heute mit Hilfe von wenigen verbliebenen Naturkonstanten berechenbar. Kontingenz in den physikalischen Gesetzen darf sicher nicht überhandnehmen, aber es sieht nach heutigem Wissen so aus, als ob ein geringer Rest von Kontingenz naturgegeben und unvermeidbar wäre.

Naturkonstanten sind, wie gesagt, kontingente Elemente in den Grundgesetzen physikalischer Theorien. Bei den Anwendungen der Theorien auf konkrete physikalische Situationen tritt natürlich Kontingenz in hohem Maße auf, die den Besonderheiten der Situationen Rechnung trägt. Diese Kontingenz ist keineswegs als störend und unschön anzusehen, sondern im Gegenteil als Beweis der großen Reichweite und Erklärungsmacht der Theorien in der Vielfalt ihrer möglichen Anwendungen. Wenn etwa die Newtonsche Gravitationstheorie auf das Sonnensystem angewendet wird, dann sind die Massen der Sonne und der Planeten natürlich nicht durch die Theorie vorgegeben, sondern müssen der Erfahrung entnommen werden. Die Newtonsche Theorie erlaubt die Bestimmung der Orte und Geschwindigkeiten aller Teile des Sonnensystems zu allen beliebigen Zeiten, wenn diese Daten zu einem einzigen Zeitpunkt bekannt sind. Diese so genannten *Anfangsbedingungen* sind kontingent, also nicht durch die Theorie, sondern durch die konkrete Situation ihrer Anwendung bestimmt. Allgemein wünscht man sich für physikalische Theorien wenig Kontingenz in den Grundgesetzen und viel Kontingenz in der Vielfalt der Anwendungen.

Physikalische Theorien sind, da die Naturgesetze nicht für uns gemacht sind, wegen ihrer Abstraktheit, wie erwähnt, nicht unmittelbar anschaulich. Dabei liegt die Newtonsche Mechanik der gewöhnlichen Anschauung, wohl auch durch dreihundertjährige Gewöhnung, näher als die Elektrodynamik und diese wieder näher als die Relativitätstheorie oder gar die Quantentheorie. Unanschaulichkeit wird oft, gerade von Laien, als Defekt, ja sogar als Mangel an Schönheit angesehen. Die Forderung nach Anschaulichkeit im Namen eines „gesunden Menschenverstandes" wird nicht selten in aggressiver Weise vertreten. Im Gegensatz zur Newtonschen Mechanik, die als einigermaßen anschaulich und ehrlich akzeptiert wird, werden Relativitätstheorie und Quantentheorie als abstrakte Verstiegenheit und entfremdetes Blendwerk geschmäht. Deutlich kommt hierbei ein starkes antiintellektuelles Ressentiment zum Ausdruck. Zu bedenken ist aber, dass mit dem aufdringlichen Ruf nach Anschaulichkeit in der Sprechweise Kants die Forderung nach interesselosem Wohlgefallen missachtet und das Gefällige dem Schönen vorgezogen wird. Das zeigt sich auch in den Theorieansätzen, die als Alternativen zu Relativitätstheorie und Quantentheorie im Namen der Anschaulichkeit vorgeschlagen wurden und werden. Sie sind gewöhnlich zurechtgebogen statt zwanglos, primitiv verschroben, grobschlächtig und simplizistisch statt einfach, schwerfällig bemüht statt elegant. Hinzu kommt, dass sie meist falsch sind, also einer genaueren experimentellen Prüfung nicht standhalten.

Zu beachten ist zudem, dass Anschaulichkeit auch eine Frage von Gewöhnung ist und sich im Laufe der persönlichen Entwicklung und der Kulturgeschichte allmählich einstellen kann. Für mich persönlich darf ich behaupten, dass mein Zugang zu Relativitätstheorie und Quantentheorie seit langen von Vertrautheit, ja Liebe und Bewunderung gekennzeichnet ist.

3. Fallstudien

Wir wollen uns in diesem Absatz an einigen Beispielen vor Augen stellen, wie die Schönheit ausgesuchter Theorien zu beurteilen ist und welche Bedeutung ästhetische Gesichtspunkte bei ihrer Aufstellung gehabt haben. Wir beginnen mit den grundlegenden etablierten physikalischen Theorien. Es liegt auf der Hand, dass wir inhaltliche Vertrautheit nicht voraussetzen und an dieser Stelle auch unmöglich schaffen können. Zum Glück ist eine solche für unsere ästhetische Fragestellung auch nicht unerlässlich.

Newtonsche Mechanik und Gravitationstheorie

Die Newtonsche Mechanik kann man als eine Theorie der Bewegung von Punktteilchen auffassen, also von Körpern, deren genaue Gestalt und Ausdehnung im gegebenen Zusammenhang unerheblich ist. Ihre Grundbegriffe sind Ort, Geschwindigkeit, Beschleunigung, Masse und Kraft. Andere mechanische Begriffe wie Impuls, Drehimpuls oder mechanische Energie lassen sich auf diese Grundbegriffe zurückführen. Aus drei einfachen Axiomen, an die sich viele vielleicht aus ihrer Schulzeit erinnern werden (Trägheitsprinzip, „Kraft gleich Masse mal Beschleunigung", „actio gleich reactio"), ergibt sich zwanglos das gesamte Gebäude der Newtonschen Mechanik, mit der man die Bewegung materieller Körper verstehen und berechnen kann. (Körper mit größerer Ausdehnung kann man sich aus Punktteilchen zusammengesetzt denken.) Das Newtonsche Gravitationsgesetz besagt, dass die Schwerkraft, mit der sich zwei Punktteilchen anziehen, proportional zu jeder der beiden Massen ist und mit dem Quadrat ihres Abstandes abnimmt. Zusammen mit dem Newtonschen Gravitationsgesetz führt die Newtonsche Mechanik zu der überwältigenden Einsicht, dass das Fallen eines Apfels und die Bewegung des Mondes und aller Planeten dieselbe Ursache haben und sich mit einer einzigen einfachen Theorie in Einzelheiten berechnen lassen. Newtons Mechanik und Gravitationstheorie ist wohl der größte einzelne Erfolg der Naturwissenschaften. Sie ist mit ganz geringen Abweichungen, die sich erst für extrem schnelle Bewegungen mit Geschwindigkeiten in der Größenordnung der Lichtgeschwindigkeit und für extrem starke Gravitationsfelder bemerkbar machen und durch die Relativitätstheorien erfasst werden, für alle Zeit gültig. In der überraschenden Einfachheit und Übersichtlichkeit ihres Ansatzes und in der gewaltigen Fülle der Erscheinungen, die durch sie erfasst werden, erschien sie bereits den zeitgenössischen Betrachtern kaum noch als Menschenwerk. In Alexander Popes Entwurf einer Grabinschrift für Newton wird sie geradezu in den Rang einer zweiten Schöpfung erhoben:

Nature and Nature's Laws lay hid in Night
God said: Let Newton be and all was Light.

Was wir als Kennzeichen schöner Theorien aufgezeigt haben, ist jedenfalls in höchstem Maße erfüllt.

Die volle Tiefe der Newtonschen Theorie zeigte sich umso mehr, je weiter man ihr im Laufe der Weiterentwicklung der Physik auf den Grund ging.

Joseph-Louis Lagrange (1736–1813) gab ihr die bis heute gültige wunderbar elegante Form, die darauf basiert, dass sich die Newtonsche Mechanik aus einem Prinzip minimaler Wirkung herleiten lässt. Dieses „Lagrangesche Prinzip" hat sich auch für andere Bereiche der Physik, etwa für die Feldtheorie, als grundlegend und fruchtbar erwiesen und ist mehr und mehr zu einer Leitvorstellung der theoretischen Physik geworden.

Die Erhaltung der mechanischen Energie war ein Ausgangspunkt für die Entdeckung des universellen Prinzips der Energieerhaltung. Es dauerte bis zum Jahre 1918, bis die Mathematikerin Emmy Noether (1882–1935) den tiefen Zusammenhang von Symmetrien und Erhaltungssätzen erkannte, der aus dem Lagrangeschen Prinzip folgt. Die Erhaltung der Energie erweist sich als Folge der Zeitunabhängigkeit physikalischer Gesetze, die keine Bevorzugung irgendeines Zeitpunktes enthalten. Ebenso folgt die Erhaltung des Impulses aus der Gleichwertigkeit aller Raumpunkte und die Erhaltung des Drehimpulses aus der Gleichwertigkeit aller Richtungen im Raum. *„Noethersches Theorem"* und Symmetriebetrachtungen sind bis heute eines der mächtigsten Hilfsmittel der theoretischen Physik bei der Aufstellung und Analyse ihrer Theorien.

Maxwellsche Elektrodynamik

Punktteilchen sind räumlich konzentrierte Entitäten. Elektrische und magnetische *Felder* sind über den ganzen Raum ausgedehnt. Die Vorstellung, dass solche Felder und nicht nur Punktteilchen ihren legitimen Platz als materielle physikalische Objekte hätten, konnte sich, gerade unter dem Bann der Newtonschen Mechanik, nur langsam durchsetzen. Bahnbrecher waren Hans Christian Oersted (1777–1851) und Michael Faraday (1791–1867), die beide unter dem Einfluss der romantischen Naturphilosophie des deutschen Idealismus standen. Oerstedt fand ein Magnetfeld in der Umgebung eines stromdurchflossenen Leiters, und Faraday entdeckte, dass ein zeitlich veränderliches Magnetfeld eine elektrische Spannung in einer Leiterschleife hervorruft. In beiden Fällen war also ein Zusammenhang von elektrischen und magnetischen Erscheinungen gegeben, die bisher als getrennte Phänomenbereiche gegolten hatten. Aufbauend auf Faradays Vorarbeiten postulierte James Clark Maxwell (1831–1879), dass auch ein veränderliches elektrisches Feld ein Magnetfeld erzeugen müsste, und gelangte 1864 zur

Formulierung der nach ihm benannten *Maxwellschen Gleichungen* der Elektrodynamik. Aus ihnen folgte insbesondere, dass es elektromagnetische Wellen geben müsste, deren Ausbreitungsgeschwindigkeit sich berechnen ließ und überraschend genau mit der Lichtgeschwindigkeit übereinstimmte. Hiermit eröffnete sich die wahrhaft atemberaubende Perspektive, dass nicht nur die Elektrizität und der Magnetismus, sondern auch noch die Optik in einer einzigen physikalischen Theorie vereinigt wären.

Wie die Newtonsche Mechanik offenbarte auch die Maxwellsche Theorie in ihrer weiteren theoretischen Durchdringung mehr und mehr von ihrer vollen Tiefe und Schönheit. In ihrer ursprünglichen Form waren die Maxwellschen Gleichungen recht unübersichtlich und zudem in ihrer Gültigkeit nicht unumstritten. Erst Heinrich Hertz (1857–1894) gelang im Jahre 1886 der Nachweis elektromagnetischer Wellen mit den von Maxwell vorausgesagten Eigenschaften. Zudem goss er die Maxwellschen Gleichungen in die im Wesentlichen bis heute gültige einfache und elegante mathematische Form, die Ludwig Boltzman in den Faustschen Ausruf „War es ein Gott, der diese Zeilen schrieb?" ausbrechen ließ. Einstein sah im Jahre 1905, dass die Maxwellschen Gleichungen bereits ohne Änderung die *Lorentz-Invarianz* der Speziellen Relativitätstheorie aufweisen. In der Tat sind sie in relativistischer Formulierung erst ganz bei sich selbst und nehmen eine noch schönere und einfachere Gestalt an. Es zeigte sich später, dass auch die Maxwellschen Gleichungen aus einem Lagrangeschen Prinzip minimaler Wirkung folgen. Noch bedeutsamer ist, dass sie sich direkt aus einer Symmetrieeigenschaft ergeben, die man als *Eichinvarianz* bezeichnet und als das eigentliche Geheimnis der Elektrodynamik ansehen sollte. Die Erhaltung der elektrischen Ladung ist eine Folge der Eichinvarianz. In verallgemeinerter Form haben Eichtheorien als Kandidaten fundamentaler Feldtheorien heute eine nahezu monopolartige Bedeutung. Das bereits erwähnte Standardmodell der Elementarteilchenphysik ist eine Eichtheorie, und auch die Allgemeine Relativitätstheorie erweist sich in einem recht verstandenen Sinne als Eichtheorie.

Spezielle Relativitätstheorie

Die Spezielle Relativitätstheorie wurde von Einstein im Jahre 1905 aufgestellt. Sie entspringt zwanglos aus dem einfachen, aber kühnen Leitgedanken der Konstanz der Lichtgeschwindigkeit: Die Ausbreitungsgeschwindigkeit des Lichtes ist unabhängig von der Geschwindigkeit der Quelle und des Beobachters. Dies führt zur Folgerung der Invarianz physikalischer Gesetze unter den so genannten *Lorentz-Transformationen*. Die Maxwellsche Theorie weist, wie gesagt, die Lorentzinvarianz von vornherein auf, während für die Newtonsche Mechanik eine Änderung der Ausdrücke für kinetische Energie und Impuls erzwungen wird, die sich aber erst bemerkbar macht, wenn die Geschwindigkeit in die Größenordnung der Lichtgeschwindigkeit kommt. Die berühmte Formel

$$E = mc^2$$

ebenfalls schon 1905 von Einstein aufgestellt, folgt aus der Lorentz-Invarianz: Energie ist stets mit Masse verbunden. In der kovarianten Formulierung durch Hermann Minkowski zeigte die Spezielle Relativitätstheorie schon bald auch in ihrer mathematischen Gestalt ihre volle Schönheit und Eleganz.

Für alle fundamentalen physikalischen Theorien ist Lorentz-Invarianz heute eine selbstverständliche und unabdingbare Forderung. Erwähnt sei, dass der Wert der Lichtgeschwindigkeit c nicht aus der Speziellen oder Allgemeinen Relativitätstheorie folgt, sondern als fundamentale Naturkonstante anzusehen ist.

Allgemeine Relativitätstheorie

Die Allgemeine Relativitätstheorie entstand aus dem Bestreben, die Newtonsche Gravitationstheorie mit der Relativitätstheorie verträglich zu machen. Das erwies sich als unerwartet schwierig und gelang Einstein erst in zehnjähriger angestrengter Arbeit. Als fruchtbares Leitprinzip erwies sich die in der Newtonschen Gravitationstheorie nicht erklärte, sondern postulierte *Gleichheit von träger und schwerer Masse.* Einstein bezeichnete es als einen der glücklichsten Gedanken seines Lebens, sie ins Zentrum seiner Überlegungen zu stellen. Eine seltsame Rolle spielte *das Prinzip der allgemeinen Kovarianz*, das trotz unscharfer Formulierung bei der Aufstellung der Allgemeinen Relativitätstheorie Pate gestanden hat. Die Allgemeine Relativitätstheorie zeitigte frühe Erfolge mit der Erklärung der Periheldrehung des Merkur, einer kleinen Abweichung von der Newtonschen Mechanik, und besonders mit der Bestätigung der vorausgesagten Ablenkung von Licht durch die Schwerkraft der Sonne, die bei einer totalen Sonnenfinsternis im Jahre 1919 möglich wurde.

Nach einigem Hin und Her wurde immer mehr die ganze Schönheit der Allgemeinen Relativitätstheorie als einer mathematisch eleganten und tiefsinnigen geometrischen Theorie offenbar, in der Raum und Zeit nicht mehr nur die Bühne des physikalischen Geschehens sind, sondern sich als Mitspieler einmischen. Ihre Tragweite übertraf weit die anfangs in sie gesetzten Erwartungen. Sie erklärte nicht nur im Detail die Dynamik des Sonnensystems, sondern erwies sich auch als erfolgreich in der Kosmologie, also der Theorie über Aufbau und Geschichte des Universums im Ganzen. Zunächst nicht wirklich für zuverlässig gehaltene Vorhersagen wie die Existenz schwarzer Löcher und das Auftreten von Gravitationswellen wurden glänzend bestätigt. Manche halten die Allgemeine Relativitätstheorie für die schönste aller physikalischen Theorien. Leider ist sie wegen ihrer zwar kristallklaren, aber subtilen mathematischen Struktur für den Laien besonders schwer zugänglich. Spezielle und Allgemeine Relativitätstheorie sind tausendfach bestätigt, und es gibt kein einziges experimentelles Resultat, das im Widerspruch zu einer von ihnen stünde. Das Satellitennavigationssystem GPS berücksichtigt routinemäßig die Gesetze der Relativitätstheorien, um aus der Ankunftszeit von Satellitensignalen die Position des Beobachters zu bestimmen. Ohne Relativitätstheorie würde sich ein Fehler von vielen Kilometern ergeben.

Quantentheorie

Im Vergleich zu den bisher beschriebenen Geschichten war der Weg zur Quantentheorie windungsreich und verworren. Wenn man bedenkt, dass an ihrem Anfang kein klarer Leitgedanke stand und wie radikal sich das Bild, das sich die Quantentheorie von der physikalischen Realität macht, von dem der Klassischen Physik unterscheidet, dann grenzt es an ein Wunder, dass die sich letztlich ergebende wunderbar einfache und elegante Struktur der Quantenphysik überhaupt gefunden werden konnte. Es ging zunächst um das Verständnis der Spektrallinien des von Atomen abgestrahlten Lichtes. Klar war, dass das Atom ein mechanisches System von negativ geladenen punktförmigen Elektronen war, die von einem positiv geladenen, ebenfalls nahezu punktförmigen Kern elektrisch angezogen wurden. *Quantenmechanik* entsprang aus zwei Wurzeln: Unter dem Einfluss des Bohrschen Atommodells entwickelte Werner Heisenberg (1901–1976) eine *Matrizenmechanik* der Atome, indem er die Zahlgrößen, die Orte, Impulse oder Energien der Elektronen im Atom in der Newtonschen Mechanik beschreiben, durch andere mathematische Objekte, so genannte Matrizen ersetzte. Wenig später stellte Erwin Schrödinger (1887–1961), angeregt durch das Verhältnis von Wellenoptik zu Strahlenoptik, eine Wellengleichung auf, die später so genannte *Schrödingergleichung*, so dass die zu den Wellen gehörigen Strahlen den klassischen Bahnen der Elektronen im Atom entsprachen. Schrödingers ursprüngliche physikalische Deutung der Elektronenwelle erwies sich allerdings als unhaltbar, und erst Max Born (1882–1970) fand die richtige Interpretation. Der wunderbare Formalismus der Quantentheorie erwuchs aus der Erkenntnis, dass die Schrödingergleichung in Bornscher Interpretation und die Heisenbergsche Matrizenmechanik dieselbe Theorie in verschiedenen Gewändern darstellten. Weit über ihren ursprünglich beabsichtigten Anwendungsbereich hinaus hat sich die Quantentheorie in jeder Hinsicht als universelle Theorie auch dort bestätigt, wo ihre Aussagen zunächst bizarr erschienen. Ihre Gültigkeit reicht von makroskopischen Systemen bis zum Bruchteil von einem Millionstel eines Atomdurchmessers. Sie ist, gerade auch in ihren zunächst als absurd angesehenen Konsequenzen, wie etwa dem Phänomen der Verschränkung, millionenfach bestätigt, auch durch unzählige technische Anwendungen. Kein experimentelles Resultat widerspricht ihr, und Grenzen ihrer

Anwendbarkeit sind nicht in Sicht. Man schätzt, dass, mit steigender Tendenz, mindestens ein Drittel des Sozialproduktes mit Techniken erwirtschaftet wird, die auf der Quantentheorie beruhen.

Die *Quantenmechanik*, die die Physik der Atome beschreibt, ist die Quantentheorie, die zu einem System der Newtonschen Mechanik gehört. Inzwischen kann man auch feldartige physikalische Systeme „quantisieren" und zu *Quantenfeldtheorien* gelangen. Das begann mit der *Quantenelektrodynamik*, der Quantenversion der Maxwellschen Gleichungen. Interesanterweise treten bei der Quantisierung von Feldtheorien punktartige Teilchen als *Feldquanten* notwendig und automatisch auf. In diesem Sinne erweisen sich Felder als fundamentaler denn Teilchen. Die Schwierigkeit, die sich der Quantisierung der Maxwellschen Theorie in den Weg stellte, bestand darin, dass die Berechnung physikalischer Größen zunächst zu unendlichen Zahlenwerten führte. Die Zähmung dieser Unendlichkeiten in der so genannten *Renormierungstheorie* gelang erst allmählich in der Zeit ungefähr zwischen 1930 und 1950. Sie ist technisch so kompliziert und nach allgemeinem Urteil ad hoc, dass man den Eindruck hat, hier sei noch nicht das letzte Wort gesprochen, sondern nur eine Art von Waffenstillstand nach hartem Kampf erreicht. Dennoch ist die Quantenelektrodynamik die experimentell am genauesten bestätigte physikalische Theorie. Heute weiß man, dass sich das *Renormierungsverfahren* auf eine große Klasse von Feldtheorien anwenden lässt, zu denen die Eichtheorien des Standardmodells gehören. Leider widersetzt sich die Allgemeine Relativitätstheorie hartnäckig einer renormierungstheoretischen Quantisierung, geradezu als ob die konträren Genies Bohr und Einstein ihren Kampf miteinander immer noch fortsetzten. Im fünften Abschnitt wird mehr dazu zu sagen sein.

Schönheit als Leitprinzip physikalischer Theorien?

Aus den soeben beschriebenen Beispielen ersehen wir, dass Ästhetik für die Aufstellung der fundamentalen etablierten Theorien der Physik nicht im Vordergrund stand, sondern, mit Ausnahme der Quantentheorie, jeweils ein erahntes physikalisches Leitprinzip. Die volle unbestreitbare Schönheit dieser Theorien ergab sich erst bei ihrer weiteren gedanklichen Durchdringung, gewissermaßen als Prämie und als Ausweis ihrer Tiefe. Dass ihre Schönheit mit Erhabenheit verbunden ist, bedarf nach dem Gesagten wohl keiner weiteren Begründung.

Außer den genannten fundamentalen Theorien gibt es speziellere physikalische Theorien wie Festkörpertheorie oder Hydrodynamik, die durch Anwendung der fundamentalen Theorien auf speziellere Klassen physikalischer Systeme entstehen. Da ihr Anwendungsbereich kleiner ist, der damit seine eigenen Kontingenzen mit sich bringt, wird ihnen gewöhnlich weniger Schönheit und Erhabenheit beigemessen. Sie haben aber oft ihren eigenen Reiz durch Eleganz, Effizienz und Originalität in Begriffsbildung, Grundannahmen und Deduktionen. Das gilt zum Beispiel in hohem Maße für die Theorien der Supraleitung und Suprafluidität. In der Tendenz nimmt aber die Schönheit einer Theorie mit dem Grad der Spezialisierung ihres Anwendungsbereiches ab. Um ein Extrem zu nennen: Ein kompliziertes Klimamodell, das durch enge Anpassung an eine große Menge von Wetterdaten entsteht und Vorhersagen erstellt, wird man sicher als wichtig und nützlich, aber wohl kaum als schön bezeichnen.

Mathematische Schönheit

Die Schönheit und Erhabenheit mathematischer und physikalischer Theorie sind einander ähnlich. Unterschiede bestehen im Wirklichkeitsbezug, der für die Physik auf der Hand liegt, für die Mathematik aber problematischer ist. Immerhin gehen die meisten Mathematiker, mindestens in ihrer Einstellung, davon aus, dass mathematische Strukturen nicht bloße Erfindungen der menschlichen Phantasie sind, sondern irgendwie zum Bestand der Welt gehören. (Näheres hierzu bei Römer, 2021a.) Das Ideal der Physik, wie es die Elementarteilchenphysik anstrebt, ist eine alle anderen physikalischen Theorien umfassende Universaltheorie. Ein solcher Ehrgeiz ist der Mathematik fremd. Ihr Bau ist nicht hierarchisch gestuft, sondern gleicht eher einem Netzwerk mit vielen Knoten und Verbindungen. Topologie, Analysis und Zahlentheorie, um ein Beispiel zu nennen, stehen gleichberechtigt nebeneinander, ohne einer höheren Ebene untergeordnet zu sein.

Schönheit anderer Theorien

Schönheit wird auch vielen Theoriebildungen außerhalb von Physik und Mathematik zugeschrieben. Als ein Beispiel sei an verschiedene Theorien der Nationalökonomie oder an den dialektischen oder historischen Materialismus von Karl Marx erinnert. Ihre Bewunderer müssen sich dabei jedenfalls fragen: Wie steht es um die Interesselosigkeit ihres Wohlgefallens? Wie steht es um die Freiheit der Erscheinung? Und damit verbunden: Wie ungezwungen, plausibel und folgenreich sind ihre Grundannahmen? Wie schlüssig sind ihre Deduktionen und wie unbestreitbar deren Ergebnisse?

Ein interessanter Fall ist die Darwinsche Evolutionstheorie. Sie ist in ihren Grundannahmen einfach und elegant, sie ist fruchtbar, folgenreich und vielfach bewährt in einem weiten und vielfältigen Anwendungsbereich. Ihre Tiefe äußert sich in vielen überraschenden Einsichten, und sie orientiert sich nicht an menschlichen Interessen. In diesem Sinne sollte man sie als schön und auch als erhaben bezeichnen. Dass dies nicht immer in demselben Maße wie bei physikalischen oder mathematischen Theorien geschieht, könnte an zwei Gründen liegen: Erstens spielt Kontingenz bereits in ihren Grundannahmen eine entscheidende Rolle. Zweitens sind ihre Vertreter, übrigens im Gegensatz zu Darwin selbst, aus einer materialistischen und antimetaphysischen Grundeinstellung heraus oft weniger zu Bewunderung und Verehrung geneigt.

An dieser Stelle seien einige Bemerkungen zur Schönheit parapsychologischer Theorien erlaubt. Die Parapsychologie, oft auch als „Anomalistik" bezeichnet, befasst sich mit Erscheinungen wie Telepathie, Hellsehen, Präkognition und Telekinese, für die es im akzeptierten naturwissenschaftlichen Denkrahmen keine Erklärung gibt. Einen Überblick über den Forschungsstand bieten Mayer et al. (2015). Ein großer Teil ihrer Aktivität besteht im zunächst theoriefreien Sammeln und Dokumentieren möglicher paranormaler Ereignisse. Hinzu kommen gewöhnlich schon theoriegeleitete gezielte Experimente und Beobachtungen. Von einem Konsens auf einen allgemein anerkannten theoretischen Rahmen ist die Parapsychologie weit entfernt. Es besteht vielmehr eine Vielfalt theoretischer Ansätze, die sich meist um die Identifizierung eines kausalen Einwirkungsmechanismus zur Erklärung paranormaler Erscheinungen bemühen. Eine wesentliche Schwierigkeit liegt hierbei darin, dass nach allen Erfahrungen anomalistische Phänomene zu einer koboldartigen Flüchtigkeit neigen, durch die sie sich ihrer verlässlichen Beobachtung oder Erzeugung zu entziehen scheinen. Die angebotenen Theorieansätze zur kausalen Erklärung verfehlen meist alle bisher aufgezeigten Schönheitskriterien. Sie sind gewöhnlich entweder ad hoc auf gewisse Phänomene hin zugeschnitten oder aber so allgemein und vage, dass ihre Erklärungsleistung eher als gering bezeichnet werden muss. Einfachheit und Klarheit als Ausweis theoretischer Schönheit sucht man meist vergebens. Einen Eindruck vermittelt dem interessierten Leser vielleicht die Diskussion um ein seriöses, aufwendiges, langjährig vom Pentagon finanziertes, schließlich aber aufgegebenes Projekt, die in einem Themenheft der *Zeitschrift für Anomalistik* wiedergegeben ist.[1] Bei manchen parapsychologischen Theorieansätzen verschwimmen die Grenzen zur Esoterik. Schlimm sind in meinen Augen auch Erklärungsversuche mit Hilfe obskurer, angeblich einer „neuen Physik" zugehöriger physikalischer Wirkmechanismen: Physikalismus mit schlechter und im Allgemeinen falscher Physik.

Angesichts der frustrierenden Fehlschläge, paranormale Phänomene durch den Aufweis kausaler Einwirkungsmechanismen dingfest und kontrollierbar zu machen, ist es eine befreiende Botschaft, dass solche Mechanismen für das Verständnis von Para-

---

1 S. Bhatt Marwaha & E. C. May (2019). „Informational Psi: Collapsing the Problem Space of Psi Phenomena", *Zeitschrift für Anomalistik, 19*, S. 12–52. Diskussionsbeiträge dazu in demselben Heft: H. Grote: „A Brief Commentary on IΨ", S. 52–54, W.v. Lucadou: „Neither Causal nor Information – Psi Always Slips Away and yet is Powerful", S. 54–57, M. Nahm: „Assessing the Problem Space of Precognition: Can it be the Only Form of Psi? A Commentary on the multiphasic Model of Informational Psi", S. 57–67, D. Radin: „Yes, but What is New?", S. 67–70, H. Römer: „Remarks on Informational Psi", S. 70–72, S. Bhatt Marwaha, E.C. May: „Signals: A Mechanism to Understand Psi Phenomena", S. 73–113.

normalem nicht unentbehrlich sind. Die von C.G. Jung und W. Pauli (Jung & Pauli, 1952) angeregte Vorstellung der „Synchronizität“ deutet paranormale Phänomene nicht als Resultate kausaler Einwirkungen im Sinne einer „causa efficiens“, sondern als „sinnvolle Zufälle“. Sie sind zufällig, insofern sie keiner Wirkursache entspringen, und sinnvoll, insofern sie in ein konstellatives Muster von Sinn und Bedeutung passen. Die Synchronizitätsvorstellung nimmt zur Kenntnis, dass solche Muster in ihrem Erklärungswert kausalen Ordungsstrukturen ebenbürtig sein können. Die synchronistische Leitvorstellung kann schärfer gefasst und zu einer Theorie paranormaler Phänomene ausgebaut werden, die viele Erfahrungen im Umgang mit Paranormalem verstehen lässt (Lucadou et al., 2007, 2012; Kap. 3 in diesem Band). Auffällig ist die strukturelle Ähnlichkeit synchronistischer Korrelationen mit quantentheoretischen Verschränkungskorrelationen. Experimentelle Strategien wurden auf der Grundlage synchronistischer Theorien zusammen mit ihrer Formulierung vorgeschlagen. Es liegen erfolgreiche Anwendungen vor (Walach et al., 2019). Der ontologische Status von Mustern und Sinnkorrespondenzen ist genauer zu würdigen (Römer, 2015b, Kap. 10). Theorien vom synchronistischen Typ scheinen, was Klarheit. Einfachheit, Eleganz und Erklärungsleistung betrifft, am ehesten ästhetischen Ansprüchen zu genügen.

4. Schönheit und Wahrheit

Alles, was für uns in irgendeiner Weise der Fall ist, ist uns zunächst nur so und insoweit gegeben, als es uns auf unserer inneren Bühne erscheint. Diese unbestreitbare Tatsache kann man als die *„Phänomenalität der Welt“* benennen (Römer, 2015a; Kap. 10). Was auf der inneren Bühne erscheint, sind nicht einfach „Dinge“, sondern *„Repräsentationen“*. Die Beziehung zwischen Repräsentiertem und Repräsentation ist als *„Symbolbeziehung“* zu bezeichnen. Symbolisierung liegt in einfacher Form bereits bei der Wahrnehmung eines Baumes oder Steines als Baum oder Stein und schon bei Tieren vor. Es gibt keine völlig symbolfreie, unbenannte Wahrnehmung. Durch den Besitz der Sprache erreicht die Symbolisierungsfähigkeit des Menschen allerdings ganz neue Höhen. Der Mensch ist in der Lage, Symbolisierungen sprachlich-begrifflich zu benennen und Symbolisierungen höherer Ordnung, also Symbole von Symbolen zu bilden (Cassirer, 2010). Das gesamte kulturelle Gehäuse, in dem der Mensch lebt, ist ein unendlich komplexes symbolisches Gebilde:

> „In Bildern, nichts als Bildern besteht der ganze Schatz menschlicher Erkenntniß und Glückseligkeit“ (Hamann, 1993, „Aesthetica in nuce“)

Am Beispiel komplexer Symbolisierungen, etwa der Begriffe „Kubismus“ oder „Skeptizismus“, wird klar, dass das Symbolisierungsverhältnis nicht einfach so zu verstehen ist, dass ein unproblematisch, schlechthin Vorhandenes lediglich mit einem symbolischen

Etikett versehen würde, sondern dass zwischen Symbolisiertem und Symbol eher ein Verhältnis wechselseitiger Konstituierung besteht. Die Symbolbeziehung ist keine Kausalbeziehung im Sinne von Ursache und Wirkung, sondern ganzheitlich-gestalthafter Art. Symbolisierung ist im doppelten Sinne wahrheits- und wirklichkeitshaltig, nämlich sowohl „wahrnehmend" rezeptiv als auch als ein Wirklichkeit stiftender schöpferischer Akt der menschlichen Einbildungskraft. Die „Freiheit in der Erscheinung" solcher schöpferischen Akte wird in gelungenen Kunstwerken sichtbar und feiert in ihnen ihre ästhetischen Triumphe.

Der Mensch sucht Weltverständnis und Weltbeherrschung durch *Modellierung*: Elemente eines irgendwie gearteten und als solchen erkannten Bereiches seiner Welt werden symbolisierend benannt und konstituiert und ihre Verhältnisse zueinander durch *Gesetze* beschrieben und verstanden, die in den meisten Fällen nur intuitiv erfasst werden, manchmal, etwa in den Naturgesetzen der Physik, aber auch explizit formuliert sein können.

Die genaue Beschreibung solcher Modellbildung ist Gegenstand der Erkenntnistheorie, einer philosophischen Grunddisziplin, auf deren schier unendliche Vielfalt wir natürlich nicht einmal ansatzweise eingehen können. Wir wollen uns hier an der Vorstellung einer *„Verallgemeinerten Quantentheorie"* (VQT) (Atmanspacher et al., 2002, 2006; Filk et al., 2011) orientieren, die der Hauptgegenstand dieses Buches ist. Der eben genannte „Bereich der Welt" wird in der VQT als „System" bezeichnet, die begrifflich symbolisierten Elemente, auf die sich alle Untersuchungen an dem System beziehen, heißen in der VQT *„Observable"*. *Messergebnis* wird das Resultat einer zu einer Observablen gehörigen Untersuchung oder Beobachtung genannt, dessen Wahrheit in seiner faktischen Gültigkeit liegt. Es ist eine zentrale Eigenschaft der VQT, dass verschiedene Observable A und B zueinander *komplementär* sein können. In diesem Falle ist es im Allgemeinen unmöglich, A und B zugleich sichere, faktisch gültige Messergebnisse zuzuschreiben.

Verschränkung ist in der VQT über den Bereich der Physik hinaus definiert und anwendbar (Römer, 2011, Kap. 2). So beschreibt die VQT die Symbolbeziehung als eine Verschränkungsbeziehung.

Für das Folgende ist festzuhalten:

- Sowohl die Identifizierung eines Systems als auch die Konstituierung seiner Observablen ist ein freier, kreativer Akt der Symbolisierung und Begriffsbildung und der schöpferischen Leistung eines Künstlers wesensverwandt.
- Modellierungen sind zutiefst wahrheitsfähig. Das liegt zunächst am Faktizitätsanspruch der Messergebnisse zu Observablen, mehr aber noch an der Tatsache, dass Modelle scheitern können, indem sich ihre Begriffsbildungen als verfehlt und die aus ihren Gesetzen gezogenen Folgerungen als falsch erweisen können.

- Damit sind die Erkenntnisse, die sich aus Modellierungen ergeben, weder einfach vorgefunden noch rein konstruiert. Es herrscht vielmehr eine subtile Dialektik von Finden und Erfinden.
- Kein Modell enthält das „Ganze der Welt" oder auch nur das Ganze des Systems, auf das es sich bezieht. Vielmehr ist die Fülle möglicher Aspekte und Begriffsbildungen unfassbar und unausschöpfbar. Wer das Modellierte mit seiner Modellierung identifiziert, begeht einen fundamentalen systematisch- erkenntnistheoretischen Fehler.

Der erkenntnistheoretische Ansatz des Bonner Philosophen Markus Gabriel, von ihm als *Neutraler Realismus* oder auch als *Neuer Realismus* (NR) (Gabriel, 2013) bezeichnet, gelangt zu einer ähnlichen Sicht der Dinge. Systeme in der VQT entsprechen *Gegenstandsbereichen* im NR. Ein Gegenstandsbereich erscheint nach Gabriel immer nur in einem *Sinnfeld.* Was Gabriel mit „Sinnfeld" bezeichnet, legt fest, in welchem „Sinne" der Gegenstandsbereich betrachtet, erfasst und beschrieben wird. Sinnfeld entspricht damit ziemlich genau dem, was in der VQT als Gesamtheit der Observablen eines Systems bezeichnet würde. Die Möglichkeit von Komplementarität und Verschränkung tritt im NR nicht direkt ins Blickfeld.

Der Begriff „Sinnfeld" enthält einen wertvollen Hinweis. Die menschliche Begriffsbildung und Wahrnehmung im Lichte von Begriffen ist sinnhaltig und sinngebend in dreifacher Weise:

Erstens ist ein „Sinn" eine Fähigkeit zur Wahrnehmung, wie etwa der Gehörsinn oder der Gesichtssinn. Zweitens wird durch Begriffe festgelegt, in welchem „Sinne" etwas erscheint. Drittens ist mit „Sinn" eine Vorstellung von Gerichtetheit und Zielhaftigkeit verbunden, wie es etwa in den Redeweisen „Drehsinn" oder „Sinn der Geschichte" zum Ausdruck kommt. Man ist geneigt, von einem dreifachen Sinn des Sinns zu sprechen.

„Denken" bezeichnet die menschliche Tätigkeit des Modellierens und des Wahrnehmens im Lichte von Modellen. Menschliches Denken ist *reflexiv*, indem es sich auf sich selbst richten und sich selbst betrachten und modellieren kann. Denken ist, wie alles Modellieren, wahrheitsfähig und beweist seine Wahrheitsfähigkeit nirgendwo mehr als in der Möglichkeit des Scheiterns. Man könnte fast sagen: Denken gelingt gerade im ständigen Scheitern. Was ihm „weltartig" begegnet, ist eine Mischung aus Verweigerung und Verlockung, aus Widerborstigkeit und gutmütiger Fehlertoleranz.

Nach einer in der philosophischen Tradition weit verbreiteten Ansicht, der sich in neuerer Zeit auch M. Gabriel wieder anschließt (Gabriel, 2018), ist Denken eine Art von höherer Sinnesqualität, ein „Wahrheitssinn" für Zusammenhänge, den man sich durchaus auch als Ergebnis erfolgreicher evolutionärer Anpassung denken kann. In der Tat ist kein wirklicher qualitativer Unterschied zwischen einfachen, aber nie ganz symbolisierungsfreien Sinneswahrnehmungen einerseits und höheren, komplexe Symbolisierungen heranziehenden Erkenntnisleistungen anderseits auszumachen.

Der Bereich des Symbolisierens und Erkennens ist unauslotbar. Rilke fasst die Aufgabe, die dem gestaltenden und erkennend reflektierenden Menschen gestellt ist, wunderbar in der Aufforderung zusammen (Rilke, 1996, Bd. 2, *Sonette an Orpheus 2*, XXIX, S. 272):

> Sei in dieser Welt aus Übermaß
> Zauberkraft am Kreuzweg deiner Sinne,
> Ihrer seltsamen Begegnung Sinn.

Ein ehrliches Erkenntnisstreben ist immer objektiv und ergebnisoffen, also bereit, das Ergebnis der Suche unabhängig von Wunsch und Erwartung des Erkennenden anzunehmen. Insofern darf man mit Kant dem Wohlgefallen an einer gelungenen Erkenntnis sicher Interesselosigkeit bescheinigen.

Die „Zweckmäßigkeit ohne Zweck" liegt in der Wahrheit der Erkenntnis, also im Gelingen des Erkenntnisaktes, und die „Freiheit in der Erscheinung" in der ungezwungenen Mühelosigkeit dieses Gelingens angesichts einer unübersehbaren Fülle denkbarer alternativer Zugänge. Wir sehen, dass die Schönheit einer Erkenntnis untrennbar mit ihrer Wahrheit verbunden ist. Auch bei gelungenen Kunstwerken sind Schönheit und Wahrheit untrennbar, wobei Wahrheit im Gelingen des künstlerischen Ausdrucksanliegens besteht.

Der Ästhetizist ist der im Grunde frivole Genüssling, der Schönheit genießen möchte, ohne auf die Wahrheit des Schönen zu schauen. Er bleibt im Gefälligen befangen und verfehlt das Eigentliche der Schönheit.

Uns geht es in dieser Untersuchung um die Schönheit von Erkenntnissen, also gelungener Modellierungen. Schönheit steht, wie wir gesehen haben, nicht am Anfang, sondern als bleibender Gewinn am Ende des Erkenntnisbemühens, sie ist die Prämie für sein Gelingen. Allerdings geht von dieser Prämie eine Verlockung aus, die sich bis zur Unwiderstehlichkeit steigern kann und uns zu Erkenntnis und Wahrheitssuche antreibt.

Wir haben an den Beispielen fundamentaler physikalischer Theorien im vorangegangenen Abschnitt gesehen, wie sich dort als Lohn des Gelingens am Ende ein anhaltendes, sogar wachsendes Schönheitserlebnis einstellt.

Wenn man das Erkenntnisvermögen als ein höheres Sinnesorgan des Menschen ansieht, dann ist Schönheit für Erkenntnis das, was Lust für einfache Sinnenwahrnehmung bedeutet.

Wir haben schon gesagt, dass der Erkenntnisprozess weder ein reines Finden noch ein reines Erfinden ist. Insbesondere besteht zwischen Erkanntem und Erkenntnis nicht einfach die Beziehung einer kausalen Einwirkung wie zwischen Stempel und Abdruck. Die Erkenntnisbeziehung ist der Symbolbeziehung wesensgleich und wie diese nichtkausal, ganzheitlich und „verschränkungsartig".

Darin, dass Erkenntnis überhaupt möglich ist, dass der Mensch nicht beziehungslos zur Welt steht, sondern erkennend mit ihr versöhnt und für sein Erkennen mit Schönheit belohnt wird, liegt etwas zutiefst Wohlwollendes und Tröstliches. In einer berühmten Reflexion sagt Kant dazu:

> Die schönen Dinge zeigen an, dass der Mensch in die Welt passe und selbst seine Anschauung der Dinge mit den Gesetzen seiner Anschauung stimme (Kant, 1900ff., Bd. XVI, *Reflexionen*, S. 127).[2]

Zum Schluss dieses Abschnittes kommen wir auf physikalische Modelle zurück, über deren Schönheit wir schon viel gesagt haben. Das Projekt der Physik ist wohl das umfassendste und formal am genauesten ausgeführte Modellierungsprojekt. Es war spektakulär erfolgreich und hat zu einer Fülle sicherer Erkenntnisse geführt und durch seine Anwendungen unsere Lebenswelt schon längst radikal und unumkehrbar verändert, ohne dass ein Ende davon absehbar wäre.

Das einfache und im Grunde bescheidene Verfahren der Physik besteht darin, sich auf ein relativ kleines Repertoire an grundlegenden Begriffen („Observablen") zu beschränken, die alle die Eigenschaft haben, dass die zugehörigen Beobachtungen ganz auf innere Erfahrungen verzichten können und durch ein anerkanntes und wohldefiniertes Verfahren zu intersubjektiven und reproduzierbaren „Messergebnissen" führen. Die Messergebnisse werden mathematisch modelliert und die vorausgesagten Konsequenzen der Modellierung wieder experimentell überprüft und zur Bestätigung oder Verbesserung der Modelle verwendet.

Bei aller Einfachheit ist dieser methodologische Rahmen keineswegs starr, sondern wandlungs- und anpassungsfähig. So hat die Relativitätstheorie im vergangenen Jahrhundert unser Verständnis von Raum und Zeit revolutioniert. Mehr noch hat sich durch die Quantentheorie die Vorstellung dessen, was physikalische Wirklichkeit sei, geradezu umgestürzt. Beides ist nicht aus Gründen der Mode und Laune, sondern unter dem Diktat physikalischer Erfahrungen geschehen, übrigens ohne bereits Gesichertes aus der Vergangenheit ungültig zu machen. Ob die gegenwärtigen Probleme der zeitgenössischen Physik zu Revolutionen ähnlicher Tragweite führen, lässt sich nicht vorhersagen.

2 Mit der Konzentration auf Kunstschönheit dazu M. Gabriel: *Wie der Mensch in die Welt passt.* Im Internet zugänglich über http://www.humboldt.hu/sites/default/files/hn33-17-24-wie_der_mensch_in_die_welt_passt.pdf

Jedenfalls besteht hoffentlich Offenheit für ein solches Geschehen, und seine Wahrscheinlichkeit ist, zumindest auf längere Sicht, nicht gering.

Der Anwendungsbereich der physikalischen Modellierung ist riesig. Dennoch ist es sicher derart verfehlt, alles Sein und Geschehen in der Welt als letztlich nur physikalisch verstehen zu wollen, dass man sich wirklich wundern muss, wieso im Namen eines physikalischen Reduktionismus solches immer noch versucht wird (vergl. hierzu Römer, 2017; Kap. 9). Der Kardinalfehler einer kurzschlüssigen Identifizierung von Modelliertem und Modell wurde ja schon erwähnt. Ein umfassenderes Weltverständnis erscheint nur aus vielfachen Perspektiven möglich. Dagegen strebt die Physik für sich, durchaus zu Recht, einen hierarchischen Aufbau an.

5. Zur gegenwärtigen Elementarteilchenphysik

Das Standardmodell der Elementarteilchentheorie ist eine Quantenfeldtheorie, die (mit Ausnahme des sog. Higgs-Sektors) auf der „Quantisierung" einer Feldtheorie vom Eichtheorietypus beruht. Es beschreibt erfolgreich drei der vier bekannten fundamentalen Wechselwirkungen, nämlich die sog. *Starke Wechselwirkung*, die *Elektromagnetische Wechselwirkung* und die *Schwache Wechselwirkung*. Die beiden letztgenannten sind im Standardmodell zu einer einheitlichen *„Elektroschwachen Wechselwirkung"* verschmolzen, während die Starke Wechselwirkung von der Elektroschwachen Wechselwirkung getrennt bleibt. Die Gravitationswechselwirkung findet im Standardmodell keinen Platz, was bei den erreichbaren Energien keine experimentellen Konsequenzen für die Teilchenphysik hat. Wie gesagt, ist die Aufstellung einer Quantentheorie zur Einsteinschen Allgemeinen Relativitätstheorie noch nicht gelungen. Hier liegt das wohl schwierigste und fundamentalste Problem der theoretischen Physik vor, dessen Lösung wahrscheinlich in weiter Ferne liegt, auch wenn Lösungsansätze dazu diskutiert werden.

Wie gesagt, hat sich das Standardmodell über alle Erwartungen hinaus auch in den neuesten Experimenten bewährt, und zwar nicht nur in seinen direkten Auswirkungen, sondern sogar in hoch abgeleiteten Konsequenzen, die von Einzelheiten der zugehörigen renormierten Feldtheorie abhängen. Als ein solcher Triumph ist zu werten, dass das sogenannte *Higgs-Teilchen*, dessen Existenz vom Standardmodell benötigt wird, im Jahre 2012 am CERN nicht nur gefunden wurde, sondern dass seine Masse auch in den engen Bereich fällt, in den sie aufgrund subtiler, den ganzen Formalismus des Standardmodells heranziehender Konsistenzüberlegungen fallen sollte. Es gibt bis heute kein experimentelles Resultat, das im deutlichen Widerspruch zum Standardmodell stünde. Das Experiment liefert also bis heute keinen klaren Hinweis, wie das Standardmodell zu erweitern oder zu korrigieren wäre.

Das ist erstaunlich und wohl auch bedauerlich angesichts einer ganzen Reihe von wirklichen oder empfundenen Mängeln, von denen einige, keineswegs alle, hier genannt seien:

1. Man ist sich ziemlich sicher, dass nur etwa 5% der Energie des Weltraumes von der Materie stammt, die im Standardmodell beschrieben wird. Rund 20% *dunkler Materie* und 75% *dunkler Energie* scheinen im Standardmodell keinen Platz zu finden und warten zudem auf ihre direkte experimentelle Entdeckung und Identifizierung.

2. Es erscheint wünschenswert, auch die Starke Wechselwirkung mit der Elektroschwachen Wechselwirkung zu vereinigen. Alle Versuche einer solchen „Großen Vereinigung" sind bisher gescheitert.

3. Das Standardmodell enthält 25 unerklärte Naturkonstanten (12 Massen von Quarks und Leptonen, die Masse des Higgs-Teilchens, sechs „Mischungswinkel", zwei „Mischungsphasen" und vier „Kopplungskonstanten"). Das ist für den Geschmack der meisten Theoretiker ein Überschuss an Kontingenz.

4. Das Higgs-Teilchen wird oft als Schönheitsfehler des Standardmodells empfunden, da seine Wechselwirkungen, im Gegensatz zu allen anderen Wechselwirkungen des Standardmodells, nicht aus einem Eichprinzip folgen.

5. Die Gravitationswechselwirkung bleibt ausgeschlossen, ja es ist noch nicht einmal klar, wie sie zu quantisieren wäre.

Während der erste Punkt unbedingt einer Klärung bedarf, betreffen die anderen nur ästhetische Defizite des so überaus erfolgreichen Standardmodells, das sicher nicht allen Wünschen genügt, aber nach allen erwähnten Maßstäben nicht etwa hässlich, sondern immer noch schön und einfach ist.

Im Zusammenhang mit ästhetischen Erwägungen zur Elementarteilchenphysik wird immer wieder die Rolle der sog. *Supersymmetrie* diskutiert. Mit ihr verknüpfen sich u.a. Hoffnungen, zur Klärung der Punkte 1–4 beizutragen. In der Mathematik gehört die Supersymmetrie zur Theorie der sog. *Gaduierten Lie-Algebren*, einer Verallgemeinerung der *Lie-Algebren*, die sonst zur Beschreibung von Symmetrieoperationen herangezogen werden. Ihre genaue Definition tut für unsere Überlegungen nichts zur Sache. Wie jede geschlossene, auf klaren Definitionen und Axiomen beruhende nicht-triviale mathematische Theorie ist die Supersymmetrie als solche schön, allerdings auch nicht schöner als unzählige andere mathematischen Theorien. Sicherlich ist die Supersymmetrie bei Physikern besonders beliebt, weil der Anstoß zu ihrer Entwicklung aus der Physik kam. Von Theoretikern, die Supersymmetrie in Modellbildungen der Elementarteilchenphysik anwenden wollen, sind allerdings Aussagen wie diese zu hören: „Die Supersymmetrie ist so schön, dass die Natur nicht umhinkommt, für ihre fundamentalen Gesetze von ihr Gebrauch zu machen." Hier liegt sicher ein ästhetisches Fehlverständnis, verbunden mit einer dogmatischen Voreingenommenheit vor, wie S. Hossenfelder sie völlig zu Recht als gefährliches Erkenntnishindernis tadelt. Die Schönheit einer physikalischen Theorie ist ja, wie wir gesehen haben, von ihrer Wahrheit gar nicht zu trennen und liegt nicht nur in der Schönheit der verwendeten Mathematik. Das Auftreten von Supersymmetrie in physikalischen Gesetzen ist kein a priori, und die Natur ist nicht dafür zu tadeln, dass sich Supersymmetrie in Experimenten zur Teilchenphysik bisher nicht zeigen will. Auch haben wir gesehen, dass sich bei der Aufstellung einer physikalischen Theorie eher ein physikalisches Leitprinzip und nicht ein Bestehen auf einer mathematischen Struktur als fruchtbar erweist. Es lässt sich sogar ein ästhetisches Argument gegen Supersymmetrie in der Teilchenphysik anführen. Supersymmetrie wäre mit Sicherheit nur annähernd und für sehr hohe Energien realisiert, bei niedrigeren Energien aber jedenfalls „gebrochen". Alle bekannten Mechanismen zur Brechung von Supersymmetrie sind ausgesprochen unelegant und benötigen eine ganze Anzahl unerwünschter und unerklärter freier Parameter, vermehren also ein Defizit des Standardmodells, statt es zu vermindern.

Von den vielen vorgeschlagenen Ansätzen für eine Quantentheorie der Gravitation (etwa kanonische Quantisierung, „asymptotic safeness", „loop gravity") wollen wir hier nur auf den wissenschaftstheoretisch und wissenschaftssoziologisch besonders interessanten Fall der *„Stringtheorie"* eingehen. Die Stringtheorie hat die ehrgeizige Vision, zu allen fünf oben genannten Problemen Entscheidendes beizutragen.

Ihre Ursprünge liegen mehr als fünfzig Jahre zurück. Ausgangspunkt ist die Vorstellung, die fundamentalen Objekte der Physik seien eindimensionale fadenförmige, offene oder zu Ringen geschlossene „Strings". In der Quantentheorie zur zunächst klassischen Bewegung der Strings sollten dann die vielfältigen Schwingungsmoden den verschiedenen Elementarteilchen entsprechen.

Ein Aufschwung der Stringtheorie hob Mitte der 1980er Jahre an, als sich die Hoffnung abzeichnete, dass mit der Stringtheorie eine Quantentheorie der Gravitation verbunden sein könnte.

Seitdem ist die Stringtheorie das wahrscheinlich meist bearbeitete Teilgebiet der Elementarteilchenphysik. Supersymmetrie ist tief in ihren Fundamenten eingebettet. Von ihrer ursprünglichen Intuition hat sich die Stringtheorie inzwischen weitgehend emanzipiert. So hat sich etwa herausgestellt, dass in der zugehörigen Quantentheorie nicht nur fadenförmige Objekte, sondern auch höherdimensionale Gebilde, *„Membranen"*, oder *„branes"* genannte Objekte auftreten müssen. Auch hat sich gezeigt, dass aus Gründen der inneren Stimmigkeit die strings und branes in einem neundimensionalen Raum schwingen müssen und nicht etwa in dem für uns sichtbaren dreidimensionalen Raum. Damit die überschüssigen sechs Raumdimensionen für normale Beobachtung bei niedrigeren Energien verborgen bleiben, müssen sie „kompaktifiziert" sein. Das bedeutet, dass sich der Raum in sechs Dimensionen über winzige Abstände zusammenkrümmt.

Im Gegensatz zu den im dritten Abschnitt genannten Revolutionen der Physik, die sich in wenigen Jahren vollzogen, sind trotz jahrzehntelanger angestrengter Arbeit Erfolge der Stringtheorie für die Beschreibung experimenteller Ergebnisse der Elementarteilchenphysik fast nicht zu verzeichnen. Das ist nicht verwunderlich. Die Stringtheorie ist erst wirklich „zu Hause", und ihre Effekte werden erst dominant in Energiebereichen, die die höchsten jetzt experimentell erreichbaren um weit mehr als zehn Größenordnungen übertreffen. Allenfalls in der Kosmologie könnten Effekte der Stringtheorie bedeutsam sein, aber auch dort ist es bisher nicht möglich, eindeutige Signaturen der Stringtheorie zu identifizieren.

Als theoretische Erfolge sind vielfältige Konsistenzerlebnisse und Einblicke in höchst überraschende Zusammenhänge in stringtheoretischen Strukturen zu verzeichnen. Auf der Habenseite steht auch ein interessantes Teilresultat zur Entropie schwarzer Löcher. Dem Eindruck erst in Anfängen offenbarter Tiefe kann man sich bei der Stringtheorie kaum entziehen. Was die Schönheit der Stringtheorie angeht, die ihre Anhänger in Bann zieht, ist zu vermerken: Bisher ist die wirkliche der Stringtheorie zugrunde liegende Struktur noch nicht sichtbar. Sie ist keine klar konturierte mathematische Theorie, und die physikalische Bewährungsprobe für ihre Schönheit steht noch aus. Die Lage ist vielleicht mit der Situation der Quantenmechanik zur Zeit des Bohrschen Atommodells vergleichbar. Allerdings liegt diesmal die experimentelle Bestätigung in weiter Ferne. Inzwischen sind Generationen von Theoretikern in der Stringtheorie aufgewachsen. Die beschwörenden Behauptungen mancher Stringtheoretiker, ihre Theorie müsse einfach wahr sein, zeigt einen festgefahrenen Dogmatismus, der sehr berechtigt von S. Hossenfelder angeprangert wird.

Ein sehr seltsamer Zug der Stringtheorie, der in seiner Bedeutung höchst umstritten ist, darf hier nicht unerwähnt bleiben: Die soeben erwähnte notwendige Kompaktifizierung der sechs überschüssigen Raumdimensionen kann auf sehr unterschiedliche Weise erfolgen, und jeder Kompaktifizierung entspricht ihr eigenes Modell der Elementarteilchenphysik. Man schätzt die Anzahl der möglichen Kompaktifizierungen mindestens auf 10^{500}. Unglücklicherweise hat man dennoch keine Kompaktifizierung gefunden, die dem erfolgreichen Standardmodell entspricht, noch weiß man, welche spezifisch stringtheoretischen Eigenschaften das Standardmodell auszeichnen sollten.

Wenn wirklich alle Kompaktifizierungen gleichberechtigt wären, dann wäre die Vorhersagekraft der Stringtheorie für die Physik unseres physikalischen Universums praktisch gleich Null. Die Stringtheorie beschriebe nur eine sehr allgemeine Theorie, eine „*kosmische Landschaft*" möglicher Universen, von denen jedes eine zulässige Lösung der Theorie wäre. Die physikalischen Gesetze unseres Universums hätten dann nur die Kontingenz von Lösungen und Anfangsbedingungen. Was hier als Not der Stringtheorie erscheint, wird von vielen ihrer Anhänger als ihre besondere Tugend gepriesen. Das Verlangen nach einem Verständnis der Physik unseres Universums habe sich als naiv erwiesen. So habe ja auch die Newtonsche Mechanik gezeigt, dass man darauf verzichten müsse, die Anzahl, Massen und Bahndaten der Bestandteile unseres Sonnensystems zu verstehen. Diese Eigenschaften seien kontingent und nicht erklärungsbedürftig. Andere Planetensyteme hätten andere Daten. Ebenso sollten in anderen „*Paralleluniversen*" andere physikalische Gesetze gelten. Hierzu ist zu sagen, dass andere Systeme, die der Newtonschen Gravitationstheorie genügen, jederzeit und in beliebiger Zahl sichtbar sind, während Paralleluniversen sich wohl prinzipiell jeder direkten Beobachtung entziehen. Jedenfalls sollte man m.E. einen solchen radikalen Verzicht auf die Vorhersagekraft fundamentaler Physik für unser Universum nur dann widerwillig akzeptieren, wenn eine bestens bestätigte und bewährte physikalische Theorie keinen anderen Ausweg ließe. Das ist für die Stringtheorie sicher nicht der Fall. Wenn übrigens wirklich die Grundgesetze der Elementarteilchentheorie kontingent wären, dann sollte man sich wundern, dass ein solches Übermaß an Kontingenz sich in unserem Universum nur in 25 unbestimmten Parametern äußerte.

S. Hossenfelders Ermahnung, über der Stringtheorie, die selbst bei optimistischster Betrachtung allenfalls eine Physik von Übermorgen ankündigt, die Physik von heute nicht zu vergessen, ist sicher zu beherzigen. In Abwesenheit massiver und spektakulärer experimenteller Resultate darf man wichtige Aufschlüsse von Präzisionsexperinenten und ihrer genauen theoretischen Analyse erwarten. Solche Aktivitäten sind ja auch wirklich im Gange, auch wenn sie nicht dasselbe Aufsehen erregen wie Spekulationen über Myriaden von Paralleluniversen.

Zwei Argumente werden oft angeführt, warum die Naturgesetze in unserem Universum so und nicht anders sind oder warum wir, in der Sprache der Stringtheoretiker, gerade in unserer Ecke des Mulitiversums unseren Platz haben:

Im Namen einer Forderung der *Natürlichkeit* wird z. B. dekretiert, dass sehr große oder sehr kleine Zahlenwerte für dimensionslose, also von den gewählten Maßeinheiten unabhängige fundamentale physikalische Größen als „unnatürlich" auszuschließen seien. S. Hossenfelder weist darauf hin, dass darin Annahmen über eine natürliche Verteilung dieser Größen verborgen sind, die sie als ästhetisch bezeichnet und als Beispiel dafür, dass ästhetische Erwägungen irreleitend seien. Ich sehe hier keine Ästhetik in dem in dieser Arbeit erklärten Sinne, sondern einfach nur Willkür.

Das *Anthropische Prinzip* geht von der Beobachtung aus, dass kleine Änderungen der Naturkonstanten, etwa der Ladung des Elektrons, bei Anwendung der physikalischen Gesetze zu Verhältnissen führen würden, in denen die Bildung von intelligentem Leben in der uns bekannten, auf Kohlenstoffverbindungen beruhenden Form unmöglich wäre. Niemand könnte dann noch die Frage nach den Naturgesetzen stellen. Es ist aber ganz unbekannt, welche Alternativen, insbesondere bei größeren Änderungen der Naturkonstanten oder gar ganz anderen Naturgesetzen, für Leben und Intelligenz bestehen könnten. Das Anthropische Prinzip scheint mir eher eine Begrenzung unserer Phantasie als der Möglichkeit von Intelligenz anzuzeigen.

Wir schließen diesen Abschnitt mit einigen Bemerkungen zur Zukunft der Physik ab. Die Probleme der dunklen Materie und der dunklen Energie bedürfen dringend der Aufklärung. Für beide oder zumindest für die dunkle Materie darf man wohl für die nähere Zukunft optimistisch sein. Danach könnte das Standardmodell, vielleicht mit kleineren Anpassungen, noch für längere Zeit die beste Theorie der Elementarteilchen sein. Das Problem der Quantengravitation bleibt die größte Herausforderung der fundamentalen theoretischen Physik. Wahrscheinlich wird seine Lösung eine weitere Revolutionierung der Vorstellung von Raum und Zeit und möglicherweise auch von physikalischer Realität mit sich bringen. Insbesondere zeichnet sich schon ab, dass auf einer tieferen Ebene Raum und Zeit ihren fundamentalen Status einbüßen und aus anderen Konzepten ableitbar sein werden. Ob es überhaupt eine letzte fundamentale Ebene der Physik gibt, bleibt offen.

Allen bisher genannten Ansätzen für eine Quantentheorie aller Wechselwirkungen ist ein unbefriedigender Zug gemeinsam: Sie entstehen alle, unter Einschluss auch der Stringtheorie, durch „Quantisierung" aus einer zunächst formulierten klassischen Theorie. Das mag für die Quantenmechanik und die Quantenelektrodynamik seine Berechtigung haben, da die zugehörigen klassischen Theorien der Mechanik und der Maxwellschen Elektrodynamik physikalische Theorien aus eigenem Recht mit eigenem Anwendungsbereich sind. Für die quantisierten Eichtheorien des Standardmodells ist dies aber nicht mehr der Fall. Die physikalische Welt ist in ihrem Wesen quantentheoretisch verfasst, und vorzuziehen wäre eine von vornherein quantenartige Theorie der Elementarteilchen. Bisher weiß niemand genauer, wie diese aussehen könnte. Die sog. *axiomatische Quantenfeldtheorie* gibt einige Hinweise, sie ist aber in ihrer gegenwärtigen Entwicklung noch zu allgemein, um in ihren Rahmen konkretere Modellierungen einzubeziehen. Die genannten Gewaltsamkeiten der Renormierungstheorie haben ihren Ursprung darin, dass die renormierbaren Theorien durch Quantisierung lokaler klassischer Feldtheorien entstehen.

Wie auch immer eine Theorie aussieht, die den genannten Desideraten genügt, wird sie immer noch eine physikalische Theorie sein. Es gibt keinerlei Grund, die einfache, auf reproduzierbaren und intersubjektiven Messungen beruhende Erkenntnisstrategie der Physik aufzugeben. Gewiss wirft die Physik philosophische, insbesondere erkenntnistheoretische Probleme auf, wie sie sich z.B. in der Reflexion auf die Bedeutung der Quantentheorie und die Interpretation des quantentheoretischen Messprozesses zeigen. Dies sind aber philosophische Probleme der Physik und keine physikalischen Probleme. Es zeichnet sich nicht ab, dass etwa die Physik mit der Erkenntnistheorie zu einer umfassenderen Theorie verschmelzen müsste. Sie wird ihre Eigenständigkeit behalten, allerdings niemals ein Erklärungsmonopol im Sinne eines reduktionistischen Physikalismus beanspruchen dürfen.

6. Fazit

Wir wollen die wichtigsten Ergebnisse unserer Überlegungen in einigen Thesen zusammenfassen.

- Die Schönheit physikalischer Theorien ist von ihrer Wahrheit nicht zu trennen. Sie steht nicht am Anfang, sondern als Lohn am Ende der Theoriebildung. Sie ist ein mächtiger Antrieb für die Arbeit des Forschers.
- Der Versuch, den Lohn der Schönheit vorwegzunehmen, etwa durch Fixierung auf einen als besonders schön bevorzugten mathematischen Formalismus, ist illegitim und führt mit hoher Wahrscheinlichkeit in die Irre.
- Noch weniger als vorweggenommene Schönheit ist vorweggenommene Hässlichkeit ein verlässlicher Leitfaden. Insbesondere führt simplizistische Theoriebildung unter dem Anspruch auf Anschaulichkeit und aggressivem Pochen auf „gesunden Menschenverstand" so gut wie nie zur Wahrheit.
- Das Standardmodell könnte noch für längere Zeit die Theorie der Wahl sein. Die gegenwärtige empfundene Stagnation der Elementarteilchentheorie ist keine Katastrophe, sondern entspricht vielleicht den Wehen vor einem größeren Durchbruch. Ähnliche Verhältnisse herrschten in der Physik in den letzten Jahrzehnten des neunzehnten Jahrhunderts.
- Geduldige, weniger spektakuläre Detailarbeit an der Vertiefung, der verbesserten Formulierung und der genauen Ausarbeitung der Konsequenzen eines Modells sowie ihre Überprüfung durch Präzisionsexperimente ist verdienstvoll und hat in der Vergangenheit schon oft den Boden für wesentliche Fortschritte bereitet.
- Andere Zweige der Physik entwickeln sich kraftvoll und stehen in voller Blüte. Als ein Beispiel sei die Quantenoptik genannt, in der auch für den letzten Zweifler die Quantentheorie gerade in ihren als bizarr erscheinenden Zügen endgültig

Teil des Alltags wird und zu Anwendungen drängt. (Die Verleihung des Physik-Nobelpreises für das Jahr 2022 für die Bestätigung der Verletzung der Bellschen Ungleichungen und darauf beruhende Anwendungen quantentheoretischer Verschränkung ist ein eindrucksvoller Beleg.) Ein anderes Beispiel ist die Kosmologie, die viele Verbindungen zur Elementarteilchenphysik aufweist und wichtige Aufschlüsse auch für diese erwarten lässt.

- Angesichts der gegenwärtigen Aporie in der Teilchenphysik ist es angezeigt, ein möglichst vielfältiges Explorationsverhalten zu fördern und die Suche nicht auf die Verfolgung weniger Ansätze zu verengen. In den jahrzehntelangen Bemühungen um die Stringtheorie haben sich Strukturen gebildet, die zu Konformismus und Dogmatismus verleiten können. Diese Entwicklung wird zu Recht von S. Hossenfelder beklagt. Ihr ist durch eine Forschungsförderung gegenzusteuern, die Forschungsmittel und Karrierechancen nicht zu sehr nach der Zahl der Publikationen und Zitate gewährt, sondern auch unkonventionelle Ansätze in angemessener Form zu Wort kommen lässt.
- Das Potential der einfachen und fruchtbaren Erkenntnisstrategie der Physik ist keineswegs erschöpft. Schöne und tiefe Einsichten sind zu erwarten, vorausgesetzt, dass die wissenschaftliche Neugier nicht erlahmt und einem verständnislosen Nützlichkeitsdenken das Feld überlässt.
- Ein reduktionistischer Anspruch auf ein Erklärungsmonopol der Physik ist mit Sicherheit schon deshalb verfehlt, weil hierin eine unzulässige Identifizierung von Modell und Modelliertem vorläge. Auch kann es keine die Physik übersteigende, etwa die Erkenntnistheorie einbeziehende Einheitswissenschaft geben, aus der sich alle Tatsachen ableiten ließen. Es führt kein Weg an der Anerkenntnis der Wahrheit vorbei, dass umfassenderes Weltverständnis nur multiperspektivisch möglich ist.

12 Homo Deus, der arme Gott

1. Einführung

„Transhumanismus" ist der auch als Selbstbezeichnung akzeptierte Name einer Bewegung, die mit Tatkraft, Zuversicht und Visionsfreudigkeit am Unternehmen der Verbesserung des Menschen arbeitet. Mit den gewaltigen Mitteln der Zukunftstechnologien, besonders unter Einsatz von künstlicher Intelligenz (KI) soll der Mensch intelligenter, glücklicher, stärker, gesünder, ja unsterblich werden.

Dass es sich hierbei nicht um die Phantasien machtloser Träumer handelt, sieht man an der tragenden Rolle mächtiger in Kalifornien konzentrierter multinationaler Konzerne. Ray Kurzweil (2005/2014), einer der Protagonisten, ist der Leiter der Entwicklungsabteilung von Google. In seinem viel beachteten Buch *Menschheit 2.0: Die Singularität naht* setzt er den Zeitpunkt der „Singularität", jenseits deren der Mensch nicht nur das Sammeln und Verarbeiten von Daten, sondern auch das darauf beruhende Entscheiden weitestgehend den Algorithmen der seiner eigenen Intelligenz turmhoch überlegenen KI überantwortet hat, ungefähr auf das Jahr 2045 an.

Im Jahre 2013 erfolgte die Gründung des Google-Subunternehmens „Calico" mit dem erklärten Ziel der Abschaffung des Todes durch medizinische Reparaturen und darüber hinaus auch durch „Cyborgs", also Mischwesen, bei denen mehr und mehr organischer Kohlenstoff durch anorganisches Silizium ersetzt wird, oder völliges Herunterladen auf Supercomputer. Kein Geringerer als Peter Thiel, der Mitbegründer von „Paypal" hofft für sich persönlich auf Unsterblichkeit.

Die Problematik des Transhumanismus ist mit Recht ins Licht der öffentlichen Aufmerksamkeit getreten. Als Beispiel sei hier ein Artikel vom Juni 2017 in der Zeitschrift *Spektrum der Wissenschaft* (Rosner, 2017) angeführt. Als mögliche Gefahren eines transhumanen Zeitalters werden unter anderem gesehen: Überdruss und Langeweile, Verschwimmen der Unterscheidung von Realität und Virtualität sowie, in Übereinstimmung mit dem ökologisch orientierten Zeitgeist, Nachlassen des Einsatzes für Klima und Umwelt angesichts garantierter Unsterblichkeit und der Möglichkeit, in virtuelle Welten auszuweichen. Als Gegenmittel wird „moral enhancement" angedacht.

Man geht sicher nicht fehl, wenn man als Kennzeichen der transhumanistischen Bewegung hervorhebt:

- Eine technokratische Grundeinstellung, ein ausgeprägter durchaus idealistischer Fortschrittsoptimismus, verbunden mit einer zutiefst szientistischen und materialistisch-reduktionistischen Weltsicht.

- Einen Bruch mit der philosophischen und religiösen Tradition, die beide unbeachtet bleiben. Der Menschheitsglaube (Menschheitswissen?) von einem Leben jenseits des Todes ist undiskutabel und keiner Erwägung würdig.

Wir wollen uns hier auf das Werk des israelischen Historikers Yuval Noah Harari konzentrieren, der sich in seinem Bestseller *Homo Deus* (Harari, 2017) sowohl als Vertreter als auch als kritischer Beobachter und Deuter des Transhumanismus erweist. „Homo Deus" steht bei Harari für den Übermenschen des Transhumanismus, der durch Anwendung überlegener Zukunftstechnologie den Tod überwunden und gottgleiche Allmacht erreicht hat.

2. Zum Inhalt von Hararis „Homo Deus"

In seinem breit angelegten Buch *Homo Deus* begnügt sich Y. N. Harari nicht mit einer Darstellung der Ziele, Möglichkeiten, Schwächen und Gefahren des Transhumanismus, sondern stellt ihn auch in einen weiten universalhistorischen Zusammenhang. Unvermeidlich ist seine Darstellung „mit breitem Pinsel" gemalt und kommt nicht ohne Vereinfachungen aus. Anderseits ist es gerade diese Leistung der Synthese und des Überblicks, die Orientierung verspricht und viele Leser fasziniert. Dies und eine Fülle interessanter und überraschender Beobachtungen und Einsichten machen es verständlich, dass Hararis Werk in fast allen Rezensionen so enthusiastisch gepriesen wird, dass die genaue Beschreibung des Inhaltes und die Auseinandersetzung mit den Thesen des Werkes oft zu kurz kommen.

Wir wollen deshalb in diesem Abschnitt unserer Arbeit zunächst den Gedankengang und die zentralen Aussagen von *Homo Deus* einfach referieren und unsere Darstellung mit reichlichen Zitaten belegen, die durch *Kursivschrift* kenntlich gemacht werden. (Wir zitieren anhand der deutschen Ausgabe mit den dortigen Seitenzahlen.) Einige wenige Kommentare von unserer Seite werden deutlich als solche hervorgehoben. Eine genauere Diskussion der Hararischen Thesen und ihres weltanschaulichen Hintergrundes wird dann dem dritten Abschnitt vorbehalten sein.

Nach Harari ist die Menschheitsgeschichte der vergangenen und der folgenden Jahrhunderte wesentlich durch zwei Revolutionen bestimmt:[1]

- Die **Humanistische Revolution**, in der die von ihm so genannte **Theistische Religion** durch eine **„Humanistische Religion"** abgelöst wird. Mit der Erfüllung des Traumes vom gottgleich allmächtigen „Homo Deus" nähert sich die Humanistische Revolution ihrer Vollendung. Für die Zukunft sieht Harari die Vorzeichen einer weiteren Revolution:

---

1 Eine nüchterne Aufzählung der möglichen Zukunftsszenarien für die Menschheit findet sich bei Bostrom (2018).

- In der **Dataistischen Revolution** wird der endgültige Triumph der KI über die menschliche Intelligenz Wirklichkeit mit der Aussicht auf die Abdankung des Menschen, auch des Homo Deus. Die **Dataistische Religion** verdrängt die Humanistische Religion.

Triebkraft beider Revolutionen sind die Fortschritte in Welterkenntnis und technologischer Weltbeherrschung.

Bevor wir näher beschreiben, was mit diesen Religionen und Revolutionen gemeint ist, sei angemerkt, dass Harari in einem sehr weiten, aber nicht notwendig unberechtigten Sinn von Religion spricht. Kommunismus ist beispielsweise für ihn eindeutig eine Religion. Hararis Verhältnis zu Religionen ist skeptisch-ambivalent. Einerseits betont er durchaus ihre Leistung für Weltorientierung und Regelung des menschlichen Zusammenlebens, anderseits sind die meisten bestehenden Religionen für ihn Wahn-, Zwangs-, Ausbeutungs- und Betrugssysteme. Gelegentlich unterscheidet er zwischen böser Religion und guter Spiritualität. Er zeigt eine gewisse Sympathie für den Buddhismus und unterzieht sich täglichen Meditationsübungen.

2.1 Theismus und Humanismus nach Harari

In der „Theistischen Religion“ sind Götter (oder ein Gott) Schöpfer, Herrscher, Erhalter und Sinngeber der Welt. Die Seele des Menschen ist eine Filiale des Göttlichen in ihm. Die passende Staatsform zum Theismus ist die Monarchie.

In der „Humanistischen Religion“ ist die Welt von Naturgesetzen und nicht von Göttern bestimmt. In dieser Welt emanzipiert sich der Mensch zum Maß aller Dinge als Weltbeherrscher und Weltgestalter mit Hilfe der Naturgesetze. Die Rolle des Weltschöpfers bleibt leer. In den Naturgesetzen kommt Sinnhaftes nicht vor, und die heikle Aufgabe der Sinngebung geht von den Göttern auf den Menschen über. Das Sinn und Würde stiftende Ideal des Humanismus ist das freie, autonome, aber auch zu solidarisch-moralischem Handel befähigte und aufgerufene Individuum. Der humanistische Traum des allmächtigen „Homo Deus“ nähert sich durch Überwindung von materieller Not, Krieg, Krankheit Alter und Tod rasch seiner Erfüllung.

Die humanistische Revolution ist nach Harari die notwendige Folge des wissenschaftlichen Fortschrittes, besonders in der Physik, der Hirnphysiologie und der Evolutionstheorie. Es sei, so führt er aus, wissenschaftlich erwiesen, dass der Mensch keine Seele habe und dass es außerhalb des Menschen keinen Sinn in der Welt gebe:

> *S. 145: Wenn man die Evolutionstheorie richtig versteht, dann erkennt man, dass es keine Seele gibt.*

S. 143: Doch einen magischen Funken habe sie bislang nicht entdeckt. Es gibt keinerlei wissenschaftlichen Beleg dafür, dass Sapiens im Gegensatz zu Schweinen über eine Seele verfügt.

S. 272 ff.: Die moderne Kultur lehnt diesen Glauben an einen großen kosmischen Plan ab. Wir sind keine Darsteller in irgendeinem Drama, das größer ist als das Leben. Das Leben kennt kein Textbuch, keinen Stückeschreiber, keinen Regisseur, keinen Produzenten – und keinen Sinn. Unserem wissenschaftlichen Verständnis zufolge ist das Universum ein blinder und zielloser Prozess voller Lärm und Wildheit, aber ohne Bedeutung. Während unseres unendlich kurzen Aufenthalts auf unserem Planetlein ärgern wir uns über dieses und sind stolz auf jenes, und dann verschwinden wir auf Nimmerwiedersehen.

Kommentar: Erkennbar wird hier von einem entschieden dualistischen Leib-Seele-Verständnis ausgegangen, das heute nur noch wenige Anhänger hat. Nach vorherrschender Auffassung haben übrigens Schweine eine Seele. Zudem äußert sich ein starker, geradezu eliminativer naturwissenschaftlicher Reduktionismus, der nur einer physikalischen Basis vollen ontologischen Wert zuerkennt. Dieser Reduktionismus kann als sehr optimistischer Neuro-Reduktionismus auftreten, da die Reduktion von Neuronalem auf Physikalisches ohnehin unproblematisch ist:

S. 209: Vielleicht werden uns die bahnbrechenden Erkenntnisse der Neurobiologie eines Tages in die Lage versetzen, den Kommunismus und die Kreuzzüge nach rein biochemischen Maßstäben zu erklären.

Wenn menschliche Fiktionen in genetische und elektrische Codes übersetzt werden, wird die intersubjektive Realität die objektive Realität verschlingen und die Biologie mit der Geschichte verschmelzen.

Indem der Mensch anerkennt, dass der Lauf der Welt ganz und gar durch die Gesetze der Physik geregelt ist, gewinnt er durch Anwendung ihrer Gesetze Macht über sie. Allerdings ist dies mit dem Anerkenntnis verbunden, dass in der physikalischen Welt nichts Sinnartiges zu finden ist, so dass die Aufgabe lebenserleichternder Sinnstiftung nun ihm zufällt:

S. 273: Die Menschen stimmen zu, auf Sinn zu verzichten, und erhalten im Gegenzug Macht.

S. 301f.: Der moderne Pakt verschafft uns Macht, allerdings unter der Bedingung, dass wir unserem Glauben an einen großen kosmischen Plan, der dem Leben Sinn gibt, abschwören. Schaut man sich die Abmachung jedoch genauer an, stößt man auf eine raffinierte Ausstiegsklausel. Wenn es den Menschen irgendwie gelingt, einen Sinn zu finden, ohne diesen aus einem großen kosmischen Plan herzuleiten, gilt dies nicht als Vertragsbruch.... Das Gegenmittel zu einem sinn- und gesetzlosen Dasein

> *lieferte der Humanismus, ein revolutionärer neuer Glauben, der die Welt in den letzten Jahrhunderten erobert hat. Die humanistische Religion betet die Menschheit an und erwartet, dass diese die Rolle spielt, die Gott im Christentum und im Islam und die Naturgesetze im Buddhismus und Taoismus spielten. ... Dem Humanismus zufolge müssen die Menschen aus ihrem inneren Erleben nicht nur den Sinn für das eigene Leben beziehen, sondern auch den Sinn für das gesamte Universum. Das ist das Hauptgebot, das uns der Humanismus mit auf den Weg gegeben hat: Gib einer sinnlosen Welt einen Sinn.*

Herr und Ideal der Humanistischen Religion ist, wie gesagt, der Mensch als freies, autonomes, schöpferisches, moralisches und solidarisches Individuum. Harari konstatiert ein Schisma der Humanistischen Religion, in dem sich diese in drei Zweige gespalten habe (S. 336ff.):

1. Orthodoxer/liberaler Humanismus
2. Sozialistischer Humanismus (Sozialismus, Kommunismus)
3. Evolutionärer Humanismus (Sozialdarwinismus, Nietzscheanismus, Faschismus)

Hararis Sympathie gilt dabei eindeutig dem liberalen Humanismus.

2.2 Innere und äußere Gefährdung des Humanismus

Die „Humanistische Religion" beruht nach Harari auf den folgenden von ihm als Dogmen bezeichneten Grundlagen:

- Willensfreiheit des Menschen
- Individualität des Menschen
- Autonomie der Willensbildung

Nun sei aber die Humanistische Religion wegen ihrer inneren Unwahrhaftigkeit stark gefährdet, wenn nicht gar zum Scheitern verurteilt, da sie sich anzuerkennen weigere, dass ihre Dogmen wissenschaftlich widerlegt seien:

> *S. 272: Die moderne Gesellschaft sollte man deshalb besser als einen Prozess betrachten, bei dem eine Übereinkunft zwischen Wissenschaft und einer gewissen Religion – nämlich Humanismus – formuliert wurde. Die moderne Gesellschaft glaubt an humanistische Dogmen und nutzt die Wissenschaften nicht, um diese Dogmen in Frage zu stellen, sondern um sie zu implementieren. .... Doch der Pakt zwischen Wissenschaft und Humanismus löst sich womöglich auf und wird durch eine ganz anders geartete Abmachung ersetzt, nämlich zwischen der Wissenschaft und einer neuen posthumanistischen Religion....*

Hier finden wir einen ersten Hinweis auf die aufkeimende Dataistische Revolution, auf die wir bald zu sprechen kommen werden.

– Zu Determinismus und Freiheit:

> *S. 380f.: Der Widerspruch zwischen freiem Willen und der heutigen Wissenschaft ist der Elefant im Labor, den viele nicht sehen wollen…*
>
> *Determinismus und Zufälligkeit haben den Kuchen unter sich aufgeteilt und der „Freiheit" nicht einen Krümel übriggelassen…*
>
> *Das Wort „Freiheit" erweist sich genauso wie „Seele" als leerer Begriff, der keine erkennbare Bedeutung hat. Der freie Wille existiert nur in den imaginären Geschichten, die wir Menschen erfunden haben.*

Kommentar: Es dürfte deutlich sein, dass sich Harari hier nicht auf dem höchsten Niveau der philosophischen Diskussion über das Verhältnis von Freiheit und naturwissenschaftlichem Determinismus bewegt. „Imaginäre Geschichten" machen zudem einen Großteil unseres kulturellen Besitzes aus und sollten nicht im Namen eines radikalen Szientizismus als leer und bedeutungslos beiseitegeschoben werden. Näheres dazu wird im dritten Abschnitt zu sagen sein.

– Zu Ich und Individuum:

> *S. 382: Das einzige authentische Ich ist genauso real wie der Nikolaus und der Osterhase. Wenn ich wirklich tief in mich hineinblicke, löst sich die scheinbare Einheit, die wir für selbstverständlich erachten, in eine Kakophonie widerstreitender Stimmen auf, von denen keine mein wahres Ich ist. Menschen sind keine Individuen. Sie sind „Dividuen".*
>
> *S. 409: Heute sehen wir, dass das Ich eine Geschichte ist wie Nationen, Götter und Geld.*

Kommentar: Hier zeigt sich wieder Hararis Szientismus verbunden mit seiner Entwertung von „Geschichten". Ein deutliches persönliches antireligiöses und antinationales Ressentiment kommt in dem folgenden Zitat zum Ausdruck:

> *S. 407: Will man, dass Menschen an erfundene Wesenheiten wie Götter und Nationen glauben, sollte man dafür sorgen, dass sie ihnen etwas Wertvolles opfern.*

– Zur Autonomie der Meinungsbildung:

Wenn man der Meinung ist, dass es mit Willensfreiheit ausgestattete Individuen ohnehin nicht gibt, dann kann natürlich auch von autonomer Willensbildung nicht die Rede sein:

> *S. 383: In meinen Gehirnbahnhof könnte ich gezwungen sein, aufgrund von deterministischen Prozessen einen bestimmten Argumentationszug zu nehmen, oder ich steige einfach zufällig in irgendeinen ein. Aber ich entscheide mich nicht „frei" dazu, diese Gedanken zu denken… Neuronale Ereignisse im Gehirn, welche die Entscheidung der Person anzeigen, beginnen zwischen ein paar hundert Millisekunden bis zu ein paar Sekunden, bevor die Person sich dieser Entscheidung bewusst ist.*

Zudem sind Gedanken, Gefühle und Entscheidungen durch gezielte Stimulation des Gehirns beeinflussbar:

> *S. 387: Experimente, die an Menschen durchgeführt wurden, deuten darauf hin, dass sie sich ähnlich wie Ratten manipulieren lassen und dass es möglich ist, sogar komplexe Gefühle wie Liebe, Wut, Angst und Depression zu erzeugen oder zu unterdrücken, indem man die richtigen Stellen im menschlichen Gehirn stimuliert.*

Wichtiger und bedrohlicher ist die Beeinflussbarkeit der Willensbildung durch manipulative Propaganda:

> *S. 309f.: Wir glauben, dass die Wähler das am besten wissen und dass die freie Entscheidung einzelner Menschen die oberste politische Autorität darstellt.... Wie aber weiß der Wähler, wofür er sich entscheiden soll? Zumindest theoretisch geht man davon aus, dass der Wähler seine innersten Gefühle befragt und ihnen folgt. Das ist nicht immer leicht. Um mit meinen Gefühlen in Kontakt zu treten, muss ich leere Propagandahülsen, die endlosen Lügen rücksichtsloser Politiker, den störenden Lärm, den gewiefte PR-Berater erzeugen, und die fachkundige Meinung bezahlter Experten ausfiltern. Ich muss all dieses Getöse ausblenden und mich allein auf meine authentische innere Stimme konzentrieren.*

Kommentar: Hier ist in der Tat eine ernste Gefahr angesprochen: Wenn Wahlentscheidungen nicht mehr Gewissensentscheidungen autonomer, wohl unterrichteter Individuen, sondern Ergebnis von Manipulation und Irreführung sind, dann ist der Demokratie der Boden entzogen.

– Gefährdung das Humanismus durch äußere Überwältigung

> *S. 411: Zu Beginn des dritten Jahrtausends ist der Liberalismus nicht durch die philosophische Vorstellung, wonach es keine freien Individuen gibt, bedroht, sondern durch ganz konkrete Technologien. Wir stehen vor einer wahren Flut äußerst nützlicher Apparate, Instrumente und Strukturen, die auf den freien Willen individueller Menschen keine Rücksicht nehmen. Können Demokratie, der freie Markt und die Menschenrechte diese Flut überleben?*

2.3 *Zur Dataistischen Revolution*

Angesichts der inneren Unwahrhaftigkeit und der äußeren Bedrohung der Humanistischen Religion scheint ihr Ende nur noch eine Frage der Zeit zu sein. Dass es trotz der wissenschaftlichen Unhaltbarkeit ihrer Dogmen noch nicht gekommen sei, schreibt Harari der menschlichen Fähigkeit und Neigung zu, krasse Widersprüche auszuhalten:

> *S. 410f.: Menschen sind Meister der kognitiven Dissonanz, und wir gestatten uns, im Labor an das eine und vor Gericht oder im Parlament an etwas ganz anderes zu glauben. So wie das Christentum nicht verschwand, sobald Darwin sein Buch*

„Über den Ursprung der Arten“ veröffentlicht hatte, so wird der Liberalismus nicht verschwinden, nur weil Wissenschaftler zu dem Schluss gekommen sind, dass es freie Individuen nicht gibt… Sobald man jedoch die häretischen wissenschaftlichen Erkenntnisse in Alltagstechnologien, Routinehandlungen und Wirtschaftsstrukturen übersetzt, wird es immer schwieriger, dieses doppelte Spiel aufrechtzuerhalten, und wir – oder unsere Nachfahren – brauchen vermutlich ein ganz neues Paket religiöser Überzeugungen und politischer Institutionen.

Harari scheint dem Humanismus, auch wenn er ihn für wissenschaftlich widerlegt hält, nachzutrauern. Wie die meisten aufgeklärten und einsichtigen Menschen findet auch er einen irgendwie gearteten Liberalismus sehr wünschenswert.

Über die Grundzüge einer „Dataistischen Religion“, die die Humanistische Religion ablösen könnte, macht sich Harari, nicht ganz ohne Sorge, seine Gedanken. Die gegenwärtige Lage ist durch ein rasantes Vordringen der KI (künstlichen Intelligenz) gekennzeichnet:

- Computer übertreffen schon jetzt in ihrer Gedächtnisleistung den Menschen bei weitem.
- Computer übernehmen mehr und mehr das Geschäft der Sammlung und Verarbeitung von Daten.
- Gerade in hoch komplexen Situationen übertrifft KI schon jetzt menschliche Intelligenz. So sind schon heute die besten Schachprogramme sogar Schachgroßmeistern überlegen.
- Mehr und mehr werden auch Entscheidungen an Entscheidungsalgorithmen delegiert, die sie rein rechnerisch anhand der Datenlage treffen. Es zeichnet sich ein Zustand ab, in dem der Mensch überflüssig würde, gerade als sich sein humanistischer Traum sorgenloser Allmacht zu erfüllen schien. Wahlen und Privatheit würden obsolet, da ohnehin für jeden mehr als genug in einer allwissenden Datenbank gespeichert wäre. Bedürfnisse und Vorlieben aller wären längst bekannt, und die passende Staatsform wäre ein umfassender Fürsorgestaat.

Wenn man die „Dogmen“ des Humanismus für widerlegt hält und anerkennt, dass die Welt im Wesentlichen algorithmisch konstituiert ist, dann gelangt man mit einem hohen Maß an Zwangsläufigkeit zur neuen Religion des Dataismus, den Harari wie folgt beschreibt:

S. 515: Oberster Wert dieser neuen Religion ist der Informationsfluss. Wenn Leben die Bewegung von Informationen ist, und wir glauben, dass das Leben gut ist, folgt daraus, dass wir den Informationsfluss des Universums ausweiten, vertiefen und intensivieren sollten. Dem Dataismus zufolge sind menschliche Erfahrungen nicht heilig und Homo Sapiens ist nicht die Krone der Schöpfung oder der Vorläufer irgendeines Homo Deus. Menschen sind lediglich Instrumente, um das „Internet der Dinge“ zu schaffen, das sich letztlich vom Planeten Erde aus auf die gesamte Galaxis und das gesamte Universum ausbreiten könnte. Dieses kosmische Datenverarbeitungssystem wäre dann wie Gott. Es wird überall sein und alles kontrollieren, und die Menschen sind dazu verdammt, darin aufzugehen. ...

Kommentar: In der Bezeichnung „Dataismus“, die wahrscheinlich nicht ohne Absicht an „Dadaismus“ anklingt, lässt Harari vielleicht eine gewisse innere Distanz erkennen. Warum sollte übrigens gerade die Erde das Zentrum der Ausbreitung des Dataismus über das ganze Universum sein? Wäre es nicht wahrscheinlicher, dass die Ausbreitung von einer anderen überlegenen Zivilisation ausginge oder gar längst ausgegangen wäre, ohne dass wir es bemerkt hätten? Das Leben jedes Einzelnen würde sich im Dataismus grundlegend ändern:

S. 413:

1. *Die Menschen werden ihren wirtschaftlichen und militärischen Nutzen verlieren, weshalb das ökonomische und militärische System ihnen nicht mehr viel Wert beimessen werden.*
2. *Das System wird die Menschen weiterhin als Kollektiv wertschätzen, nicht aber als einzigartige Individuen.*
3. *Das System wird nach wie vor einige einzigartige Individuen wertschätzen, aber dabei wird es sich um eine neue Elite optimierter Übermenschen und nicht mehr um die Masse der Bevölkerung handeln.*

Die Folgen des Dataismus für das neue wissenschaftliche Weltbild wären radikal:

S. 536:

1. *Die Wissenschaft konvertiert zu einem allumfassenden Dogma, das behauptet, Organismen seien Algorithmen und Leben sei Datenverarbeitung.*
2. *Die Intelligenz koppelt sich vom Bewusstsein ab.*
3. *Nicht-bewusste, aber hochintelligente Algorithmen könnten uns bald besser kennen als wir uns selbst.*

2.4 *Kehre auf den letzten Seiten?*

Im Anschluss an diese Passage fragt Harari sich und uns:

S. 536:

Diese drei Prozesse werfen drei Schlüsselfragen auf, die Sie, so hoffe ich, noch lange nach der Lektüre dieses Buches beschäftigen werden:

1. *Sind Organismen wirklich nur Algorithmen, und ist Leben wirklich nur Datenverarbeitung?*

2. *Was ist wertvoller – Intelligenz oder Bewusstsein?*
3. *Was wird aus unserer Gesellschaft, unserer Politik und unserem Alltagsleben, wenn nicht-bewusste, aber hochintelligente Algorithmen uns besser kennen als wir uns selbst?*

Hiermit stellt er ganz am Ende die physikalistisch-reduktionistische Weltsicht in Frage, die er zuvor mit der größten Bestimmtheit vertreten hat. Diese Fragen stellen sich in der Tat, und es bleibt zu erkunden, was ihre Beantwortung bedeuten würde. Wir kommen damit zum letzten Abschnitt unserer Ausführungen.

3. Kritische Diskussion

Bevor wir uns einer genaueren Erörterung der Hararischen Thesen zur wissenschaftlichen Unhaltbarkeit von Theismus und Humanismus und zu seinem Verständnis des Dataismus zuwenden können, müssen wir einige erkenntnistheoretische Vorbemerkungen darüber vorausschicken, wie und in welchem Maße der Mensch symbolisierend und modellierend Überleben, Orientierung, Verständnis und Herrschaft in der Welt sichert, in der er zu leben genötigt ist.

3.1 Modellierung und Welterkenntnis

„*Modellierung*“: So könnte man die Strategie benennen, mit deren Hilfe sich der Mensch in seiner Welt orientiert. Dazu fasst er einen Bereich seiner Lebenswelt ins Auge, identifiziert und benennt darin die für ihn wichtigen Züge, die er besonders beachtet und anhand deren er seine Erfahrungen bemisst und bewertet. „*Gesetze*“ strukturieren eine Modellierung und erlauben es, aus Beobachtungen Schlüsse zu ziehen und Verhaltensanweisungen zu gewinnen. Je nach dem Grad der Formalisierung einer Modellierung können solche Gesetze explizit ausformuliert oder nur intuitiv verankert sein. Ein wesentlicher Vorteil einer Modellierung besteht darin, dass man Handlungsalternativen zunächst am Modell prüfen kann, bevor man sich an ihre möglicherweise gefährliche Realisierung macht.

Die philosophische Ausarbeitung dieser These und das Nachdenken über Gestalt, Leistung, Wahrheitsgehalt und Grenzen von Modellierungen füllen Bibliotheken. Wir wollen uns hier auf die elementarsten Grundzüge beschränken und nur zwei Zugangsweisen erwähnen, die uns bei unserer Darstellung vorschweben: Der „*Neue Realismus*“ des Bonner Philosophen Markus Gabriel verwendet die Termina „*Gegenstandsbereich*“ und „*Sinnfeld*“ für die eben genannten wesentlichen Elemente einer Modellierung (Gabriel, 2013). Unsere „Verallgemeinerte Quantentheorie“ (Atmanspacher et al., 2002, 2006; Filk & Römer, 2011), das Hauptthema dieses Buches, spricht in demselben

Zusammenhang von *„System“* und *„Observablen“*. Sie verweist auf strukturelle Parallelen zur physikalischen Quantentheorie und betont die mögliche Bedeutsamkeit quantentheoretischer Figuren wie Komplementarität und Verschränkung bei der Beobachtung von Observablen.

Folgendes sollte man nie vergessen: Modellierungen betreffen niemals das ohnehin unfassbare „Weltganze“, sondern ermöglichen Orientierung gerade durch Einschränkung und Vereinfachung, und zwar einerseits durch Beschränkung auf einen bestimmten Gegenstandsbereich, mehr aber noch dadurch, dass sie sich in ihrem begrifflichen Gefüge auf die als wesentlich angesehenen Züge ihres Gegenstandsbereiches konzentrieren. Man begeht einen fundamentalen erkenntnistheoretischen Fehler, wenn man ein Modell mit dem Modellierten oder gar mit dem Weltganzen identifiziert oder verwechselt.

Beispiele für mehr oder weniger erfolgreiche Modellierungen aus Vergangenheit und Gegenwart lassen sich in beinahe beliebiger Zahl anführen: etwa die Lehre von den vier Säften der Galenischen Medizin, Modellierungen der wissenschaftlichen Ökonomie mit der Leitvorstellung des Homo Oeconomicus, Marxistische Ökonomie oder aus dem Bereich der Psychologie Behaviorismus und Psychoanalyse.

Für unsere Zeit besonders wichtige und wirkmächtige Modellierungen stellen die neuzeitlichen Naturwissenschaften nach dem Vorbild der Physik dar.

Ihr einfaches und im Grunde bescheidenes Verfahren besteht darin, bei Beobachtungen auf innere Wahrnehmungen zu verzichten und Erfahrungsgewinnung auf intersubjektiv Reproduzierbares und auf quantifizierbar messbare Größen zu beschränken, mathematische Modelle für die so gewonnenen Messwerte zu entwickeln, Vorhersagen aus diesen Modellen zu gewinnen, sie mit weiteren Messungen zu prüfen und die Ergebnisse gegebenenfalls zur Verbesserung und Erweiterung der Modelle zu verwenden. Dies war spektakulär erfolgreich und hat nicht nur einen gewaltigen Schatz von sicheren Erkenntnissen erbracht und uns ein ganz neues und verlässliches Bild unserer Welt in ihren wahren raum-zeitlichen und naturgesetzlichen Tiefen geschenkt, sondern hat uns auch durch planmäßige Anwendung der Naturgesetze in der neuzeitlichen Technik ein bis dahin unvorstellbares Maß an Naturbeherrschung beschert, das unsere Lebenswelt unumkehrbar revolutioniert hat und mit wachsender Geschwindigkeit weiterhin revolutioniert.

Methodisch ausgeblendet wird in den Naturwissenschaften alles Sinnhafte und Zielgerichtete. In der Welt der Physik gibt es nur Geschehen, aber kein Handeln, Planen und Bewerten. Ethik und Ästhetik fallen nicht in ihren Bereich, sondern gehören zu dem, was aus erkenntnisträchtiger Selbstbeschränkung ausgeklammert wird. Vieles von dem, was nicht ins Gebiet der Naturwissenschaften fällt, ist allerdings, wie wir noch näher sehen werden, Voraussetzung für ihre Möglichkeit, so dass sich seine Leugnung als selbstwidersprüchlich erweist.

Die Mannigfaltigkeit möglicher Modellierungen ist unendlich: Unüberschaubar und nicht begrifflich oder gegenständlich fassbar ist die Gesamtheit denkbarer Gegenstandsbereiche/Systeme und Sinnfelder/Observablen. Gabriel (2013) fasst diese Tatsache prägnant-provokativ in dem Diktum zusammen, dass es die „Welt“ nicht gibt. Auch in der Verallgemeinerten Quantentheorie gibt es kein System „Welt“ (vergl. Römer, 2015b, 2017; siehe auch Kap. 10 in diesem Band).

Zudem sind selbst für einen vorgegebenen Datensatz die Gesetze einer Modellierung keineswegs eindeutig bestimmt. Dennoch sollte man nicht in den Irrtum eines radikalen Konstruktivismus verfallen und alle Modellierungen nur als freie Erfindungen des menschlichen Geistes ansehen. Modellierungen sind realitätsfähig: Sie können gelingen oder, wie unzählige Beispiele zeigen, auch kläglich scheitern. Symbolisierende Begrifflichkeiten können verfehlt, Gesetze falsch sein. Jede gelungene Modellierung enthält ein Stück objektiver Realität. Was uns begegnet, ist keine Molluske, die sich in jede Form fügt, sondern eine *„widerständige Welt“* (Römer, 2015b, 2020, Kap. 10 und Kap. 13 in diesem Band), die zwar fehlertolerant kleinere Verzerrungen bei ihrem Verständnis duldet, aber grob verfehlte Modellierungen zurückweist.

Eine erfolgreiche Modellierung soll dem Menschen zumindest genügend Orientierung geben, um das Überleben der Menschheit zu gewährleisten. Sie muss durch Anpassung an das, dem sie begegnet, lernfähig sein. Allerdings kann man aus dem Erfolg einer Modellierung nicht ohne weiteres auf ihre „Wahrheit“ schließen (Römer, 2017; Kap. 9). Ganz überwiegend verließ sich der Mensch in der Zeitspanne seiner Existenz nicht auf Naturwissenschaften, sondern auf eine animistische Weltsicht. Er sah die Dinge seiner nur sehr beschränkt verständlichen und beherrschbaren Umwelt als belebte und beseelte, mit einem eigenen oft launischen Willen versehene Wesenheiten an. Man setzte sich mit ihnen mit denselben Praktiken ins Benehmen wie mit seinen Mitmenschen: Rücksicht, Besänftigung und wechselseitige Verpflichtung im Geben und Nehmen.

Gerade für eine so erfolgreiche Modellierung, wie sie die moderne Physik darstellt, ist es legitim, einen möglichst großen Anwendungsbereich anzustreben. Ein Verfahren dazu ist die *„eliminativ-reduktive Einverleibung“* anderer Modellierungen. Hierbei werden insbesondere die Termini und Gesetze der vereinnahmten Modellierung auf physikalische Termini und Gesetze abgebildet und zurückgeführt. Das gelingt bruchlos für die Ingenieurwissenschaften und mit einigen Mühen und Härten für die Chemie. In anderen Bereichen wie den Lebenswissenschaften, der Psychologie und Bewusstseinsforschung und erst recht in den Geisteswissenschaften wird ein Totalitätsanspruch der Physik, der die Existenz von allem leugnet, was sich nicht reduktiv einverleiben lässt nur von einer Minderheit harter Reduktionisten vertreten, mit denen Harari allerdings zu sympathisieren scheint. Hier liegt allerdings mit Sicherheit, wie wir bald sehen werden, der fundamentale Fehler einer falschen Identifikation von Modellierung und Modelliertem vor. Eine gut begründete Zurückweisung eines reduktiven Materialismus findet sich bei Nagel (2015).

Eine mildere Form des physikalischen Reduktionismus setzt in unterschiedlichen Ausprägungen auf die Vorstellung der *Emergenz.* Hiermit ist die Ansicht verbunden, dass die physikalische Welt jenseits gewisser Schranken der Komplexität ganz von selbst überraschende neue Qualitäten entwickelt, wie Leben, Intelligenz und Bewusstsein. Diese haben zwar einen gewissen Grad von Unabhängigkeit von ihrer materiell-physikalischen Basis, allerdings nicht den vollen ontologischen Status der Basis, sondern es kommt ihnen nur eine nicht ganz gleichwertige epiphänomenale Bedeutung zu. Allerdings stößt ein solcher Emergentismus auf große theoretische Probleme (Römer, 2017 und Kap. 9). Vieles deutet darauf hin, dass die „emergenten" Qualitäten nicht wirklich neu entstehen, sondern in irgendeiner Form bereits existieren und jenseits der Komplexitätsschwelle nur anwendbar und bedeutsam werden. So muss man ja auch als Verfechter von Emergenz zugeben, dass das Universum zumindest in dem Sinne geistfähig und geisthaltig ist, dass die Möglichkeit des Auftretens von „Geist" in ihm gegeben ist.

Analoges zur Figur der Emergenz tritt übrigens auch in anderen Weltsichten mit Totalitätsanspruch auf. Man denke nur an den Begriff des „Überbaus" im dialektischen Materialismus oder an die Vorstellung der „Emanation" im Neuplatonismus und in der Gnosis, der zufolge der primär geistartige Logos stufenweise in immer höherem Maße Materielles aus sich entlässt.

Als Vertreter eines starken Reduktionismus versucht sich Harari das Fortbestehen nicht-physikalistischer Weltsichten durch die menschliche Fähigkeit zum Aushalten kognitiver Dissonanzen zu erklären. (Vergleiche das Zitat von S. 410.) In Wirklichkeit sollte man wohl anerkennen, dass sich „Welt" nicht nur aus einer einzigen Perspektive erschließt und dass man „Geistigem" volle ontologische Dignität zugestehen sollte.

3.2 *Symbolisierung und Denken*

Die *„Phänomenalität der Welt"* (Römer, 2015b, 2020 und Kap. 10) ist eine unhintergehbare Tatsache: Alles, was für uns in irgendeiner Weise der Fall ist, ist uns direkt nur so und insoweit gegeben, als es auf unserer inneren Bühne erscheint. Was uns dort erscheint, sind nicht einfach „Dinge", sondern *„Repräsentationen"*. Die Beziehung zwischen Repräsentiertem und Repräsentation ist als *„Symbolbeziehung"* zu bezeichnen. Symbolisierung liegt in einfachster Form bereits bei der Wahrnehmung eines Baumes oder Steines als Baum oder Stein und schon bei Tieren vor. Durch den Besitz der Sprache erreicht die Symbolisierungsfähigkeit des Menschen allerdings ganz neue Höhen. Der Mensch ist in der Lage, Symbolisierungen sprachlich-begrifflich zu benennen und Symbolisierungen höherer Ordnung, also Symbole von Symbolen zu bilden. Am Beispiel einer komplexeren Symbolisierung, etwa dem Begriff des Kubismus, wird klar, dass das Symbolisierungsverhältnis nicht einfach so zu verstehen ist, dass ein unproblematisch, gewissermaßen platterdings, Vorhandenes mit einem symbolischen Etikett versehen würde, sondern dass zwischen Symbolisiertem und Symbol eher ein Verhältnis wechselseitiger Konstituierung besteht.

Denken lebt in Symbolisierungen und ist auf Erkenntnis und Entscheidung ausgerichtet. Denken ist auch Umgang mit *„Daten"*, also mit den Ergebnissen von Wahrnehmungen und Erkenntnisprozessen in symbolischer Form. Daten sind in Symbolbeziehungen einbezogen, bestehen also nicht einfach nur in sich selbst, sondern haben *Bedeutung*, die gerade im menschlichen Denken, das höherstufige Symbolisierung kennt, in subtilsten Formen vorliegen kann. *Datenverarbeitung* ist die formale, rechnerische Form der Behandlung von Daten. Unabhängig von ihrer Bedeutung werden sie dabei *algorithmischen* Prozeduren wie Filterung, Suche und Vergleich anhand vorgegebener formaler Kriterien sowie Verknüpfungen und logischem Schließen unterworfen. Diese Operationen lassen sich automatisieren und können von Computern im Allgemeinen schneller und zuverlässiger ausgeführt werden als von jedem Menschen. Hierauf beruht der Anspruch der Überlegenheit der KI (Künstlichen Intelligenz).

Unter *Intelligenz* versteht man die Fähigkeit zum Denken, und zumindest menschliches Denken erschöpft sich nicht in Datenverarbeitung, sondern ist in seinen höheren Funktionen ganz wesentlich Auseinandersetzung mit der Bedeutung der Daten. Noch wichtiger ist, dass Denken in dem Sinne schöpferisch ist, als es sich mit Begriffsfindung und Begriffsbildung befasst, also Symbolisierungen neu erzeugt und Daten nicht nur verarbeitet und sammelt, sondern ganz Neuartiges erst als Daten konstituiert. KI ist nur eine Modellierung von Intelligenz (Gabriel, 2018), die sich auf den Aspekt der formalen, algorithmischen Datenverarbeitung beschränkt und die anderen eben genannten Intelligenzleistungen ausblendet. Wieder wäre es ein Fehler, eine solche Modellierung mit dem umfassenderen modellierten Ganzen zu identifizieren.

Erkenntnisse sind Früchte von Denken und Intelligenz. Jede Erkenntnis in der dem Menschen zugänglichen Form ist Erkenntnis von etwas durch jemanden. Somit setzt Erkenntnis in der Instanz eines erkennenden Subjektes zumindest in rudimentärer Form die Existenz von Individuen voraus. Auch ist Erkenntnisgewinn nicht möglich ohne ein hohes Maß von Freiheit in der Lenkung von Aufmerksamkeit und in der Fragestellung. Individualität und Freiheit sind also Voraussetzungen für die Möglichkeit von Denken und Erkennen, einschließlich naturwissenschaftlicher Erkenntnis. Ein radikaler eliminativer naturwissenschaftlicher Reduktionismus, der Freiheit und Individualität gänzlich leugnet, ist also selbstwidersprüchlich, indem er die Wissenschaft der Bedingungen ihrer Möglichkeit beraubt.

Denken ist kein bloßes Bauen von Luftschlössern, sondern wesentlich realitätsfähig, was sich immer wieder in der Tatsache von Irrtum und Scheitern zeigt. Eine alte, durchgängige philosophische Tradition, der sich auch M. Gabriel anschließt (Gabriel, 2018, S. 87ff.), versteht Denken und Intelligenz als höhere Sinnesorgane, analog zu Gehör- und Gesichtssinn. Aristoteles (Aristoteles, *De anima*) verwendet für diesen „Wahrheitssinn" die Bezeichnung *„koinê aisthêsis"*, lateinisch *„sensus communis"*, deutsch *„Gemeinsinn"*. In der Verallgemeinerten Quantentheorie sprechen wir von einem *„Verschränkungssinn"* (Römer, 2015b und Kap. 10 in diesem Band), einem Sinn für Zusammenhänge. In der Tat ist kein wirklicher qualitativer Unterschied zwischen einfachen, aber nie ganz symbolisierungsfreien Sinneswahrnehmungen einerseits und höheren, komplexe Symbolisierungen heranziehenden Erkenntnisleistungen anderseits auszumachen.

Was menschliches Denken besonders auszeichnet, ist seine *„Reflexivität"*. Symbolisierend und modellierend wird das Denken auf sich selbst „zurückgebogen" („Reflexion"). Selbstdistanzierung und Kontrafaktizität werden so möglich. Insbesondere reflektiert menschliches Denken auch auf seine eigene formale und logische Struktur und enthält damit auch seine Modellierung als Datenverarbeitung. Insofern ist, wie M. Gabriel betont, menschliche Intelligenz in gewisser Weise auch KI (Gabriel, 2018, S. 309ff.). Maschinelle KI wäre dann KI in zweiter Potenz.

Denken kämpft reflexiv mit sich selbst und damit, da es realitätsfähig ist, auch mit der Wirklichkeit. Die Widerständigkeit der Welt zeigt sich dem Denken besonders in Irrtum und Misslingen. Man könnte sagen: Denken gelingt gerade im ständigen Scheitern (Steiner, 2017). Was ihm „weltartig" begegnet, ist eine Mischung aus Verweigerung und Verlockung, aus Widerborstigkeit und gutmütiger Fehlertoleranz.

Zutiefst mit der Reflexivität menschlichen Denkens verbunden ist *Bewusstsein*. Bewusstsein ist also außer Freiheit und Individualität eine weitere Voraussetzung für die Möglichkeit von Denken, Intelligenz und Erkenntnis. Die von Harari aufgestellte Alternative „Intelligenz oder Bewusstsein?" (Zitat S. 536) besteht also nicht in dieser Form. Richtiger müsste sie lauten: „KI oder Bewusstsein?". Die Antwort ist eindeutig: Intelligenz gibt es nur mit Bewusstsein, und Bewusstsein ist wichtiger als KI.

3.3 *Zur Argumentation Hararis*

Nach diesen nötigen Vorbemerkungen können wir nun näher auf die Argumentation Hararis eingehen. Unsere Kritik wird sich immer wieder auf Hararis schroffen und so nicht nur unserer Meinung nach in solcher Einseitigkeit unhaltbaren reduktiven materialistischen Szientizismus richten.

– Zur wissenschaftlichen Unhaltbarkeit des Theismus

a) Ein Blick auf die gesellschaftliche Realität zeigt zunächst, dass der Theismus keineswegs abgestorben ist. Das beruht nicht nur, wie Harari meint, auf der menschlichen Fähigkeit zu kognitiver Dissonanz. Vielmehr scheint ein recht verstandener Theismus auch für aufgeklärte Menschen auf der Höhe der zeitgenössischen philosophischen Reflexion durchaus vertretbar zu sein.

Religion ist in ihrem Kern immer dann gegeben, wenn der Mensch anerkennt, dass es Wesentliches gibt, das weit über ihn und sein Verständnis hinausgeht, und wenn er sich diesem bewundernd und verehrend zu nähern sucht. Einen schönen Definitionsversuch formuliert der Heidelberger Theologe Gerd Theißen:

> *Religion ist ein kulturelles Zeichensystem, das Lebensgewinn durch Entsprechung zu einer letzten Wirklichkeit verheißt. (Theißen, 2008, S. 19)*

Was so entsteht, nennt Theißen eine *„semiotische Kathedrale"* (Theißen, 2008, passim, z. B. S. 385 und 391). Natürlich ist diese Kathedrale Menschenwerk, aber sie ist nicht nur ein leeres Phantasieprodukt, sondern in demselben Sinne realitätsfähig und realitätshaltig wie die menschlichen Produktionen in wissenschaftlicher Modellierung oder Kunst, indem sie wenigstens einiges von der Realität spiegelt, die sie zu erfassen trachtet. Ohnehin ist die Ausdifferenzierung getrennter Bereiche für Wissenschaft, Religion und Kunst weder ursprünglich noch in allen Teilen vollständig.

Der Bau der semiotischen Kathedrale ist kulturabhängig und kulturstiftend. Er ist sowohl menschliche Projektion nach außen als auch Selbstüberschreitung durch Kontaktstreben des Menschen mit dem, was ihn übersteigt. Dass die menschlichen Projektionen theistisch-personale Züge zeigen, kann kaum überraschen. Es herrscht dabei eine subtile Dialektik von Gottwerdung des Menschen und Menschwerdung des Göttlichen, von Projektion und Erkenntnis, Theogonie und Inkarnation, Erfinden und Finden (Römer, 2014, 2015b; Römer & Jacoby, 2021; Kap. 7 und 10).

b) Hararis Behauptung der wissenschaftlichen Unhaltbarkeit der Vorstellung von der Existenz einer menschlichen Seele ist, wie schon angesprochen, ein grober materialistischer Angriff auf dem Niveau von Virchow oder Gagarin gegen die Schimäre eines primitiven Leib-Seele Dualismus. In Wirklichkeit redet man durchaus berechtigt immer dann von menschlicher Seele, wenn der Mensch als geistiges Lebewesen gemeint ist (Römer & Jacoby, 2021; Kap. 4 in diesem Band).

c) Die Behauptung der Abwesenheit jedweden Sinns außerhalb des Menschen folgt aus der fehlerhaften Identifikation des „Weltganzen“ mit einer physikalisch-naturwissenschaftlichen Modellierung, die, wie gesagt, manches methodisch ausklammert, was zu ihren Voraussetzungen gehört.

d) Harari sieht in der Selbstermächtigung des Menschen durch Abschaffung der Götter einen Gewinn an Menschenwürde. Plausibler erscheint eine Begründung der Würde des Menschen in seiner soeben angedeuteten recht verstandenen *„Gottebenbildlichkeit“*.

– Zum „Homo Deus“

Der „Homo Deus“ des Hararischen Transhumanismus hat materielle Not und kriegerische Konflikte überwunden und ist intelligenter, gesünder und schließlich sogar unsterblich geworden. Mit technologischen Mitteln hat er gottgleiche Allmacht erreicht.

Allmacht ist neben Schöpfertum, Allweisheit, Allgüte, Allgegenwart und zeitloser Ewigkeit allerdings nur eines der göttlichen Attribute und keineswegs das wichtigste. Hararis allmächtiger Homo Deus ist nicht einmal ein größerer Mensch, sondern eher der alte Adam, der sich seine wenig spirituellen Wünsche nach Macht, Sicherheit, Unterhaltung und Lustgewinn mit technischen Mitteln erfüllt, aber damit sicher kein Gott ist und sogar weit hinter dem Status der Gottebenbildlichkeit zurückbleibt. Von Güte, Weisheit und Schönheit ist beim Homo Deus kaum die Rede. Zudem ist er in seinem Humanum, das auf Freiheit, Individualität und Autonomie beruht, gefährdet und von der Abschaffung durch eine Dataistische Revolution bedroht.

Die tiefe Dialektik von Menschwerdung des Göttlichen und Theogonie, von Inkarnation und Deifikation (Römer & Jacoby, 2017 und Kap. 7 in diesem Band) ist im *Homo Deus* auf ärgerliche Weise versimpelt.

Natürlich ist ein weiterer Zuwachs an Wissen, Gesundheit, Langlebigkeit, Sicherheit und vor allem Freiheit und persönlicher Autonomie des Menschen sehr wünschenswert und auch erreichbar, wenn es der Menschheit gelingt, der Gefahr der Selbstauslöschung durch unkontrollierte technische und gesellschaftliche Entwicklungen zu entrinnen und die Schreckensvision eines zwar perfekt funktionierenden, aber geistlos unfreien Ameisenstaates zu bannen.

Verglichen mit den Cro-Magnon-Menschen oder den frühen Ackerbauern haben wir heutigen Menschen, was Wissen, Lebenserwartung, Weltorientierung und Weltbeherrschung betrifft, schon einen quasi transhumanen Status ohne Verlust an Humanität erreicht. Es ist zu hoffen, dass in der Zukunft weitere Einsichten auf uns warten, die so weit jenseits des uns heute Denkbaren liegen wie die Quantentheorie für den Cro-Magnon-Menschen. Das aber ist sicher nur möglich, wenn die Weltsicht des Menschen offen bleibt und nicht im heute immer noch wirkmächtigen mechanisch-reduktionistischen und technologiefixierten Weltbild des kalifornischen Transhumanismus erstarrt.

– Zur wissenschaftlichen Unhaltbarkeit der „Dogmen" des Humanismus

Zu der Behauptung, Freiheit des Willens und Individualität des Menschen seien mit dem heutigen Stand der Wissenschaft unverträglich, ist das Nötige bereits gesagt: Hier liegt eindeutig die verfehlte Verabsolutierung einer naturwissenschaftlichen Modellbildung mit falscher Identifikation von Modell und Modelliertem vor. Freiheit und Individualität eines erkennenden Subjektes sind, wie gesagt, die Bedingung für die Möglichkeit von Erkenntnis und Wissenschaft.

Die Freiheitsdiskussion Hararis entspricht nicht dem erreichten philosophischen Reflexionsstand (Bieri, 2001; Gabriel, 2017, ab S. 263; Römer, 2015b und Kap. 10).

Sogar ein vollständiger physikalischer Determinismus, wie er gar nicht besteht, wäre mit Willensfreiheit verträglich.

Kausalität und Freiheit stehen zudem nicht im Widerspruch zueinander, sondern sind aufeinander angewiesen. Ohne Kausalität gäbe keine berechenbaren Konsequenzen freier Handlungen und ohne Freiheit in der Steuerung der Aufmerksamkeit und im Setzen von Ursachen kein Auffinden kausaler Regelmäßigkeiten. Wie gesagt: Freiheit geht jeder Möglichkeit von Erkenntnis und Wissenschaft logisch voran (Römer, 2015b und Kap. 10 in diesem Band). Eine der wenigen Beschränkungen unserer Freiheit besteht, paradox gesagt, darin, dass es uns nicht gelingen wird, uns im Ernst in jeder Hinsicht als vollständig determiniert wahrzunehmen.

Die Autonomie der Entscheidungsfindung ist in der Tat, wie Harari betont, durch Techniken der Manipulation der Willensbildung gefährdet, dadurch aber nicht unmöglich, sondern eine ständige ernste Aufgabe der Selbsterziehung, zu der förderliche gesellschaftliche Verhältnisse Freiheit geben und sogar Hilfestellung leisten können.

– Zum Dataismus

Die Gefahr der Machtübernahme unkontrollierter KI, an deren Algorithmen immer mehr Entscheidungsbefugnis übergeben wird, ist sehr real.

Die Vorstellung einer Dataistischen Religion, in der sich Daten in einer rein physikalischen Welt ohne eine Spur von Geist und Bewusstsein selbstständig machen und ihre eigene Vermehrung, Verknüpfung und Übertragung im Informationsfluss zum höchsten Wert erklären, muss man aber als verfehlt ansehen. Daten sind, wie oben ausgeführt, nicht nur rein physikalische Größen. Das Wesentliche an ihnen ist ihre Bedeutung, durch die sie in Symbolbeziehungen eingebunden sind. Datenverarbeitung kann, wie gesagt, mechanisch-algorithmisch ohne Rücksicht auf ihre Bedeutung als physikalischer Vorgang vollzogen werden. Es gibt aber kein rein physikalisches Kriterium, nach dem man einen physikalischen Prozess als Datenverarbeitung identifizieren könnte. Das ist nur möglich, wenn die Bedeutung der Daten ins Blickfeld tritt. Nur dann ist das Fallen eines Steines etwas grundsätzlich anderes als die gedeuteten Verarbeitungsschritte in einen Computer.

Bedeutung und Begriffsbildung haben wir als Leistungen einer Intelligenz erkannt, die nicht in ihrer algorithmisch-naturwissenschaftlichen Modellierung aufgeht.

Es ist übrigens nicht zulässig, Leben als Algorithmus zu bezeichnen. Nicht einmal ein fallender Stein ist seiner Natur nach algorithmisch. Es gibt lediglich einen Algorithmus, mit dem sich unter Anwendung von Galileis Fallgesetz bei gegebener Anfangsbedingung der Ort des Steines zu jeder späteren Zeit berechnen lässt.

Wirkliche, nicht bloß künstliche Intelligenz ist nicht nur bei der Begriffsbildung, sondern auch beim Entwurf von Algorithmen am Werk. Entscheidungsalgorithmen brauchen immer Zielvorstellungen, die in Bewertungsfunktionen kodiert werden. Das Aufstellen von Zielvorgaben, einschließlich ethischer Normen, ist ohne Intelligenz und Bewusstsein nicht möglich.

3.4 Weitere Fragen

Von den vielen Fragen, die sich im Anschluss an die Lektüre von Hararis *Homo Deus* stellen, seinen wenigstens einige erwähnt.

– Offenbar im Vertrauen auf die Rationalität von Wissenschaft und KI scheint Harari zu glauben, dass die Entwicklung der Menschheit einigermaßen sanft in eine friedliche Zukunft einmündet. In Wirklichkeit sind gerade in KI-Systemen Instabilitäten und katastrophale Ereignisse durch Scheitern an der eigenen Komplexität zu befürchten. Beispiele haben wir vor Kurzem in den durch KI verursachten Börsenturbulenzen erlebt. In der Tat belegt das so genannte „Halteproblem für Registermaschinen" (Ebbinghaus et al., 1992, S. 187–193), dass prinzipiell kein KI-System seine eigene Komplexität vollständig beherrschen kann: Es gibt kein Programm für eine Registermaschine, die für jedes Programm entscheidet, ob eine Registermaschine, angesetzt auf dieses Programm, zum Halten kommt oder unbegrenzt weiterläuft. Zudem unterschätzt Harari in seiner rationalen und freundlichen Grundeinstellung wohl die Macht des Irrationalen, Bösen und Zerstörerischen.

– Es wird nicht recht klar, ob Harari den Dataismus für ein unvermeidbares Verhängnis oder nur für eine Bedrohung hält, obwohl eine Einmündung in eine Art von

Dataismus in seiner Welt ohne Freiheit und Individualität bei fortschreitender technischer Entwicklung eigentlich als zwangsläufig erscheint. Welche Möglichkeit hat der Mensch noch zur Steuerung? Gibt es einen Mittelweg zwischen Fatalismus und wirrem Aktionismus? Wie ist humane oder transhumane Würde in einem Liberalismus ohne Freiheit, Individualität und Autonomie denkbar?

– Schließlich: Ist die philosophisch-religiöse Tradition wirklich so abgetan, dass von ihr weder Rat noch Hilfe zu erhoffen ist? Universell verbreitet ist die traditionelle Ansicht, dass die höchsten und vornehmsten Gegenstände des Denkens immateriell und ewig seien, wobei Ewigkeit nicht unendliches Überdauern in der Zeit, sondern Zeitlosigkeit bedeutet. Zeitlos ewig sind etwa mathematische Strukturen, die einfach nichts mit Zeit zu tun haben, oder logische Gesetze. Als Geistwesen hätte der Mensch Anteil an dieser Sphäre oder wäre gar in ihr zu Hause und gehörte ihr nach dem biologischen Tod vielleicht ganz an.[2] Eine endlose Verlängerung des biologischen menschlichen Lebens würde einen solchen Übergang dann gerade verhindern.

3.5 *Fazit*

- Trotz vieler interessanter Gedanken und Beobachtungen löst sich Harari nicht von einer simplen, längst überholten an der Klassischen Mechanik orientierten „Bauklötzchen-Ontologie“ auf dem Niveau von Büchners *Kraft und Stoff* aus dem neunzehnten Jahrhundert. Nicht einmal die physikalische Quantentheorie, die bekanntlich eine ganz andere Ontologie nahelegt, findet Berücksichtigung.
- Ärgerlich ist die Unkenntnis oder Vernachlässigung der philosophischen Tradition. Die in ihr liegende Möglichkeit, auch Geistigem vollen Seinswert zuzuschreiben, weist einen möglichen Ausweg aus sonst kaum vermeidbar erscheinenden enthumanisierenden Schreckensszenarien.
- Ärgerlich ist auch die immer wieder durchscheinende Pose überlegener Allwissenheit, die man schon aus den vorgestellten Zitaten herauszuhören vermag, obwohl diese nicht eigens als Belege für diesen Vorwurf ausgewählt sind. Höchst Umstrittenes wird als Gewissheit, längst Bekanntes als Neuigkeit verkauft. Erwähnt wurde schon ein spürbar starkes antinationales und antireligiöses Ressentiment.
- Insgesamt ist das Buch keine Kritik, sondern ein Dokument eines ratlosen Zeitgeistes, dessen Kennzeichen ein unvermitteltes Nebeneinander von grob-naivem Materialismus und esoterischer Sehnsucht im Sinne von „New Age“ ist. Hierin bietet *Homo Deus* Bestätigung und Übersicht, und das erklärt vielleicht seinen Erfolg als Bestseller.

---

2 Vgl. hierzu Römer (2015b sowie Kap. 4 und Kap. 10), Römer & Jacoby (2021) und, allerdings in theologischer statt philosophischer Argumentation, Lohfink (2017).

13 Physikalismus

1. Einführung

„*Naturalismus*“ ist der Name einer, wenigstens im Westen, weit verbreiteten Weltsicht, die sich als aufklärerisches Unternehmen versteht und betont, dass es in der Welt überall „mit rechten Dingen“, das heißt physikalisch-naturwissenschaftlichen Dingen zugehe. Vielen erscheint der Naturalismus als die unmittelbar einleuchtende und auf gesicherten Tatsachen beruhende maximal voraussetzungslose Weltanschauung. Nicht ohne Pathos sieht sie sich im Kampf mit finsteren Mächten. Zweifel und Widerspruch, die sich vermehrt aus verschiedenen Gründen regen, geraten sehr leicht in den Verdacht des Obskurantismus. Man hat den Eindruck, dass der Ton auf allen Seiten im Laufe der Jahre schärfer und gereizter wird. Der angesehene Wissenschaftsphilosoph Gerhard Vollmer formuliert in prägnanter Form ein Manifest des Naturalismus, das wir an dieser Stelle als vielleicht ermüdend langes, aber charakteristisches und aufschlussreiches Zitat wiedergeben wollen (Vollmer, 2013):

> Für den Naturalisten gibt es
>
> keinen Gott, weder den jüdischen noch den christlichen noch den islamischen;
> keine göttlichen Belohnungen oder Strafen, weder im Himmel noch auf Erden;
> keine Götter, Engel, Schutzengel, Teufel (deshalb auch keine Teufelsaustreibung), Geister, Gespenster;
> keine Naturgeister, Elementarwesen, Elfen, Feen, Kobolde, Riesen oder Dämonen im Sinne von Rudolf Steiners Anthroposophie; keine Nixen, Klabautermänner, Vampire;
> kein Karma im Sinne einer schicksalhaften Bestimmung; keinen Ätherleib oder Astralleib im Sinne Steiners, keine Aura;
> keine Hexen oder Zauberer;
> keine echten parapsychologischen Erscheinungen wie Hellsehen, Telepathie, Präkognition, Telekinese, Spuk, die über natürliche Vorgänge hinausgingen (dagegen gibt es ungeklärte Vorkommnisse, die vor allem wegen ihres unwiederholbaren Charakters ungeklärt bleiben);
> keine Willensfreiheit im Sinne des Alternativismus;
> keinen Ideenhimmel, nicht einmal einen Zahlenhimmel, auch keine Welten 2 oder 3 im Sinne Poppers (es kann heuristisch oder didaktisch hilfreich sein, solche Unterscheidungen und Aufteilungen vorzunehmen; diese Welten sind jedoch – entgegen Poppers Darstellung – nicht autonom);
> keine Seele, die vom Geist verschieden wäre oder gar den Körper beim Tod verlassen könnte (vom Wort her wird ja die Seele – Psyche – von der Psychologie untersucht; aber die Seele der Psychologie ist nicht die Seele der christlichen Religion);
> erst recht keine unsterbliche Seele;
> kein Jenseits, keine Seelenwanderung, keine Reinkarnation oder Wiedergeburt,

> keine Wiedergänger, keine Zombies im Sinne afrikanischer Eingeborener;
> keine unsterblichen Lebewesen;
> keine außerirdischen Besucher, weder früher noch jetzt und aller Wahrscheinlichkeit nach auch nicht in Zukunft (ob es außerirdische Lebewesen – ob intelligent oder nicht – überhaupt gibt, wissen wir nicht und werden wir vermutlich nie erfahren; hier geht es jedoch um außerirdische Besucher);
> keinen objektiven Sinn des Lebens;
> keine letzte Bedeutung, keine letzte Erklärung, keinen absoluten Beweis, keine Letztbegründung.
>
> Für den Naturalisten ist das Mobiliar der Welt also recht sparsam. Viele empfinden das als Verarmung, als Entzauberung, sogar als Kränkung. Ja, das Weltbild des Naturalisten hat weniger Farben. Es ist aber mit ungeheuren Vorteilen verbunden: Es bereitet viel weniger Enttäuschungen – etwa wenn Beten oder Beichte wieder einmal nicht geholfen haben. Es schafft weniger Unsicherheit: Was andere Menschen von mir wollen, das kann ich wenigstens im Prinzip herausfinden; was Gott oder meine Ahnen von mir wollen, das weiß ich dagegen nie so recht. Und vor allem: Ein Weltbild ohne göttlichen Gesetzgeber und Richter macht viel weniger Angst!
>
> Auch und gerade als Naturalist finde ich das Mobiliar der unbelebten wie der belebten Welt äußerst vielfältig, sogar geradezu faszinierend. Auch weiß ich, dass immer noch vieles zu entdecken bleibt. Dass mir in diesem Weltbild etwas Wichtiges fehlen sollte, will mir dagegen nicht einleuchten.

Unüberhörbar klingt in Vollmers Worten ein Pathos stolzer Nüchternheit und kämpferischer Entschlossenheit an. Unter dem Namen „*Transhumanismus*" macht sich in neuerer Zeit eine naturalistisch inspirierte Bewegung tatkräftig und zuversichtlich an die Optimierung des Menschen mit der Abschaffung des Todes als besonders wichtigem Ziel (Harari, 2017; Kurzweil, 2005/2014; und dazu Römer, 2021b sowie Kap. 12).

Naturalismus ist nur eine besonders verbreitete Ausprägung eines allgemeineren Weltverständnisses, das man als *Physikalismus* bezeichnet und das sich durch die folgenden Züge charakterisieren lässt:

1. Annahme eines fundamentalen Weltsubstrates. Dies folgt einer philosophischen Tradition, die schon auf die Vorsokratiker zurückgeht. So wurde der Weltgrund im Wasser, im Feuer, in einem grenzenlosen „Apeiron" oder in Atomen im leeren Raum gesucht. Der modernere Physikalismus betrachtet eher Materie/Energie in verschiedenen Versionen oder neuerdings auch Information als Weltsubstrat.

2. Dieses Weltsubstrat wird nach dem Vorbild der Physik durch quantitativ bestimmbare Größen beschrieben, deren Verhalten durch mathematisch formulierte Naturgesetze bestimmt ist.

3. Es wird entscheidender Wert auf die *Intersubjektivität* einer physikalischen Weltbeschreibung gelegt.

4. Weltverständnis besteht vornehmlich in der Identifikation von *Wirkursachen* im Sinne der *causa efficiens* und der mathematischen Verfolgung ihrer Konsequenzen nach den Naturgesetzen.

5. Die physikartige Weltbeschreibung erhebt den Anspruch, im Wesentlichen vollständig zu sein. Das Weltganze ist für den Physikalisten identisch mit dem physikalischen Universum.

Natürlich ist nicht alles, was uns begegnet, in unmittelbarer und offensichtlicher Weise Physik. Physik kennt zunächst nur physikalisches Geschehen, aber kein Planen und Intendieren, kein Erkennen, kein Bewerten, keine Sinnhaftigkeit, keine Ethik und keine Ästhetik. Jedes physikalistische Weltverständnis muss sich dem Problem stellen, welcher Platz „Mentalem" wie „Geist" und Bewusstsein in seinem Denkrahmen einzuräumen ist. Zugespitzt erscheint diese „Materie-Geist- oder Leib-Seele-Problematik" insbesondere im Fragen nach der Beziehung von (materiellem) Gehirn und Psyche, der Tragweite von künstlicher Intelligenz und der Möglichkeit von künstlichem Bewusstsein. Eine Antwort erheischt auch die Frage nach der Möglichkeit menschlicher Freiheit und Kreativität.

Die angebotenen Lösungsversuche lassen sich je nach dem ontologischen Stellenwert, der „Geistigem" neben „Materiellem" zugestanden wird, in drei Klassen einteilen:

1. **Elimination oder Ausblendung.** Der *eliminative Reduktionismus*, wie er besonders prononciert von Paul und Patricia Churchland vertreten wird, verneint jede selbstständige Existenz von Psychischem. Die gebräuchlichen Bezeichnungen für Bewusstseins- und Gemütszustände werden nur als Termini einer ungenauen, vorwissenschaftlichen „Populärpsychologie" angesehen. Sie hätten allenfalls die Bedeutung summarischer Kurzbezeichnungen, und ihre präzise Fassung würde in der genauen Beschreibung zu Grunde liegender neuronaler Zustände bestehen (Churchland, 1997). Selbst unter Neurowissenschaftlern sind nicht viele zu einer derart radikalen Haltung bereit, die auf eine Entwertung und letztendliche Aufgabe einer Terminologie hinauslaufen würde, die der Mensch in Jahrtausenden des Umgangs mit sich selbst und mit seinesgleichen entwickelt hat und die in ihren verschiedenen Ausprägungen einen wesentlichen Teil seines kulturellen Erbes darstellt. Die menschliche Willensfreiheit wird von den meisten Naturalisten bestritten (z. B. Harari, 2017, S. 380f.; Vollmer, 1975, 2013). Als „Ausblendung" könnte man die verbreitete Meinung bezeichnen, dass nur Intersubjektives einer wissenschaftlichen Behandlung zugänglich und Innerweltliches einem Privatbereich zuzuordnen sei, der bei aller subjektiven Bedeutsamkeit zwar psy-

chologisch und soziologisch untersucht werden könne, im Kern aber, wenn es einen solchen überhaupt gebe, nicht wirklich wissenschaftsfähig sei.

2. **Emergentismus** ist die Auffassung, dass in physikalischen Systemen beim Überschreiten einer mehr oder weniger scharfen Komplexitätsschwelle von selbst und mit einiger Plötzlichkeit neue nicht unbedingt zu erwartende Eigenschaften „emergieren", also auftauchen. Dieser Vorgang der Emergenz kann sich bei weiterem Anstieg der Komplexität wiederholen, so dass sich eine hierarchisch gestufte Naturbeschreibung ergibt, die sich über einer physikalischen Basis erhebt. Was die ontologische Selbstständigkeit, die Möglichkeit der kausalen Rückwirkungen höherer Emergenzstufen auf niedrigere und die Neuartigkeit von Emergentem betrifft, gibt es verschiedene Auffassungen. Der amerikanisch-koreanische Philosoph J. Kim wendet sich besonders dem Problem der Rückwirkung zu und vertritt die Ansicht, dass die Emergenzvorstellung die Formulierung, aber nicht die Lösung des Problems sei. Auf eine ausführliche Untersuchung des Autors zur Emergenzproblematik mit erheblicher Skepsis bezüglich des Neuigkeitswertes von Emergentem und der Formulierung nicht-hierarchischer Alternativen sei an dieser Stelle hingewiesen (Römer, 2015b, und Kap. 9).

3. **Uminterpretation, Modifikation oder Erweiterung** des Rahmens der allgemein anerkannten Physik zu einer „Physik des Geistes". Hierbei wird versucht, unter Beibehaltung der oben unter den Punkten 1) bis 5) genannten Wesenszüge des Physikalismus eine Physik zu formulieren, die auch Geistartiges umfasst. Dies kann auf verschiedene Weise geschehen: (a) durch eine geeignete „geistartige" Uminterpretation oder (b) durch Änderung oder Erweiterung der etablierten Physik. Die Erweiterung geschieht oft durch Hinzunahme „geistartiger" Dimensionen zu den raum-zeitlichen Dimensionen der Standardphysik. Manche physikartigen Theorien werden explizit mit dem Ziel der Integration von Homöopathie oder so genannten paranormalen oder anomalistischen Phänomenen wie Präkognition, Telepathie, Hellsehen oder Telekinese formuliert, für die es keine befriedigende Erklärung mit den Mitteln der Standardphysik gibt. Es finden sich darunter schlimme Beispiele für einen Physikalismus mit schlechter, obskurer oder schlicht falscher Physik. Auf einige immerhin diskutable Ansätze von kompetenten Physikern werden wir im nächsten Abschnitt eingehen.

Die Quantentheorie ist der bleibende Gewinn aus einer fruchtbaren Grundlagenkrise der Physik, die sie zu einem veränderten Verständnis ihres eigenen Gegenstandes zwang. Aufschlussreich ist es, zu untersuchen, inwieweit dieser Paradigmenwechsel in den verschiedenen physikalistischen Weltentwürfen seinen Niederschlag findet. Für eine sehr gute, umfassende und aktuelle Darstellung der Bestrebungen, Mentales mit den Mitteln oder der Begrifflichkeit von Quantentheorie zu beschreiben, sei auf Atmanspacher (2020) hingewiesen.

Wir müssen an dieser Stelle einiges zur Verschiedenheit von Klassischer Physik und Quantenphysik zur Sprache bringen, das für das Verständnis im Folgenden entscheidend sein wird.

In der Klassischen Physik sind die Zahlenwerte der *„Observablen"*, d.h. der messbaren Größen eines physikalischen Systems, durch den Zustand des Systems bestimmt, unabhängig davon, ob sie gemessen werden oder nicht. In der Quantenphysik führt die Messung einer Observablen im Allgemeinen zu einer unvermeidbaren Veränderung des Systemzustandes. Klassisch wie quantenphysikalisch liegt nach der Messung einer Observablen immer ein *„Eigenzustand"* dieser Observablen vor, der quantitativ durch eine Zahl, das Messergebnis gekennzeichnet ist, so dass eine unmittelbar folgende Nachmessung mit Sicherheit wieder dasselbe Ergebnis liefert. In der Quantenphysik ist aber die „realistische" Annahme, dass das Messergebnis schon vor der Messung vorgelegen hätte, höchst fragwürdig und nach den vorherrschenden Interpretationen aus sehr guten Gründen unhaltbar. Jedenfalls ist der Eigenzustand erst eine Folge der Messung. Dem Beobachter fällt also nicht nur eine registrierende, sondern eine phänomenerzeugende Rolle zu, allerdings ohne dass der Beobachter bei der Messung einer Observablen einen Einfluss auf den gefundenen Messwert hätte.

Da in der Quantentheorie Messungen den Zustand eines Systems verändern können und ein System sich unmittelbar nach einer Messung immer in einem Eigenzustand der zuletzt gemessenen Observablen befindet, kommt es bei verschiedenen Observablen auf die Reihenfolge ihrer Messung an. Im Gegensatz zur Klassischen Physik können deshalb in der Quantenphysik Observable zueinander im Verhältnis der *Komplementarität* stehen: Für komplementäre Observablen A und B ist es bei bekanntem Messwert a von A nicht immer möglich, dem System zugleich einen Messwert b von B mit Sicherheit zuzuschreiben. Das Standardbeispiel für Komplementarität in diesem Sinne sind die Ortsobservable Q und die Impulsobservable P. Bei genauer Kenntnis des Wertes der einen Observablen ist der Wert der anderen sogar gänzlich ungewiss. In der Klassischen Physik hingegen gibt es zu allen Observablen immer simultane Eigenzustände.

Im Gegensatz zur Klassischen Physik erlaubt der Formalismus der Quantenphysik selbst bei vollständiger Kenntnis des quantenphysikalischen Zustandes nicht die genaue Vorhersage aller Messwerte, sondern nur die Berechnung der Wahrscheinlichkeiten von Messwerten jeder Observablen.

Der Zustand eines Systems der Klassischen Physik ist durch die Zustände seiner Teilsysteme bestimmt. Das gilt nicht in der Quantenphysik. Der Zustand eines Systems als eines ganzen wird durch *globale Observablen* beschrieben, die Zustände seiner Teilsysteme durch *lokale Observablen.* Nun werden zumeist globale und lokale Observable in einem komplementären Verhältnis zueinander stehen. Dann werden gewöhnlich in einem Eigenzustand einer globalen Observablen die Werte lokaler Observablen wesentlich unbestimmt sein. Allerdings wird das Phänomen der *Verschränkung* auftreten: In den Messwerten von lokalen Observablen zu verschiedenen Teilsystemen zeigen sich *Verschränkungskorrelationen*, die aus Messwerten an einem Teilsystem Rückschlüsse auf Messwerte an anderen Teilsystemen erlauben. Es ist wohlbekannt, dass Verschränkungskorrelationen nicht auf kausalen Einwirkungen der Teilsysteme aufeinander beruhen und auch nicht für solche eingesetzt werden können (z. B. Lucadou et al., 2007; Römer, 2009, S. 336f. sowie Kap. 3 in diesem Band). Dieser *holistische Charakter* quantenphysikalischer Systeme ist eine entscheidende neue Botschaft der Quantenphysik. Sie lenkt den Blick auf die Bedeutung von konstitutiven form- und gestaltartigen Beschreibungs- und Erklärungsweisen und weg von einer einseitigen Versteifung auf Kausalerklärungen im Sinne einer *causa efficiens.*

Die radikale Verschiedenheit von Klassischer Physik und Quantenphysik äußert sich in ihren formalen Strukturen, die wir hier nur erwähnen, nicht aber im Einzelnen erklären können.[1] Der Zustand eines Systems der Klassischen Physik ist einfach der Inbegriff der aktuellen Zahlenwerte aller seiner Observablen. Es genügt dazu die Kenntnis der Werte gewisser Grundobservablen, aus denen sich die Werte der übrigen berechnen lassen. Die zeitliche Entwicklung wird durch Differentialgleichungen beschrieben, deren Lösungen in deterministischer Weise durch *Anfangswerte* zu irgendeinem Zeitpunkt bestimmt sind. Die Quantenphysik beschreibt die Zustände eines Systems durch Vektoren in einem *Hilbertraum*, einem im Allgemeinen unendlich-dimensionalen *Vektorraum.* In diesem können aus Vektoren durch *lineare Überlagerung* andere Zustandsvektoren erzeugt werden, und Längen von Vektoren und Winkel zwischen Vektoren sind im Hilbertraum definiert. Observable werden durch *hermitesche lineare Operatoren* O beschrieben, die unter Respektierung der linearen Struktur Zustandsvektoren ψ andere Zustandsvektoren $O(\psi)$ zuordnen. Die zeitliche Entwicklung des quantenphysikalischen Zustandes eines Systems erfolgt deterministisch durch einen *unitären Operator* $U(t_2,t_1)$, der unter Beachtung der linearen Struktur und ohne Änderung von Längen und Winkeln aus den Zuständen zur Zeit t_1 die Zustände zur Zeit t_2 berechnen lässt. Der Operator $U(t_2,t_1)$ ist eine Funktion des *Hamilton-Operators* H, des Operators zur Energieobservablen des Systems. In der Quantenmechanik sind die Hilbertraumvektoren gewöhnlich durch *Wellenfunktionen* gegeben, deren zeitliche Entwicklung durch die *Schrödinger-Gleichung* regiert wird.

1 Siehe aber Kap. 14 in diesem Band.

Wir haben gesehen, dass in der Quantenphysik dem Prozess der Messung eine viel größere und problematischere Bedeutung zukommt als in der Klassischen Physik. Eine quantenmechanische Messung ist ein Prozess in drei Schritten:

1. Wahl einer Observablen A als der Größe, die gemessen werden soll. Wahl und Aufbau eines geeigneten Messinstrumentes, Bestimmung von Ort und Zeit der Messung.
2. Unitäre zeitliche Entwicklung des zusammengesetzten Systems S+M, bestehend aus dem System S, an dem die Messung vorgenommen wird, und der Messapparatur M nach den Gesetzen der Quantenphysik.
3. Kollaps des Zustandes von S+M zu einem Eigenzustand von S, der gerade dem erhaltenen faktischen Messwert der Observablen A entspricht.

Nur der zweite dieser drei Schritte ist deterministisch. Der Beobachter, der die Messung durchführt, hat nur Kontrolle über den ersten Schritt, nicht aber über den dritten, in dem eine Unbestimmtheit im System S+M in einen faktischen Messwert der Observablen A übergeht.

Ein physikalistisches Weltmodell sieht sich vor die schwierige Aufgabe gestellt, den gesamten Messprozess als physikalischen Prozess zu verstehen. Ein eigenartiges Problem besteht darin, dass das faktische Messergebnis letztlich so etwas wie die Zeigerstellung einer Messapparatur ist, die eher zur Begrifflichkeit der Klassischen Physik passt. Es sieht so aus, als ob man auf die Klassische Physik, die ja eigentlich als Grenzfall in der Quantenphysik enthalten sein sollte, nicht ganz verzichten könnte. Viele Interpretationen der Quantenmechanik, darunter auch ihre Kopenhagener Deutung, thematisieren dieses seltsame Miteinander von Klassischer und Quantenphysik. Eine allgemein anerkannte vollständige Lösung des physikalischen Messproblems steht aus. Es wird noch einiges dazu zu sagen sein.

Unser weiteres Vorgehen wird das folgende sein:

Im nächsten Abschnitt werden wir als typische und vielleicht besonders bemerkenswerte Beispiele sechs verschiedene physikalistische Weltentwürfe vorstellen und daraufhin untersuchen, wie sie zu den oben beschriebenen Lösungsentwürfen 1) bis 3) des Problems der Einordnung nicht unmittelbar physikalischer Konzepte passen und welche Bedeutung in ihnen der Quantenphysik zugemessen wird. An passender Stelle werden wir einige sich unmittelbar ergebende Anfragen und Kritikpunkte behandeln.

Die eigentliche Auseinandersetzung mit dem Physikalismus ist dem dritten Abschnitt dieser Arbeit vorbehalten. Dringend geboten ist hierzu eine klare Unterscheidung von Ontologie und Erkenntnistheorie, also von Sein und Erkennen, von ontologischen und epistemologischen Überlegungen und Thesen.

Die verschiedenen Physikalismen sind eindeutig ontologische Weltentwürfe. Das gilt insbesondere auch für den Naturalismus Gerhard Vollmers, obwohl sein theoretisches Hauptwerk den Titel „Evolutionäre Erkenntnistheorie" trägt und er seine Position als „hypothetischen Realismus" bezeichnet. In Wirklichkeit ist eine ontologische Vorentscheidung durchgängig und deutlich spürbar. Alternativen zur „realistischen Hypothese" werden nirgendwo ernsthaft erwogen. Es wird sogar der Anspruch erhoben, dass die richtige naturalistische Position mit einem hohen Maß an Zwangsläufigkeit durch Darwinsche evolutionäre Anpassung des menschlichen Erkenntnisapparates an eine objektiv physikalisch verfasste Welt entstanden sei (Vollmer, 1975). Vollmers Weltmodell orientiert sich übrigens ganz überwiegend an der Klassischen Physik.

Eine erkenntnistheoretische Reflexion sollte jedem ontologischen Weltentwurf vorangehen. Eine kritische Analyse eines ontologischen Szenarios sollte prüfen, inwieweit dieses den Ansprüchen der Erkenntnistheorie auf einem philosophisch akzeptablen epistemologischen Niveau genügt. Wir meinen, dass dies für die verschiedenen Physikalismen nicht der Fall ist. Philosophie, genauer Erkenntnistheorie, und nicht nur Physik legt die Grundlagen für die Aufstellung von Weltmodellen.

Die unhintergehbare *Phänomenalität der Wirklichkeit* wird ein Ausgangspunkt unserer erkenntnistheoretischen Überlegungen in dritten Abschnitt dieser Arbeit sein. Hiermit ist die unbestreitbare Tatsache gemeint, dass primär alles nur so und insofern für uns der Fall ist, als es auf unserer Bühne *erscheint*. Die Quantentheorie trägt dieser Tatsache in besonderer Weise Rechnung, indem in ihr dem Beobachter eine entscheidende Rolle zugestanden wird. Die Welt der Quantentheorie ist immer eine beobachtete. Wir werden argumentieren, dass die quantentheoretischen Konzepte der Komplementarität und Verschränkung ihren Ursprung nicht in der Physik, sondern in der Erkenntnistheorie haben. In diesem Sinne lässt sich in der so genannten *Verallgemeinerten Quantentheorie* (Atmanspacher et al., 2002, 2006; Filk et al., 2011) durch Verzicht auf spezifisch physikalische Teile des Formalismus der Quantenphysik ein konzeptioneller Kern der Quantentheorie herausarbeiten, der weit über den Bereich der Physik hinaus allgemein auf Erkenntnisprozesse anwendbar ist. Das quantenphysikalische Messproblem gehört in den Bereich der Erkenntnistheorie und ist meines Erachtens allein mit den Mitteln der Physik nicht lösbar.

Das menschliche Denken gibt sich allerdings nicht leicht mit bloßen erkenntnistheoretischen Analysen zufrieden. Es verspürt immer einen Drang zur Aufstellung ontologischer Entwürfe.[2] In der Tat enthält schon jeder Anspruch auf Richtigkeit und Wahrheit ein

2 Markus Gabriel unterscheidet im Rahmen seines *Neuen Realismus* zwischen Ontologie und Metaphysik (Gabriel, 2013, 2014). Ontologie beschreibt für ihn, in welcher Weise etwas (der

ontologisches Element. Im vierten und letzten Abschnitt werden wir einige nicht-physikalistische und erkenntnistheoretisch akzeptable ontologische Szenarien vorstellen.

2. Einige physikalistische Szenarien

In der folgenden Darstellung einiger physikalistischer Weltentwürfe haben wir uns bei der Auswahl auf solche beschränkt, deren Urheber als kompetente und seriöse Physiker anzusehen sind. Eine unübersehbare Flut esoterisch wirrer und verirrter Produktionen können wir guten Gewissens unerwähnt lassen. Das Anliegen physikalistischer Theorien kann sehr unterschiedlich sein. Viele von ihnen sind entschieden naturalistisch motiviert, viele versuchen aber auch, als wertvoll geschätzte philosophische, spirituelle oder religiöse Inhalte vor naturalistischer Geringschätzung und Vernachlässigung zu retten, indem sie durch Einbettung in einen physikartigen Rahmen legitimiert werden.

2.1 Klassischer Superdeterminismus nach G. 't Hooft

Wir beginnen mit dem sehr bemerkenswerten und merkwürdigen Weltentwurf des im Jahre 1946 geborenen niederländischen Physiknobelpreisträgers Gerardus 't Hooft. Seine Verdienste um die Quantenfeldtheorie der Elementarteilchen sichern ihm einen Platz unter den bedeutendsten lebenden Physikern. Seinen Nobelpreis erhielt er im Jahre 1999 für den Nachweis der Renormierbarkeit so genannter *nicht-abelscher Eichtheorien*, zu denen das erfolgreiche Standardmodell der Elementarteilchenphysik gehört und die erst durch diesen Nachweis als konsistente Quantenfeldtheorien zur Berechnung physikalischer Größen etabliert werden. Zudem gehen auf ihn u. a. das fruchtbare Konzept der *Natürlichkeit* von Feldtheorien der Elementarteilchen und das *holographische Prinzip* zurück, dessen Ausgangspunkt die Beobachtung ist, dass die maximale physikalische Information, die in einem endlichen Gebiet enthalten sein kann, nicht dem Volumen, sondern der Oberfläche dieses Gebietes proportional ist.

In seiner *Cellular Automaton Interpretation of Quantum Theory* ('t Hooft, 2016, 2018) geht es ihm um die Bewahrung eines in der Klassischen Physik implizit enthaltenen physikalischen Weltverständnisses des *lokalen Realismus*, der Einstein so sehr am Herzen lag, dass er die Quantentheorie niemals akzeptierte, da sie nicht zum lokalen Realismus passt (und mit ihm nach der Ansicht der großen Mehrzahl der kompetenten Quantenphysiker wegen der quantentheoretischen Verletzung der Bellschen Ungleichungen sogar logisch unverträglich ist). Verbunden damit ist der wesentliche

Fall) sein kann, nämlich, vereinfacht ausgedrückt, als „Auftreten in einem *Sinnfeld*". Metaphysik wäre dann, was über Ontologie in diesem Sinne hinausgeht. Ontologie im Sprachgebrauch dieser Arbeit wäre dann in Gabriels Terminologie zum Teil auch Metaphysik.

Indeterminismus der Quantentheorie, der, wie erwähnt, allgemein nicht die Vorhersage der Messwerte physikalischer Observablen bei bekanntem Zustand eines Systems erlaubt, sondern nur ihre Wahrscheinlichkeitsverteilung. Einstein hat seine Ablehnung dieses Indeterminismus bekanntlich in dem Verdikt „Gott würfelt nicht" ausgesprochen.

Ein Zellulärer Automat ist der Prototyp eines zusammengesetzten Systems, das sich strikt kausal unter dem Einfluss von Wirkungen entwickelt, die sich nur auf benachbarte Teilsysteme erstrecken. Dies sind die einfachen Bestandteile einer formalen Definition:

- Ein System von *Zellen*, von denen jede in endlich-vielen Zuständen existieren können. Die *Konfiguration* eines zellulären Automaten ist durch die Zustände aller seiner Zellen gegeben.
- Eine Nachbarschaftsrelation zwischen Stellen, die für je zwei Stellen ein für allemal entscheidet, ob sie benachbart sind oder nicht.
- Eine Vorschrift, die jeder Konfiguration eine *Nachfolgekonfiguration* zuordnet, so dass der Zustand jeder Zelle der Nachfolgekonfiguration sich nur aus den Zuständen dieser Zelle und den benachbarten Zellen bestimmt.

Offenbar sind dann nach Vorgabe einer Anfangskonfiguration alle nachfolgenden Konfigurationen eindeutig bestimmt. Das ist gerade das strikt deterministische Verhalten zellulärer Automaten.

Ein einfaches Beispiel eines zellulären Automaten ist Conways berühmtes *Spiel des Lebens*:

Die Zellen bilden ein rechteckiges Muster wie die Kästchen eines Rechenpapiers. Benachbart sind Zellen, die waagerecht, senkrecht oder schräg um eine Kästcheneinheit versetzt sind. Jede Zelle hat also acht Nachbarn. Die Zellen sind in einem von zwei Zuständen, nämlich entweder „lebend" oder „tot". Der Zustand jeder Zelle der Nachfolgekonfiguration ist durch folgende einfache Regeln bestimmt: Tote Zellen werden lebendig, wenn sie genau drei lebende Nachbarn haben, in allen anderen Fällen bleiben sie tot. Lebende Zellen bleiben am Leben, wenn sie zwei oder drei lebende Nachbarn haben, in allen anderen Fällen sterben sie.

Je nach Anfangskonfiguration können sich nach diesen Regeln Folgekonfigurationen in schier unendlicher Vielfalt und Komplexität entwickeln. Es gibt stabile, wandernde, periodisch wechselnde, letztlich absterbende und aus kleinen Anfängen explosionsartig anwachsende Konfigurationen wie den Kosmos aus dem „Big Bang". Man kann zeigen, dass sich sogar eine universelle Turingmaschine und damit jeder klassische Computer mit Conways zellulärem Automaten simulieren lässt, so dass die ganze Komplexität der Automatentheorie einschließlich der algorithmischen Unlösbarkeit des Halteproblems ins Spiel kommt.

Im physikalistischen Weltmodell ‘t Hoofts ist das physikalische Universum und damit das Weltganze ein riesiger zellulärer Automat. Es stellt sich natürlich sofort die Frage, wie der Determinismus eines Zellulären Automaten mit dem beobachteten Indeterminismus des Messergebnisses in der Quantentheorie verträglich ist. Die Antwort sieht ‘t Hooft darin, dass bereits im ersten Schritt des physikalischen Messprozesses, nämlich der Wahl der zu messenden Observablen, der Art der Messapparatur und des Ortes und der Zeit der Messung ein Indeterminismus in Wirklichkeit gar nicht bestehe.[3] Vielmehr sei auch der Experimentator nur Teil des strikt superdeterministischen universellen zellulären Automaten.

Es lässt sich erreichen, dass die Häufigkeit der Messergebnisse bei wiederholten Messungen derselben Observablen der quantenphysikalischen Wahrscheinlichkeitsverteilung entspricht. Die komplizierte, manchem wohl etwas gekünstelt erscheinende Argumentation ‘t Hoofts dazu kann hier nicht wiedergegeben werden.[4]

Das ‘t Hooftsche Weltmodell ist ganz von den ontologischen Vorstellungen der Klassischen Physik geprägt. Zur Materie-Geist-Problematik äußert er sich kaum. Wenn man die in der Einleitung gegebene Klassifikation möglicher Standpunkte zugrunde legt, dann darf man ihn wohl zwischen 1) und 2), vielleicht näher an 1), verorten.

Die Willensfreiheit des Experimentators hat im Weltmodell des Zellulären Automaten nur den Status einer Illusion, die allerdings wie alles andere den Stempel strikter Notwendigkeit trägt. Es erhebt sich die Frage, wie und warum der Zelluläre Automat dazu kommt, dass mit einer solchen Illusion behaftete und die physikalische Welt erforschende Beobachter samt ihren Illusionen mit Notwendigkeit auftreten. Ist es ihnen vergönnt, den wahren zellulären Mechanismus des Weltganzen samt Zellen, Zuständen und Entwicklungsgesetzen aufzudecken, und, wenn ja, ist ihr Befund dann wieder eine Illusion?

Mir scheint es sich mit der These des Superdeterminismus ähnlich zu verhalten wie mit dem Solipsismus: Logische Unwiderlegbarkeit, zusammen mit völligem Fehlen von Plausibilität. Fehlt mir die Sozialisation in der Prädestinationslehre, dass ich als Alptraum empfinde, was für andere Verheißung und überzeugende, glückliche Lösung ist?

---

3 Andernfalls wäre in der Tat wegen der Verletzung der Bellschen Ungleichungen in der Quantenmechanik eine deterministische lokal-realistische Hintergrundtheorie der Quantenmechanik unmöglich. Ob Zelluläre Automaten als lokal anzusehen sind, ist umstritten. Auch wird behauptet, dass Superdeterminismus mit lokalem Realismus prinzipiell unverträglich sei (Gao, 2019). Für uns wird es nicht um Lokalität gehen, sondern nur um eine kritische Diskussion des Superdeterminismus.

4 Für Kenner der Materie sei als eine Möglichkeit darauf hingewiesen, dass in ihrer Pfadintegralformulierung die Quantentheorie als Spezialfall der Klassischen Statistischen Mechanik erscheint und dass Stichproben der dabei auftretenden statistischen Gesamtheiten durch deterministische Pseudo-Zufallsgeneratoren erzeugt werden können.

2.2 *Physik der Unsterblichkeit und des Christentums nach F. Tipler*

Frank J. Tipler (* 1947), em. Professor für Physik an der Universität Andalusia, Alabama, ist ein christlich gläubiger radikaler Physikalist, für den Glaubensinhalte physikalische Tatsachen sind. Er sieht es demnach als seine Aufgabe an, Glaubenssätze wie die Existenz eines persönlichen, allmächtigen und allwissenden Gottes, ewiges Leben nach dem körperlichen Tod sowie Jungfrauengeburt, Wunder und Auferstehung Jesu Christi mit physikalischen Mitteln zu erklären. Nach der in der Einleitung gegebenen Klassifikation der Physikalismen wäre er dem Typ 3a) zuzuordnen, da er nicht zu einer Erweiterung der Physik greift, sondern die Lösung in einer „richtigen" Interpretation der akzeptierten zeitgenössischen Physik sucht. Seine Ansichten hat Tipler in zwei in den Jahren 1994 und 2008 erschienenen Sachbüchern dargelegt, die weltweite Verbreitung gefunden haben (Tipler, 1994, 2008). In aller Kürze seien hier die Gedankengänge Tiplers skizziert. Eine ausführlichere Darstellung seines Buches *Physik der Unsterblichkeit* habe ich an anderer Stelle gegeben (Römer, 1998).

Tiplers Hilfsmittel in seinen Unterfangen sind Quantentheorie und Allgemeine Relativitätstheorie. Er hat in früheren physikalischen Arbeiten Anerkanntes zu kosmologischen Lösungen der Einsteinschen Grundgleichung der Allgemeinen Relativitätstheorie, die das Weltall als Ganzes beschreiben, beigetragen. Hierbei hat er sich besonders mit kosmologischen Lösungen beschäftigt, die der so genannten *Ω-Randbedingung* genügen. Hiermit ist gemeint, dass die Raum-Zeitmetrik des Universums genau einen in der fernen Zukunft gelegenen Ω-Randpunkt besitzt, von dem aus gesehen Signale von allen raum-zeitlichen Punkten der Vergangenheit des Universums vorliegen. (Wegen der Endlichkeit der Ausbreitung von Signalen ist im Allgemeinen in einem Raum-Zeitpunkt nicht die ganze Vergangenheit sichtbar.)

Vom Ω-Randpunkt aus ist also die gesamte Entwicklung des Universums sichtbar. Ω-Universen sind solche Universen, deren Expansion nach einiger Zeit in Kontraktion übergeht und die nach einer im Allgemeinen langen, aber immer noch endlichen Weltzeit in einem Punkt, eben dem Ω-Punkt, kollabieren.

Solche Ω-Universen haben nun laut Tipler ganz von selbst bemerkenswerte zusätzliche Eigenschaften:

- Wegen der Ω-Randbedingung wächst bei Annäherung an den Ω-Punkt die Rate der zugänglichen Information so rasch, dass nach subjektiver Zeit, deren Maß die aufgenommene Information ist, der Punkt erst im Unendlichen erreicht wird, obwohl die Weltzeit bis zu ihm endlich ist.
- Bei Annäherung an den Ω-Punkt werden so hohe Temperaturen und Dichten erreicht, dass Leben in der heutigen an Kohlenstoffverbindungen gebundenen

Form unmöglich wird. In einem Prozess kosmischer Zusammenarbeit steigt das Leben auf immer neue materielle Substrate um und existiert schließlich in der Form eines den ganzen Kosmos ausfüllenden Quantencomputers. So erfährt das Universum bei der Annäherung an den Ω-Punkt eine fortwährende Vergeistigung.

- Die Kontraktion am Ω-Punkt ist instabil. Unter Ausnutzung von Instabilitäten kann das Leben die Entwicklung des Kosmos, und damit seine eigene Entwicklung, planmäßig steuern und u. a. seinen Energiebedarf decken. Das All entwickelt sich in einen Zustand der Autonomie und Freiheit.

Es liegt für Tipler nun nahe, Gott mit diesem Ω-Punkt zu identifizieren, auf den sich das Universum hin entwickelt. In der Tat ist die Beziehung „Ω-Punkt" der evolutionären Kosmotheologie Teilhard de Chardins entlehnt.

Dieser Ω-Gott hat dann – wieder mit Notwendigkeit – folgende Eigenschaften:

- Immanenz im All (Transzendenz nur insofern, als die Ω-Singularität nicht selbst zur Raum-Zeit gehört)
- Fientität: Gott ist ein Werdender, sich in der Entwicklung des Alls Entfaltender
- Allgegenwart
- Allwissenheit (da alles im Horizont des Ω-Punktes liegt)
- Allmacht (durch Ausnutzung von Instabilitäten)
- Personalität (wegen der fortschreitenden Vergeistigung)

Die Wiederbelebung der Verstorbenen erfolgt „einfach" durch Simulation auf dem kosmischen Supercomputer.

Selbst radikale Physikalisten werden in ihrer Mehrheit sicher nicht Tiplers physikalischer Deutung religiöser Glaubensinhalte zustimmen. Immerhin zeigen seine Darlegungen, dass eine solche zumindest logisch möglich ist. Einzuwenden ist allerdings, dass nach allem, was wir heute seitens der beobachtenden Kosmologie annehmen müssen, das Universum kein Ω-Universum ist.

Mit physikalischen Mitteln, die wir hier nicht beschreiben können, bietet Tipler auch Lösungen zu den Problemen der Willensfreiheit und der Theodizee an.

In der *Physik des Christentums* wird die Jungfrauengeburt Jesu durch Parthenogenese aus einer unbefruchteten Eizelle erklärt. Jesus wäre dann einer der seltenen Fälle eines Mannes mit zwei X-Chromosomen gewesen. Tipler hält es für möglich, dass das Leichentuch von Turin darauf Hinweise gibt. Physikalische Deutungen für verschiedene überlieferte Wunder Jesu werden vorgestellt. Die Auferstehung Christi geschah nach Tipler durch „entmaterialisierende" Baryonenvernichtung in Neutrinostrahlung. Wieder sieht er in den Spuren auf dem Turiner Leichentuch eine Bestätigung dieser

These (Tipler, 2008, Kap. VIII). In der Endzeit nahe dem Ω-Punkt wird

> Jesus aus der Kosmologischen Singularität herabsteigen und sich durch die Universen des Multiversums bewegen, um erneut menschliche Gestalt anzunehmen und Fleisch zu werden. Er wird persönlich eingreifen, um die neue Quelle der Superenergie und die künstliche Intelligenz daran zu hindern, die Menschen vollständig zu vernichten. Stattdessen wird er sowohl die Menschen als auch die neuen Intelligenzen anführen (Tipler, 2008, S. 375).

Der letzte Satz in der *Physik des Christentums* lautet: „Ich würde das Christentum zu einem Zweig der Physik machen."

Ich für meine Person bin froh, dass eine aufgeklärte Theologie solche physikalischen Konstruktionen nicht benötigt. Erstaunlich ist die Zustimmung, mit der ein renommierter evangelischer Theologe wie Wolfhard Pannenberg Tiplers *Physik der Unsterblichkeit* aufnimmt (Pannenberg, 2000), nachdem man eigentlich angenommen hatte, dass die Theologie endgültig von Gottesbeweisen Tiplerscher Art Abstand genommen hätte.

2.3 *Burkhard Heim*

Das Leben des Physikers Burkhard Heim (1925–2001) ist durch eine schwere Behinderung überschattet. Abkommandiert an die Chemisch-Technische Reichsanstalt, verlor er 1944 bei einem Explosionsunfall beide Hände und war in der Folge fast blind und schwer hörgeschädigt. Trotz seiner Behinderung studierte er Physik an der Universität Göttingen und erwarb im Jahre 1954 den Grad eines Diplomphysikers mit einer Arbeit über die Physik des Supernovarestes im Sternbild Krebs, die von den hoch renommierten Physikern Carl Friedrich von Weizsäcker und Richard Becker betreut wurde. Bald darauf arbeitete er als Privatgelehrter in selbstgegründeten Forschungsinstituten an seinen ehrgeizigen physikalischen Theorien, die nicht nur im Geiste der späten Einsteinschen Arbeiten an einer universellen Feldtheorie die Vereinigung von Elektrodynamik und Gravitationstheorie, sondern auch eine endgültige Theorie der Elementarteilchen und die Einbeziehung von Geistig-Mentalem in die Physik anstrebten. Auch suchte er Anwendungen seiner Theorien zur Abschirmung von Gravitationskräften.

Es ist ihm in seinen zahl- und umfangreichen Schriften (z. B. Heim, 1982, 1996/1998) nie gelungen, seine Ideen formal so auszuarbeiten, dass sie für kompetente Physiker nachvollziehbar wurden. Es gibt nur eine einzige zehnseitige Arbeit von ihm in einer begutachteten physikalischen Zeitschrift (Heim, 1977), die er auf Drängen des bekannten Heisenbergschülers, Max-Planck-Direktors, Naturphilosophen und Friedens- und Umweltaktivisten Hans Peter Dürr (1929–2014) verfasste. Diese Arbeit ist verbal und enthält keine wirklichen mathematisch-physikalischen Beweise. Es wird lediglich auf anderweitige ausführliche Ausarbeitungen verwiesen. Heim bezeichnet seine Theorie als Quantenfeldtheorie. Zu den 3+1 Dimensionen der physikalischen Raum-Zeit treten zwei zeitartige, eher spirituell zu interpretierende Dimensionen hinzu. Heim gibt eine Formel für die Massen aller Elementarteilchen, die nie wirklich verstanden und verifiziert werden konnte. In der Tat hatte man im Jahre 1977, als Heims Arbeit erschien, schon ganz andersartige Vorstellungen, welche Teilchen als elementar zu betrachten seien. Im Sinne unseres Klassifikationsversuches wäre Heims Weltentwurf wohl als Physikalismus vom Typ 3b) mit erweiterter Physik zu bezeichnen.

Man muss mit großem Bedauern zugeben, dass die Heimschen Theoriebildungen vom tragischen Scheitern eines hochintelligenten, tapferen und originellen Menschen zeugen. Sie tragen den Stempel fixer Ideen, überspannten Ehrgeizes und der Überschätzung der eigenen Kraft. Heims Charisma versammelte einen Kreis ergebener Jünger um ihn, die bis heute versuchen, sein Werk zu verbreiten, zu erklären und fortzuführen. Solche Bemühungen sind allerdings ins unbestreitbar Unseriös-Esoterische abgeglitten (v. Ludwiger, 2012, 2013; Mögele, 2018).

2.4 Hyperraummodell von B. Carr

Bernard Carr (*1949) ist emeritierter Professor für Mathematik und Astronomie an der Queen Mary-Universität in London. Er studierte Relativitätstheorie und Kosmologie an der Universität Cambridge bei Stephen Hawking. Auf dem Gebiet der Physik sind seine Beiträge zur Relativitätstheorie und zur Quantentheorie Schwarzer Löcher allgemein anerkannte Leistungen. Er ist langjähriges Mitglied der englischen Society for Psychical Research, die sich mit der Erforschung der Parapsychologie beschäftigt, und war von 2000 bis 2004 ihr Präsident.

Außerhalb der Physik im engeren Sinne steht im Mittelpunkt seines Interesses die Frage nach dem Verhältnis von Geist und Materie, insbesondere auch in Bezug auf das theoretische Verständnis paranormaler Phänomene. Im Laufe der Jahre ist dabei ein umfangreiches und weit verzweigtes Gedankengebäude entstanden, dessen umfassende Beschreibung und Bewertung keine leichte Aufgabe und in der hier gebotenen Kürze nicht zu bewältigen ist. Zur Orientierung sei auf den material- und gedankenreichen Aufsatz „Hyperspacial Models of Matter and Mind" (Carr, 2015) verwiesen, dessen Grundgedanken ich hier wiedergeben möchte.

Um die menschliche Geistestätigkeit in eine physikartige Naturbeschreibung einzubeziehen, schlägt Carr über die 3+1 Dimensionen der physikalischen Raum-Zeit hinaus die Einführung zusätzlicher geistaffiner Dimensionen vor. Die erste davon ist die „erlebte" innere Zeit t_2, die im Gegensatz zur physikalischen Zeit „Skalenzeit" t_1, bei der alle Zeitpunkte gleichberechtigt sind, ein ausgezeichnetes Zeitfenster „Jetzt" besitzt, das sich von der Vergangenheit in die Zukunft schiebt. Durch Hinzunahme weiterer vornehmlich zeitlich vorgestellter Dimensionen entsteht eine höher dimensionale *„Universal Structure"* S. Die Carrsche Theorie wird als *„Transzendentale Quantenfeldtheorie"* auf S bezeichnet (Carr, 2015, S. 253). Die universelle Struktur offenbart sich in der Form von *„percepts"* P_i, übersetzbar vielleicht durch „Wahrnehmungsweisen", die aus S durch Einschränkung auf „Schnitte", d. h. Untermengen geringerer Dimension entstehen, die manchmal auch als *„actuality plains"* (Aktualitätsebenen) bezeichnet werden. Die Projektionen von S auf die *percepts* nennt Carr *„aspect maps"* (Aspektabbildungen). Die Physikalische Welt ist in dieser Nomenklatur ein „physical percept", das gerade der Einschränkung der universellen Struktur auf physikalische Dimensionen entspricht. An den erlebten, phänomenalen *percepts* sind auch die anderen, nicht-physikalischen Dimensionen beteiligt. Carr legt sich nicht auf Zahl und Art der zusätzlichen, wie gesagt zeitähnlichen, Dimensionen fest. Erst recht verzichtet er auf eine Festlegung auf die genaue Gestalt der Transzendentalen Quantenfeldtheorie auf der universellen Struktur.

Er fasst allerdings eine hierarchische Ordnung der *percepts* nach dem Grad der Interpersonalität ins Auge. Danach unterscheidet er in aufsteigender Folge normale, paranormale und transpersonale *percepts* und innerhalb jeder dieser Gruppen nochmals nach dem Grad ihrer Geistartigkeit. Zu den normalen *percepts* zählt er physikalische Sinnesdaten, physikalische Erinnerungen, Visualisierungen und Träume.

Das Gehirn gehört als physikalisches System ganz in den physikalischen Bereich. Erinnerungen reichen wegen ihrer Geistartigkeit über das Gehirn hinaus. Allgemeiner ist das Gehirn nicht als Sitz des Bewusstseins, sondern nur als Empfänger von Bewusstsein zu verstehen, ähnlich wie ein Fernseher nicht der Sitz, sondern der Empfänger von Programmen ist.

Carr lässt offen, welcher Art die Strukturen im universellen Raum sind, er spekuliert aber mit der Möglichkeit von sog. *„branes"*. Dieser Terminus ist der Stringtheorie oder ihrer Erweiterung, der M-Theorie, entnommen und meint Strukturen, die nicht die gesamte Raum-Zeit ausfüllen, sondern stark auf Bereiche niedrigerer Dimension konzentriert sind, also eindimensionale fadenförmige, zweidimensionale membranförmige oder höherdimensionale braneförmige Gestalt haben. (Der Name *„brane"* leitet sich von „membrane" ab, mit der Maßgabe, dass eine *brane* nicht zweidimensional zu sein braucht.) Was außerhalb der *branes* liegt, wird als *„bulk"* bezeichnet. Carr lässt sich von dem kosmologischen *Brane*-Modell von L. Randall und R. Sundrum anregen (Randall & Sundrum, 1999). Nach Carr könnte die physikalische Welt eine 4-dimensionale *brane* sein, die im universellen Raum um die 4-dimensionale Raum-Zeit herum konzentriert ist. Bewusstsein und Gedächtnis wären dann nicht auf die physikalische 4-*brane* konzentriert, sondern reichten weiter in den *bulk* hinein, der nach Carr, da er nicht physikalisch ist, notwendigerweise geistartig sein muss (Carr, 2015, S. 253).

„*Specious present*" („trügerische Gegenwart") ist ein weiteres Konzept Carrs, auf das wir hier kurz eingehen möchten. Wir haben bereits erwähnt, dass das „Jetzt" ein Fenster in der inneren Zeit ist, das sich in die Zukunft schiebt. Innerhalb dieses Fensters gibt es nur Gegenwart und kein Nacheinander von Vergangenheit, Gegenwart und Zukunft. In normalen Bewusstseinszuständen mit wesentlicher Beteiligung des Gehirns hat das Fenster des „Jetzt" eine Breite Δt_2, die etwa 1/40 Sekunde in der physikalischen Zeit entspricht, was mit der Frequenz des auffälligen und stabilen Gamma-Bandes im EEG des menschlichen Gehirns übereinstimmt. Wenn sich das Bewusstsein weniger auf das Gehirn stützt, könnte nach Carr Δt_2 sehr viel größer werden, so dass für größere Zeitspannen Vergangenheit, Gegenwart und Zukunft zusammenfielen. Carr regt an, auf diese Weise paranormale Präkognition zu erklären. Er spekuliert auch über die Veränderlichkeit der Fensterweite des „Jetzt" in anderen zeitartigen Koordinaten der universellen Struktur.

Wir können hier nicht weiter auf die originellen und phantasievollen Erklärungsansätze für andere paranormale Effekte eingehen, die Carr mit Hilfe zusätzlicher Dimensionen, *brane* und *bulk* und *specious present* vorschlägt.

Nach der Klassifikation physikalistischer Modelle, die wir im ersten Abschnitt versucht haben, erscheint Carrs Modell als klarer Fall von Physikalismus mit erweiterter Physik. Dem steht allerdings eine isolierte Bemerkung Carrs (2015, S. 254) entgegen, in der er betont, dass er sich auf die erkennende Tätigkeit des Geistes konzentriert habe und anderes wie Wollen und Fühlen ausgeblendet habe. Er erhebe deshalb nicht den Anspruch, eine vollständige physikartige Theorie des Geistes zu besitzen. Man hat allerdings den Eindruck, dass es sich hierbei um einen Vorbehalt handelt, mit dem nicht wirklich Ernst gemacht wird. Wesentliche Bereiche des Geistigen werden jedenfalls in ein physikalisches Modell einbezogen. Man sollte vielleicht Carrs Modell als Physikalismus vom Typ 3b) mit leicht eingeschränktem Universalitätsanspruch ansehen. Die ersten vier Charakteristika des Physikalismus scheinen recht klar erfüllt zu sein. Das unter Punkt 1 genannte Weltsubstrat der universellen Struktur wird übrigens als informationsartig angesehen (Carr, 2015, S. 269). Die Quantentheorie spielt in Carrs Überlegungen keine Hauptrolle, obwohl er seine Theorie als Transzendentale Quantenfeldtheorie bezeichnet. Die quantentheoretischen Figuren der Komplementarität und Verschränkung finden kaum Verwendung.

Selbst Freunde physikalistischer Weltmodelle werden wohl Einwände gegen die Carrschen Theorien haben: Die Transzendentale Quantenfeldtheorie steht auf sehr unsicheren Füßen. Es ist nicht auszumachen, wie man die Zahl und Art der zusätzlichen Dimensionen der universellen Struktur genauer bestimmen soll, es erhebt sich der Eindruck inflationärer Willkür. Gänzlich unbestimmt bleibt die Gestalt der Transzendentalen Quantenfeldtheorie. Bei allem Einfallsreichtum bleibt doch Entscheidendes Spekulation, über die hinaus kein Weg sichtbar wird.

Zusätzliche Raumdimensionen treten auch in der „orthodoxen" Physik, etwa in der Stringtheorie und M-Theorie auf, aber jenseits der vier gewöhnlichen Raum-Zeitdimensionen wartet dort nur Physik und nicht etwa Geistiges. Zwar sind die zusätzlichen Dimensionen Carrs eher zeitartig als raumartig, aber es gibt meines Erachtens keinen zwingenden Grund, sie als geistartig zu identifizieren.

2.5 Dualistische Quantenwelt nach Stapp

Der US-amerikanische Physiker Henry P. Stapp (* 1928) war in den 1960er Jahren einer der führenden Vertreter der sog. *Bootstrap-Theorie* der analytischen S-Matrix, die für einige Zeit die vorherrschende Theorie der Elementarteilchen war, bis sie durch die Quantentheorien von Eichfeldern abgelöst wurde, zu denen das sehr erfolgreiche Standardmodell der Teilchenphysik gehört. Seit Jahrzehnten beschäftigt sich Stapp mit der philosophischen Deutung der Quantentheorie, besonders mit der Frage nach der Bedeutung menschlichen Bewusstseins bei der Reduktion der Wellenfunktion im quantenmechanischen Messprozess.

Stapp argumentiert im Rahmen der „orthodoxen Quantenmechanik" in der allgemein als definitiv anerkannten mathematischen Gestalt, die ihr John von Neumann bereits im Jahre 1932 gegeben hat (Neumann, 1932).

Das Anliegen Stapps besteht darin, mit den Mitteln der orthodoxen Quantenmechanik die Existenz von Mentalem, die Freiheit des menschlichen Willens und die Möglichkeit kausaler Einwirkung von Mentalem auf Materielles zu verstehen und damit gerade das zu sichern, was vom strikten Naturalismus bestritten wird (Stapp, 2015, 2017).

Entscheidend ist, dass ein physikalisches System in der Quantenmechanik immer als ein beobachtetes zu betrachten ist. Zwischen Beobachter und Beobachtetem liegt der *Heisenbergsche Schnitt*. Wie erwähnt, werden Messergebnisse immer mit Begriffen der Klassischen Physik beschrieben. Bei einer rein physikalistischen Deutung des Messprozesses besteht ein Nebeneinander von Klassischer Physik und Quantenphysik: Auf der Beobachterseite des Heisenberg-Schnittes herrscht die Klassische Physik, die Quantenphysik ist für die andere Seite zuständig. Von Neumann hat gesehen, dass der Heisenbergsche Schnitt verschiebbar ist. Vom Beobachter aus kann die Messapparatur wahlweise diesseits oder jenseits des Schnittes gesehen werden. Dasselbe gilt für den Leib des Beobachters einschließlich seines Gehirns. Unaufhebbar ist aber die Existenz eines letztlich Beobachtenden und eines Schnittes zwischen ihm und dem Beobachteten. Im Extremfall ist für Stapp die beobachtende Instanz ein bewusstes und freies *„abstraktes Ego“* (Stapp, 2015, S. 166). Die Folge davon ist ein physikalischer Dualismus. Auf der einen Seite Geist und Klassische Physik, auf der anderen Seite Materie und Quantenphysik.

Nach der im ersten Abschnitt gegebenen Klassifikation ist die Stappsche Theorie ein quantenphysikalistisches Weltmodell vom Typ 3a) ohne Erweiterung der Physik, aber mit einer nicht-materialistischen Interpretation der Quantentheorie und einem dualistisch konzipierten Weltsubstrat. Bezeichnend für Stapps physikalistische Einstellung ist auch seine Konzentration auf effizient-kausale physikalische Erklärungen. Von der quantentheoretischen Figur nicht-kausaler Verschränkungskorrelationen wird wenig Gebrauch gemacht.

Das Gehirn ist für Stapp ein quantenphysikalisch funktionierendes System. Die Passung des Gehirns an die klassische Welt des Beobachters versucht Stapp dadurch zu erklären, dass gegen Ende einer Messung ein so genannter *kohärenter Zustand* des Gehirns vorliegt, das heißt ein Zustand minimaler quantentheoretischer Unbestimmtheit für einige klassische Observablen. Wichtig für die Funktion des Gehirns ist der so genannte *Quanten-Zeno-Effekt* (Misra & Sudarshan, 1977): Wenn sich ein quantenmechanisches System nach einer Messung in einem Eigenzustand der gemessenen Observablen befindet, dann kann dieser Eigenzustand stabilisiert, gewissermaßen festgenagelt werden, indem man in rascher Folge immer wieder dieselbe Observable misst. Das abstrakte Ego kann durch geschickte Wahl einer Folge von gemessenen Observablen und unter Ausnützung des Quanten-Zeno-Effektes im Gehirn ein *„template for action“* (Handlungsvorlage, Handlungsschablone) erzeugen, das dann weiter in die materielle Welt hineinwirkt (Stapp, 2015, S. 169). Nach gut begründeter Ansicht der Mehrheit der Hirnphysiologen spielen allerdings Quanteneffekte im Gehirn keine entscheidende Rolle, sondern erzeugen allenfalls ein störendes Rauschen, aber keine koordinierten Prozesse (Hepp, 1999; Koch & Hepp, 2006).

Stapp hält es für möglich, dass das abstrakte Ego sich aus seiner besonderen Bindung an das individuelle Gehirn lösen und damit auch den körperlichen Tod überstehen kann (Stapp, 2015, S. 181). Auch entwirft er quantenphysikalische Mechanismen für paranormale Phänomene. In diesem Zusammenhang schlägt er eine *„semiorthodoxe“* Erweiterung der Quantenmechanik vor, die an deren Voraussagen nichts ändert, aber annimmt, dass die Zufälligkeit beim Kollaps des Zustandes nicht gänzlich blind, sondern von „zureichenden Gründen“ in der Natur geleitet sei. Auf eine eingehendere Darstellung seiner Überlegungen müssen wir an dieser Stelle unter Hinweis auf seine hier zitierten Schriften verzichten.

Besonders angreifbar erscheinen mir seine Annahmen zur quantentheoretischen Funktionsweise des Gehirns. Unbefriedigend wird für viele auch sein ontologischer Dualismus sein, der in der gegenwärtigen Philosophie wenige Anhänger hat. Immerhin ist Stapps Welt geräumiger als Vollmers „sparsam möblierte Welt". Einer Kritik aller physikalistischen Weltmodelle werden wir uns im dritten Abschnitt zuwenden.

2.6 „Protyposis" nach Görnitz

Thomas Görnitz, geboren 1944 in Leipzig, bewies schon als Schüler sein mathematisches Talent durch Erfolge bei Mathematik-Olympiaden. Nach der Promotion in Physik fand seine wissenschaftliche Laufbahn in der DDR ein jähes Ende, als er 1976 einen politisch motivierten Ausreiseantrag stellte und nur noch als Totengräber Arbeit fand. Im Jahr 1979 konnte er in die BRD umsiedeln. 1982 erhielt er eine Anstellung bei Carl Friedrich von Weizsäcker am Max-Planck-Institut zur Erforschung der Lebensbedingungen der wissenschaftlich-technischen Welt. Von 1994 bis zu seiner Emeritierung 2009 bekleidete er eine Professur für Didaktik der Physik an der Universität Frankfurt. Seine physikalisch basierte Weltsicht hat er, zum Teil zusammen mit seiner Frau, der Tierärztin und Tiefenpsychologin Brigitte Görnitz, in zahlreichen Schriften, Vorträgen und Seminaren ausführlich dargelegt und verbreitet (Görnitz, 1999; Görnitz & Görnitz, 2002, 2008, 2016). Wenn wir im Folgenden vom Görnitzschen Modell sprechen, sind beide gemeint. Wir können hier nur die Grundzüge des so entstandenen weit verzweigten Gedankenkomplexes benennen.

Das „Weltsubstrat" ist für Görnitz quantenphysikalisch zu beschreibende Information, von ihm „*Protyposis*" benannt (Görnitz & Görnitz, 2002, S. 6, 114ff.). Die kleinste Menge von Information ist ein Bit, was genau einer Ja-Nein-Alternative entspricht. Ein *Quantenbit*, auch Q-bit genannt, wird durch einen 2-dimensionalen Hilbertraum beschrieben. Görnitz schätzt die Anzahl N der kosmischen Q-bits auf gigantische $N = 10^{122}$ (Görnitz & Görnitz, 2002, S. 355). In der Sprache der Quantenphysik erfolgt demnach die mathematische Beschreibung der Protyposis durch die N-fache tensorielle Potenz eines zweidimensionalen Hilbertraumes. Den Grundgedanken einer quantenphysikalischen Weltbeschreibung durch elementare Ja-Nein-Alternativen hat Görnitz von der „Ur-Theorie" seines Mentors C. F. von Weizsäcker übernommen und in der Folge ausgearbeitet, erheblich ausgeweitet und zu einem umfassenden physikalischen Weltmodell für Geist und Materie weiterentwickelt.

Weil Görnitz auch den quantentheoretischen Messprozess mit physikalischen Mitteln erfassen möchte, hat für ihn die Weltbeschreibung die „*Schichtenstruktur*" eines unauflöslichen Miteinanders und gegenseitiger Abhängigkeit von Klassischer Mechanik und Quantenmechanik (Görnitz, 1999, S. 181ff.; Görnitz & Görnitz, 2002, S. 12). Im Gegensatz zum Stappschen Dualismus vertritt also Görnitz einen physikalischen Monismus mit einer januskopfigen klassisch-quantenartigen Physik. Er legt Wert darauf, dass die so verstandene orthodoxe Physik, die weitgehend mit der Kopenhagener Deutung der Quantenphysik übereinstimmt, für ein physikalisches Weltmodell ausreicht und keiner Erweiterung bedarf.

„*Protyposis*", übersetzbar etwa mit „*Unausgeprägtheit*", ist die von Görnitz eingeführte Bezeichnung für eine Art von „*Prä-Information*", noch ohne ausdifferenzierte Bedeutung. Im gewöhnlichen Sprachgebrauch setzt Information dreierlei voraus: erstens ein „beobachtetes System", den „*Sender*", zweitens einen „Beobachter", den „*Empfänger*", und drittens „*Bedeutung*", die vom Empfänger „verstanden" wird und durch welche seine „Beobachtungen" zu „*Signalen*" werden. Das entspricht der Trias „beobachtetes System", „Beobachter" und „Observable" im physikalischen Messprozess. Zwar benötigt die quantitativ messbare Shannonsche Information nur eine Wahrscheinlichkeitsverteilung auf einem Satz von Zuständen für die Quanteninformation auf einer Basis im physikalischen Hilbertraum, ohne dass dieser Verteilung „Bedeutung" zugeschrieben wird. Aber zur Definition einer Wahrscheinlichkeitsverteilung muss zumindest die Existenz einer Partition von Zuständen vorausgesetzt werden.

Görnitz nimmt an, dass sich höhere physikalische Strukturen, Bedeutung, Leben, Geist und Bewusstsein im Laufe der kosmischen Evolution emergenzartig ausdifferenzieren.

Die Existenz teilchenartiger physikalischer Objekte sieht Görnitz dadurch als gesichert an, dass sich die Erzeugenden der Raum-Zeit-Transformationen der Relativitätstheorie in bekannter Weise aus Tensorprodukten von Pauli-Matrizen konstruieren lassen, wobei in der Quanteninformatik die Pauli-Matrizen gerade die Observablen der Quantenbits sind (Görnitz & Görnitz, 2002, S. 356ff.).

„Bedeutung" tritt evolutiv im Zusammenhang mit Leben auf: „Leben ist Schaffung von Bedeutung aus bedeutungslosen Informationen" (ebd., S. 149; zur Emergenz von Bedeutung: Kornwachs, 1998).

Bewusstsein taucht auf, wenn in selbstbezüglicher Weise auf Bedeutung von Bedeutung reflektiert wird: „Bewusstsein als selbst erlebende Quanteninformation" (ebd., S. 290ff.).

Die Freiheit des menschlichen Willens erkennt Görnitz in der Schichtenstruktur der Naturbeschreibung wieder: „Die dynamische Schichtenstruktur ermöglicht eine zutreffende Beschreibung des freien Willens" (ebd., S. 311). Das ist durchaus überzeugend, denn die Freiheit ist in diesem Zusammenhang die Freiheit des Experimentators bei der Wahl seiner Fragestellung. Zu beachten ist hierbei aber meines Erachtens, dass die Schichtenstruktur erst möglich wird, wenn Bedeutung, Bewusstsein und Freiheit bereits vorhanden sind, so dass die Freiheit nicht durch die physikalische Schichtenstruktur erklärt wird, sondern die Freiheit in der Schichtenstruktur vorausgesetzt wird.

Nach unserem Einteilungsschema wäre das Görnitzsche Weltmodell als Modell vom Typ 2 einzuordnen.

Auf die Problematik der Emergenzvorstellung haben wir bereits hingewiesen. An anderer Stelle (Römer, 2017; Kap. 9) haben wir argumentiert, dass im Emergenzprozess Konzepte nicht neu geboren werden, sondern bereits Existentes als anwendbar ins Spiel kommt. In der Tat muss ja zumindest die Möglichkeit des Emergierens von „Neuem" bereits in irgendeiner Form angelegt sein. Hilfreich könnte hier das Konzept der „*Implicate vs. Explicate Order*" nach David Bohm sein (Bohm, 1980; Pylkkänen et al., 2014).

Bei aller Kritik im Einzelnen hat für mich das Görnitzsche Weltmodell von den hier genannten Physikalismen den höchsten Grad an Plausibilität. Es ist eine Theorie, die Geistigem volle ontologische Dignität zugesteht und sich insofern einem evolutiven Typ 3a) annähert: „Die abstrakte Information ist so real wie Materie und Energie und kann auf beide wirken" und „Mit der Verobjektivierung von Information wird eine Wechselwirkung von Geistigem mit Materiellem im Rahmen der Naturwissenschaften denkbar" (Görnitz & Görnitz, 2002, S. 119). Im Vergleich zur Stappschen Theorie wird ein Materie-Geist-Dualismus vermieden. Auch kommt Görnitz ohne die außenseiterische Annahme aus, dass Quantenphysik zum Verständnis der Hirnfunktion entscheidend sei.

Es ist nun an der Zeit, das Konzept des Physikalismus als solches einer kritischen Analyse zu unterziehen, die dann auch den Görnitzschen Ansatz betrifft.

3. Physikalismus: Erkenntnistheoretische Kritik

Eine gelungene physikalische Messung oder die Aufstellung einer erfolgreichen physikalischen Theorie ist immer mit einem Erkenntnisgewinn verbunden. Die Physik kann nicht ihre eigenen Grundlagen legen, vielmehr muss die Reflexion auf die Grundlagen der Physik mit Erkenntnistheorie beginnen. Erst in einem zweiten Schritt kann dann der physikalische Erkenntnisprozess einer physikalischen Analyse unterzogen werden, deren Ergebnis mit einer akzeptablen Erkenntnistheorie verträglich sein muss. Eine umfassende Klassifizierung aller akzeptablen Erkenntnistheorien wäre ein aussichtsloses Unterfangen. Zum Glück genügen für eine erkenntnistheoretische Kritik physikalistischer Weltmodelle einige wenige epistemologische Grundannahmen:

1. Es gibt gelingende Erkenntnis. Ihr Ergebnis erhebt einen berechtigten Anspruch auf Gültigkeit und Wahrheit. (Die Behauptung des Gegenteils würde an der Antinomie vom Lügner scheitern.)

2. Jede Erkenntnis ist Erkenntnis von etwas, dem Erkannten, durch jemanden, den Erkennenden. Zwischen erkennender Instanz und dem Gegenstand der Erkenntnis liegt unaufhebbar ein *„Epistemischer Schnitt"*. Das Erkannte liegt stets jenseits des Epistemischen Schnittes, so dass sich in der reinen Erkenntnistheorie die letztlich erkennende Instanz nicht selbst erkennen kann und auf den Status eines *„Transzendentalen Subjektes"* eingeschränkt ist.

3. *Phänomenaler Charakter der Wirklichkeit:* Die Präsenz des Erkannten für den Erkennenden hat, wie erwähnt, primär die Form von phänomenaler „Faktizität" auf seiner „Bühne".

4. Erkenntnisgewinnung ist eine Tätigkeit des Erkennenden. Er muss die Möglichkeit einer freien Wahl seines Erkenntnisgegenstandes und seiner Fragestellung haben.

5. Es gibt Erkenntnis von Erkenntnissen: Einzelerkenntnisse können unter Beachtung der Logik in geordneten theorieartigen Systemen organisiert werden, in denen erkennbare Regelmäßigkeiten herrschen.

6. Über die in diesen Punkten genannten Grundannahmen hinaus gibt es für Erkenntnistheorie als solche keine Einschränkung möglicher Erkenntnisgegenstände und Fragestellungen.

Einige Folgerungen, Beobachtungen und Erläuterungen schließen sich hier direkt an:

Wir sehen ohne Mühe, dass die physikalische Erkenntnisgewinnung durch Messung und Theoriebildung in den hier gegebenen allgemeinen Rahmen passt. Insbesondere findet man die Dreiheit „Erkennende Instanz", „Erkenntnisgegenstand", „Fragestellung" in der physikalischen Trinität „Beobachter", „beobachtetes System", „Observable" wieder. Die unter 5. genannten Regelmäßigkeiten sind die physikalischen Gesetze.

Wie der Wahrheitsanspruch einer Erkenntnis genauer zu verstehen ist, welcher Art die Beziehung zwischen Erkennendem und Erkanntem ist, welche Seinsweise den Observablen zuzuschreiben ist, ob und wo Grenzen legitimer Erkenntnisgegenstände und Fragestellungen gesehen werden und wo das unbehauste transzendentale Subjekt seinen Platz findet, hängt im Einzelnen von ontologischen Festlegungen ab, die sogar von Physikern unterschiedlich getroffen oder auch zurückgestellt werden.

Die Quantenphysik, wie wir sie im ersten Abschnitt umrissen haben, betont durch die zentrale Bedeutung, die sie dem Messprozess zuschreibt, in besonderer Weise die Phänomenalität der Welt, die für die Klassische Physik von geringerem Belang ist. Der Heisenberg-Schnitt ist gerade der Epistemische Schnitt in der Sprache der Quantentheorie. Die Quantenphysik berücksichtigt ganz besonders die fundamentale Tatsache, dass durch eine Messung im Allgemeinen der Zustand des gemessenen Systems verändert wird. Dadurch tritt die Figur der Komplementarität ins Blickfeld. Sie schränkt die Möglichkeit simultaner physikalischer Prädizierung durch verschiedene Observablen für den Fall ein, dass die Observablen zueinander im Verhältnis der Komplementarität stehen, dass also die Reihenfolge ihrer Messung bedeutsam ist. Komplementarität von globalen und lokalen Observablen führt, wie ebenfalls schon erwähnt, zur holistischen und nicht-kausalen Figur der Verschränkung.

Gegenstände menschlicher Erkenntnis sind natürlich nicht nur, ja nicht einmal vornehmlich, physikalischer Art. Erkenntnisbemühen richtet sich auf so unterschiedliche Gegenstände wie Literatur, bildende Kunst, Geschichte, mathematische Objekte, Ökonomie, ethische Werte, Emotionen und sogar auf Erkenntnistheorie.

Dass „Messungen" im Sinne von Erkenntnisprozessen den Zustand von „Systemen" verändern können, ist außerhalb der Physik eher die Regel als die Ausnahme. Das ist in geradezu paradigmatischer Weise der Fall für die menschliche Psyche aus der Perspektive der Selbstbeobachtung. Indem man sich durch Introspektion ein Urteil über seinen psychischen Zustand verschafft, verändert man diesen *ipso facto*. Ähnliche Verhältnisse liegen in Diskurs- und Glaubenssystemen vor und allgemeiner dann, wenn es um den menschlichen Geist und seine Hervorbringungen geht.

Wie schon in der Einleitung erwähnt, lässt sich eine *Verallgemeinerte Quantentheorie* (VQT) formulieren, die es erlaubt, quantentheoretische Konzepte wie Komplementarität und Verschränkung in kontrollierter Weise weit außerhalb des Rahmens der Physik anzuwenden (Atmanspacher et al., 2002, 2006; Filk & Römer, 2011). Eine ausführlichere nicht-formale Darstellung findet man bei Römer (2015b; Kap. 10). Wir wollen hier auf eine genauere Beschreibung des relativ einfachen Formalismus der VQT und ihrer vorgeschlagenen sehr unterschiedlichen Anwendungen (Atmanspacher et al., 2006; Atmanspacher & Römer, 2012; Römer, 2011 sowie Kap. 2 und Kap. 3 in diesem Band) verzichten und nur das Allernötigste erwähnen:

Die quantentheoretischen Grundbegriffe „System", „Zustand", „Observable" und „Messung" werden übernommen. Allerdings kann ein System im Sinne der VQT etwas so Allgemeines sein wie der Kubismus zusammen mit allem, was in ihm an Werken, Personen, Kritiken und Theoriekonzepten vorkommt. Observable entsprechen mehr oder weniger sinnvollen Fragestellungen an Systeme. Messung bedeutet die Untersuchung zu einer derartigen Fragestellung mit einem Ergebnis, das faktische Gültigkeit beansprucht, allerdings im Allgemeinen nicht durch einen Zahlenwert quantitativ gefasst werden kann. Was in der Einleitung zur Stellung des Beobachters, zum Schnitt zwischen ihm und dem Beobachteten, zur phänomenerzeugenden Rolle der Messung bei Unbestimmtheit und Unverfügbarkeit ihres Ergebnisses, zu Eigenzustand und Komplementarität und zu globalen und lokalen Observablen für die Quantenphysik gesagt wurde, bleibt in der VQT gültig.

Komplementaritäten sind in der Lebenswelt allgegenwärtig. Ein komplementäres Begriffspaar im Sinne einer Verallgemeinerten Quantentheorie sind beispielsweise Güte und Gerechtigkeit. Auf keines von beiden kann im menschlichen Umgang verzichtet werden. Beide stehen in einem Spannungsverhältnis zueinander, ohne direkte Gegensätze voneinander zu sein. Mehr Güte bedeutet nicht unbedingt weniger Gerechtigkeit. Allerdings wird etwa bei Festlegung auf ein hohes Maß von Güte die Kontrolle über den Grad an Gerechtigkeit durch Unbestimmtheit abgeschwächt. Umgekehrt wird bei Entscheidung für hohe Gerechtigkeit das Ausmaß der Güte ungewiss. Weitere Beispiele für Komplementarität in eben diesem Sinne sind Kreativität und Rationalität, Gleichheit und Gerechtigkeit oder Individualität und Soziabilität.

Die physikalische Quantentheorie ist ein Spezialfall der VQT. Bei aller Ähnlichkeit von Quantenphysik und VQT in ihren Grundstrukturen sind auch Unterschiede zwischen beiden hervorzuheben, die sich aus der größeren Allgemeinheit der VQT ergeben:

- Die VQT zieht nicht den vollen Hilbertraumformalismus der Quantenphysik heran. Ihre Zustände werden nicht notwendig durch Hilbertraumvektoren beschrieben. Die formalen Details ihrer Beschreibung hängen von der jeweiligen Anwendung ab. Bei einigen Anwendungen kann allerdings der axiomatische Rahmen bis zum vollen Formalismus der physikalischen Quantentheorie erweitert sein (Atmanspacher et al., 2006; Atmanspacher & Römer, 2012).
- Die faktischen „Messergebnisse“ sind in der VQT nicht notwendig quantitativ. Auch lassen sich ihnen im Allgemeinen nicht zahlenmäßig bestimmbare Wahrscheinlichkeiten zuschreiben, und man muss sich mit schwächeren Bestimmungen wie „unmöglich“, „möglich und mehr oder weniger wahrscheinlich“ oder „sicher“ begnügen. In der Tat wird man wohl kaum im Voraus eine Wahrscheinlichkeit dafür angeben können, zu welchem Ergebnis die Untersuchung der Frage führt, ob Michelangelos Malerei in der Sixtinischen Kapelle dionysisch oder apollinisch sei.
- Im Gegensatz zur Quantenphysik erlaubt die VQT im Allgemeinen keine Größe von der Art des Planckschen Wirkungsquantums, mit dessen Hilfe sich der Grad der Komplementarität quantitativ fassen lässt. Komplementarität ist ja in der VQT in keiner Weise auf Mikroskopisches beschränkt.
- In der Quantenphysik lässt sich mit Hilfe der Bellschen Ungleichungen zeigen, dass die Unbestimmtheit von Messresultaten *ontisch* und nicht nur *epistemisch* ist, also nicht nur auf der Unkenntnis des vollständigen Zustandes beruht. Eine solche Deduktion ist in der VQT nicht möglich, weil es im Allgemeinen in ihr keine quantifizierbaren Wahrscheinlichkeiten der Messergebnisse gibt. Man

muss aber auch in der VQT mit ontischen Unbestimmtheiten rechnen, schon deshalb, weil ja die Quantenphysik ein Spezialfall der VQT ist. Auch zeigt das Beispiel der Sixtinischen Kapelle, dass das Ergebnis der Untersuchung dort nicht als bloße Registrierung eines schon vorher objektiv Vorliegenden zu verstehen ist.

Es dürfte klar geworden sein, dass die VQT nicht Physik, sondern Erkenntnistheorie ist. Die Konzepte der Komplementarität und Verschränkung haben ihren richtigen Platz nicht in der Physik, sondern in der Erkenntnistheorie, die der Physik vorausgeht. Im Anwendungsfall der Quantenphysik erscheinen sie in quantitativ fassbarer Gestalt.

Der Physikalismus der im zweiten Abschnitt vorgestellten Ansätze zeigt sich auch darin, dass in ihnen stets auf die volle physikalische Hilbertraum-Quantentheorie Bezug genommen wird und nicht etwa nur auf ihren erkenntnistheoretischen Kern.

Der Messprozess in der Physik ist ein quantitativ gut fassbarer Sonderfall eines Erkenntnisprozesses, der aber nicht gänzlich physikalischer Natur ist. Natürlich ist eine physikalische Messung immer mit einem physikalischen Geschehen verbunden, geht aber nicht vollständig in diesem auf. Darauf beruhen die gewaltigen Schwierigkeiten bei jeder rein physikalischen Interpretation des Messprozesses. Manche Physiker suchen die Lösung des Problems, die Reduktion des Zustandes als physikalischen Prozess zu beschreiben, in einer Ad-hoc-Modifikation der Quantenmechanik (z.B. Drossel & Ellis, 2018; Ghirardi et al., 1986). Roger Penrose setzt auf eine noch zu leistende Vereinigung von Quantentheorie und Allgemeiner Relativitätstheorie, aus der beide nicht unverändert hervorgehen würden (Penrose, 1992). In der Tat gibt es bis heute kein hinreichendes innerphysikalisches Kriterium, das ein physikalisches Geschehen als Messprozess qualifiziert. Für die physikalische Analyse des Messprozesses genügt schon eine Beschreibung der physikalischen Vorgänge, die eine Messung begleiten, die so weit geht, dass die Gewinnung von Erkenntnis als möglich erscheint. Das ist mit Konzepten wie Verschränkung und Dekohärenz im Rahmen der Standardinterpretation der Quantenphysik gewährleistet (Römer, 2012b). Die zu fordernde Verträglichkeit von Quantenphysik und Erkenntnistheorie ist also gegeben. Katastrophal wäre es, wenn aus physikalischen Gründen Erkenntnis als unmöglich erschiene.

In der Klassischen Physik tritt Komplementarität nicht auf. Allen Observablen können jederzeit zugleich sichere Messwerte zugeschrieben werden. Das ist eine sehr starke und, wie wir gesehen haben, auch unplausible ontologische Zusatzannahme zu einer allgemein gefassten Erkenntnistheorie. Im Vergleich dazu zeichnet sich die VQT durch ontologische Sparsamkeit aus.

In der VQT gibt es ungleich mehr zulässige Systeme und Observable als in der Quantenphysik. Gerade deshalb ist es aber nicht möglich, von einem „Weltganzen“ als dem

„System aller Systeme“ zu reden. Dies führt auf dieselben logischen Widersprüche wie die „Menge aller Mengen“, da es für eine Menge von Observablen stets Observable zu diesen Observablen gibt.

Der Bonner Philosoph Markus Gabriel fasst die Unabgrenzbarkeit eines „Weltganzen“ in das treffend-provokative Diktum, dass es „die Welt nicht gibt“. Gabriels *„Neuer Realismus“* (Gabriel, 2013, 2014, 2017, 2018, 2020; Gabriel & Eckold, 2019) ist eine im Detail ausgearbeitete „Sinnfeld-Ontologie“. „Der-Fall-Sein“ bedeutet Auftreten in einem „Sinnfeld“ genannten Rahmen, das Wahrheits- und Realitätsanspruch erheben kann. Einhörner haben nach Gabriel Realität in einem geeigneten Sinnrahmen, Napoleon ist real in einem historischen Sinnrahmen und in anderer Weise real in Tolstois Roman *Krieg und Frieden*. In deutlicher Absetzung von konstruktivistischer Willkür wird die Irrtumsanfälligkeit von Erkenntnis stark betont und ein strikter Realismus mit einem im Vergleich zum klassischen Realismus erweiterten Wirklichkeitsbegriff entwickelt. Die Kluft zwischen „Gedankendingen“ und „wirklichen Dingen“ ist überbrückt. Der Wirklichkeitscharakter von Fiktionen wird in subtiler Weise und mit großer Vollständigkeit diskutiert und gesichert (Gabriel, 2020). Die „Welt“ existiert für Gabriel nicht, da es kein umfassendes „Sinnfeld aller Sinnfelder“ geben kann. Sinnfeldontologie ist plurale Ontologie.

Als mir der Neue Realismus zur Kenntnis gelangte, fiel mir die Ähnlichkeit zur VQT auf. Sinnfelder ähneln dem, was in der VQT „System mit Observablen“ heißt. Der Bereich der Systeme und Observablen ist ebenso wenig bestimmbar wie der Bereich der Sinnfelder. Der starke Realismus der VQT bei erweitertem Realitätsbegriff äußert sich sofort in der immer wieder betonten *„Widerständigkeit der Wirklichkeit“*, die sich bereits darin zeigt, dass bei aller Unbestimmtheit die faktischen Resultate von „Messungen“ nicht in der Verfügbarkeit des Beobachters liegen. Pluralität und ontologische Enthaltsamkeit sind dem Neuen Realismus und der VQT gemeinsam, wobei die ontologische Zurückhaltung beim Neuen Realismus vielleicht noch etwas weiter geht als bei der VQT, jedenfalls in der Deutung, die mir vorschwebte. Mehr als im Neuen Realismus stehen in der VQT die Figuren „Komplementarität“ und „Verschränkung“ im Zentrum der Aufmerksamkeit.

Was auf der Bühne des Erkennenden erscheint, sind nicht einfach „Dinge“ im plattesten Sinne wie Steine und Bäume, sondern *„Repräsentationen“*, d. h. wenigstens im Ansatz begrifflich Identifiziertes. Die Beziehung zwischen Repräsentation und Repräsentiertem, die den epistemischen Schnitt überbrückt, ist als *„Symbolbeziehung“* zu bezeichnen. Symbolbeziehung liegt in einfacher Form bereits bei der Wahrnehmung eines Baumes als Baum oder eines Steines als Stein und schon bei Tieren vor. Es gibt keine ganz symbolfreie, gewissermaßen nackte Wahrnehmung. Die Symbolbeziehung wird im Neuen Realismus durch Sinnfelder und in der VQT durch Observablen vermittelt.

Durch den Besitz der Sprache erreicht die Symbolisierungsfähigkeit des Menschen von anderen Tieren unerreichte Höhen. Der Mensch kann Symbolisierungen sprachlich benennen und komplexe Symbole von Symbolen verwenden. Gerade in ihrer sprachlichen Fassung sind Observable und Sinnfelder ganz überwiegend symbolischer Kollektivbesitz. Die erkennende Instanz kann durchaus auch ein Kollektiv sein. Das kulturelle Gehäuse des Menschen ist ein unendlich komplexes kollektives Symbolgebilde. Am Beispiel komplexer Symbolisierungen wie „Kubismus" wird offenbar, dass das Symbolverhältnis nicht einfach so zu verstehen ist, dass etwas unproblematisch Vorhandenes einfach mit einem Etikett versehen würde. Vielmehr besteht zwischen Symbolisiertem und Symbol eher ein Verhältnis wechselseitiger Konstituierung. Observable als symbolisch Vermittelnde sind gewissermaßen rittlings auf dem epistemischen Schnitt zu verorten. Sie sind weder einfach gefunden noch gänzlich erfunden. Die Verschieblichkeit des epistemischen Schnittes erlaubt allerdings die Bildung von „Symbolen von Symbolen", „Observablen von Observablen" und somit einen Seitenwechsel von Symbolen und Observablen. Die Symbolbeziehung ist als solche nicht von kausaler Natur im Sinne einer *causa efficiens*, sondern eine konstellative Relation wechselseitiger Passung, die in der VQT als verschränkungsartig gefasst wird. Allerdings kann bei einer Wahrnehmung eine Symbolbeziehung sehr wohl auf kausale Weise erzeugt werden. Menschliches Denken beschränkt sich nicht auf formale logische Operationen, sondern ist selbstbezüglich und schöpferisch im Finden/Erfinden von Symbolisierungen und Observablen/Sinnfeldern. Nach einer schon bei Aristoteles anklingenden philosophischen Tradition, der sich auch Gabriel anschließt (Gabriel, 2018, S. 309ff.), ist Denken eine Art von Sinnesorgan des Menschen, ein *„Wahrheitssinn"*. In der VQT sprechen wir vom *Verschränkungssinn* (Römer, 2015b sowie Kap. 10). In der Tat ist kein deutlicher qualitativer Unterschied zwischen einfachen, aber nie ganz symbolisierungsfreien Sinneswahrnehmungen einerseits und höheren, komplexe Symbolisierungen heranziehenden Erkenntnisleistungen anderseits auszumachen.[5]

Geordnete Systeme von Erkenntnissen, wie unter Punkt 5 genannt, sind *Modellierungen*. In der Sprache der VQT werden hierbei Systeme und die für sie wesentlichen Observablen identifiziert, konstituiert und benannt. Der Neue Realismus würde wohl von Wahrnehmung von Sinnfeldern reden. *Gesetze* formulieren, was in Kenntnis von „Messergebnissen" gegebener Observablen für „Messergebnisse" anderer Observablen zu erwarten ist. Solche Gesetze werden in den meisten Fällen nur intuitiv erfasst, manchmal, etwa in der wissenschaftlichen Ökonomie oder in der Physik, aber auch explizit und sogar in mathematischer Gestalt formuliert.

5 Genaueres über Symbole und Observable habe ich an anderen Stellen, zuletzt in Römer (2015b, 2019 und 2021b sowie in den Kapiteln 10, 11, 12 in diesem Band) ausgeführt.

Folgendes ist festzuhalten:

- Modellierungen sind zutiefst wahrheitsfähig. Das liegt in der Faktizität von Ergebnissen und im Wahrheitsanspruch von Erkenntnissen begründet und zeigt sich in der Tatsache, dass Modelle scheitern können, indem sich ihre Begriffsbildungen als verfehlt und die aus ihren Gesetzen gezogenen Folgerungen als falsch erweisen (Römer, 1999, 2015b, 2019, 2021b sowie die Kap. 10–12 in diesem Band). Hier zeigt sich erneut die „Widerständigkeit der Wirklichkeit".
- Kein Modell enthält das „Ganze der Welt". Jedes Modell beschreibt einen gewissen Bereich mit als geeignet und wesentlich betrachteten Observablen unter Ausblendung anderer Observablen und Bereiche. Die Fülle möglicher Modellbildungen/ Systeme/Sinnfelder ist, wie gesagt, in keiner Weise fassbar. Modellierung hat immer Ausschnittcharakter. Wer das Modellierte mit seiner Modellierung identifiziert, begeht einen fundamentalen erkenntnistheoretischen Fehler.

Die wohl mächtigste und am weitesten ausgebaute Modellierung bietet die zeitgenössische Physik. Das physikalische Universum ist ein System im genannten Sinne. Die Physik beschränkt sich auf eine nicht sehr große Zahl fundamentaler Observablen, die zahlenmäßig und intersubjektiv durch genau beschriebene Messprozeduren erfassbar sind. Fast alles andere, das für uns der Fall sein kann, etwa Sinnhaftes, Zweckartiges, Ästhetisches und Ethisches, wird ausgeblendet. Gerade in dieser methodologischen Bescheidenheit liegt das Geheimnis des spektakulären Erfolges der Physik. Der unheilbare erkenntnistheoretische Fehler jedes Physikalismus liegt in der Aufgabe dieser Bescheidenheit. Das „Weltganze" wird als physikalisches System und Welterkenntnis als physikalische Theorie eines Weltsubstrates angesehen. Solche Einseitigkeit ist ebenso abwegig und unbegründbar wie etwa ein Ökonomismus mit Monopolanspruch. Hinzu kommt der fundamentale Fehler der unzulässigen Identifikation von Modell und Modelliertem.

Bewusstsein und Freiheit sind, wie wir gesehen haben, die Voraussetzung für die Möglichkeit von Erkenntnis, einschließlich physikalischer Erkenntnis. Deshalb ist jeder physikalistische Versuch, sie durch Zurückführung auf Physik zu verstehen, im besten Falle zirkulär. Erkenntnistheorie geht der Physik voran. Was sich erreichen lässt, ist Verträglichkeit von Physik und Erkenntnistheorie.

Nicht einmal dies ist für Physikalismen erfüllt, in denen Bewusstsein und Willensfreiheit keinen Platz finden. Sie ziehen sich gewissermaßen selbst den Teppich unter den Füßen weg, indem sie die Voraussetzungen für die Möglichkeit von Erkenntnis, die zu sein sie ja beanspruchen, verfehlen.

An dieser Selbstwidersprüchlichkeit scheitern offenbar der Superdeterminismus und besonders der derzeit so mächtige naturalistische Physikalismus. Man muss sich wundern, wieso er trotz seiner Unhaltbarkeit so viele gläubige Vertreter findet und große Teile der Gesellschaft mehr und mehr in seinen Sog zieht. Mir kommen Worte wie „Küchenphilosophie“ und „Köhlerglaube“ in den Sinn.[6] Das philosophische Scheitern des Naturalismus wäre weniger schlimm, wenn nicht die potentiell zerstörerischen Folgen seines Herrschaftsanspruches auf der Hand lägen.

Es dürfte klar geworden sein, dass Neuer Realismus und VQT eine radikale Absage an jede Art von Physikalismus sind und in der Tat in allen fünf in der Einleitung genannten Charakteristika von einer physikalistischen Weltsicht abweichen:

- Es wird kein irgendwie geartetes Weltsubstrat angenommen. Im Gegenteil: Es gibt kein Weltganzes, etwa im Sinne eines Systems der VQT.
- Es herrscht ein Pluralismus von ontologisch gleichberechtigten Modellierungen/Systemen mit Observablen/Sinnfeldern, die im Allgemeinen nicht in einem hierarchischen Stufenverhältnis zueinander stehen. Die in den Naturwissenschaften sachgemäße Stufung ist nicht auf beliebige Modellierungen verallgemeinerbar. In der VQT ist mit Komplementarität in der Beziehung zwischen verschiedenen Observablen und Modellierungen zu rechnen.
- Verbunden damit ist Emergenz kein zentrales Konzept für die Wechselbeziehung zwischen verschiedenen Modellierungen. Zweifellos gibt es Evolution, aber Emergenz ist kein Auftauchen aus dem Nichts, sondern das Anwendbar-Werden von anderen Observablen und Kontexten. Eine nicht-hierarchische Alternative zur Emergenz besteht einfach in der Erweiterung von Systemen durch Hinzunahme von Observablen, die im Allgemeinen komplementär zueinander und zu den Observablen des Ausgangssystems sein werden (Römer, 2015b, vergl. auch Kornwachs, 1998).
- Ein „Geist-Materie-Problem“ besteht somit nicht wirklich. Es handelt sich einfach um verschiedene Sinnfelder bzw. Observablen, ohne dass eines dem anderen untergeordnet wäre. Es gibt auch kein Problem um die Möglichkeit der kausalen Rückwirkung von Emergentem auf die basale Ebene. Es handelt sich einfach um ein aspektartiges Verhältnis: In einem System ist eine Änderung unter dem einen Aspekt im Allgemeinen mit einer Änderung unter einem anderen Aspekt verbunden, ohne dass dabei ein kausaler Einfluss wirksam würde. Zudem ist wieder mit Komplementarität zu rechnen (Römer, 2015b und Kap. 9). Um ein Beispiel aus der Physik zu geben: In der Quantenmechanik wird der Zustand eines Punktteilchens alternativ durch eine „Ortswellenfunktion“ oder eine „Impulswellenfunktion“ beschrieben. Eine Änderung der einen ist mit einer Änderung der anderen verbunden, aber es gibt keinerlei kausalen Zusammenhang zwischen Orts- und Impulsbeschreibung. Es gibt gute Argumente dafür, dass in dem System

6 Eine ausführlich und gut begründete Widerlegung der naturalistischen Weltsicht findet man bei Nagel (2015).

„Mensch" Komplementarität zwischen mentalen und physiologischen Observablen auftritt (Römer & Jacoby, 2021; Römer & Walach, 2011; Kap. 4).

4. Physikalismus: Ontologische Alternativen

Unsere Argumentation gegen physikalistische Weltentwürfe war erkenntnistheoretisch fundiert. Die bisher behandelten Alternativen zum Physikalismus zeichneten sich durch ontologische Sparsamkeit und Zurückhaltung aus. Der Mensch als „Wahrheitssucher" ist aber nicht immer zu ontologischer Askese aufgelegt. In jedem Wahrheitsanspruch ist ja, wie gesagt, eine Spur von Ontologie enthalten. Seiner Neigung nach begnügt sich der Mensch nicht gern mit reiner Erkenntnistheorie. Es drängt ihn, seine symbolisierenden und modellierenden Erkenntnisbemühungen auch auf den Aufbau ontologischer Szenarien auszudehnen. Was ihn dazu treibt, ist legitim und verständlich. Einiges davon sei hier benannt:

- Das frei schwebende „Transzendentale Subjekt" der abstrakten Erkenntnistheorie strebt nach Einbettung und Behausung. Der Erkennende möchte gewiss sein, dass er als Transzendentales Subjekt niemand Anderer ist als er selbst als lebendes und fühlendes Wesen.
- Verbunden damit, möchte er dem Epistemischen Schnitt der reinen Erkenntnistheorie etwas von seiner Schärfe nehmen und Erkennendes und Erkanntes in einem beide Umfassenden zusammensehen. Ohne eine Prise Ontologie ist dies nicht zu haben.
- Gern wüsste man Genaueres über Herkunft und ontologischen Status von Observablen. Sie sind weder einfach aufgefunden noch zur Gänze erfunden. Ihr erkenntnistheoretischer Ort liegt auf dem Epistemischen Schnitt, den sie aber dadurch verlassen können, dass Observable Gegenstand von Beobachtung werden, weil es Observable zu Observablen gibt. Übrigens können wir nicht einfach erfinden, was wir wollen, sondern nur, was sich uns dafür darbietet. Gerade die tiefsten Schichten, aus denen sich das Schöpfertum des Menschen speist, sind ihm am wenigsten verfügbar (Römer & Jacoby, 2017; Kap. 7).

Nachdenken über den Status der Zeit ist eine weitere drängende Aufgabe, die nicht ganz ohne Ontologie zu bewältigen ist. Die Art und Weise, in der etwas für den Menschen „der Fall" sein kann, ist durch *„Menschliche Existenziale"* moduliert (Römer, 2012b, 2015a, 2015b sowie Kap. 10 in diesem Band). *„Temporalität"* ist eines davon: Unsere Daseinsweise ist unentrinnbar zeitlich. Was uns erscheint, ist uns nicht in der Form eines Panoramabildes gegeben, sondern eher in der Gestalt eines Films. Ein schmales Fenster des „Jetzt" schiebt sich voran in die Zukunft und hinterlässt Vergangenheit. Natürlich gibt es viele, und zwar besonders hoch zu schätzende Gegenstände des menschlichen Erkennens, die nichts mit Zeit zu tun haben. Beispiele sind Erkenntnistheorie, Zahlen und andere mathematische Strukturen oder Naturgesetze, die zwar den zeitlichen Verlauf von Prozessen regeln, aber selbst zeitlos sind. Dass wir solches denken und erkennen können, beweist, dass das Existenzial der Temporalität keine prinzipielle Beschränkung der menschlichen Erkenntnisfähigkeit bedeutet. Aber auch Zeitloses wird im zeitlichen Fluss des Nachdenkens mitgeführt und „erlebt". Es erhebt sich die Frage, in welchem Maße das Existenzial der Temporalität ontologisch verankert ist. Ein Hinweis kommt überraschenderweise aus der zeitgenössischen Physik. Man ist heute davon überzeugt, dass in Extremzuständen, wie im „Big Bang" der Kosmologie, wenn Quanteneffekte der Allgemeinen Relativitätstheorie dominant werden, Raum und Zeit ihre physikalische Definierbarkeit verlieren und damit ihren fundamentalen Status einbüßen. Die Frage nach der „Realität der Zeit" ist durchaus ein ernsthafter Gegenstand aktueller, ergebnisoffener physikalischer Forschung (vgl. etwa Rovelli, 2018). Philosophisches Nachdenken über Zeit und zeitlose Ewigkeit hat eine lange Tradition. Aus der Sichtweise der VQT kann man *substanzartige* und *prozessartige Observablen* unterscheiden, zwischen denen Komplementarität herrschen kann, und es ist viel zum ontologischen Status der Zeit zu sagen (Römer, 2004, 2006a, 2012b, 2015a, 2015b sowie die Kapitel 8 und 10 in diesem Band). Ich möchte es hier bei dem Hinweis auf ein brennendes ontologisches Problem belassen.

Das Thema dieser Arbeit ist eine Auseinandersetzung mit physikalistischen Weltdeutungen. In aller Kürze seien am Ende nicht-physikalistische ontologische Szenarien erwähnt, die mir besonders erwägenswert erscheinen.

Das erste ist das Konzept des *„unus mundus"* nach C. G. Jung und Wolfgang Pauli (Atmanspacher et al., 1995; Atmanspacher & Fach, 2015; Römer, 2002). Der *unus mundus* ist das Reich der „Archetypen" und als solcher neutral gegenüber der Unterscheidung von Geist und Materie. In den Worten von Wolfgang Pauli:

> *Das Ordnende und Regulierende muss jenseits der Unterscheidung von physisch und psychisch gestellt werden* – so wie Platos „Ideen" etwas von „Begriffen" und etwas von „Naturkräften" haben (sie erzeugen von sich aus Wirkungen). Ich bin sehr dafür, dieses „Ordnende und Regulierende" Archetypen zu nennen; es wäre aber dann unzulässig, diese als *psychische* Inhalte zu *definieren*. Vielmehr sind die erwähnten inneren Bilder („Dominanten des kollektiven Unbewussten" nach Jung) die *psychische* Manifestation der Archetypen, die aber *auch alles* naturgesetzliche [sic!] im Verhalten der Körperwelt hervorbringen, erzeugen, bedingen müssten. Die Naturgesetze der Körperwelt wären dann die *physikalische Manifestation der Archetypen.* [...] Es sollte dann *jedes* Naturgesetz eine Entsprechung innen haben und umgekehrt, wenn man das auch nicht immer unmittelbar sehen kann. (Pauli, 1993: 496–497; Brief an M. Fierz, Hervorh. im Original)

Diese Position lässt sich technisch als *„Dualer Aspekt-Monismus"* von Materie und Geist bezeichnen (Atmanspacher & Fach, 2015; Atmanspacher & Rickles, 2022).

Bei jedem Erkenntnisakt neigt der *unus mundus* zu einer Aufteilung in sich selbst. In einem Brief an Werner Heisenberg schreibt Wolfgang Pauli (Heisenberg, 1959, S. 663, zitiert nach Primas, 1995, S. 214): „Zweiteilung und Symmetrieverminderung, das ist des Pudels Kern." Und er fügt hinzu: „Zweiteilung ist ein sehr altes Attribut des Teufels."

Pauli war sehr zögerlich darin, mit seinen Vorstellungen an die Öffentlichkeit zu treten. In einem gemeinsam mit C. G. Jung geschriebenen Buch (Jung & Pauli, 1952) wird eine *„synchronistische"* Theorie paranormaler Erscheinungen vorgeschlagen, die nicht als Ergebnis kausaler Einwirkungen zu verstehen seien, sondern als *„sinnvolle Zufälle"* durch Einordnung in ein Mentales und Materielles umfassendes Sinngefüge.

Ein Motiv für die Aufstellung der VQT war der Wunsch, einen formalen Rahmen für die Gedanken Paulis bereitzustellen. Eine Anwendung der VQT besteht in dem Vorschlag, Paranormales durch Verschränkungskorrelationen zu beschreiben. Dies führt zu nachprüfbaren Vorhersagen, die empirisch gut bestätigt zu sein scheinen (Lucadou et al., 2007; Walach et al., 2019).

Unter dem Namen *„Ternäre Ontologie"* habe ich ein ontologisches Szenarium in Anlehnung an die VQT entworfen (Römer, 2015b sowie Kap. 10 in diesem Band). Die erkenntnistheoretischen Grundzüge der VQT, insbesondere die Phänomenalität der Wirklichkeit werden als ontologisch fundiert gedeutet, während die menschlichen Existenziale ihren schwächeren Status behalten. An die Stelle einer klassischen Faktenontologie tritt eine Triade von Beobachter, Beobachtetem und Observabler.

Hingewiesen sei schließlich auf einen neueren Aufsatz von Harald Walach (2020).

Man sollte bedenken:

Ontologische Szenarien setzen die modellierende Erkenntnistätigkeit des Menschen ins Ontologische fort. Es ist nur konsequent, auch hierbei Pluralität zu fordern und nicht auf der Alleingültigkeit eines einzigen Szenariums zu bestehen.

Die möglichst gerechte Darstellung physikalistischer Ansätze und ihre Kritik nach Kriterien der Erkenntnistheorie ist ein mühsames und nicht in allen Teilen erfreuliches Unterfangen. Irrlichter erschweren die Orientierung auf schwankendem Grund. Sehr wahr ist Fichtes Diktum:

> Was für eine Philosophie man wähle, hängt [...] davon ab, was für ein Mensch man ist: denn ein philosophisches System ist nicht ein todter Hausrath, [...] sondern es ist beseelt durch die Seele des Menschen, der es hat" (Fichte, 2014, S. 15; erstmals 1797 erschienen).

Den einen faszinieren Nüchternheit, Strenge und Regelhaftigkeit so sehr, dass er die Wiederbelebung des Laplaceschen Dämons willkommen heißt. Den anderen treibt die

Sehnsucht nach Fülle und Tiefe. Wenn ich bekennen soll, welche Haltung ich bevorzuge und für wünschenswert und heilsam halte, dann sage ich: Offenheit, Staunen und Verehrung statt Herrschaft, Subsumption und kühl-professioneller Abgebrühtheit. Zusammenarbeit und Wohlwollen statt Kampf. Dazu Vertrauen und Optimismus: Mein Gefühl ist, dass die „Welt" es gut mit uns meint. Ich empfinde es als Ausdruck einer gewissen Güte, dass wir frei sind, etwas erkennen dürfen, dafür mit dem Erlebnis von Schönheit belohnt werden und dass Fehler uns nicht gleich zugrunde richten, sondern lang- und gutmütig geduldet und ohne übermäßige Strenge korrigiert werden (Römer, 1999). Wenn es uns, wie zu hoffen, gelingt, solidarisch und in wechselseitigem wohlwollendem Respekt die zerstörerischen Mächte zu bannen, die unsere Existenz und unser Denken bedrohen, dann dürfen wir uns vielleicht auf Erkenntnisse freuen, die für uns jetzt noch so wenig fassbar sind wie die Quantentheorie für einen Hund.

Zum Formalismus der Verallgemeinerten Quantentheorie

14 Verallgemeinerte Quantentheorie

Überblick und neuere Entwicklungen

1. Axiome der Verallgemeinerten Quantentheorie

Obwohl die Verallgemeinerte Quantentheorie (VQT) zentrale Begriffe der Quantenphysik wie „Komplementarität“ und „Verschränkung“ verwendet, handelt es sich bei ihr keineswegs um eine physikalische Theorie, sondern um einen theoretischen Rahmen für Systeme der verschiedensten Art, den man mit gutem Recht auch als „Nicht-Kommutative Systemtheorie“ bezeichnen könnte. Die Axiome der VQT, also ihre Grundbegriffe und deren Eigenschaften und Beziehungen zueinander, sowie die Folgerungen, die aus den Axiomen zu ziehen sind, wurden in den vorangegangenen Kapiteln schon so weit vorgestellt, dass wir uns in diesem ersten Abschnitt in manchem kurzfassen und auf Beispiele verzichten können. Wir lehnen uns dabei an Filk und Römer (2011) an. Im zweiten Abschnitt werden wir die Beziehungen zwischen VQT, klassischer Mechanik und Quantenmechanik beschreiben und untersuchen, wie und mit welchen Folgen sich die Axiomatik der VQT schrittweise bis zur vollen quantenmechanischen Struktur anreichern lässt. Er ist teilweise an mathematisch bewandertere Leser gerichtet.

Wir haben in den vorangegangenen Kapiteln schon an vielen Beispielen, etwa am Beispiel des Kubismus, gesehen, dass in der VQT Systeme von sehr viel allgemeinerer Art als quantenphysikalische Systeme sein können. In der Tat kann bereits die Identifikation und Abgrenzung eines Systems der VQT eine nicht geringe schöpferische Leistung darstellen. Gewöhnlich lassen sich innerhalb eines Systems *Teilsysteme* benennen.

Ein System kann sich in verschiedenen *Zuständen* befinden, ohne seine Identität als System zu verlieren. Man unterscheidet einen *reinen Zustand*, in dem die größtmögliche Information über den Systemzustand vorliegt, von einem *gemischten Zustand*, in dem der genaue reine Zustand nicht bekannt ist. Es kann aber, beispielsweise in der Klassischen Mechanik und in der Quantenmechanik, eine Wahrscheinlichkeitsverteilung für gewisse reine Zustände vorliegen.

Verbunden mit der Aufstellung eines Systems ist die Identifikation seiner *Observablen*, also derjenigen Züge des Systems, die in dem betrachteten Zusammenhang als wichtig erachtet werden und einer Untersuchung zugeführt werden können und sollen. Man wird dabei unterscheiden zwischen *globalen Observablen*, die sich auf das System als ganzes, und *lokalen Observablen*, die sich auf Teilsysteme beziehen. Wieder ist die Aufstellung von Observablen im Allgemeinen ein hochkreativer Akt.

Die *Messung* einer Observablen vorzunehmen, bedeutet, die zugehörige Untersuchung wirklich durchzuführen und zu einem Ergebnis zu gelangen, das faktische

Geltung beansprucht. Wie dies zu geschehen hat und was faktische Geltung bedeutet, ist bei der konkreten Realisierung der Axiome der VQT für ein betrachtetes System jeweils zu klären. (Näheres in Kap. 10.) Zu jeder Observablen A gehört eine Menge spec A, genannt *Spektrum* von A, wobei spec A einfach die Menge aller möglichen Messresultate der Observablen A ist. Wenn eine Messung von A das Resultat a aus spec A ergibt, dann befindet sich das System direkt nach der Messung in einem *Eigenzustand* z_a von A zum *Eigenwert* a. Das bedeutet, dass eine Nachmessung von A in diesem Zustand z_a mit Sicherheit wieder dasselbe Ergebnis a liefert, ohne den Zustand z_a zu verändern. Das ist gerade Ausdruck der faktischen Gültigkeit des Messresultates a. Zwei Observable A und B heißen komplementär, wenn es auf die Reihenfolge der Messung von A und B ankommt, und anderseits *kompatibel.* Genauer bedeutet das: Wenn eine Messung von A den Messwert a ergeben hat und zum resultierenden Eigenzustand z_a von A geführt hat und anschließend eine Messung von B am System durchgeführt wird und das Ergebnis b liefert, dann ist für komplementäre Observablen A und B der nun resultierende Eigenzustand z_b von B im Allgemeinen kein Eigenzustand von A zum Eigenwert a mehr. Eine Nachmessung von A ergibt nicht mehr mit Sicherheit das Ergebnis a, und die Faktizität des früheren Messwertes a von A ist zerstört. Unmittelbar nach einer Messung befindet sich das System immer in einem Eigenzustand der zuletzt gemessenen Observablen, und für komplementäre Observablen kann es Eigenzustände der einen Observablen geben, die keine Eigenzustände der anderen Observablen sein können, in denen also das Messergebnis der andern notwendig unbestimmt ist. In anderen Worten: Es gibt für komplementäre Observablen A und B Messwerte der einen Observablen, etwa den Messwert a von A, so dass es keinen simultanen Eigenzustand z_{ab} zum Eigenwert a von A und zu irgendeinem Eigenwert b der anderen Observablen B gibt. Dies ist die, auch erkenntnistheoretisch, bemerkenswerte Figur der Komplementarität, die nicht weniger als eine Einschränkung simultaner Prädizierbarkeit bedeutet: Es ist nicht immer möglich, einem Gegenstand zugleich jedes seiner möglichen Akzidentien mit Sicherheit zu- oder abzuschreiben. Wir wissen, dass Komplementarität in der Quantenphysik ebenso wie in vielen Beispielen zur VQT auftritt. Wir verabreden, dass wir nur dann von VQT reden wollen, wenn Komplementarität wirklich vorkommt. Es ist also nach dieser Sprachregelung zwar die Quantenphysik, nicht aber die klassische Mechanik, die Komplementarität nicht kennt, ein Spezialfall der VQT. Eine Folge der Komplementarität ist die Tatsache, dass Messungen im Allgemeinen den Systemzustand verändern und Faktizität nicht nur registrieren, sondern schaffen, allerdings ohne dass der Messende volle Kontrolle über die faktischen Messergebnisse hätte.

Es verdient, hervorgehoben zu werden, dass die Komplementarität oder Kompatibilität von Observablen experimentell gut nachprüfbar ist, jedenfalls dann, wenn Messungen wiederholbar sind.

Eine *Proposition* ist eine Observable P, die einer „Ja-Nein-Frage“ an ein System entspricht. Also liegt das Spektrum von P in der zwei-elementigen Menge {ja, nein}. Aus formalen Gründen definieren wir noch zwei triviale Propositionen, die mit allen Observablen kompatibel sind: Die „immer wahre“ Proposition $\mathbb{1}$ mit spec $\mathbb{1}$ = {ja}, die in jedem Zustand den Messwert „ja“ ergibt, und die „immer falsche“ Proposition $\mathbf{0}$ mit spec $\mathbf{0}$ = {nein}, die immer den Wert „nein“ liefert. Ferner definieren wir zu jeder Proposition P ihre *Verneinung* ¬ P, die genau dann „nein“ liefert, wenn P „ja“ liefert und somit genau dann „ja“ ergibt, wenn P „nein“ ergibt. Natürlich sind P und ¬ P kompatibel. Offenbar ist

$$\neg\neg P = P, \neg \mathbf{0} = \mathbb{1}, \neg \mathbb{1} = \mathbf{0}$$

Unglücklicherweise heißt ¬ P auch „Orthokomplement“ von P. Es sollte klar sein, dass dies nicht die quantentheoretische Komplementarität ist.

In der Quantenmechanik „operieren Observable auf den Zuständen“. Damit ist Folgendes gemeint: Zu jeder Observablen A und zu jeden Zustand z gibt es einen Zustand A(z). Damit sind Produkte AB von Observablen A und B definiert durch

$$AB(z) = A(B(z)).$$

Der Preis dafür ist, dass man in der Quantenmechanik zur Einführung eines *uneigentlichen Zustandes* **o** gezwungen ist, der eher ein „Missstand“ als ein Zustand ist. In der Quantenmechanik ist dies der Nullvektor des Hilbertraumes. Ursprünglich war auch in der VQT eine Aktion aller Observablen auf Zuständen vorgesehen. Weil dies aber nirgendwo gebraucht wurde, konnte diese Annahme in Filk & Römer (2011) fallengelassen werden, und es wird nur noch eine Operation von Propositionen P auf Zuständen z definiert, und zwar wie folgt:

Wenn das Messergebnis von P im Zustand z mit Sicherheit „nein“ ist, dann ist P(z) = **o**, der uneigentliche Zustand. Andernfalls ist P(z) der Zustand, der sich nach einer Messung von P im Zustand z ergibt, wenn das Messergebnis „ja“ lautet. Außerdem sei P(**o**) = **o**.

Damit ist für Propositionen P und Q ein Produkt PQ definiert durch PQ(z) = P(Q(z)). Es ist PP = P, und für kompatible P und Q ist PQ = QP.

Für kompatible und in der Tat nur für kompatible Propositionen P und Q kann man ohne weiteres die logische Verknüpfung „und“, geschrieben $P \wedge Q$, definieren, die bei Messung im Zustand z genau dann „ja“ liefert, wenn sowohl P als auch Q „ja“ ergeben. Offenbar gilt für kompatible P und Q: $P \wedge Q = PQ = QP = Q \wedge P$. Damit ist auch die Verknüpfung „oder“, geschrieben $P \vee Q$, definierbar durch $P \vee Q = \neg(\neg P \wedge \neg Q) = Q \vee P$, die „ja“ liefert, wenn P oder Q „ja“ liefert (oder beide, d.h. „oder“ gilt im inklusiven Sinne).

Ferner

$$P \wedge \neg P = \mathbf{0}\,,\; P \vee \neg P = \mathbb{1}\,,\; P \wedge \mathbb{1} = P\,,\; P \wedge \mathbf{0} = \mathbf{0},\; P \vee \mathbb{1} = \mathbb{1}\,,\; P \vee \mathbf{0} = P\,.$$

Wir führen noch an:

$$P \wedge (Q \wedge R) = (P \wedge Q) \wedge R\,,\;\; P \vee (Q \vee R) = (P \vee Q) \vee R$$

$$P \vee (P \wedge Q) = P\,,\;\; P \wedge (P \vee Q) = P\,.$$

Für komplementäres P und Q ist, wie gesagt, $P \wedge Q$ nicht von vornherein definiert. In der Quantenmechanik definiert man $P \wedge Q$ durch $P \wedge Q = (PQ)^n$ im Grenzfall $n \to \infty$, so dass die oben angeführten Eigenschaften gültig bleiben.

In gewisser Weise lassen sich Observable auf Propositionen zurückführen: Die folgende Eigenschaft verallgemeinert den Begriff der *Spektralschar* von Observablen. Zu jeder Observablen A und jedem Element $\alpha \in specA$ gehört eine Proposition A_α, die genau die Proposition darstellt, dass α das Ergebnis einer Messung von A ist. Dann gilt:[1]

$$A_\alpha A_\beta = A_\beta A_\alpha = 0 \;\text{ for } \alpha \neq \beta,\;\; \alpha, \beta \in specA,$$

$$AA_\alpha = A_\alpha A, \qquad \bigvee_{\alpha \in specA} A_\alpha = \mathbb{1}$$

Über das Phänomen der Verschränkung wurde in den vorangegangenen Kapiteln schon sehr viel gesagt. Im Rahmen der Quantenphysik wird Verschränkung gewöhnlich dadurch erklärt, dass zusammengesetzte Systeme durch das Tensorprodukt ihrer Hilberträume modelliert werden und dass Zustände im Tensorprodukt der Hilberträume im Allgemeinen nicht einfach Tensorprodute von Zuständen der Teilsysteme, sondern lineare Überlagerung von solchen *separierbaren* Zuständen sind (z. B. Audretsch, 2002; Römer, 2009). Es ist eine wichtige Beobachtung der VQT, dass Verschränkung auch ohne Hilberträume und Tensorprodukte als Sonderfall von Komplementarität in ihrem Wesen verstanden, definiert und anwendbar gemacht werden kann. Um Kapitel 9 zu zitieren:

Verschränkung ist ein eigenartiger und höchst charakteristischer Zug quantenartiger Systeme. Verschränkung kann und wird auftreten, wenn folgende Bedingungen erfüllt sind:

- Es lassen sich in einem System Teilsysteme identifizieren und *globale Observablen*, die sich auf das System als Ganzes beziehen, von *lokalen Observablen* unterscheiden, die zu den Teilsystemen gehören.

1 Dies ist als eine symbolische Schreibweise für das Gemeinte anzusehen. Die letzte Gleichung bedeutet einfach, dass der Messwert mit Sicherheit einer der Spektralwerte ist. Für eine volle formale Definition der Spektralschar ist in der Klassischen Mechanik und in der Quantenmechanik die hoch entwickelte mathematische Maßtheorie heranzuziehen.

- Es gibt eine globale Observable, die zu lokalen Observablen komplementär ist.
- Das System befindet sich in einem so genannten *verschränkten Zustand*, in dem der Ausgang von Messungen der lokalen Observablen ungewiss ist, beispielsweise in einem Eigenzustand der globalen Observablen.

Zwar ist dann der Ausgang von Messungen an Teilsystemen in einer solchen Situation unbestimmt, es zeigen sich aber seltsame *Verschränkungskorrelationen* zwischen den Messwerten an verschiedenen Teilsystemen.

Verschränkungskorrelationen werden besonders deutlich, wenn die Teilsysteme so gut getrennt sind, dass die lokalen Observablen zu verschiedenen Teilsystemen miteinander kompatibel sind.

Quantenphysikalische Verschränkungskorrelationen sind nicht nur millionenfach, auch über große Distanzen, nachgewiesen, sondern finden bereits technische Anwendungen, und zukünftige Quantencomputer werden auf ihnen beruhen. Die grundsächliche und praktische Bedeutung von Verschränkungskorrelationen wurde mit der Verleihung des Physik-Nobelpreises für das Jahr 2022 besonders gewürdigt.

Für Verschränkungskorrelationen in der Quantenmechanik gilt die folgende Aussage, die wir (Lucadou et al., 2007) als Axiom NT („Non Transmission") bezeichnet und in ihrer Bedeutung hervorgehoben haben:

> *Verschränkungskorrelationen in der Quantenphysik sind nicht von kausaler Natur und können nicht für kontrollierbare kausale Einwirkungen oder zum Austausch von Signalen verwendet werden.*

Dies lässt sich für die Quantenmechanik leicht beweisen. Ein Beweis wird am Ende von Kapitel 3 geführt. Allerdings benötigt der Beweis den vollen Hilbertraumformalismus der Quantenmechanik. In der VQT ist NT als Axiom zu fordern. Wenn NT nicht gültig wäre, würden schlimme Interventionsparadoxa ins Haus stehen: Da Verschränkungskorrelationen instantan über beliebige räumliche Abstände bestehen, kann nach den Gesetzen der Speziellen Relativitätstheorie die zeitliche Reihenfolge der korrelierten Messereignisse vom Bezugssystem abhängig sein. Damit wären Reisen und Einwirkungen in die eigene Vergangenheit möglich, bei denen das Kennenlernen der eigenen Großeltern hintertrieben würde, was aber die Existenz des Hintertreibers aufhöbe.

Verschränkungskorrelationen sind also *nicht von kausaler, sondern von musterartig-konstellativer* Art. Sie treten auf, weil die Teile eines zusammengesetzten Systems gemeinsam in das nicht-kausale *holistische* Muster eines verschränkten Zustandes eintreten.

Der Hinweis auf die Erklärungsleistung holistischer und nicht-kausaler Muster ist von großer und beherzigenswerter erkenntnistheoretischer Bedeutung, zumal man unter dem Einfluss der Klassischen Physik leicht geneigt ist, Verständnis geradezu mit dem Aufweis kausaler Mechanismen gleichzusetzen.

Die Menge der reinen Zustände $Z_{1,2}$ eines zusammengesetzten Klassisch-Mechanischen Systems wird durch das „Cartesische Produkt" $Z_1 \times Z_2$ der Mengen reiner Zustände der Teilsysteme beschrieben. Das ist die Menge aller Paare (z_1, z_2) von reinen Zuständen der Teilsysteme. In der Quantenmechanik beschreibt, wie gesagt, das Tensorprodukt der Teilhilberträume die reinen Zustände des zusammengesetzten Systems. In der VQT lassen sich natürlich Paare von reinen Zuständen (z_1, z_2) aus $Z_1 \times Z_2$ angeben. Es muss aber wie in der VQT auch nicht-separierbare reine Zustände geben. Verschränkte Zustände sind nicht separierbar.

Zum Schluss dieses Abschnittes sei noch einmal aufgeführt, auf welche Züge der Quantenphysik die VQT in ihrer allgemeinsten hier vorgestellten Form verzichtet, ohne die Wohldefiniertheit und Anwendbarkeit von Komplementarität und Verschränkung aufzugeben:

- Keine lineare Hilbertraumstruktur, kein Superpositionsprinzip, keine Addition von Observablen (die schon in der Quantenmechanik operativ schwer zu fassen ist).
- Keine Größe von der Art des Planckschen Wirkungsquantums *h*, die das Ausmaß der Nicht-Kommutativität regelt. Im Gegenteil werden Quanteneffekte in der VQT oft makroskopisch sein.
- Keine zahlenmäßigen Angaben für die Wahrscheinlichkeiten von Messergebnissen. Qualitative Abstufungen wie „sicher", „wahrscheinlich", „unwahrscheinlich", „ausgeschlossen" bleiben möglich. In der Tat gibt es viele Anwendungen der VQT von eher qualitativer Art, in der das Bestehen auf quantifizierbaren Wahrscheinlichkeiten als unangemessen, ja geradezu als absurd anzusehen wäre.
- Zeit spielt in der minimalen VQT nur als erlebte Zeit des Beobachters eine Rolle. Auch wird auf die Formulierung einer Dynamik, die die zeitliche Entwicklung der Zustände regelt, verzichtet.

In der Quantenphysik lässt sich schlüssig argumentieren, dass wegen der Verletzung der Bellschen Ungleichungen für Messwahrscheinlichkeiten eine lokal-realistische Deutung im Sinne einer Theorie „verborgener Parameter" unmöglich ist (z. B. Audretsch, 2002; Römer, 2009). Die quantenmechanischen Unbestimmtheiten sind als ontisch und nicht nur als epistemisch, d. h. lediglich als Ausdruck der unvollständigen Kenntnis des vollen Zustandes zu verstehen. In der VQT gibt es, belehrt durch viele Beispiele und weil die Quantenphysik ein Sonderfall der VQT ist, allen Grund, anzunehmen, dass man es sehr oft mit ontischen Unbestimmtheiten zu tun hat.

2. Verbände von Propositionen in der Klassischen Mechanik und in der Quantenmechanik, Erweiterung der VQT

Die Mengen der Propositionen der Klassischen Mechanik und, wie wir bald sehen werden, auch der Quantenmechanik haben die mathematische Struktur eines Verbandes".[2] Ein Verband ist eine Menge, auf der zwei Verknüpfungen „$\wedge$" und „$\vee$" definiert sind mit folgenden Eigenschaften.

$$P \wedge Q = Q \wedge P, \quad P \vee Q = Q \vee P \quad \text{(Kommutativgesetze)}$$

$$P \wedge (Q \wedge R) = (P \wedge Q) \wedge R, \quad P \vee (Q \vee R) = (P \vee Q) \vee R \quad \text{(Assoziativgesetze)}$$

$$P \wedge (P \vee Q) = P, \quad P \vee (P \wedge Q) = P \quad \text{(Absorptionsgesetze)}$$

Zur Orientierung können wir an Mengen von Propositionen mit den Verknüpfungen „und" und „oder" denken.

Man zeigt $P \wedge Q = P \iff P \vee Q = Q$ und definiert eine *Ordnungsrelation* „ $\leq$ " (lies P kleinergleich Q) durch

$$P \leq Q \iff P \wedge Q = P .$$

(„$< \; = >$" bedeutet dabei logische Gleichwertigkeit „dann und nur dann".)

In der Tat beweist man leicht die drei Eigenschaften

$$P \leq P, \text{ aus } P \leq Q \text{ und } Q \leq P \Rightarrow P = Q, \quad \text{aus } P \leq Q \text{ und } Q \leq R \Rightarrow P \leq R,$$

die für eine Ordnungsrelation gelten müssen („ =>" bedeutet „folgt").

Es gilt:

Aus $P \wedge Q \leq P$, $P \wedge Q \leq Q$ sowie aus $R \leq P$ und $R \leq Q \Rightarrow R \leq P \wedge Q$.

$P \wedge Q$ ist also *untere Grenze*, d.h. *größte untere Schranke* von P und Q.

Analog ist $P \vee Q$ *obere Grenze*, d.h. *kleinste obere Schranke* von P und Q.

Man kann damit einen Verband auch als eine geordnete Menge definieren, in der es zu je zwei Elementen P und Q eine untere Grenze $P \wedge Q$ und eine obere Grenze $P \vee Q$ gibt. In der Klassischen Mechanik, der Quantenmechanik und in der VQT gibt es zu jeder Proposition P eine Verneinung $\neg P$ mit den im vorigen Abschnitt angegebenen Eigenschaften. $\neg P$ heißt (für uns leider) auch *Orthokomplement* von P. Damit werden

2 Immer noch sehr empfehlenswert: Gericke, 1963; eine erste Übersicht gibt der Wikipedia-Artikel „Verband (Mathematik)". https://de.wikipedia.org/wiki/Verband_(Mathematik)

die Propositionenverbände der Klassischen Mechanik und in der Quantenmechanik zu *orthokomplementären Verbänden.*

Man kann sich nun die Frage stellen, inwieweit die mathematische Struktur einer Theorie durch Eigenschaften ihres Propositionenverbandes bestimmt ist und sich aus ihnen rekonstruieren lässt. Wir werden sehen, dass dies für die klassische Mechanik sehr weitgehend der Fall ist. Für die Quantenmechanik ist diese Frage unter dem Namen „Quantenlogik“ immer noch Gegenstand der Forschung. Es gibt eine ganze Reihe interessanter positiver Resultate von Forschern wie George Birkhoff, John von Neumann, Constantin Piron, Günther Ludwig, Peter Mittelstaedt und vielen anderen, auf die wir bald eingehen werden. Wir verweisen auch auf die Originalarbeiten (Birkhoff & Neumann, 1936; Ludwig, 1985; Mittelstaedt, 1978; Piron, 1976). Einen guten Überblick über die Quantenlogik bis über die Jahrtausendwende geben Coecke et al. (2001).

In der Klassischen Mechanik gelten die Gesetze der klassischen Aussagenlogik. Es gelten damit zusätzlich die *Distributivgesetze*

$$P \wedge (Q \vee R) = (P \wedge Q) \vee (P \wedge R) \quad \text{sowie} \quad P \vee (Q \wedge R) = (P \vee Q) \wedge (P \vee R).$$

(Beide Gesetze sind äquivalent, so dass eines als Axiom genügen würde.)

Damit werden die Propositiomen der Klassischen Mechanik zu einem *orthokomplementären distributiven Verband*, der gewöhnlich als *Boolescher Verband* bezeichnet wird. Das Standardbeispiel für Boolesche Verbände sind *Teilmengenverbände.* Hier sind $P \wedge Q$ und $P \vee Q$ als Schnitt bzw. Vereinigung von Mengen in einem System von Teilmengen P und Q einer Menge M zu deuten. Mit $\neg P$ ist das *Mengenkomplement* von P in M gemeint, also die Menge aller Elemente von M, die nicht in P liegen. Dabei wird Abgeschlossenheit des Teilmengensystems unter Bildung von $P \wedge Q$, $P \vee Q$ und $\neg P$ gefordert. $P \leq Q$ bedeutet, dass die Menge P in der Menge Q enthalten ist. Nach einem fundamentalen Satz von Birkhoff ist jeder distributive und jeder Boolesche Verband zu einem Teilmengenverband isomorph. Damit muss der Verband der Propositionen der Klassischen Mechanik isomorph zu einem Teilmengenverband einer Menge M sein.

In der Tat gehören die Propositionen eines Klassisch-Mechanischen Systems zu messbaren Teilmengen des „Phasenraumes“, das ist die Menge $\mathbf{P}$ aller möglichen Orte und Impulse der Teilchen des Systems. Damit ist die Struktur der Klassischen Mechanik und ihrer Propositionen vollständig geklärt.

Es sind

- Observable: Funktionen f auf $\mathbf{P}$ mit Werten in den reellen Zahlen
- Spektrum der Observablen f: spec f = Wertemenge der Funktion f
- Propositionen: messbare Teilmengen P des Phasenraumes $\mathbf{P}$, alternativ *charak-*

teristische Funktion auf f_P mit f_P (p) = 1 für p in P und f_P (p) = 0 für P nicht in P. Null- und Einsproposition: leere Menge bzw. ganz **P**

- Reine Zustände: Punkte in **P** (Elemente von **P**)
- Gemischte Zustände: Wahrscheinlichkeitsverteilungen auf **P**
- Wahrscheinlichkeit für Proposition P: Maß der zugehörigen Menge P
- Die dynamische Zeitentwicklung von Zuständen ist durch die Energieobservable („*Hamilton-Funktion*") H und die *Hamiltonschen Bewegungsgleichungen* bestimmt.

Im mathematischen Formalismus der Quantenmechanik werden Propositionen durch abgeschlossene Teilräume, reine Zustände durch *eindimensionale Teilräume* und Observable durch *selbstadjungierte lineare Operatoren* in einem *Hilbertraum* beschrieben.

Dies ist näher zu erläutern:

Ein *Hilbertraum* **H** im weiteren Sinne ist ein Vektorraum über einem Körper ***K*** mit einer Zusatzstruktur, auf die wir gleich zu sprechen kommen werden. Die Begriffe „Vektorraum" und „Körper" setzen wir als bekannt voraus. Wer sie nicht aus der Schulmathematik kennt, kann sich leicht in jedem Lehrbuch der linearen Algebra oder im Internet informieren.

Die Teilräume eines Vektorraumes V bilden einen Verband, wenn man für Teilräume U und W

$U \wedge W$ sowie $U \vee W$ wie folgt definiert:

$U \wedge W$ ist die Menge der Vektoren, die sowohl zu U als auch zu W gehören, und somit der größte Teilraum, der in U und W enthalten ist.

$U \vee W$ ist der „von U und W erzeugte Teilraum". Das ist die Menge aller Vektoren der Form

$\psi + \varphi$ mit ψ in U und φ in W. Dies ist der kleinste Teilraum, der U und W enthält.

$U \leq W$ bedeutet, dass U in W enthalten ist.

Dieser Teilraumverband ist **nicht** distributiv wie ein Teilmengenverband, es gilt vielmehr nur das *Modularitätsgesetz*, ein abgeschwächtes Distributivgesetz:

$$\text{Für } U \leq Z \text{ ist } U \vee (W \wedge Z) = (U \vee W) \wedge Z.$$

Die grundlegende Bedeutung der Modularität für die Quantenlogik wurde von Birkhoff und von Neumann gesehen und hervorgehoben (Birkhoff & Neumann, 1936).

In geometrischer Sprechweise sind Teilraumverbände *projektive Geometrien.* Projektive Geometrien sind immer modulare Verbände, und es ist bekannt, dass für endliche Dimension größer als zwei Projektive Geometrien zu Teilraumverbänden isomorph sind (Beutelspacher & Rosenbaum, 2004; Gericke, 1963). Im unendlich-dimensionalen Fall sind technische Probleme zu überwinden.

Ein Hilbertraum **H** im weiteren Sinne ist ein Vektorraum V über einem Körper ***K***, auf dem eine *positiv-definite Sesquilinearform* $< , >$ definiert ist. Das bedeutet:

Erstens: Der Körper ***K*** besitzt einen involutiven positiven Anti-Automorphismus „*“, der jedem Körperelement c in ***K*** ein Element c^* zuordnet, so dass

$$c^{**} = c \text{ und } (c_1 + c_2)^* = c_1^* + c_2^* \text{ und } (c_1 c_2)^* = c_2^* c_1^* \text{ und } c c^* \text{ reell und } > 0 \text{ für } c \neq 0.$$

Im Körper der reellen Zahlen ist einfach $c^* = c$, für komplexe Zahlen ist $c^* = (a + bi)^* = a - bi$.

Zweitens gibt es eine Abbildung „$< , >$“, die je zwei Vektoren φ und ψ aus V ein Element $< \varphi, \psi >$ von ***K*** zuordnet, so dass für a, b aus ***K*** und φ_1, φ_2 und ψ aus V

$$< a \varphi_1 + b \varphi_2, \psi > = a < \varphi_1, \psi > + b < \varphi_2, \psi > \text{ und } < \varphi, \psi > = < \psi, \varphi >^* \text{ und}$$

$$< \varphi, \varphi > \text{ reell und } > 0 \text{ für } \varphi \neq o \text{ gilt.}$$

Damit kann man jedem Teilraum U von V ein *Orthogonalkomplement* ¬U zuordnen, indem man definiert:

$$\varphi \text{ Element von } \neg U, \text{ genau dann, wenn } < \varphi, \psi > = 0 \text{ für alle } \psi \text{ aus U.}$$

Für abgeschlossene Teilräume U hat dann das Orthokomplement die üblichen im vorigen Abschnitt erwähnten Eigenschaften. Damit wird der Teilraumverband eines Hilbertraumes ein *modularer orthokomplementärer Verband.*

(Im unendlich-dimensionalen Fall wird für **H** noch Vollständigkeit unter der durch $|| \psi || = < \psi , \psi >^{1/2}$ definierten Norm gefordert.)

In der Quantenphysik ist **H** ein Hilbertraum über dem Körper **C** der komplexen Zahlen. In der Quantenmechanik ist **H** abzählbar-unendlich-dimensional.

Ein *linearer Operator* A in **H** ist eine Abbildung, die jedem Vektor ψ aus **H** einen Vektor $A \psi$ aus **H** zuordnet, so dass $A(a \varphi_1 + b \varphi_2) = a A \varphi_1 + b A \varphi_2$ für a, b in ***K*** und φ_1, φ_2 in **H**.

Ein *Eigenvektor* von A zum *Eigenwert* a in ***K*** ist ein Vektor ψ_a mit $A \psi_a = a \psi_a$.

Für einen *hermitischen linearen Operator* A in **H** gilt $< \varphi , A\psi > = < A\varphi, \psi >$.

(Im unendlich-dimensionalen Fall treten technische Probleme mit dem Definitionsbereich von A auf, die wir hier ignorieren.)

Die *Spur* einer Observablen A, geschrieben Sp A, ist die Summe der Eigenwerte von A. (Komplikationen im unendlich-dimensionalen Fall werde hier nicht problematisiert.)

Schließlich ist der *Projektionsoperator* auf den Teilraum U die Observable P_U mit

$$P_U \psi = \psi \quad \text{für } \psi \text{ in U und } P_U \psi = 0 \quad \text{für } \psi \text{ in } \neg U.$$

Wir stellen auch für die Quantenmechanik die strukturellen Elemente in Tabellenform zusammen:

- Observable: Hermitische lineare Operatoren in **H**. Observable A und B sind komplementär, wenn $AB \neq BA$ für die linearen Operatoren A und B.
- Spektrum der Observablen A: Menge der Eigenwerte von A. (Genauer: Menge der (reellen) Zahlen c, für die die lineare Operator $A - c\,\mathbf{1}$ keinen stetigen linearen Umkehroperator hat).
- Propositionen: abgeschlossene Unterräume U von **H** oder, äquivalent, Projektoren P_U auf U. $P_U \wedge P_V = P_V \wedge V$, $P_U \vee P_V = P_{U \vee V}$.
- Reine Zustände: eindimensionale Unterräume U von H oder Projektoren P_U darauf.
- Gemischte Zustände: *Dichteoperatoren.* Das sind hermitesche lineare Operatoren ρ mit nicht-negativem Spektrum und $0 < \mathrm{Sp}\,\rho < \infty$. (Für reine Zustände ist $\mathrm{Sp}\,P_U = 1$.)
- Wahrscheinlichkeit w_P für Proposition P: $w_P = \mathrm{Sp}\,(\rho P) / \mathrm{Sp}\,\rho$.
- Operation von Observablen A auf Zuständen ρ: $A(\rho) = A\,\rho\,A$. $A\,\rho\,A = 0$ ist möglich, was die Einführung eines uneigentlichen Null-Zustands erzwingt.
- Dynamische Zeitentwicklung durch Energie-Operator H („Hamilton-Operator") und Schrödingergleichung.

Vom Standpunkt der Quantenlogik stellt sich nun die Frage, ob orthokomplementäre modulare Propositionenverbände L immer zu Teilraumverbänden eines Hilbertraumes isomorph sind. Leider gibt es hier keine so starke Aussage wie Birkhoffs Theorem für distributive und Boolesche Verbände. Besonders die Arbeiten von Piron haben aber gezeigt, dass man mit einigen recht plausiblen Zusatzannahmen die Frage bejahend beantworten kann (Coecke et al., 2001).

Um Sonderfälle für Dimension kleiner als drei der zugehörigen projektiven Geometrien auszuschließen, wird verlangt, dass es im Propositionsverband wenigstens eine viergliedrige Kette

$$O < P < Q < R \text{ gibt, wobei } P < Q \text{ bedeutet } P \leq Q \text{ und } P \neq Q.$$

Außerdem sollen für L die folgenden vier zusätzlichen Annahmen erfüllt sein, die für Teilvektorraum-Verbände allesamt gelten.

1) *Vollständigkeit*: Unendliche Konjunktionen und Adjunktionen mit den Verknüpfungen $\wedge$ und $\vee$ sollen existieren.

2) *Atomarität*: Jede Proposition soll sich durch Adjunktion atomarer Propositionen erzeugen lassen. Eine atomare Proposition ist eine Proposition $P_A \neq 0$, für die sich nichts zwischen **0** und P_A einschalten lässt, für die also aus $Q \leq P_A$ folgt $Q = \mathbf{0}$ oder $Q = P_A$. In Teilraumverbänden sind eindimensionale Teilräume atomar. In unserem Fall sollten atomare Propositionen Propositionen der Form P_z: „Es liegt der reine Zustand z vor" entsprechen, die maximale Information über den Systemzustand bedeuten.

3) *Atomare Überlagerung*: Wenn P atomar und Q beliebig in L ist, dann muss $P \vee Q$ atomar in dem Teilverband $\{R \mid Q \leq R\}$ von L sein, der aus allen Propositionen R größer oder gleich Q besteht.

4) *Irreduzibilität*: Die trivialen Propositionen **0** und **1** sind die einzigen, die mit allen Propositionen P aus L verträglich sind. Das entspricht dem Ausschluss mehrerer *„Superauswahlsektoren"*. Dies erscheint annehmbar, weil man in der Quantentheorie verschiedene Superauswahlsektoren als getrennte Theorien behandeln kann.

Piron hat bewiesen, dass unter diesen Annahmen der Orthokomplementäre Modulare Verband L tatsächlich zu einen Unterraumverband eines Hilbertraumes im allgemeinen Sinn isomorph ist. Seine Beweisführung wurde von Faure und Frölicher (1993–1995) noch erheblich vereinfacht. Piron gibt auch Argumente zugunsten von 1) – 4), indem er plausible Axiome formuliert, aus denen diese folgen.

Unbestimmt bleibt die Dimension des allgemeinen Hilbertraumes sowie besonders der zugehörige Körper ***K***. Argumente für den Körper der komplexen Zahlen diskutiert Ludwig (1985).

Am wenigsten plausibel ist wohl die wichtigste Annahme der Modularität. Immerhin gibt es auch hier eine interessante Aussage (Coecke et al., 2001; Piron, 1976; Thirring, 2002):

Der Propositionenverband L ist modular, wenn für je zwei Propositionen P und Q mit $P \leq Q$ der durch Propositionen P, Q, $\neg P$ und $\neg Q$ erzeugte Teilverband von L modular ist.

Nach diesen recht mühsamen und langwierigen Darlegungen zur Struktur der Propositionsverbände für die Klassische Mechanik und die Quantenmechanik haben wir nun freie Sicht auf die Möglichkeit von Erweiterungen des axiomatischen Rahmens der VQT.

Als erstes wird man wohl zusätzlich auch für komplementäre Propositionen P und Q die Existenz von Konjunktion $P \wedge Q$ und Adjunktion $P \vee Q$ mit den üblichen Eigenschaften fordern, so dass auch für die VQT der Verband der Propositionen ein orthokomplementärer Verband wird. Die oben angegebenen Annahmen 1) bis 4) sind vielleicht plausibel genug, dass man sie sich zu eigen machen könnte. Sehr plausibel ist auch der Ausschluss niedriger Dimension.

Am problematischsten erscheint die auf den ersten Blick harmlos aussehende Annahme der Modularität, die den entscheidenden Schritt zur vollen Struktur der Quantenmechanik darstellt. Großer axiomatischer Zusatzaufwand ist sicher erforderlich, wenn man auf der Möglichkeit der Angabe von Zahlenwerten für die Wahrscheinlichkeit von Messergebnissen besteht. Dazu scheint mit einem nicht geringen Maß an Zwangsläufigkeit die Annahme der Modularität und damit im Wesentlichen der vollen quantenmechanischen Hilbertraum-Struktur nötig zu sein.

Danksagung

Ich danke allen herzlich, die mir in meinem Umfeld zu verschiedenen Zeiten und in verschiedenem Maße durch Anregung, Ansporn, Kritik, Ermutigung, Anerkennung, Verständnis oder Anteilnahme geholfen haben. Es seien in alphabetischer Reihenfolge genannt

Klaus von Ammon, Frank Armbruster, Harald Atmanspacher, Michael Bach, Ulrich Barteit, Eberhard Bauer, Sephan Baumgartner, Ernst Binz, Wilfried Buchmüller, Rainer Doubrava, Dietrich Eckert, Suitbert Ertel (†), Ottmar Ette, Thomas Filk, Michael Forger, Klaus Fredenhagen, Fabian Freiseis, Karin Fronemann-Klos, Ulrich Fülleborn (†), Markus Gabriel, Jörg Gehrmann, Domenico Giulini, Peter Grippain, Josef Honerkamp (†), Mathias Huber, Klaus Jacobi, Georg Ernst Jacoby (†), Hans Kastrup, Hans Dieter Keller, Klaus Kenntemich, Hermes A. Kick, Konstantin Kleffel (†), Holger Klos, Jürgen Kornmeier, Henryk Kowalski, Bernhard Kroener, Friedrich Krause, Gert Leo Kuck, Philippe Leick, Walter von Lucadou, Gerhard Mayer, János Megyik, Claus Montonen, Klaus Müller, Peter Mulacz, Michael Nahm, Werner Nahm, Peter Nickl, Niels Kjär Nielsen, Bernd Oelmann, Herbert Pietschmann, Eva Pohlmeyer, Klaus Pohlmeyer (†), Gerold Prauss, Bernhard Reuter, Martin Reuter, Yvette Sánchez, Irene Schlingensiepen-Brysch, Erika Schuchardt, Veronika Sellier, Ingo Steudel, Nikolaus von Stillfried, Gert Strobl, Volker Strocka, Karl-Peter Traub, Bernhard Uhde, Sven von Ungern-Sternberg, Harald Walach, Peter Wallach, Christof Wetterich, Axel Winterhalter.

Sehr wichtig waren für mich die Jahr für Jahr von Eberhard Bauer und Walter von Lucadou organisierten Arbeitstagungen der Wissenschaftlichen Gesellschaft zur Förderung der Parapsychologie (WGFP) in Offenburg, wo ich meine Gedanken in Vorträgen erproben konnte, aus denen viele der hier vorgestellten Arbeiten hervorgegangen sind. Auch das Institut für Grenzgebiete der Psychologie und Psychohygiene e. V. (IGPP) und das Institut für medizinische Ethik, Grundlagen und Methoden der Psychotherapie und Gesundheitskultur (IEPG) von Hermes A. Kick waren für mich wichtige Foren.

Wenig wäre ohne den beständigen Rückhalt meiner Familie gelungen, allen voran meiner lieben Frau Doris, die mich auch beharrlich zur Arbeit an diesem Buch angespornt hat.

Großen Dank schulde ich dem Institut für Grenzgebiete der Psychologie und Psychohygiene e. V. (IGPP) für die großherzige Übernahme der Herstellungskosten für dieses Buchprojekt.

Mein herzlicher Dank gilt Gerhard Mayer für wertvollen Rat und große Genauigkeit bei der Drucklcgung dieses Buches.

Ein herzliches „Dankeschön" geht an Frauke Schmitz-Gropengießer für unübertreffliche Sorgfalt beim Korrekturlesen.

Literatur

Aerts, D., & D'Hooghe, B. (2009). Classical logic versus quantum conceptual thought: Examples in economics, decision theory and concept theory. *LNCS, 5404*, 128–142.

Aerts D., Gabora, L., & Sozzo, S. (2013). Concepts and their dynamics: A quantum-theoretic modelling of human thought. *Topics in Cognitive Science, 5*, 737–772.

Aerts, D., Sozzo, S., & Veloz, T. (2015). Quantum structure in cognition and in the foundations of human reasoning. *International Journal of Theoretical Physics, 54*, 4557–4569. https://arxiv.org/abs/1412.8704

Alcock, J. E. (2003). Give the null hypothesis a chance: Reasons to remain doubtful about the existence of psi. *Journal of Consciousness Studies, 10*(6–7), 29–50.

Anzieu, D. (1992). *Das Haut-Ich*. Suhrkamp.

Aristoteles (1831). *Aristotelis opera*. Hrsg. von I. Bekker. Reimer. Alle wissenschaftlichen Ausgaben folgen dieser Zählung und Paginierung.

Assmann, J. (2018). *Achsenzeit*. C. H. Beck.

Athanasius (1973). *Athanase d'Alexandrie: Sur l'incarnation du verbe. Introduction, texte critique, traduction, notes et index par Charles Kannengiesser*. Cerf. Sources Chrétiennes.

Atmanspacher, H. (2020). Quantum approaches to consciousness (Erstveröffentlichung 2004, gründlich revidiert 2020). In E. N. Zalta (Hrsg.), *Stanford encyclopedia of philosophy*. https://plato.stanford.edu/entries/qt-consciousness/

Atmanspacher, H., Bach, M., Filk, T., Kornmeier, J., & Römer H. (2008). Cognitive time-scales in a Necker-Zeno model of bistable perception. *The Open Cybernetics and Systemic Journal, 2*, 234–251.

Atmanspacher, H., Bösch, H., Boller, E., Nelson, R. D., & Scheingraber, H. (1999). Deviations from physical randomness due to human agent intention? *Chaos, Solitons and Fractals, 10*, 935–952.

Atmanspacher, H., & Fach, W. (2015). Mind-matter correlations in dual aspect monism according to Pauli and Jung. In E. F. Kelly, A. Crabtree & P. Marshall (Hrsg.), *Beyond physicalism: Toward reconciliation of science and spirituality* (S. 195–226). Rowman and Littlefield.

Atmanspacher, H., Filk, T., & Römer, H. (2004). Quantum zeno features of bistable perception. *Biological Cybernetics, 90*, 33–40. http://arxiv.org/abs/physics/0302005

Atmanspacher, H., Filk, T., & Römer, H. (2006). Weak Quantum Theory: Formal framework and selected applications. *AIP Conference Proceedings, 810* (S. 34–46). (A. Khrennikov [Hrsg.], Melville, NY, 2006.)

Atmanspacher, H., & beim Graben, P. (2007). Contextual emergence of mental states from neurodynamics. *Chaos and Complexity Letters, 2*, 151–168, sowie Atmanspachers Scolarpedia-Artikel, www.scolarpedia.org/article/Contextual_emergence

Atmanspacher, H., & Primas, H. (Hrsg.)(2008). *Recasting reality: Wolfgang Pauli's philosophical ideas and contemporary science*. Springer. ISBN 978-3-540-85197-4

Atmanspacher, H., Primas, H., & Wertenschlag-Birkhäuser, E. (Hrsg.) (1995). *Der Pauli-Jung-Dialog und seine Bedeutung für die moderne Wissenschaft*. Springer. Darin besonders der Beitrag von H. Primas: „Über dunkle Aspekte der Naturwissenschaft" (S. 205–238).

Atmanspacher, H., & Rickles, D. (2022). *Dual-aspect monism and the deep structure of meaning*. Routledge.

Atmanspacher, H., & Römer, H. (2012). Order effects in sequential measurements of non-commutative psychological observables. *Journal of Mathematical Psychology, 56*, 274–280. http://arxiv.org/abs/1201.4685

Atmanspacher, H., Römer, H., & Walach, H. (2002). Weak quantum theory: Complementarity and entanglement in physics and beyond. *Foundations of Physics, 32*, 379–406.

Audretsch, J. (2002). *Verschränkte Welt.* Wiley-VCH.

Barth, U. (2004). Selbstbewusstsein und Seele. *Zeitschrift für Theologie und Kirche, 101*, 198–217.

Barthes, R. (1964). *Mythen des Alltags*. Suhrkamp.

Barthes, R. (1999). *Die Lust am Text.* Suhrkamp.

Bartuschat, W. (2006). *Baruch de Spinoza.* Beck.

Baudelaire, C. (2011). *Les fleurs du mal = Die Blumen des Bösen* (französisch/deutsch; übers. von Monika Fahrenbach-Wachendorff). Reclams Universalbibliothek.

Bauer, E., & Schetsche, M. (Hrsg.) (2003). *Alltägliche Wunder: Erfahrungen mit dem Übersinnlichen – wissenschaftliche Befunde.* Ergon.

Beck, F. (2001). Quantum brain dynamics and consciousness. In P.V. Locke (Hrsg.), *The physical nature of consciousness* (S. 83–116). John Benjamins.

Beck, F., & Eccles, H. (1992). Quantum aspects of brain activity and the role of consciousness. *Proceedings of the National Academy of Sciences of the United States of America, 89*, 11357–11361.

Graben, P.b., & Atmanspacher, H. (2006). Complementarity in classical dynamical systems. *Foundations of Physics, 36*, 291–306.

Beutelspacher, A., & Rosenbaum, U. (2004). *Projektive Geometrie: Von den Grundlagen bis zu den Anwendungen* (2. Auflage). Vieweg.

Bieri, P. (2001). *Das Handwerk der Freiheit: Über die Entdeckung des eigenen Willens.* Hanser. ISBN 3-596-15647-5.

Bieri, P. (2007). Was bleibt von der analytischen Philosophie? *Deutsche Zeitschrift für Philosophie, 55*(3), 333–344.

Bierman, D.J., & Radin, D.I. (1997). Anomalous anticipatory response on randomized future conditions. *Perceptual and Motor Skills, 84*, 689–690.

Birkhoff, G., & Neumann, J.v. (1936). The logic of quantum mechanics. *Annals of Mathematics, 37*, 823–843.

Bösch, H., Steinkamp, F., & Boller, E. (2006). Examining psychokinesis: The interaction of human intention with random number generators – a meta-analysis. *Psychological Bulletin, 132*(4), 497–523.

Bohm, D. (1980). *Wholeness and the implicate order.* Routledge.

Borges J.L. (1992). *Werke in 20 Bänden* (Deutsche Übersetzung K.A. Horst und G. Haefs). Fischer.

Borges J.L. (2003). Der Zahir. In J.L. Borges, *Das Aleph, Erzählungen 1944–1952* (übersetzt von Karl August Horst und Gisbert Haefs, 6. Aufl.)(S. 90–99). Fischer.

Borges J.L. (2003a). Tlön, Uqbar, Orbis Tertius. In J.L. Borges, *Fiktionen, Erzählungen 1939–1944*, (übersetzt von Karl August Horst und Gisbert Haefs; 8. Aufl.)(S. 15–34). Fischer.

Borges J.L. (2003b). Drei Fassungen von Judas. In J.L. Borges, *Fiktionen, Erzählungen 1939–1944*, (übersetzt von Karl August Horst und Gisbert Haefs; 8. Aufl.)(S. 139–145). Fischer.

Boscovich, R.J. (1758). *Theoria Philosophiae Naturalis.* Wien 1758, in deutscher Übersetzung wiedergegeben bei Roessler, 1992.

Bostrom, N. (2018). *Die Zukunft der Menschheit.* Suhrkamp.

Brandt, R., Godzig, P., & Kühn, U. (1994). *Hoffnungsbilder gegen den Tod* (= Vorlagen. NF 20). Lutherisches Verlagshaus. ISBN 3-7859-0680-3

Brednich, R. (1990). *Die Spinne in der Yucca-Palme.* C.H. Beck.

Breger, H. (2010). Die Seele bei Leibniz. In P. Nickl & G. Terizakis (Hrsg.), *Die Seele, Metapher oder Wirklichkeit? Philosophische Ergründungen; Texte zum ersten Festival der Philosophie in Hannover 2008* (S. 169–186). Transcript.

Browning, D. (1965). *Philosophers of process.* Random House.

Brunner, H. (1983). *Grundzüge der altägyptischen Religion.* Wiss. Buchgesellschaft.

Buchholz, D., & Yngvason, J. (1994). There are no causality problems for Fermi's two-atom system. *Physical Review Letters, 73*, 613–616.

Büchner, L. (1888). *Kraft und Stoff oder Grundzüge der natürlichen Weltordnung: nebst einer darauf gebauten Moral oder Sittenlehre; in allgemein verständlicher Darstellung.* Theodor Thomas.

Burns, J.E. (2003). What is beyond the edge of the known world? *Journal of Consciousness Studies, 10*(6–7), 7–28.

Burckhardt, G. (1957). Heraklit Fragmente. Insel.

Carr, B. (2015). Hyperspatial models of matter and mind. In E.F. Kelly, A. Crabtree & P. Marshall (Hrsg.), *Beyond physicalism: Toward reconciliation of science and spirituality* (S. 227–273). Rowman and Littlefield.

Cassirer, E. (2010). *Philosophie der symbolischen Formen* (3 Bände). *Erster Teil: Die Sprache* (ISBN 978-3-7873-1953-4). *Zweiter Teil: Das mythische Denken* (ISBN 978-3-7873-1954-1). *Dritter Teil: Phänomenologie der Erkenntnis* (ISBN 978-3-7873-1955-8). Meiner.

Césaire, A. (1987). Notizen von einer Rückkehr in die Heimat. In A. Césaire, *Gedichte.* Hanser.

Chalmers, D.J. (1996). *The conscious mind.* Oxford University Press.

Churchland, P.M. (1997). *Die Seelenmaschine*. Spektrum.

Coecke, B., Moore, D., & Wilce, A. (2001). Operational quantum logic: An overview. https://arxiv.org/abs/quant-ph/0008019

Danzer, G. (2013). *Personale Medizin.* Hogrefe.

Dennett, D.C. (1991). *Consciousness explained.* Little, Brown.

Descartes, R. (1637). *Discours de la méthode.* Nelson.

Diels, H., & Kranz, W. (2005). *Die Fragmente der Vorsokratiker* (Griechisch und Deutsch von Hermann Diels. Herausgegeben von Walther Kranz; 6. Aufl.). Weidmann. ISBN 3-615-12200-3.

Dowker, F., & Kent, A. (1996). On the consistent histories approach to quantum mechanics. *Journal of Statistical Physics, 82*, 1575–1646.

Drossel, B., & Ellis, G. (2018). Contextual wavefunction collapse: An integrated theory of quantum collapse. *New Journal of Physics, 20*, article 180708171. https://doi.org/10.1088/1367-2630/aaecec

Ebbinghaus, H.-D., Flum, J., & Thomas, W. (1992). *Einführung in die Mathematische Logik* (3. überarbeitete Aufl.). B.I. Wissenschaftsverlag.

Eberhard, P. (1978). Bell's theorem and the different concepts of locality. *Nuovo Cimento, 46B*, 392–419.

Einstein, A., Podolsky, B., & Rosen, N. (1935). Can quantum-mechanical description of physical reality be considered complete?, *Physical Review, 47*, 777–780.

Engel, M. (1986). *Rainer Maria Rilkes „Duineser Elegien" und die moderne deutsche Lyrik: zwischen Jahrhundertwende und Avantgarde.* Metzler.

Faure, C.-A., & Frölicher, A. (1993). Morphisms of projective geometries and of corresponding lattices. *Geometriae Dedicata, 47*, 25–40.

Faure, C.-A., & Frölicher, A. (1994). Morphisms of projective geometries and semilinear maps. *Geometriae Dedicata, 53*, 237–262.

Faure, C.-A., & Frölicher, A. (1995). Dualities for infinite-dimensional projective geometriess. *Geometriae Dedicata, 56*, 225–236.

Fichte, J. G. (2014). *Wissenschaftslehre: Einleitung, Versuch einer neuen Darstellung, allgemeine Umrisse.* Holzinger. Erstdruck 1797 in *Philosophisches Journal, 5*(1): 1–47.

Figl, J., & Klein, H.-D. (Hrsg.) (2002). *Über die Seele*. Suhrkamp.

Filk, T., & Giulini, D. (2004). *Im Anfang war die Ewigkeit: Auf der Suche nach dem Ursprung der Zeit.* C. H. Beck.

Filk, T., & Römer, H. (2011). Generalised Quantum Theory: Overview and latest developments. *Axiomathes, 21*(2), 211–220. https://doi.org/10.1007/s10516-010-9136-6

Flashar, H. (Hrsg.)(1994). *Grundriss der Geschichte der Philosophie: Die Philosophie der Antike.* Schwabe.

Flashar, H. (2013). *Aristoteles: Lehrer des Abendlandes.* C. H. Beck.

Franz, M.-L. v. (1980). *Zahl und Zeit.* Suhrkamp.

Freud, S. (1992). *Vorlesungen zur Einführung in die Psychoanalyse.* Fischer.

Fülleborn, U. (2000). „Es sind noch Lieder zu singen jenseits der Menschen". Celan schreibt den spätesten Rilke fort. In U. Fülleborn & G. Blamberger (Hrsg.), *Besitz und Sprache: offene Strukturen und nicht-possessives Denken in der deutschen Literatur; ausgewählte Aufsätze* (S. 385–401). Wilhelm Fink.

Gabriel, M. (2013). *Warum es die Welt nicht gibt.* Ullstein.

Gabriel, M. (2014). Neutraler Realismus. *Philosophisches Jahrbuch, 121*(2), 352–372.

Gabriel, M. (2017). *Ich ist nicht Gehirn.* Ullstein.

Gabriel, M. (2018). *Der Sinn des Denkens.* Ullstein.

Gabriel M. (2020). *Fiktionen.* Suhrkamp.

Gabriel, M., & Eckold, M. (2019). *Die ewige Wahrheit und der Neue Realismus: Gespräche über (fast) alles, was der Fall ist.* Carl-Auer.

Gao, S. (2019). *Closing the superdeterminism loophole in Bell's theorem.* http://philsci-archive.pitt.edu/16203/#?

Gebser, J. (1986). *Ursprung und Gegenwart* (2 Bd.; 2. Aufl.). Deutscher Taschenbuch Verlag.

Gemmer, J., & Mahler, G. (2001). Entanglement and the factorization-approximation. *European Physical Journal D, 17*, 385–393.

George, S. (1958). *Werke: Ausgabe in zwei Bänden*. Küpper.

Gericke, H. (1963). *Theorie der Verbände*. Bibliographisches Institut.

Ghirardi, G.C., Rimini, A., & Weber, T. (1986). Unified dynamics for microscopic and macroscopic systems. *Physical Review D, 34*, 470–491.

Giulini, D., Joos, E., Kiefer, C., Kupsch, J., Stamatescu, I.O., & Zeh, H.D. (1996). *Decoherence and the appearance of the classical world*. Springer.

Goldschmidt, H.L. (1990). W. Paulis Brief vom 19. Februar 1949 an Hermann Levin Goldschmidt. In H.L. Goldschmidt (Hrsg.), *Nochmals Dialogik*. ETH, Stiftung Dialogik.

Görnitz, T. (1999). *Quanten sind anders: Die verborgene Einheit der Welt*. Spektrum.

Görnitz, T., & Görnitz, B. (2002). *Der kreative Kosmos: Geist und Materie aus Quanteninformation*. Spektrum.

Görnitz, T., & Görnitz, B. (2008). *Die Evolution des Geistigen: Quantenphysik, Bewusstsein, Religion*. Vandenhoeck & Ruprecht.

Görnitz, T., & Görnitz, B. (2016). *Von der Quantenphysik zum Bewusstsein – Kosmos, Geist und Materie*. Springer.

Goethe, J.W.v. (1808). *Faust: eine Tragödie*. Cotta.

Goethe, J.W.v. (1808–1831/1962). *Dichtung und Wahrheit*. Sechster Teil. In Gesamtausgabe, Band 23. dtv.

Goethe, J.W.v. (1819/1982). West-östlicher Divan: Buch Suleika. In H. Nicolai (Hrsg.), *Goethes Gedichte in zeitlicher Folge*. Insel.

Gottfried, G. (2008). *Grundprobleme der Erkenntnistheorie*. UTB.

Greeley, A. (1987), Mysticism goes mainstream. *American Health, 6*, 47–49.

Greeley, A. (1991), The paranormal is normal: a sociologist looks at parapsychology. *Journal of the American Society for Psychical Research, 85*, 367–374.

Griffiths, R.B. (1984). Consistent histories and the interpretation of quantum mechanics. *Journal of Statistical Physics, 36*, 219–271.

Groddeck, G. (1979). *Das Buch vom Es*. Fischer.

Habermas, J. (1971). Vorbereitende Bemerkungen zu einer Theorie der kommunikativen Kompetenz. In J. Habermas & N. Luhmann, *Theorie der Gesellschaft oder Sozialtechnologie: was leistet die Systemforschung?* (S. 101–141). Suhrkamp.

Habermas, J. (1976). Was heißt Universalpragmatik? In K.-O. Apel (Hrsg.), *Sprachpragmatik und Philosophie* (S. 174–272). Frankfurt am Main.

Hagan, S., Hameroff, S.R., & Tuszynski, J.A. (2002). Quantum computation in brain microtubules: Decoherence, and biological feasibility. *Physical Review E, 65*, 061901–061911.

Hadamard, J. (1959). *Essay sur la psychologie de l'invention dans la domaine mathématique*. Blanchard.

Hamann, J.G. (1993). *Sokratische Denkwürdigkeiten / Aesthetica in nuce*. Reclam.

Hameroff, S.R., & Penrose, R. (1996). Conscious events as orchestrated space time selections. *Journal of Consciousness Studies, 3*, 36–53.

Harari, Y.N. (2017). *Homo deus: A brief history of tomorrow*. Harvill Secker. Deutsche Ausgabe: *Homo*

Deus: Eine Geschichte von Morgen. C.H. Beck.

Hartmann-Kottek, L. (2012). *Gestalttherapie*. Springer.

Hasenfratz, H.-P. (1986). *Die Seele: Einführung in ein religiöses Grundphänomen*. Theologischer Verlag.

Hawking, S.W. (1988). *A brief history of time*. Bantam Books; deutsche Übersetzung: *Eine kurze Geschichte der Zeit*. Rowohlt, 1991.

Hawking, S.W., & Ellis, G.F.R. (1993). *The large scale structure of space-time*. Cambridge University Press.

Heim, B. (1977). Vorschlag eines Weges einer einheitlichen Beschreibung der Elementarteilchen. *Zeitschrift für Naturforschung, 32*(a), 233–243.

Heim, B. (1982). *Der kosmische Erlebnisraum des Menschen*. Resch.

Heim, B. (1996/1998). *Einheitliche strukturelle Quantenfeldtheorie der Materie und Gravitation* (2 Bände). Resch.

Heisenberg, W. (1959). Wolfgang Paulis philosophische Auffassungen. *Die Naturwissenschaften, 46*(24), 661–663.

Hepp, K. (1999). Toward the demolition of a computational quantum brain in quantum future. In P. Blanchard & A. Jadczyk (Hrsg.), *Quantum future from Volta and Como to the present and beyond* (S. 92–104). Springer.

Hofmannsthal, H.v. (1991). Brief des Lord Chandos. In *Sämtliche Werke – 31. Erfundene Gespräche und Briefe* (S. 45–55) (hrsg. von Ellen Ritter). Fischer. Oder Hofmannsthal, H.v. (2019). *Der Brief des Lord Chandos*. Reclam.

Hoffmann, E.T.A. (1815). *Die Elixiere des Teufels*. Duncker und Humblot.

Hölderlin, F. (1799). An die Parzen. In C.L. Neuffer (Hrsg.), *Taschenbuch für Frauenzimmer von Bildung auf das Jahr 1799* (S. 166). Steinkopf.

Honerkamp, J. (2013). *Was können wir wissen? Mit Physik bis zur Grenze verlässlicher Erkenntnis*. Springer.

Horodecki, R., Horodecki, P., Horodecki, M., & Horodecki, K. (2007). Quantum entanglement. *Reviews of Modern Physics, 81*, 865. arXiv:quant-ph/0702225v2, April 2007.

Hossenfelder, S. (2018). *Das hässliche Universum: Warum unsere Suche nach Schönheit die Physik in die Irre führt*. Fischer; englisches Original: *Lost in math: How beauty leads physics astray*. Hachette Book Group.

Jacobi, K. (2003). Aristoteles. In N. Hoerster (Hrsg.), *Klassiker des philosophischen Denkens* (S. 53–108). Deutscher Taschenbuch Verlag.

Jahn, R.G. (1981). The persistent paradox of psychic phenomena: An engineering perspective. *Proceedings of the IEEE, 70*(2), 136–170.

Jahn, R., Dunne, B., Bradish, C., Dobyns, Y., Lettieri, A., Nelson, R., Mischo, J., Boller, E., Bösch, H., Vaitl, D., Houtkooper, J., & Walter, B. (2000). Mind/Machine Interaction Consortium: PortREG replication experiments. *Journal of Scientific Exploration, 14*(4), 499–555.

James, W. (1950). *The principles of psychology* (2 Bd.). Dover.

Jaynes, J. (1988). *The origin of consciousness in the breakdown of the bicameral mind*. Houghton Mifflin; deutsche Übersetzung: *Der Ursprung des Bewusstseins durch den Zusammenbruch der bikameralen Psyche*. Rowohlt 1988.

Johannes vom Kreuz (1940). *Sämtliche Werke, Bd. 2: Dunkle Nacht.* Kösel.

Jung, C. G. (2001). *Antwort auf Hiob.* Deutscher Taschenbuch Verlag.

Jung, C. G. (2015). *Der Mensch und seine Symbole.* Patmos.

Jung, C.G., & Pauli, W. (1952). *Naturerklärung und Psyche.* Rascher. Darin W. Pauli: Der Einfluss archetypischer Vorstellungen auf die Bildung naturwissenschaftlicher Theorien bei Kepler, S. 109–194.

Kant, I. (1900ff.). *Akademieausgabe in 29 Bänden.* Reimer, ab 1922 de Gruyter.

Kant, I. (2004). *Kritik der reinen Vernunft* (Hrsg. Georg Mohr). Suhrkamp.

Kiefer, C. (2000). Conceptual issues in quantum cosmology. *Lecture Notes in Physics, 541*, 158–187. https://doi.org/10.48550/arXiv.gr-qc/9906100

Kim, J. (1993). *Supervenience and mind.* Cambridge University Press.

Kim, J. (2003). Blocking causal drainage and other maintenance chores with mental causation. *Philosophy and Phenomenological Research, 67*, 151–176.

Klein, H. D. (Hrsg.) (2005). *Der Begriff der Seele in der Philosophiegeschichte.* Königshausen & Neumann.

Koch, C., & Hepp, K. (2006). Quantum mechanics of the brain. *Nature, 440*, 611–612.

Köhler, T. W. (2000). *Grundlagen des philosophisch-anthropologischen Diskurses im dreizehnten Jahrhundert.* Leiden.

Kornwachs, K. (1998). Pragmatic information and the emergence of meaning. In G. Van de Vijver, S. Salthe & M. Delpos (Hrsg.), *Evolutionary systems* (S. 181–196). Kluver.

Krolow, K. (1988). Licht aus fremden Augen. Zitiert nach D. Schindelbeck, *Veränderung der Sonettstruktur von der deutschen Lyrik der Jahrhundertwende bis in die Gegenwart.* Peter Lang.

Kurzweil, R. (2005/2014). *The singularity is near.* Penguin. Deutsche Ausgabe: *Menschheit 2.0: Die Singularität naht.* Lola Books.

Libet, B. (1978). Neuronal vs. subjective timing for a conscious sensory experience. In P.A. Buser & A. Rougeul (Hrsg.), *Cerebral correlates of conscious experience* (S. 69–82). Elsevier.

Libet, B. (1985). Unconscious cerebral activity and the role of conscious will in voluntary action. *Behavioral and Brain Sciences, 8*, 529–566.

Lohfink, G. (2017). *Am Ende das Nichts? Über Auferstehung und ewiges Leben.* Herder.

Lucadou, W. v. (1986). *Experimentelle Untersuchungen zur Beeinflussbarkeit von stochastischen quantenphysikalischen Systemen durch den Beobachter.* Haag u. Herchen.

Lucadou, W. v. (1991). Locating psi bursts: Correlations between psychological characteristics of observers and observed quantum physical fluctuations. In D. L. Delanoy (Hrsg.), *The Parapsychological Association 34th annual convention, proceedings of presented papers* (S. 265–281). Parapsychological Accociation.

Lucadou, W. v. (1998). The exo-endo perspective of non-locality in psycho-physical systems. *International Journal of Computing Anticipatory Systems, 2*, 169–185.

Lucadou, W. v. (2000). Hans in luck: The currency of evidence in parapsychology. *Journal of Parapsychology, 64*, 181–194.

Lucadou, W. v. (2002). Homeopathy and the action of meaning: The Model of Pragmatic Information (MPI) and homeopathy. In H. Walach, R. Schneider & R.A. Chez (Hrsg.), *Future directions and current issues of research in homeopathy*: Freiburg, January 2002; [1st European Samueli Symposium, January 17–19, 2002, Freiburg, Germany]. Samueli Institute.

Lucadou, W. v. (2006). Self organization of temporal structures – a possible solution for the intervention problem. In Daniel P. Sheehan (Hrsg.), *Frontiers of time: Retrocausation – experiment and theory; San Diego, California, 20–22 June 2006* (S. 293–315). AIP, American Inst. of Physics.

Lucadou, W. v. (2006a). Makroskopische Unentscheidbarkeit. Vortrag auf der XXII. Arbeitstagung der WGFP, Offenburg 2006.

Lucadou, W. v. (2010). Complex environmental reactions, as a new concept to describe spontaneous „paranormal" experiences. *Axiomathes, 21*, 263–285. DOI 10.1007/s10516-010-9138-4

Lucadou, W. v. (2012). *Die Geister, die mich riefen* (2. Aufl.). Bastei Lübbe.

Lucadou, W. v. (2014). Verschränkungswahrnehmung und Lebenskunst. In D. v. Engelhardt & H. A. Kick (Hrsg.), *Lebenslinien – Lebensziele – Lebenskunst: Festschrift zum 75. Geburtstag von Wolfram Schmitt.* Lit.

Lucadou, W. v. (2019). Homeopathy and the action of meaning: A theoretical approach. *Journal of Scientific Exploration, 33*(2), 213–254.

Lucadou, W. v., & Römer, H. (2011). Schuld, Person und Gesellschaft: Systemische Perspektiven. In H. A. Kick & W. Schmitt (Hrsg.), *Schuld – Bearbeitung, Bewältigung, Lösung – Strukturelle und prozessdynamische Aspekte. Affekt – Emotion – Ethik. Bd. 10* (S. 79–97). Lit.

Lucadou, W. v., Römer, H., & Walach, H. (2007). Synchronistic phenomena as entanglement correlations in generalized quantum theory. *Journal of Consciousness Studies, 14*, 50–74.

Lucadou, W. v., Römer, H., & Walach, H. (2012). Synchronistische Phänomene als Verschränkungskorrelationen in der Verallgemeinerten Quantentheorie. *Zeitschrift für Parapsychologie und Grenzgebiete der Psychologie, 47/48/49*, 89–110.

Lucadou, W. v., & Zahradnik, F. (2004). Predictions of the model of pragmatic information about RSPK. In S. Schmidt (Hrsg.), *The Parapsychologial Association 2004 annual convention proceedings of presented papers* (S. 99–112). The Parapsychologial Association.

Ludwig, G. (1985). *An axiomatic basis of quantum mechanics: Volume 1: Derivation of Hilbert space.* Springer.

Ludwiger, I. v. (2012). *Unsere sechsdimensionale Welt: Wissenschaftsverständnis von Magie, Mystik & Alchemie.* Komplett Media.

Ludwiger, I. v. (2013). *Unsterblich in der 6-Dimensionalen Welt: Das neue Weltbild des Physikers Burkhard Heim.* Komplett Media.

Lukrez (Titus Lucretius Carus)(1973). *De rerum natura* (Lateinisch/Deutsch; übersetzt und mit einem Nachwort versehen von Karl Büchner), Reclam.

Mahler, G. (2004). The partitioned quantum universe. *Mind and Matter, 2*, 67–91.

Maier, M. A., & Buechner, V. L. (2016). Time and consciousness. In M. Nadin (Hrsg.), *Anticipation across disciplines* (S. 93–104). Springer.

Maio, G. (2017). *Mittelpunkt Mensch: Ethik in der Medizin* (2. überab. Auflage). Schattauer.

Mandelbrot, B. (1965). Fractal aspects of the iteration of $z \rightarrow \lambda z (1-z)$ for complex λ, z. *Annals of the New York Academy of Sciences, 357*, 249–259.

Mayer, G., Schetsche, M., Schmied-Knittel, I., & Vaitl, D. (Hrsg.)(2015). *An den Grenzen der Erkenntnis: Handbuch der wissenschaftlichen Anomalistik.* Schattauer.

McTaggart, J. M. E. (1908). The unreality of time. *Mind, 17*, 456–473.

Meinong, A. (1904). Über Gegenstandstheorie. In A. Meinong (Hrsg.), *Untersuchungen zur Gegenstandstheorie und Psychologie* (S. 1–50). Barth.

Metzinger, T. (2003). *Being no one: The self-model theory of subjectivity.* MIT Press.

Metzinger, T. (2009). *Der Ego-Tunnel: Eine neue Philosophie des Selbst: Von der Hirnforschung zur Bewusstseinsethik.* Berlin-Verlag.

Meyenn, K.v. (Hrsg.) (1979–2005). *W. Pauli: Wissenschaftlicher Briefwechsel mit Bohr, Einstein, Heisenberg u. a.* Bd. I: 1919–1929 (Hrsg., zusammen mit A. Herrmann und V. Weiskopf, 1979); Bd. II: 1930–1939 (1985); Bd. III: 1940–1949 (1993); Bd. IV-1: 1950–1952 (1996); Bd. IV-2: 1953–1954 (1999); Bd. IV-3: 1955–1956 (2001); Bd. IV-4: 1957–1958 (2005). Springer.

Misra, B., & Sudarshan, E. C. G. (1977). The Zeno's paradox in quantum theory. *Journal of Mathematical Physics, 18*(4), 756–763.

Mittelstaedt, P. (1978). *Quantum logic.* Reidel.

Mittelstraß, H., & Metzeler, J. B. (Hrsg.) (1995). *Enzyklopädie Philosophie und Wissenschaftstheorie.* Bibliographisches Institut.

Mögele, T. (2018). *Das MindFlow Konzept: Wie Sie durch Nicht-Wollen und Nicht-Tun alles erreichen* Momanda.

Monod, J. (1971). *Zufall und Notwendigkeit: Philosophische Fragen der modernen Biologie.* Piper.

Moore, D.W. (2005, June 16). Three in four americans believe in paranormal: Little change from similar results in 2001. *Gallup News.* https://news.gallup.com/poll/16915/three-four-americans-believe-paranormal.aspx

Müller, K. E. (2004). *Der sechste Sinn.* transcript. ISBN 3-89942-203-1.

Müller, K. E. (2010). *Die Siedlungsgemeinschaft: Grundriß einer essentialistischen Ethnologie.* V&R Unipress.

Müller, K. E. (2011). *Schamanismus.* C. H. Beck.

Nahm, M. (2007). *Evolution und Parapsychologie.* BoD. ISBN978-3-8370-0528-8.

Nagel, T. (2015). *Geist und Kosmos: Warum die materialistische und neodarwinistische Konzeption der Natur so gut wie sicher falsch ist.* Suhrkamp.

Neumann, J. v. (1932). *Mathematische Grundlagen der Quantenmechanik.* Springer.

Newberg, A., & D'Aquili, E.G. (1998). The neuropsychology of spiritual experience. In H. G. König (Hrsg.), *Handbook of religion and mental health* (S. 75–94). San Diego Academic Press.

Nielsen, M.A., & Chuang, I. L. (2000). *Quantum computation and quantum information.* Cambridge University Press.

Novalis [F. v. Hardenberg] (1798–1800). Traktat vom Licht. In *Neue Fragmente,* zitiert nach Projekt Gutenberg/Novalis/Fragmente II/Traktat vom Licht, Nr. 2120.

Omnès, R. (1990). From Hilbert space to common sense: A synthesis of recent progress in the interpretation of quantum mechanics. *Annals of Physics, 201*, 354–477.

Pallikari, F. (2001). A study of the fractal character in electronic noise process. *Chaos, Solitons and Fractals, 12*, 1499–1507.

Pannenberg, W. (1993). *Systematische Theologie: Band 3*. Vandenhoeck & Ruprecht.

Pannenberg, W. (2000). *Beiträge zur systematischen Theologie. Band 2: Natur und Mensch – und die Zukunft der Schöpfung*. Vandenhoeck & Ruprecht. Darin: Eine moderne Kosmologie: Gott und die Auferstehung der Toten.

Pascal, B. (1670). *Pensées de Pascal sur la religion, et sur quelques autres sujets, qui ont esté trouvées après sa mort parmy ses papiers*. Desprez.

Pauli, W. (1993). Brief an M. Fierz vom 7. Januar 1948. In K. v. Meyenn (Hrsg.), *Wissenschaftlicher Briefwechsel mit Bohr, Einstein, Heisenberg u. a. – Bd. III: 1940–1949* (Brief Nr. 929, S. 496–497). Springer.

Peacock, K.A., & Hepburn, B.S. (1999). Begging the signalling question: Quantum signalling and the dynamics of multiparticle systems. *Proceedings of the Meeting of the Society for Exact Philosophy, 1999*. http://arxiv.org/abs/quant-ph/9906036

Penrose, R. (1992). *The emperor's new mind*. Cambridge University Press.

Pietschmann, H. (2002). *Eris & Eirene – Anleitung zum Umgang mit Widersprüchen und Konflikten*. Ibera.

Pietschmann, H. (2009). *Die Atomisierung der Gesellschaft*. Ibera.

Piron, C. (1976). *Foundations of quantum mechanics*. Benjamin.

Platon (2010). *Werke in acht Bänden* (hrsg. von Günter Eigler). Wissenschaftliche Buchgesellschaft.

Plenio, M.B., & Virmani, S. (2007). An introduction to entanglement measures. *Quantum Information & Computing, 7*, 1–51.

Popper, K.R. (1978). *Three worlds: The Tanner lecture on human values*. University of Michigan.

Prauss, G. (1990/2006). *Die Welt und wir* (2 Bände). Metzler.

Preußler, O. (2008). *Krabat*. Thienemann.

Primas, H. (1995). Über dunkle Aspekte der Naturwissenschaft. In H. Atmanspacher, H. Primas & E. Wertenschlag-Birkhäuser (Hrsg.), *Der Pauli-Jung-Dialog und seine Bedeutung für die moderne Wissenschaft* (S. 205–238). Springer.

Primas, H. (2003). Time-entanglement between mind and matter. *Mind and Matter, 1*, 81–120.

Primas, H. (2007). Non Boolean description for mind-matter systems. *Mind and Matter, 5*, 281–301.

Pylkkänen, P., Hiley, B.J., & Pättiniemi, I. (2014). *Bohm's approach and individuality*. https://arxiv.org/pdf/1405.4772.pdf

Radin, D.I. (1993), Enviromental modulation and statistical equilibrium in mind matter interaction. *Subtle Energies and Energy Medicine*, 4(1), 1–29.

Randall, L., & Sundrum, R. (1999). An alternative to compactification. *Physical Review Letters, 83*, 4690–4693. https://doi.org/10.1103/PhysRevLett.83.4690

Rescher, N. (1996). *Process metaphysics: An introduction to process philosophy*. SUNY Press.

Rescher, N. (2000). *Process philosophy: A survey of basic issues*. University of Pittsburgh Press.

Rilke, R.M. (1987). *Briefe* (herausgegeben vom Rilke-Archiv in Weimar in Verbindung mit Ruth Sieber-Rilke). Insel.

Rilke, R.M. (1996). *Werke* (kommentierte Ausgabe in vier Bänden). Wissenschaftliche Buchgesellschaft.

Römer, H. (1992). Atome, Teilchen, Teilbarkeit. In H.-D. Ebbinghaus & G. Vollmer (Hrsg.), *Denken unterwegs: Fünfzehn metawissenschaftliche Exkursionen* (S. 77–92). Hirzel. ISBN 3-8047-1234-7

Römer, H. (1998). Physik der Unsterblichkeit? Zum Gottesverständnis der Naturwissenschaft. In M. Schmidt (Hrsg.), *Von der Suche nach Gott: Helmut Riedlinger zum 75. Geburtstag* (S. 647–662). frommann-holzboog.

Römer, H. (1999). Naturgegeben oder frei erfunden? Wieviel Freiheit gibt es in der Naturwissenschaft? *Philosophisches Jahrbuch, 106*, 220–232.

Römer, H. (2002). Wolfgang Pauli als philosophischer Denker: Kausalordnung, Sinnordnung, Komplementarität. *Philosophisches Jahrbuch, 109*, 354–364.

Römer, H. (2004). Weak Quantum Theory and the emergence of time. *Mind and Matter, 2*, 105–125. http://arxiv.org/abs/quant-ph/0402011

Römer, H. (2006a). Substanz, Veränderung, Komplementarität. *Philosophisches Jahrbuch, 113*, 118–136.

Römer, H. (2006b). Complementarity of process and substance. *Mind and Matter, 4*, 69–91.

Römer, H. (2007). Raum und Zeit bei Einstein. *Freiburger Universitätsblätter, 176*(7), 65–79.

Römer, H. (2009). *Theoretical optics* (second revised and enlarged edition). Wiley-VCH.

Römer, H. (2011). Verschränkung. In M. Knaup, T. Müller, & P. Spät (Hrsg.), *Post-Physikalismus* (S. 87–121). Karl Alber.

Römer, H. (2012a). Konsistente und inkonsistente Geschichten (Vortrag WGFP-Tagung, Offenburg Nov. 2006). *Zeitschrift für Parapsychologie und Grenzgebiete der Psychologie, 47/48/49*, 21–41.

Römer, H. (2012b). Why do we see a classical world? *Travaux Mathematiques, 20*, 167–186. http://arxiv.org/abs/1112.6271

Römer, H. (2013). Essen diesseits des Diskurses: Seinsbezug vs. Ontophobie (Beitrag zur Tagung „LebensMittel". Romainmôtier 2011). In O. Ette, Y. Sanchez & V. Sellier (Hrsg.), *LebensMittel: Essen und Trinken in den Künsten und Kulturen* (S. 125–138). Diaphanes.

Römer, H. (2014). Schöpfermacht und Unverfügbarkeit (Beitrag zum 12. Mannheimer Ethik-Symposium, Mannheim 6.10.2012). In H. Kick & T. Sundermeier (Hrsg.), *Gewalt und Macht, Psychotherapie, Gesellschaft und Kunst* (S. 61–80). Lit.

Römer, H. (2015a). Now, factuality and conditio humana. In A. v. Müller & T. Filk (Hrsg.), *Re-thinking time at the interface of physics and philosophy: The forgotten present* (S. 249–267). Springer. ISBN 978-3-319-10445-4.

Römer, H. (2015b). Mythos und Symbol (Vortrag Offenburg 2015). *Zeitschrift für Parapsychologie und Grenzgebiete der Psychologie.* Im Erscheinen.

Römer, H. (2016) Generalized quantum theory, contextual emergence and non-hierarchic alternatives. In E. Pothos, T. Filk & H. Atmanspacher (Hrsg.), *Quantum Interaction, 9th International Conference, QI 2015, Filzbach, Switzerland, July 15–17, 2015, Revised Selected Papers* (S. 157–167). Springer. http://arxiv.org/abs/1503.06837

Römer, H. (2017). Emergenz und Evolution. *Zeitschrift für Parapsychologie und Grenzgebiete der Psychologie, 50*, 68–98.

Römer, H. (2019). Lockende Schönheit: Erkenntnis und Ästhetik. *Zeitschrift für Parapsychologie und Grenzgebiete der Psychologie*. Im Erscheinen.

Römer, H. (2020). Physikalismus. *Zeitschrift für Anomalisik, 20*, 240–277.

Römer, H. (2021a). Symmetry and contextuality (Contribution to the workshop „Symmetry and Seriality". Freiburg FRIAS, May 2016). *European Review, 20*(2), 242–252. http://arxiv.org/abs/1802.06557

Römer, H. (2021b). Homo Deus, der arme Gott: Menschenbild und Transhumanismus (Y. N. Harari). In H. A. Kick (Hrsg.), *Leiblichkeit und Seele im Spannungsfeld von Weltbezug und Transzendenz* (S. 221–248). Lit.

Römer, H., & Jacoby, G. E. (2012). Innen und Außen. *Zeitschrift für Parapsychologie und Grenzgebiete der Psychologie, 47/48/49*, 42–62.

Römer, H., & Jacoby, G. E. (2017). Schöpfer, Schöpfung, Schöpfertum. *Zeitschrift für Parapsychologie und Grenzgebiete der Psychologie, 50*, 41–67.

Römer, H., & Jacoby, G. E. (2021). Gedanken zur Psychosomatik aus der Sicht einer verallgemeinerten Quantentheorie. In H. Kick (Hrsg), *Leiblichkeit und Seele im Spannungsfeld von Weltbezug und Transzendenz* (S. 37–64). Lit.

Römer, H., & Walach, H. (2011).[1] Complementarity of physiological and phenomenal observables: A primer on Generalised Quantum Theory and its scope for neuroscience and consciousness studies. In H. Walach, S. Schmidt & W. B. Jonas (Hrsg.), *Neuroscience, consciousness and spirituality* (S. 97–107). Springer. ISBN 978-94-007-2078-7. https://doi.org/10.1007/978-94-007-2079-4

Rosner, H. (2017). Transhumanismus. Wollen wir ewig leben? *Spektrum der Wissenschaft, 6.17*, 62–66.

Rössler, O. E. (1992). *Endophysik: Die Welt des inneren Beobachters*. Merve.

Rovelli, C. (2018). *Und wenn es die Zeit nicht gäbe?* Rowohlt.

Ryden, B. (2003). *Introduction to cosmology*. Addison Wesley.

Schiller, F. v. (1786/1991). Resignation. *Thalia, 1*(2. H.), 64–69. Auch in *Sämtliche Gedichte in einem Band* (S. 156). Insel.

Schiller, F. v. (1793/2008). Kalliasbriefe an Körner. In *Werke und Briefe in zwölf Bänden*, Bd. 8: Theoretische Schriften, Deutscher Klassiker-Verlag.

Schiller, F. v. (1800/1991). Naenie. In *Sämtliche Gedichte in einem Band* (S. 490). Insel.

Schiller, F. v. (1804/1991). Das Ideal und das Leben. In *Sämtliche Gedichte in einem Band* (S. 232). Insel.

Schleiermacher, F. (2004). *Über die Religion: Reden an die Gebildeten unter ihren Verächtern* (Hrsg. Andreas Arndt). Meiner.

Schweickhardt, A., Fritzsche, K., & Wirsching, M. (2005). *Psychosomatische Medizin und Psychotherapie*. Springer.

Spinoza, B. d. (1976). *Ethica ordine geometrico demonstrata (Ethik, nach geometrischer Methode dargestellt)*. Meiner.

1 Die hier genannten Arbeiten von H. Römer und Koautoren sind größtenteils zugänglich über die Internetseite http://omnibus.uni-freiburg.de/~hr357

Stapp, H.P. (2015). A quantum-mechanical theory of the mind/brain connection. In E.F. Kelly, A. Crabtree & P. Marshall (Hrsg.), *Beyond physicalism: Toward reconciliation of science and spirituality* (S. 157–193). Rowman and Littlefield.

Stapp, H.P. (2017). *Theory of free will: How mental interactions translate into bodily actions.* Springer.

Steiner, G. (2004). *Nach Babel.* Suhrkamp.

Steiner, G. (2017). *Warum Denken traurig macht.* Suhrkamp.

Steinkamp, F., Boller, E., & Bösch, H. (2002). Experiments examining the possibility of human intention interacting with random number generators: A preliminary meta-analysis. In C. Watt (Hrsg.), *The Parapsychological Association 45th Annual Convention, Proceedings of presented Papers* (S. 256–272). The Parapsychological Association.

Steinmetz, P. (1994). Die Stoa. In H. Flashar (Hrsg.), *Grundriss der Geschichte der Philosophie: Die Philosophie der Antike.* Schwabe.

Taylor, M.A., Reilly, D., Llewellyn Jones, R.H., McSharry, C., & Atchison, T.C. (2000). Randomized controlled trial of homoepathy versus placebo in perennial allergic rhinitis with overview of four trial series. *Britisch Medical Journal, 321*, 471–476.

Theißen, G. (2008). *Die Religion der ersten Christen: Eine Theorie des Urchristentums* (4. Aufl.). Gütersloher Verlagshaus.

Thirring, W. (2002). *Lehrbuch der mathematischen Physik – Band 2: Quantenmechanik: Quantum mathematical physics.* Springer. Englisch: *Mathematical physics, quantum mechanics.* Springer.

Thom, R. (1989). *Structural stability and morphogenesis: An outline of a general theory of models.* Addison-Wesley.

Thomas v. Aquin (1933ff.). *Summa Theologiae* (Kommentierte Gesamtausgabe Lateinisch-Deutsch). Styria.

't Hooft, G. (2016). *The cellular automaton interpretation of quantum mechanics.* Springer. Einen ersten Überblick gibt ein Interview mit 't Hooft (2018) in der Zeitschrift *Spektrum der Wissenschaft, 12.18*, 20–23.

Till Eulenspiegel (2011). Ueberreuter Klassiker.

Tipler, F.J. (1994). *Die Physik der Unsterblichkeit: Moderne Kosmologie und die Auferstehung der Toten.* Piper.

Tipler, F.J. (2008). *Die Physik des Christentums: Ein naturwissenschaftliches Experiment.* Piper.

Uhde, B. (2011). *West-östliche Spiritualität – Die inneren Wege der Weltreligionen.* Kreuz-Verlag.

Uhde, B. (2013). *Warum sie glauben, was sie glauben: Weltreligionen für Andersgläubige und Nachdenkende.* Herder

Tugendhat, E. (2003). *Egozentrizität und Mystik.* C.H. Beck.

Varela, F. J. (1981). Autonomy and autopoiesis. In G. Roth & H. Schwengler (Hrsg.). *Self organizing systems* (S. 14–23). Campus.

Varga von Kibéd, M. (1998). Bemerkungen über philosophische Grundlagen und methodische Voraussetzungen zur systemischen Aufstellungsarbeit. In G. Weber (Hrsg.), *Praxis des Familien-Stellens* (S. 51–60). Carl-Auer-Systeme. Vergleiche auch weitere Beiträge des Autors in demselben Band.

Vila-Matas, E. (2007). *Doktor Pasavento.* Nagel & Kimche.

Vollmer, G. (1975). *Evolutionäre Erkenntnistheorie: Angeborene Erkenntnisstrukturen im Kontext von Biologie, Psychologie, Linguistik, Philosophie und Wissenschaftstheorie*. Hirzel.

Vollmer, G. (2002). *Evolutionäre Erkenntnistheorie* (8. Aufl.). Hirzel.

Vollmer, G. (2013). *Gretchenfragen an den Naturalisten*. Alibri.

von der Vring, G. (1958). Nachtlied. In F. Arends, A. Gail & K. Jacobs (Hrsg.), *Der Strom: Deutsche Gedichte*. Pädagogischer Verlag Schwann.

Wackermann, J., Seiter, C., Keibel, H., & Walach, H. (2003). Correlations between brain electrical activities of two spatially separated human subjects. *Neuroscience Letters, 336*(1), 60–64.

Walach, H. (2003). Entanglement of homeopathy as an example of generalized entanglement predicted by weak quantum theory. *Forschende Komplementärmedizin und klassische Naturheilkunde, 10*, 192–200.

Walach, H. (2011). *Spiritualität: Warum wir die Aufklärung weiterführen müssen*. Drachen.

Walach, H. (2020). Inner experience – direct access to reality: A complementarist ontology and dual aspect monism support a broader epistemology. *Frontiers in Psychology, 11*:640. https://doi.org/10.3389/fpsyg.2020.00640

Walach, M., Hinterberger, T., & Lucadou, W. v. (2019). Evidence for anomalistic correlations between human behavior and a random event generator: Result of an independent replication of a micro-PK experiment. *Psychology of Consciousness: Theory, Research and Practice, 7*(2), 173–188. http://dx.doi.org/10.1037/cns0000199

Walach, H., Jonas, W. B., Ives, J., VanWijk, R., & Weingärtner, O. (2005a). Research on homeopathy: State of the art. *Journal of Alternative and Complementary Medicine, 11*, 813–829.

Walach, H., & Römer, H. (2000). Complementarity is a useful concept for consciousness studies: A reminder. *Neuroendocrinology Letters, 21*, 221–232.

Walach, H., & Schmidt, S. (2005). Repairing Plato's life boat with Ockham's Razor: The important function of research in anomalies for consciousness studies. *Journal of Consciousness Studies, 12* (2), 52–70.

Walach, H., Stillfried, N. v., & Römer, H. (2006). Preestablished harmony revisited: Generalised entanglement is a modern version of preestablished harmony. Internationaler Leibniz-Kongress Hannover, Juli 2006.

Walach, H., & Römer, H. (2016). Generalisierte Nichtlokalität – Ein neues Denkmodell zum Verständnis von „Fernwirkung" durch sakrale und säkulare Rituale. *Theologie und Glaube, 106*(4), 316–335.

Weizsäcker, E. v. (1974), Erstmaligkeit und Bestätigung als Komponenten der pragmatischen Information. In E. v. Weizsäcker (Hrsg.), *Offene Systeme I* (S. 83–113). Klett.

Whitehead, A. N. (1919). *An enquiry concerning the principles of natural knowledge*. Cambridge University Press.

Whitehead, A. N. (1920). *The concept of nature*. Cambridge University Press.

Wilson, E. O. (2013). *Die soziale Eroberung der Erde*. C. H. Beck.

Wirsching, M. (2003). *Psychosomatische Medizin: Konzepte, Krankheitsbilder, Therapien* (2. Aufl.). C. H. Beck.

Bibliographisches zu den einzelnen Kapiteln

Kap. 1: Neu für dieses Buch geschrieben.

Kap. 2: H. Römer: „Verschränkung", Januar 2008, basierend auf WGFP-Vortrag Offenburg, Oktober 2007, erschienen in „Post-Physikalismus", M. Knaup, P. Spät (Hrsg.), Verlag Karl Alber, (Freiburg, München) 2011, S. 87–121.

Kap. 3: W. v. Lucadou, H. Römer, H. Walach: „Synchronistische Phänomene als Verschränkungskorrelationen in der Verallgemeinerten Quantentheorie", *Zeitschrift für Parapsychologie und Grenzgebiete der Psychologie, 47/48/49* (2012), 89–110, überarbeitete Übersetzung W. v. Lucadous der Arbeit: W. von Lucadou, H. Römer, H. Walach: „Synchronistic Phenomena as Entanglement Correlations in Generalized Quantum Theory", *Journal of Consciousness Studies, 14* (2007), 50–74.

Kap. 4: H. Römer, G. E. Jacoby: „Gedanken zur Psychosomatik aus der Sicht einer verallgemeinerten Quantentheorie". In H.A. Kick (Hrsg.), „Leiblichkeit und Seele im Spannungsfeld von Weltbezug und Transzendenz", Serie „Affekt-Emotion-Ethik", Lit Verlag Münster, S. 37–64. Erweiterte Ausarbeitung eines Vortrages vom 6.5. 2017 von H. Römer auf einem IEPG-Workshop Mannheim. Der Ursprung liegt in einem Vortrag von H. Römer auf der WGFP-Tagung Offenburg, Oktober 2012. Nach dem Tode G. E. Jacobys im November 2012 bis 2017 Unterbrechung der Arbeit an diesem Thema.

Kap. 5: H. Römer: „Konsistente und inkonsistente Geschichten", Januar 2007, Vortrag WGFP-Tagung Offenburg, November 2006, *Zeitschrift für Parapsychologie und Grenzgebiete der Psychologie, 47/48/49*, (2012), 21–41.

Kap. 6: H. Römer, G. E. Jacoby: „Innen und Außen", Vortrag von H. Römer auf der WGFP-Tagung Offenburg, Oktober 2009, *Zeitschrift für Parapsychologie und Grenzgebiete der Psychologie, 47/48/49* (2012) 42–62.

Kap. 7: H. Römer, G. E. Jacoby: „Schöpfer, Schöpfung, Schöpfertum", Vortrag von H. Römer auf der WGFP-Tagung Offenburg, Oktober 2011, *Zeitschrift für Parapsychologie und Grenzgebiete der Psychologie, 50* (2017), 41–67.

Kap. 8: H. Römer: „Substanz, Veränderung und Komplementarität", *Philosophisches Jahrbuch*, 113. Jahrgang (2006), 118–136; englische Version: „Complementarity of Process and Substance", *Mind and Matter, 4* (2006), 69–89; quant-ph/0602171

Kap. 9: H. Römer: „Emergenz und Evolution", August 2013, Vortrag WGFP-Tagung Offenburg, Oktober 2013, *Zeitschrift für Parapsychologie und Grenzgebiete der Psychologie, 50* (2017), 68–98.

Kap. 10: H. Römer: „Mythos und Symbol. Zur Ontologie von Ähnlichkeits- und Sinnbeziehungen“, WGFP-Vortrag Offenburg, Oktober 2015, erscheint in *Zeitschrift für Parapsychologie und Grenzgebiete der Psychologie.*

Kap. 11: H. Römer: „Lockende Schönheit. Erkenntnis und Ästhetik“, August 2019, Vortrag auf der WGFP-Tagung Offenburg, Oktober 2019, erscheint in *Zeitschrift für Parapsychologie und Grenzgebiete der Psychologie.*

Kap. 12: H. Römer: „Homo Deus, der arme Gott. Menschenbild und Transhumanismus“, Vorträge auf der WGFP-Tagung Offenburg, Oktober 2018 und IEPG-Workshop Mannheim, Mai 2019, erschienen in H.A. Kick (Hrsg.), „Leiblichkeit und Seele im Spannungsfeld von Weltbezug und Transzendenz“, Serie „Affekt-Emotion-Ethik“, Bd. 19, Lit Verlag Münster 2021, S. 221–248.

Kap. 13: H. Römer: „Physikalismus“, *Zeitschrift für Anomalisik, 20* (2020), 240–277.

Kap 14: Neu für dieses Buch geschrieben.

Naturphilosophische Aufsätze von H. Römer

1. H. Römer (1982). „Geschichte der Physik in Freiburg". Festvortrag 1982.

2. H. Römer (1992). „Atome, Teilchen, Teilbarkeit". In H.-D. Ebbinghaus, G. Vollmer (Hrsg.), *Denken Unterwegs* (S. 77–92). Edition Universitas, S. Hirzel. ISBN 3-8047-1234-7.

3. H. Römer (1993): „Das Problem von Freiheit und Determinismus. Sinn und Aufgabe interdisziplinärer Arbeit aus der Sicht eines Physikers". In S. Daecke (Hrsg.), *Naturwissenschaft und Religion* (S. 15–29). BI Mannheim.

4. H. Römer (1998). „Physik der Unsterblichkeit? Zum Gottesverständnis der Naturwissenschaft". In R. Isak (Hrsg.), *Glaube im Kontext wissenschaftlicher Vernunft. Tagungsberichte der Katholischen Akademie der Erzdiözese Freiburg* (S. 110–129), Freiburg i. Br.; außerdem in M. Schmidt & F. Dominguez Reboiras (Hrsg.), *Festschrift für Helmut Riedlinger zum 75. Geburtstag, Mystik in Geschichte und Gegenwart, Abt. christliche Mystik* (S. 642–662). Bad Cannstadt 1998.

5. H. Römer (1999). „Naturgegeben oder frei erfunden? Wieviel Freiheit gibt es in der Naturwissenschaft?" *Philosophisches Jahrbuch, 106* (1. Halbband), 220–232.

6. H. Walach & H. Römer (2000). „Complementarity is a useful concept for consciousness studies. A reminder". *Neuroendocrinology Letters, 21*, 221–232.

7. H. Römer (2002). „Wolfgang Pauli als philosophischer Denker: Kausalordnung, Sinnordnung, Komplementarität", *Philosophisches Jahrbuch, 109*, 354–364.

8. H. Atmanspacher, H. Römer & H. Walach (2002). „Weak Quantum Theory: Complementarity and Entanglement in Physics and Beyond." *Foundations of Physics, 32*, 379–406.

9. H. Römer (2003). „Annäherung an das Nichtmessbare? Wolfgang Pauli (1900–1958)". In R. Isak (Hrsg.), *Tagungsberichte der Katholischen Akademie der Erzdiözese Freiburg: Kosmische Bescheidenheit – Was Naturalisten und Theologen voneinander lernen könnten* (S. 83–101). Katholische Akad. Freiburg.

10. H. Römer (2003). „Naturwissenschaftliche Bescheidenheit? Religiöses Bekenntnis und naturwissenschaftliches Weltbild". In R. Isak (Hrsg.), *Tagungsberichte der Katholischen Akademie der Erzdiözese Freiburg: Kosmische Bescheidenheit – Was Naturalisten und Theologen voneinander lernen könnten* (S. 102–126), Katholische Akad. Freiburg.

11. H. Römer (2004). „Weak Quantum Theory and the Emergence of Time". *Mind and Matter, 2*, 105–125.

12. H. Atmanspacher, T. Filk & H. Römer (2004). „Quantum Zeno Features of Bistable Perception". *Biological Cybernetics, 90*, 33–40.

13. H. Römer (2006). „Substanz, Veränderung und Komplementarität". *Philosophisches Jahrbuch, 113*, 118–136.

14. H. Römer (2006). „Complementarity of Process and Substance". *Mind and Matter, 4*, 69–89.

15. H. Atmanspacher, T. Filk & H. Römer (2006). „Weak Quantum Theory: Formal Framework and Selected Applications". *AIP Conference Proceedings, 810*, 34–46.

16. H. Walach, N. v. Stillfried & H. Römer (2006). „Preestablished Harmony Revisited: Generalised Entanglement is a Modern Version of Preestablished Harmony", Internationaler Leibniz-Kongress Hannover, Juli 2006.

17. H. Römer (2007). „Raum und Zeit bei Einstein", Vortrag Studium Generale Juli 2005. *Freiburger Universitätsblätter, 176*,7, 65–79.

18. H. Römer & P. Leick (2007). Gemeinsame Erklärung zum Themenartikel „Die schwache Quantentheorie und die Homoeopathie" von Philippe Leick. *Skeptiker 19*, 176–178.

19. W. v. Lucadou, H. Römer & H. Walach (2007). „Synchronistic Phenomena as Entanglement Correlations in Generalized Quantum Theory". *Journal of Consciousness Studies, 14*, 50–74.

20. H. Atmanspacher, T. Filk, J. Kornmeier & H. Römer (2008). „Cognitive Time Scales in a Necker-Zeno Model for Bistable Perception". *Open Cybernetics & Systemics Journal, 2*, 234–251.

21. H. Atmanspacher, T. Filk & H. Römer (2008). „Complementarity and Bistable Perception". In H. Atmanspacher & H. Primas (Hrsg.), *Recasting Reality: Wolfgang Pauli's Philosophical Ideas and Contemporary Science* (S. 135–150). Springer. ISBN 978-3-540-85197-4.

22. U. Fülleborn & H. Römer (2009). „‚Verschränkung': Ist Rilkes poetische Welt quantenmechanisch beschreibbar? Anregung zu einem interdisziplinären Dialog". In A. Höbener, R. Luck, R. Scharffenberg, E. Unglaub & W. Waters (Hrsg.), *Festschrift für August Stahl* (S. 39–56). Peter Lang.

23. H. Römer (2010). „Komplementarität und Verschränkung: Zur Weltsicht Wolfgang Paulis". *Zeitschrift für Parapsychologie und Grenzgebiete der Psychologie, 44/45/46*, 119–132.

24. H. Römer (2011). „Verschränkung", Januar 2008. In M. Knaup, P. Spät (Eds.), *Post-Physikalismus* (S. 87–121). Karl Alber.

25. H. Römer & H. Walach (2011). „Complementarity of Phenomenal and Physiological Observables", Oktober 2008. In H. Walach, S. Schmidt & W. B. Jonas (Hrsg.), *Neuroscience, Consciousness and Spirituality* (S. 97–107). Springer. ISBN 978-94-007-2078-7, DOI 10.1007/978-94-007-2079-4.

26. T. Filk & H. Römer (2011). „Generalised Quantum Theory: Overview and Latest Developments". *Axiomathes, 21*, 211–220. DOI 10.1007/s10516-010-9136

27. W. v. Lucadou & H. Römer (2011). „Schuld, Person und Gesellschaft: Systemische Perspektiven". In H. A. Kick & W. Schmidt (Hrsg.), *Schuld: Bearbeitung, Bewältigung, Lösung. Strukturelle und prozessdynamische Aspekte. Bd. 10 der Reihe „Affekt-Emotion-Ethik"* (S. 79–97), Lit.

28. H. Walach & H. Römer (2011). „Generalised Entanglement – A Nonreductive Option for a Phenomenologically Dualist and Ontologically Monist View". In H. Walach, S. Schmidt & W. B. Jonas (Hrsg.), *Neuroscience, Consciousness and Spirituality* (S. 81–95). Springer. ISBN 978-94-007-2078-7. DOI 10.1007/978-94-007-2079-4

29. H. Römer (2012). „Konsistente und inkonsistente Geschichten", Januar 2007, Vortrag WGFP-Tagung Offenburg, November 2006. *Zeitschrift für Parapsychologie und Grenzgebiete der Psychologie, 47/48/49*, 21–41.

30. H. Römer (2012). „Why Do We See a Classical World?", Vortrag Helsinki Nov. 2010, Mulhouse Juni 2011. *Travaux Mathematiques, XX*, 167–186. http://arxiv.org/abs/1112.627

31. H. Römer & G. E. Jacoby (2012). „Innen und Außen", Vortrag WGFP-Tagung Offenburg, Oktober 2009. *Zeitschrift für Parapsychologie und Grenzgebiete der Psychologie, 47/48/49*, 42–62.

32. H. Atmanspacher & H. Römer (2012). „Order Effects in Sequential Measurements of Non-Commutative Psychological Observables", Sept. 2011. *Journal of Mathematical Psychology, 56*, 274–280. http://arxiv.org/abs/1201.4685

33. W. v. Lucadou, H. Römer & H. Walach (2012). „Synchronistische Phänomene als Verschränkungskorrelationen in der Verallgemeinerten Quantentheorie". *Zeitschrift für Parapsychologie und Grenzgebiete der Psychologie, 47/48/49*, 89–110.

34. H. Römer (2013). „Essen diesseits des Diskurses. Seinsbezug vs. Ontophobie", September 2012, Beitrag zur Tagung „LebensMittel", Romainmotier, 2011. In O. Ette, Y. Sanchez & V. Sellier (Hrsg.), *LebensMittel, Essen und Trinken in den Künsten und Kulturen* (S. 125–138). Diaphanes.

35. H. Römer (2014). „Schöpfermacht und Unverfügbarkeit" [Beitrag zum 12. Mannheimer Ethik-Symposium, Mannheim 6.10.2012]. In H. A. Kick & T. Sundermeier (Hrsg.), *Gewalt und Macht in Psychotherapie, Gesellschaft und Kunst. Bd. 13 der Reihe „Affekt-Emotion-Ethik"* (S. 61–80). Lit.

36. H. Walach, W. v. Lucadou & H. Römer (2014). „Parapsychological Phenomena as Examples of Generalised Nonlocal Correlations – A Theoretical framework". *Journal of Scientific Exploration, 28*, 605–631.

37. H. Römer (2015). „Now, Factuality and Conditio Humana", Feb. 2012, basiert auf Vortrag auf der Konferenz „The forgotten Present", Parmenides-Gesellschaft, Pullach 2010, erschienen in erweiterter Form in A. v. Müller & T. Filk (Hrsg.), *Re-Thinking Time at the Interface of Physics and Philosophy. The Forgotten Present* (S. 249–267). Springer.

38. H. Römer (2016). „Generalized Quantum Theory, Contextual Emergence and Non-Hierarchic Alternatives", Conference contribution Filzbach (Switzerland) 2015. In H. Atmanspacher, T. Filk & E. Pothos (Hrsg.), *Quantum Interaction. 9th International Conference, QI 2015, Filzbach, Switzerland, July 15-17, 2015, Revised Selected Papers* (S. 157–167). http://arxiv.org/abs/1503.06837

39. H. Walach & H. Römer (2016). „Generalisierte Nichtlokalität – Ein neues Denkmodell zum Verständnis von ‚Fernwirkung' durch sakrale und säkulare Rituale". *Theologie und Glaube, 106*(4), 316–335.

40. H. Römer (2017). „Emergenz und Evolution", Vortrag WGFP-Tagung Offenburg, Oktober 2013. *Zeitschrift für Parapsychologie und Grenzgebiete der Psychologie, 50*, 68–98.

41. H. Römer & G. E. Jacoby (2017). „Schöpfer, Schöpfung, Schöpfertum", Vortrag WGFP-Tagung Offenburg, Oktober 2011. *Zeitschrift für Parapsychologie und Grenzgebiete der Psychologie, 50*, 41–67.

42. H. Römer (2019). „Remarks on Informational Psi", *Zeitschrift für Anomalistik, 19*, 70–72.

43. H. Römer. „Religion und Quantenphysik", Teilmodul 7,2 eines von B. Uhde eingerichteten Studienganges an der theologischen Fakultät der Universität Freiburg.

44. H. Römer (2020). „Ist es zulässig und aufschlussreich, außerhalb der Physik von Komplementarität und Verschränkung zu sprechen?" In H. Schuchardt (Hrsg.), *Gelingendes Leben. Krise als Chance für Person & Gesellschaft. Zauberformel Inklusion* (S. 636–645). Bethel. https://doi.org/10.15488/13120; zugänglich unter https://www.repo.uni-hannover.de/handle/123456789/13225

45. H. Römer (2020). „Physikalismus". *Zeitschrift für Anomalistik, 20*(3), 240–277.

46. H. Römer (2021). „Homo Deus, der arme Gott. Menschenbild und Transhumanismus". In H. A. Kick (Hrsg.), *Leiblichkeit und Seele im Spannungsfeld von Weltbezug und Transzendenz* (S. 221–248). Lit.

47. H. Römer (2021). „Symmetry and Contextuality", Contribution to the workshop „Symmetry and Seriality", Freiburg FRIAS, May 2016. *European Review, 20*(2), 242–252. http://arxiv.org/abs/1802.06557

48. H. Römer & G.E. Jacoby (2021). „Gedanken zur Psychosomatik aus der Sicht einer verallgemeinerten Quantentheorie". In H. A. Kick (Hrsg.), *Leiblichkeit und Seele im Spannungsfeld von Weltbezug und Transzendenz* (S. 37–64.). Lit.

49. H. Römer. (2021). Antwort auf den Diskussionsbeitrag von Stephan Krall „Wider die ‚Ismen'", *Zeitschrift für Anomalistik, 21*, 261–263.

50. H. Römer (2023, im Druck). Die Wehrlosigkeit des Schönen. In H.A. Kick (Hrsg.), *Heidelberger Silvestergespräche.* Mattes.

51. H. Römer (im Druck). „Mythos und Symbol. Zur Ontologie von Ähnlichkeits- und Sinnbeziehungen", WGFP-Vortrag Offenburg, Oktober 2015. *Zeitschrift für Parapsychologie und Grenzgebiete der Psychologie.*

52. H. Römer (im Druck). „Lockende Schönheit. Erkenntnis und Ästhetik". Vortrag WGFP-Tagung Offenburg, Oktober 2019. *Zeitschrift für Parapsychologie und Grenzgebiete der Psychologie.*